工程实践训练系列教材(课程思政与劳动教育版)

数控车削自动编程与加工

主　编　田卫军　陈华胜　杜泽明

副主编　顾伟平　周丹文　李晓光

主　审　任军学

U0194983

西北工业大学出版社

西　安

【内容简介】 本书主要包括数控车床结构、分类及工作原理,数控车床常用刀具与夹具,数控车床加工工艺,数控车床编程技术,数控车削操作与仿真,数控车削手工与自动编程以及数控车削虚拟加工与仿真等内容。本书通俗易懂,涉及面广,内容丰富,可操作性强,尤其是对市面上 UG CAM 车削模块的编程有很好的补充。

本书适合作为普通高等院校工科类教学用书,也可作为普通高等院校的智能制造、自动化、能源与动力、航空航天等专业学生工程实训及科技创新的技术手册,还可作为广大数控车削自学者及工程技术人员的参考资料。

图书在版编目(CIP)数据

数控车削自动编程与加工 / 田卫军,陈华胜,杜泽明主编. — 西安 : 西北工业大学出版社,2022.10
ISBN 978 - 7 - 5612 - 8002 - 7

Ⅰ. ①数… Ⅱ. ①田… ②陈… ③杜… Ⅲ. ①数控机床-车床-车削-程序设计 ②数控机床-车床-加工 Ⅳ. ①TG519.1

中国版本图书馆 CIP 数据核字(2022)第 170097 号

SHUKONG CHEXIAO ZIDONG BIANCHENG YU JIAGONG
数 控 车 削 自 动 编 程 与 加 工
田卫军 陈华胜 杜泽明 主编

责任编辑:朱晓娟 刘 敏		策划编辑:杨 军	
责任校对:张 友		装帧设计:李 飞	

出版发行:西北工业大学出版社
通信地址:西安市友谊西路 127 号　　　　邮编:710072
电　　话:(029)88491757,88493844
网　　址:www.nwpup.com
印 刷 者:陕西向阳印务有限公司
开　　本:787 mm×1 092 mm　　　　1/16
印　　张:27.125
字　　数:712 千字
版　　次:2022 年 10 月第 1 版　　2022 年 10 月第 1 次印刷
书　　号:ISBN 978 - 7 - 5612 - 8002 - 7
定　　价:79.00 元

《工程实践训练系列教材（课程思政与劳动教育版）》编委会

前　　言

　　数控机床是制造业实现自动化、柔性化和集成化生产的基础,其水平的高低和拥有量也是衡量一个国家工业现代化的重要标志。数控机床已经成为关系到国家战略地位和体现国家综合国力的重要基础性产品。

　　数控机床本身集机械制造技术、信息技术、微电子技术和自动化技术等为一体,随着科学技术的发展而不断地发展与创新,其普及率也越来越高,尤其是数控车床在数控机床中占有的份额越来越高,这就要求相关技术人员必须熟悉数控车床的机械结构和维护,熟悉数控车床的加工工艺等基础知识,同时也要熟悉数控车床的编程知识。这就对学生学习数控车床方面的知识、实践应用等提出了新的要求,要求学生既了解数控机床理论知识,又必须能够提升应用方面的实践和创新能力。

　　本书编写的指导思想是帮助学生在已了解机械制造工艺基础理论或金属工艺实践的基础上,进一步提高数控车床的基本理论和知识水平;掌握数控车床的机械结构和控制知识;掌握数控车床的基本操作与仿真;学会数控车床的加工工艺和自动编程的方法,并能把学到的知识应用到所学专业的科技创新与生产实践中。

　　全书共 7 章,主要以 FANUC - Oi - mate 系统的操作与编程方法为主,重点介绍数控车床的操作与仿真。第 1 章为数控车床概述,重点介绍数控车床的用途、分类、结构组成、工作原理、布局结构以及目前流行的数控系统;第 2 章为数控车削加工工艺基础,重点介绍数控车削工艺内容、工艺编排以及典型零件工艺定制等方面的知识;第 3 章为数控车削编程基础,重点介绍数控编程的内容、方法以及基本编程指令;第 4 章为数控车床基本操作,重点介绍FANUC 数控系统的操作面板及数控车床基本操作方法;第 5 章为数控车削手工编程,重点介绍数控车削基本工艺的手工编程方法;第 6 章为数控车削自动编程,重点介绍车削各类操作的创建方法、参数设置、编辑以及刀具路径的生成和模拟等,其内容是本书的核心;第 7 章为VERICUT 数控车削仿真,重点介绍 VERICUT 仿真环境构建的一般方法、仿真结果测量以及工件加工工艺流程的实现方法。本书中的案例是课程组多年积累的实训教学内容,已经过课程组反复的实践与检验。

　　本书主要面向高等院校机类、近机类专业学生,满足课程学习、课程设计、毕业设计、金工实习及毕业后日常工作需要,也可供数控车削技术人员及爱好者使用。

　　本书由田卫军、陈华胜、杜泽明任主编,顾伟平、周丹文、李晓光任副主编。张松涛、赵春生、程岗、付广磊等对书中项目进行了校对与验证,在此表示衷心的感谢。

　　本书的编写得到了西北工业大学校领导和教务处领导、工程实践训练中心及西北工业大学出版社领导的关心和大力支持,也得到了 2020 年西北工业大学高等教育研究基金项目(国际化人才培养专项）重点项目"一流大学留学生工程实践课程体系构建与研究"（项目编号：GJGZZ202003）和西北工业大学 2021 年重点布局类（社科类）项目"一流本科视角下工程训练中心建设思考与实践"（项目编号：D5000210848）的大力支持，在此一并表示衷心的感谢。

　　由于水平有限，书中不足之处在所难免，恳请专家、同仁和广大读者批评指正。

编　者

2021 年 8 月

目 录

第1章　数控车床概述

数字程序控制车床简称数控车床,它集通用性好的万能型车床、加工精度高的精密型车床和加工效率高的专用型车床的特点于一身,是国内使用量最大、覆盖面最广的一种数控机床。数控车床加工的典型零件一般为轴套类零件和盘盖类零件,可通过一次装夹同时完成车外圆、平端面、挖槽、挑螺纹和钻中心孔等工序,其具有加工精度高、效率高、自动化程度高的特点。

1.1　数控车床简介

数控车床(Numerical Control Machine Tools),就是采用了数控技术的车床,或者说是装备了数控系统的车床。现代数控系统一般都采用微处理或专用计算机,因此数控车床又被称为计算机数字控制(Computer Numerical Control,CNC)车床,即数控车床是指具有 CNC 系统的车床。

1.1.1　数控车床的加工特点

数控车床是一种高精度、高效率的自动化机床。由于配备多工位刀塔或动力刀塔,机床就具有广泛的加工工艺性能,可加工直线圆柱、斜线圆柱、圆弧和各种螺纹、槽、蜗杆等复杂工件,具有直线插补、圆弧插补等各种补偿功能,并在复杂零件的批量生产中具有良好的经济效益,几十年来一直受到世界各国的普遍重视并得到了迅速的发展。最常见卧式数控车床的构成如图1-1所示。

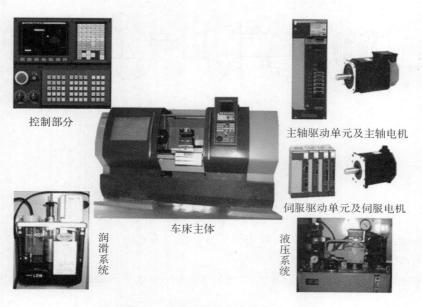

控制部分

主轴驱动单元及主轴电机

伺服驱动单元及伺服电机

润滑系统

车床主体

液压系统

图 1-1　卧式数控车床的构成

1. 数控车床的特点

(1)加工精度高,通用性好,适应性强。

(2)加工能力强。

(3)具有较高的生产效率和较低的加工成本。

(4)自动化程度高,可减轻操作者的劳动强度。

2. 数控车床的加工范围

(1)数控车床适用于较复杂的零件多工序加工,数控车床工艺适用范围如图 1-2 所示。

(2)数控车床适用于多品种、小批量的零件的加工。

(3)数控车床适用于价值昂贵、不允许报废的零件的加工。

(4)数控车床适用于精度要求较高的批量零件的加工。

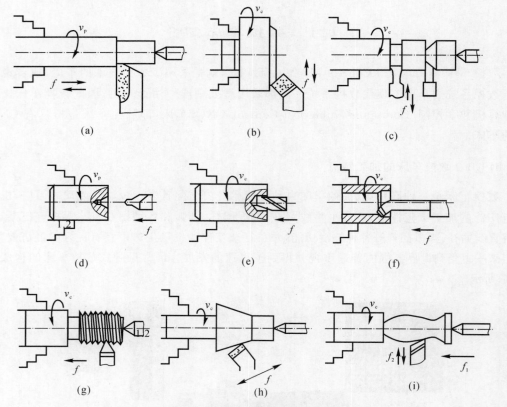

图 1-2　数控车床工艺适用范围

(a)车外圆；　(b)车端面；　(c)车槽和切断；　(d)钻顶尖孔；　(e)钻孔；

(f)车内孔；　(g)车螺纹；　(h)车圆锥；　(i)车成形面

1.1.2　数控车床的分类

数控车床品种繁多,规格不一,可按如下方法进行分类。

1. 按车床主轴的位置分类

数控车床可分为卧式和立式两大类。卧式车床又有水平导轨和倾斜导轨两种。档次较高的数控卧式车床一般都采用倾斜导轨。

（1）立式数控车床。立式数控车床（见图 1-3）简称数控立车，其车床主轴垂直于水平面，一个直径很大的圆形工作台用来装夹工件。这类车床主要用于加工径向尺寸大、轴向尺寸相对较小的大型复杂零件。

（2）卧式数控车床。卧式数控车床又分为数控水平导轨卧式车床［见图 1-4(a)］和数控倾斜导轨卧式车床［见图 1-4(b)］，其倾斜导轨结构可以使车床具有更大的刚性，并易于排屑。

图 1-3　立式数控车床

(a)　　　　　　　　　　　　(b)

图 1-4　卧式数控车床

(a)水平导轨；　(b)倾斜导轨

2. 按加工零件的基本类型分类

（1）卡盘式数控车床。这类数控车床没有尾座，适合车削盘类（含短轴类）零件，夹紧方式多为电动或液压控制，卡盘结构多具有可调卡爪或不淬火卡爪（即软卡爪）。

（2）顶尖式数控车床。这类车床配有普通尾座或数控尾座，适合车削较长的零件及直径不太大的盘类零件。

3. 按刀架的数量分类

（1）单刀架数控车床。这类数控车床一般都配置有各种形式的单刀架，如四工位转位刀架，如图 1-5(a)所示，或多工位转塔式自动转位刀架，如图 1-5(b)所示。

(a)　　　　　　　　　　　　(b)

图 1-5　单刀架数控车床

(a)四工位转位刀架；　(b)多工位转塔式自动转位刀架

(2)双刀架数控车床。这类数控车床的双刀架配置可以平行分布,如图1-6(a)所示,也可以相互垂直分布,如图1-6(b)所示。

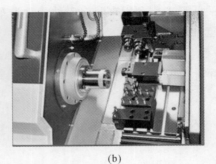

(a)　　　　　　　　　　　(b)

图1-6　双刀架数控车床

(a)平行分布刀架;　(b)垂直分布刀架

4.按功能分类

(1)经济型数控车床。经济型数控车床指采用步进电机和单片机对普通车床的进给系统进行改造后的简易型数控车床,其制造成本较低,自动化程度和各项功能都比较差,车削加工精度也不高,适用于对精度要求不高的回转类零件的车削加工,如图1-7(a)所示。

(2)全功能型数控车床。全功能型数控车床指根据车削加工要求,在结构上进行专门设计并配备通用数控系统的数控车床。其数控系统功能强,自动化程度和加工精度也比较高,适用于一般回转类零件的车削,如图1-7(b)所示。

(3)车削中心。车削中心是在全功能数控车床的基础上,增加了 C 轴和动力头,更高级的数控车床带有刀库,可控制 X,Z 和 C 三个坐标轴。由于增加了 C 轴和铣削动力头,所以这种数控车床的加工功能大大增强,除可以进行一般的车削外,还可以进行径向和轴向铣削、曲面铣削、中心线不在零件回转中心的孔和径向孔的钻削等加工,如图1-7(c)所示。

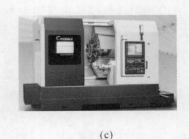

(a)　　　　　　　　　(b)　　　　　　　　　(c)

图1-7　按功能划分数控车床

(a)经济型数控车床;　(b)全功能型数控车床;　(c)车削中心

5.其他分类方法

按数控系统的不同控制方式等指标,数控车床可以分为很多种类,如直线控制数控车床和两主轴控制数控车床等;按特殊或专门工艺性能,数控车床可分为螺纹数控车床、活塞数控车床和曲轴数控车床等。

1.2　数控车床的工作过程与组成

1.2.1　数控车床的工作过程

数控车削加工是数控加工中应用最多的加工方法之一。由于数控车床具有加工精度高、能做直线和圆弧插补并具有恒线速度切削功能，所以适合在数控车床上加工有精度和表面粗糙度要求的回转体零件。数控车床在加工零件时，其工作过程一般如图 1-8 所示。

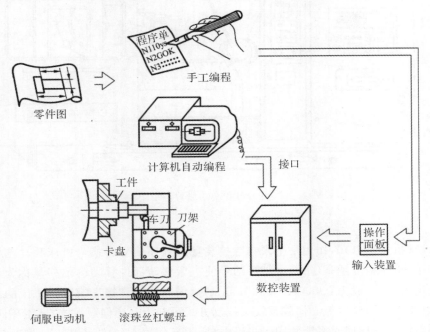

零件图

手工编程

计算机自动编程

接口

工件

车刀　刀架

卡盘

伺服电动机　滚珠丝杠螺母

数控装置

操作面板

输入装置

图 1-8　数控车床工作过程

数控车床加工零件时，一般根据被加工零件的工作图样，先用规定的数字代码和程序格式编制程序清单，再将编制好的程序清单记录在信息介质上，然后通过数控装置将所接收的信息进行处理后，再将其处理结果以控制信号的形式向伺服系统发出执行指令，伺服系统在接到指令后，驱动车床的各进给机构按照规定的加工顺序、速度和位移量，最终完成对零件的车削加工。

1.2.2　数控车床的组成

数控车床主要由车床本体和数控系统两大部分组成。车床本体由床身、主轴、导轨、刀架和冷却装置等组成。数控系统主要由输入/输出装置、数控装置和伺服系统三部分组成。例如，卧式全功能数控车床如图 1-9 所示。

1.输入/输出装置

输入/输出装置的作用是将程序载体上的数控代码输入机床的数控装置。目前，输入装置有 CF 卡、U 盘、RS232 串行通信接口和 MDI 方式等。

2. 数控装置

数控装置（核心部分）的作用是接收输入装置送来的数字化信息，经过数控装置的控制软件和逻辑电路进行译码、运算和逻辑处理后，将各种数字化信息转化为脉冲信号，并输出给伺服系统。

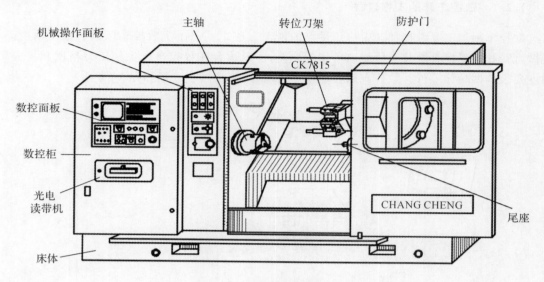

图 1-9　卧式全功能数控车床

3. 伺服系统

伺服系统（执行部分）的作用是把来自数控装置的脉冲信号转换为机床移动部件的运动。脉冲当量越小，机床精度越高（每一个脉冲信号使机床移动部件移动的位移量称为脉冲当量，也叫最小设定单位，一般为 0.000 1～0.001 mm）。伺服系统直接影响数控机床的加工速度、位置、精度以及表面粗糙度等。伺服系统按控制方式可分为开环伺服系统、半闭环伺服系统和全闭环伺服系统。开环伺服系统常用于步进电机，闭环伺服系统常用于脉宽调速直流电机和交流伺服电机。

4. 位置检测装置

位置检测装置的作用是对机床的实际运动速度、方向、位移量及加工状态加以检测，再把检测结果转化为电信号反馈给数控装置，通过比较计算出实际位置与指令位置之间的偏差，并发出纠错指令。

在开环控制系统中，无位置检测装置，如图 1-10(a)所示；在半闭环控制系统中，位置检测装置安装在电机的输出轴或丝杠上，测量的是转角位移，测量精度较高，如图 1-10(b)所示；在全闭环控制系统中，位置检测装置直接安装在工作台上，直接测量工作台的直线位移，如图 1-10(c)所示，因此精度最高。

5. 机床主体

机床主体是加工运动的实际机械部件，主要包括主运动部件、进给运动部件（工作台、刀架）、辅助部件（液压、气动、冷却和润滑等）、支撑部件（床身、立柱）以及特殊部件［如刀库和自动换刀装置（ATC）等］。

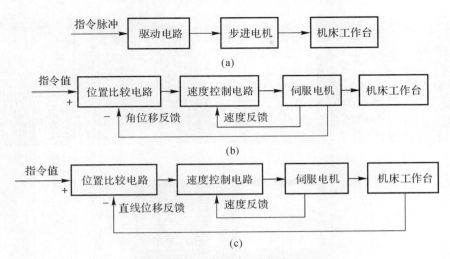

图 1 - 10　数控系统控制方式

(a)开环控制系统；　(b)半闭环控制系统；　(c)全闭环控制系统

1.2.3　数控系统的主要功能

目前常用的数控系统，国外知名品牌如日本的 FANUC 数控系统、德国的 SIEMENS 数控系统、日本的 MITSUBISHI 数控系统、德国的 HEIDENHAIN 数控系统、德国的 REXROTH 数控系统、法国的 NUM 数控系统、西班牙的 FAGOR 数控系统、日本的 MAZAK 数控系统、美国的 HAAS 数控系统和 HURCO 数控系统，如图 1 - 11 所示。

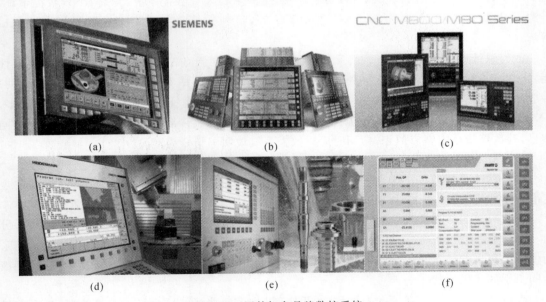

图 1 - 11　国外知名品牌数控系统

(a)日本 FANUC 数控系统；　(b)德国 SIEMENS 数控系统；　(c)日本 MITSUBISHI 数控系统；

(d)德国 HEIDENHAIN 数控系统；　(e)德国 REXROTH 数控系统；　(f)法国 NUM 数控系统

续图 1-11 国外知名品牌数控系统

(g)西班牙 FAGOR 数控系统; (h)日本 MAZAK 数控系统;
(i)美国 HAAS 数控系统; (j)美国 HURCO 数控系统

国内知名品牌如武汉 HNC 数控系统、广州 GSK 数控系统、成都 GUNT 数控系统、北京 JINGDIAO 数控系统、台湾 DELTA 数控系统、上海 LYNUC 数控系统、北京 KND 数控系统、台湾 SYNTEC 数控系统、台湾 LNC 数控系统等,每种数控系统又有多种型号,如图1-12所示。

数控系统的主要功能:CNC 装置能控制的轴数以及能同时控制(即联动)的轴数是主要性能之一。一般数控车床只需 2 轴控制,2 轴联动;一般铣床需要 2 轴半或 3 轴控制,3 轴联动;一般加工中心为多轴控制,3 轴或 3 轴以上联动。控制轴数越多,特别是同时控制轴数越多,CNC 装置的功能越强,编制程序也越复杂。各种数控系统指令各不相同,即使同一系统不同型号,其数控指令也略有区别,使用时应以数控系统说明书指令为准。

1. 准备功能

准备功能是使数控机床做好某种操作准备的指令,用地址 G 和数字表示,ISO 标准中规定准备功能有 G00~G99 共 100 种。目前,有的数控系统也用到 00~99 之外的数字。

G 代码分为模态代码(又称续效代码)和非模态代码。代码表中按代码的功能进行了分组,标有相同字母(或数字)的为一组,其中 00 组(或没标字母)的 G 代码为非模态代码,其余为模态代码。非模态代码只在本程序段有效,模态代码则可在连续多个程序段中有效,直到被相同组别的代码取代。

准备功能包括数控系统的基本移动、程序暂停、平面选择、坐标设定、刀具补偿、基准点返回、固定循环和公英制转换等。

2. 刀具功能

刀具功能字 T 由地址功能码 T 和数字组成。刀具功能的数字是指定的刀号,数字的位数由所用的系统决定。

3.主轴速度功能

主轴转速功能字 S 由地址码 S 和数字组成。

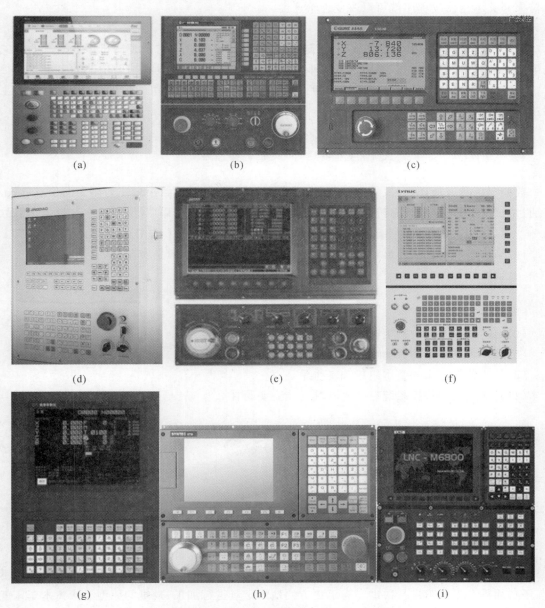

(a)　　　　　　　　(b)　　　　　　　　(c)

(d)　　　　　　　　(e)　　　　　　　　(f)

(g)　　　　　　　　(h)　　　　　　　　(i)

图 1-12　国内知名品牌数控系统

(a)武汉 HNC 数控系统；　(b)广州 GSK 数控系统；　(c)成都 GUNT 数控系统；　(d)北京 JINGDIAO 数控系统；
(e)台湾 DELTA 数控系统；　(f)上海 LYNUC 数控系统；　(g)北京 KND 数控系统；
(h)台湾 SYNTEC 数控系统；　(i)台湾 LNC 数控系统

4.进给功能

进给功能字 F 由地址码 F 和数字构成，表示刀具中心运动时的进给速度。进给功能用 F

代码直接指定各轴的进给速度。

快速进给速度一般为进给速度的最高速度,它通过参数设定,用 G00 指令执行快速进给。数控机床操作面板上设置了中间倍率开关,倍率可在 0~200% 之间变化,每挡间隔 10%。使用倍率开关不用修改程序就可以改变进给速度。

5.辅助功能

辅助功能也叫 M 功能或 M 代码,由地址码 M 和数字组成。它是控制机床或系统的开关功能的一种命令,有 M00~M99 共 100 种。各种型号的数控装置具有辅助功能的多少差别很大,而且有许多是自定义的,必须根据说明书的规定进行编程。常用的辅助功能有程序停、主轴正/反转、冷却液接通和断开、换刀等。

1.3　本　章　小　结

数控车床具有通用性好、加工精度高、效率高的特点,并且以数字量作为指令的信息形式,是通过数字逻辑电路或计算机控制的一种机床,在生产加工中应用广泛,占整个数控机床总数的 25% 左右。本章作为数控车床入门知识,重点介绍了数控车床的用途、分类、结构组成、工作原理、结构布局以及目前流行的数控控制系统,为后续章节学习奠定基础。

1.4　课　后　习　题

(1)简述数控车床的加工范围和特点。
(2)简述数控车床的分类和结构布局的特点。
(3)简述数控车床的基本组成和工作原理。
(4)目前主流的数控系统有哪些? 其功能主要是什么?

课　程　思　政

科技趣闻

世界机床发展简史(一)

距今 2 000 多年前,人之所以能够从猿进化成人,靠的就是人的这双手,不过光靠手也不行,还必须得有工具来进行协助。为了更方便地用工具进行加工,最早的原型机床树木车床就这样诞生啦,如图 1-13 所示。

杆棒机床作为原型机床来说还是比较粗糙的,操作的时候用脚踩住绳子下方套圈,利用树枝的韧性把工件带动旋转,用石片或者贝壳等物体作为刀具,将刀具沿着横条对物品进行切割操作,如图 1-14 所示。到了 13 世纪,机床原型也在发展,这时候就有了用脚踏板旋转曲轴并带动飞轮,再传动到主轴使其旋转的"脚踏车床",也称之为弹性杆棒车床,如图 1-15 所示。不过除了刀具是金属外,脚踏车床的操作原理还是跟原先一模一样的,只要脚踩踏板就行了,靠头顶上方的木条上下带来动力。这时候的原型机床还主要是用来加工木料。

我国明朝出版了一本奇书《天工开物》，记载了明朝中古及以前的各项技术。这本书里还记载了磨床的结构，如图 1-16 所示。这种磨床利用了欧洲中世纪脚踏机床的原理，用脚踏方法使金属盘旋转，配合沙子和水来加工玉石。

后来，在欧洲一个叫贝松的法国人设计出一种通过螺丝杆使刀具滑动的用来车螺丝的车床，如图 1-17 所示，刀具不再固定在一个位置运动，但该种机床不知为何并没有被推广使用。

图 1-13　树木车床

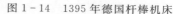

图 1-14　1395 年德国杆棒机床

图 1-15　脚踏车床

图 1-16　《天工开物》里的磨床

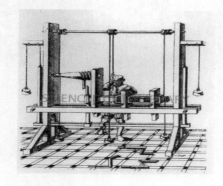

图 1-17　螺杆车床

　　虽然贝松设计的车床已经有点现代机床的样子了,但车床的动力来源还是没有脱离最初的树木车床,持续不断的动力成为了车床普及需要解决的重要问题。

　　随着蒸汽机时代的到来,车床得到了巨大改进。1774 年,英国人威尔金森发明了炮筒镗床,这也是世界上第一台真正意义上的镗床,如图 1-18 所示。

图 1-18　威尔金森发明的炮筒镗床

　　1775 年,威尔金森用这台炮筒镗床镗出的汽缸,重新制造了瓦特那漏洞百出的汽缸,满足了瓦特蒸汽机的要求。当然作为商人的威尔金森也获得了瓦特蒸汽机汽缸的独家供应权。为了镗制更大的汽缸,他又于同年制造了一台水轮驱动的汽缸镗床,如图 1-19 所示。该机床促进了蒸汽机的发展。从此,机床开始用蒸汽机通过曲轴驱动。对于机床和蒸汽机而言,互相促进了共同的发展,一个轰轰烈烈的工业革命时代从而走向了极致。

图 1-19　威尔金森制造的汽缸镗床

家国篇

天下兴亡,匹夫有责。——顾炎武
血沃中原肥劲草,寒凝大地发春华。——鲁迅

如何忧国忘家日,尚有求田问舍心。——王安石

中夜四五叹,常为大国忧。——李白

国家是大家的,爱国是每个人的本分。——陶行知

苟利国家生死以,岂因祸福避趋之。——林则徐

辞家壮志凭孤剑,报国先声震两河。——彭定求

丈夫所志在经国,期使四海皆衽席。——海瑞

一个人只要热爱自己的祖国,有一颗爱国之心,就什么事情都能解决。——冰心

谦虚篇

谦以待人,虚以接物。——鲁迅

谦虚其心,宏大其量。——王守仁

谦虚温谨,不以才地矜物。——房玄龄

谦虚使人进步,骄傲使人落后。——毛泽东

良贾深藏如虚,君子有盛教如无。——戴德

自满者,人损之;自谦者,人益之。——魏征

地洼下,水流之;人谦下,德归之。——魏征

为人第一谦虚好,学问茫茫无尽期。——冯梦龙

君子之于人也,苟有善焉,无所不取。——欧阳修

人誉我谦,又增一美;自夸自骄,还增一毁。——陈宏谋

劳谦虚己,则附之者众;骄慢倨傲,则去之者多。——葛洪

有一道,大足以守天下,中足以守国家,小足以守其身:谦之谓也。——刘向

第 2 章　数控车削加工工艺基础

　　数控车削加工工艺是采用数控车床加工零件时所运用的方法和技术手段的总和。工艺分析是数控车削加工的前期准备工作,其主要内容包括:①根据图纸分析零件的加工要求及其合理性;②确定工件在数控车床上的装夹方式;③确定各面的加工顺序;④刀具的进给路线以及刀具、夹具和切削用量的选择等。因此,工艺方案的合理制定,对于程序的编制、机床的加工效率和零件的加工精度都有重要的影响。

2.1　数控车削加工工艺的内容

2.1.1　数控车削加工的主要对象

　　数控车床是目前使用比较广泛的数控机床,主要用于轴类和盘类回转体工件的加工,能自动完成内外圆柱面、锥面、圆弧、螺纹等工序的切削加工,并能进行切槽、钻、扩、铰孔等加工,适合复杂形状工件的加工。与常规车床相比,数控车床还适合加工如下工件。

　　1. 表面粗糙度小的回转体类零件

　　数控车床能加工出表面粗糙度小的回转体零件,不但是因为机床的刚性好和制造精度高,还因为它具有恒线速度切削功能。在材质、精车余量和刀具给定的情况下,表面粗糙度取决于进给速度和切削速度。使用数控车床的恒线速度切削功能,就可选用最佳线速度来切削表面,这样切出来的零件表面粗糙度小并且一致性好。数控车床还适合于车削各部位表面粗糙度要求不同的零件。粗糙度小的部位可以用减小进给的方法来达到要求,而这在传统的车床上是做不到的。

　　2. 对加工精度要求较高的零件

　　由于数控车床的刚性较好,加工精度和对刀精度要求较高,以及能方便和准确地进行人工补偿甚至自动补偿,所以它能够加工尺寸精度要求高的零件,甚至在有些场合可实现"以车代磨"。此外,由于数控车削时刀具运动是通过高精度插补运算和伺服驱动来实现的,加上机床的刚性好和加工精度高,所以它能加工对直线度、圆度或圆柱度要求较高的零件。

　　3. 带特殊螺纹的回转体类零件

　　传统车床所能切削的螺纹相对有限,它只能加工等节距的直面或锥面的公、英制螺纹,而且一台车床只限定加工若干种节距。数控车床不但能加工任何等节距直面或锥面,公、英制和端面螺纹,而且能加工增节距、减节距以及要求等节距、变节距之间平滑过渡的螺纹。数控车床在加工螺纹时主轴不必像传统车床那样交替变换,它可以一刀一刀不停地循环,直至完成,因此它车削螺纹的效率比较高。数控车床还配有精密螺纹切削功能,再加上一般采用硬质合金成形刀片以及可以使用较高的转速,因此车削出来的螺纹精度高、表面粗糙度小。可以说,包括丝杠在内的螺纹零件都很适合在数控车床上加工,如图 2-1(a)所示。

4. 轮廓形状特别复杂或难以控制尺寸的回转体零件

由于数控车床具有直线和圆弧插补功能,部分车床数控装置还有某些非圆曲线插补功能,所以可以车削由任意直线和平面曲线组成的形状复杂的回转体零件,以及难以控制尺寸的零件或具有封闭内成形面的壳体类零件,如图 2-1(b)所示。

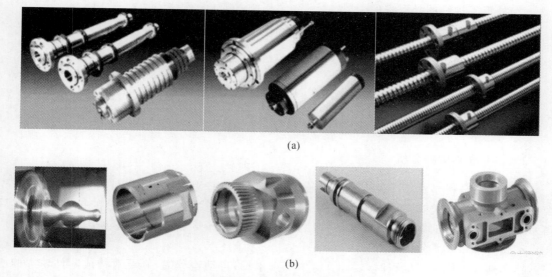

(a)

(b)

图 2-1　车削零件类型

(a)带特殊螺纹的回转体类零件；　(b)表面形状复杂的回转体类零件

2.1.2　数控车床工艺的主要内容

数控车床工艺的主要内容包括:选择并确定零件的数控切削内容;对零件图纸进行数控车削工艺分析;工具、夹具的选择和调整设计;工序、工步的设计;加工轨迹的计算和优化;数控车削加工程序的编制、校验与修改;首件试切削加工与现场问题的处理;编制数控加工工艺文件;等等。其具体而言包括以下内容:

(1)选择适合在数控车床上加工的零件,确定工序内容。

(2)分析被加工零件的图纸,明确加工内容及技术要求。

(3)确定零件的加工方案,指定数控加工工艺路线,如划分工序、安排加工顺序、做好其他加工工序的衔接工作等。

(4)加工工序的设计,如选取零件的定位基准、装夹方案的确定、工步划分、刀具选择和确定切削用量等。

(5)数控加工程序的编制与调整,如选取对刀点和换刀点、确定刀具补偿以及确定加工路线等。

2.1.3　数控车床加工工艺基本特点

数控车床加工工艺是采用数控车床加工零件时所运用各种方法和技术手段的总和,应用于整个数控车床加工工艺过程。数控车床加工工艺是伴随着数控车床的产生、发展而逐步完善起来的一种应用技术,它是人们大量数控加工实践的经验总结。

由于数控车床加工采用了计算机控制系统和车床,所以数控车削加工具有自动化程度高、精度高、质量稳定、生成效率高、周期短和设备使用费用高等特点。数控车床加工在工艺上也与普通加工工艺具有一定的差异。

根据数控加工的工艺特点,数控车床适宜加工如下零件:

(1)结构形状复杂、普通车床难以加工的零件。

(2)外形不规则的异形零件。

(3)周期性投产的零件。

(4)加工精度要求较高的中小批量零件。

(5)新产品试制中的零件。

2.2 数控车削加工工艺的制定

2.2.1 零件图样分析

零件图样分析是熟悉零件在产品中的作用、位置、装配关系和工作条件的关键过程。首先要明确各项技术要求对零件装配质量和使用性能的影响,找出主要的、关键的技术要求,然后再对零件图样进行工序划分。分析零件图是工艺制定的首要工作,它主要包括以下内容。

1.分析几何元素的给定条件

在车削加工中手工编程时,要计算每个节点坐标;自动编程时,则要对构成零件轮廓的所有几何元素进行定义。因此在分析零件图时应注意以下几点:

(1)零件图上是否漏掉某些尺寸,使其几何条件不充分,影响到零件轮廓的构成。图2-2所示的几何要素中圆弧与斜线为相交而非相切关系。

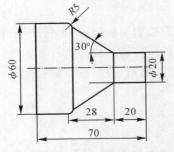

图2-2 几何要素缺陷图示例一

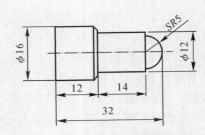

图2-3 几何要素缺陷图示例二

(2)零件图上的图和线的位置模糊或尺寸标注不清,造成编程困难。

(3)零件图上给定的几何条件不合理,造成数学处理困难。如图2-3所示,图样上给定的几何条件自相矛盾,各段长度之和不等于其总长。

(4)零件图上尺寸标注方法应适应数控车床加工的特点,应以同一基准标注尺寸或直接给出坐标尺寸。

因此,当审查与分析图样,发现构成零件轮廓的几何元素的条件不充分时,应及时与设计人员沟通协调。

2.精度及技术要求分析

精度及技术要求分析包括尺寸精度分析、形状精度分析、位置精度分析、表面粗糙度分析和热处理方法分析等。

(1)分析零件图纸尺寸精度的要求,以判断能否利用车削工艺达到,并确定控制尺寸精度的工艺方法,见表 2-1 和表 2-2。在该项分析过程中,还可以同时进行一些尺寸的换算,如增量尺寸与绝对尺寸以及尺寸链的换算等。在利用数控车床车削零件时,常常把零件要求的尺寸取最大和最小极限尺寸的平均值作为编程的尺寸依据。

表 2-1　车削加工不同工艺方法适用范围

序号	加工方案	经济精度	表面粗糙度 Ra 值/μm	适用范围
1	粗车	IT11 以下	50~11.5	适用于淬火钢以外的各种金属
2	粗车—半精车	IT8~10	6.3~3.2	
3	粗车—半精车—精车	IT7~8	1.6~0.8	
4	粗车—半精车—精车—滚压(或抛光)	IT7~8	0.2~0.025	
5	粗车—半精车—磨削	IT7~8	0.8~0.4	主要用于淬火钢,也可用于未淬火钢,但不宜加工有色金属
6	粗车—半精车—粗磨—精磨	IT6~7	0.4~0.1	
7	粗车—半精车—粗磨—精磨—超精加工(或轮式超精磨)	IT5	0.1~Rz0.1	
8	粗车—半精车—精车—金刚石车	IT6~7	0.4~0.025	主要用于要求较高的有色金属加工
9	粗车—半精车—粗磨—精磨—超精磨或镜面磨	IT5 以上	0.025~Rz0.05	极高精度的外圆加工
10	粗车—半精车—粗磨—精磨—研磨	IT5 以上	0.1~Rz0.05	

(2)分析零件的形状和位置精度的要求。零件图样上给定的形状和位置公差是保证零件精度的重要依据。在加工时,要按照其要求确定零件的定位基准和测量基准,还可以根据数控车床的特殊需要进行一些技术性处理,以便有效地控制加工零件的形状和位置精度。

(3)分析零件的表面粗糙度要求。表面粗糙度是保证零件表面微观精度的重要要求,也是合理选择数控车床、刀具及确定切削用量的依据,见表 2-1 和表 2-2。

(4)分析零件材料与热处理要求。零件图样上给定的材料与热处理要求,是选择刀具、数控车床型号、确定切削用量的依据。

表 2-2　车削孔加工不同工艺方法适用范围

序号	加工方案	经济精度	表面粗糙度 Ra 值/μm	适用范围
1	钻	IT11~12	11.5	可用于加工未淬火钢及铸铁的实心毛坯,也可用于加工有色金属(但表面粗糙度稍大,孔径小于 20 mm)
2	钻—铰	IT9	3.2~1.6	
3	钻—铰—精铰	IT7~8	1.6~0.8	

续表

序号	加工方案	经济精度	表面粗糙度 Ra 值/μm	适用范围
4	钻—扩	IT10~11	11.5~6.3	同上,但孔径大于15 mm
5	钻—扩—铰	IT8~9	3.2~1.6	
6	钻—扩—粗铰—精铰	IT7	1.6~0.8	
7	钻—扩—机铰—手铰	IT6~7	0.4~0.1	
8	钻—扩—拉	IT7~9	1.6~0.1	大批大量生产
9	粗镗(或扩孔)	IT11~12	11.5~6.3	除淬火钢外各种材料,毛坯有铸出孔或锻出孔
10	粗镗(粗扩)—半精镗(精扩)	IT8~9	3.2~1.6	
11	粗镗(扩)—半精镗(精扩)—精镗(铰)	IT7~8	1.6~0.8	
12	粗镗(扩)—半精镗(精扩)—精镗—浮动镗刀精镗	IT6~7	0.8~0.4	
13	粗镗(扩)—半精镗—磨孔	IT7~8	0.8~0.2	主要用于淬火钢,也可用于加工未淬火钢,但不宜于加工有色金属
14	粗镗(扩)—半精镗—粗磨—精磨	IT6~7	0.2~0.1	
15	粗镗—半精镗—精镗—金钢镗	IT6~7	0.4~0.05	主要用于有色金属的加工
16	钻—(扩)—粗铰—精铰—珩磨;钻—(扩)—拉—珩磨;粗镗—半精镗—精镗—珩磨	IT6~7	0.2~0.025	电子加工精度要求很高的孔
17	以研磨代替上述方案中的珩磨	IT6 以上		

3. 零件的结构工艺性分析

零件的结构工艺性是指零件对加工方法的适应性,即所设计的零件结构应便于加工成形。当在数控车床上加工零件时,应根据数控车削的特点,认真审视零件结构的合理性。

2.2.2 工序和装夹方式的确定

1. 工序的划分与设计

根据数控车床加工的特点,数控车床加工工序的划分一般可按下列方法进行:

(1)以一次安装、加工作为一道工序。这种方法适合用于加工内容不多的工件,加工完成后就能达到待检状态的情况。

(2)按所用刀具划分工序。有些零件虽然能在一次安装中加工出很多待加工面,但考虑到程序太长,可能会受到某些限制。此外,程序太长通常会增加出错与检索困难。因此,程序不能太长,一道工序的内容也不能太多。采用这种方式可提高车削加工的生产效率。

(3)按粗、精加工划分工序。采用这种方式可保持数控车削加工的精度。该种情况应先切除整个零件的大部分余量,再将表面精车一遍,以保证加工精度和表面粗糙度的要求。

(4)以加工部位划分工序。对于加工内容比较多的零件,可按其结构特点将加工部位分成几个部分,如内形、外形等。

总之,在划分工序时,一定要根据零件的结构与工艺性、车床的功能、零件数控加工内容的多少、安装次数及本单位生产组织状况灵活处理。零件宜采用工序集中的原则还是工序分散的原则加工,也要根据实际情况合理确定。

2.2.3　加工顺序的安排

在选定加工方法、划分工序完成后,工艺路线拟定的主要内容就是合理安排这些加工方法和加工工序的顺序。零件的加工工序通常包括切削加工工序、热处理工序和辅助工序(包括表面处理、清洗和检验等)。这些工序的顺序将直接影响到零件的加工质量、生产效率和加工成本。因此,在设计工艺路线时,应合理安排好切削加工、热处理和辅助工序的顺序,并解决好各工序间的衔接。

1. 工序顺序的安排原则

(1)先加工基准面,再加工其他表面。这条原则有两个含义:①工艺路线开始安排的加工面应该是选作定位基准的精基准面,然后再以精基准面定位,加工其他表面。②为保证一定的定位精度,当加工面的精度要求很高时,精加工前一般应先精修一下精基准面。例如,加工精度要求较高的轴类零件(机床主轴、丝杠、汽车发动机曲轴等),其第一道机械加工工序就是铣端面,打中心孔,然后以顶尖孔定位加工表面。

(2)一般情况下,先加工平面,后加工孔。这条原则的含义是:①当零件上有较大的平面可以作为定位基准时,可先加工出来作为定位面,然后定位加工孔,这样可以保证定位稳定、准确,安装工件往往也比较方便。②在毛坯面上钻孔,容易使钻头引偏,若该平面需要加工,则应在钻孔之前先加工此平面。

在特殊情况下(例如对某项精度有特殊要求)也有例外。例如,加工手摇车床主轴箱主轴孔止推面,为保证止推面与主轴轴线的垂直度要求,需要在精镗主轴孔后,以孔定位手铰止推面。

(3)先加工主要表面,后加工次要表面。这里所说的主要表面是指设计基准面和主要工作面,而次要表面则是指键槽、螺孔等其他平面。次要表面和主要表面之间往往有互相位置要求。因此,一般要在主要表面达到一定的精度之后,再以主要表面定位加工次要表面。

(4)先安排粗加工工序,后安排精加工工序。对于精度和表面质量要求较高的零件,其粗、精加工应该分开安排。

2. 热处理工序及表面处理工序的安排

为了改善切削性能而进行的热处理工序(如退火、正火等)应安排在切削加工之前。

为了消除内应力而进行的热处理工序(如人工时效、退火、正火等)最好安排在粗加工之后。有时为了减少运输的工作量,对加工精度要求不太高的零件,把去除应力的人工时效或退火安排在切削加工之前(即在毛坯车间)进行。

为了改善材料的力学性能,在半精加工之后、精加工之前常安排淬火、淬火—回火、渗碳淬火等热处理工序。对于需要整体淬火的零件,淬火前应将所有切削加工的表面加工完成,因为淬硬后再切削就比较困难。对于那些变形量小的热处理工序(例如高频感应加热淬火、渗氮等),有时允许安排在精加工之后进行。

对于高精度精密零件(如量块、量规、铰刀、样板、精密丝杠和精密齿轮等)的加工,可以在淬火后安排冷处理(使零件在低温介质中继续冷却到80℃)以稳定零件的尺寸。

为了提高零件表面的耐磨性或耐腐蚀性而安排的热处理工序以及以装饰为目的而安排的热处理工序和表面处理工序(如镀铬、阳极氧化、镀锌、发蓝处理等),一般都放在工艺过程的最后。

3.其他工序的安排

检查、检验工件,去毛刺,平衡,清洗工件等也是工艺规程的重要组成部分。

检查、检验工件是保证产品质量合格的关键工序之一。每个操作工在完成零件加工后都必须进行自检。在工艺规程中的下列情况下应安排检查工作:①零件加工完成后;②从一个车间转到另一个车间的前后;③加工时间较长或关键工序的前后。

除了一般性的尺寸检查(包括形位误差的检查)以外,X射线检查和超声波探伤检查多用于工件(毛坯)内部的质量检查,一般安排在工艺过程开始之前。

在切削加工之后,还需要安排去毛刺处理。零件表层或内部的毛刺会影响装配操作和装配质量,并影响整机装配后的性能,因此应给予重视。

工件在进入装配之前,应安排清洗。工件的内孔、箱体内腔易存留切屑,研磨、珩磨等光整加工工序后,砂粒易附着在工件表面上,需要通过清洗去除,否则会加剧产品在使用过程中的磨损。

2.2.4 进给路线的确定

进给路线是指刀具从刀点(或机床固定原点)开始运动起,直至返回该点并结束加工程序所经过的路径,包括切削加工的路径及刀具切入、切出等非切削空行程路径。

因精加工的进给路线基本上都是沿着零件轮廓顺序进行的,所以确定进给路线的主要工作就是确定粗加工及空行程的进给路线。

(1)先近后远。这里说的近和远,是按加工部件相对对刀点的距离而言的。一般情况下,特别是粗加工时,通常先安排离对刀点近的部位的加工,后安排离对刀点远的部位的加工,以便缩短刀具移动距离,减少空行程走刀时间。

(2)先内后外。对于既有内表面(孔)又有外表面需要加工的零件,应先进行内表面(孔)加工,后进行外表面加工。

(3)精加工余量尽可能均匀。粗加工的目的是去除多余的材料,为精加工做准备。粗加工所留下的精加工余量越均匀,精加工的走刀数就越少、越精确,有时候甚至只需要一刀即可完成精车。

(4)走刀路径短。走刀路径的确定是数控编程的主要工作之一,其主要在于确定粗加工及空行程的走刀路径,精加工的走刀路径基本上没有太多的变化。数控编程时,在能保障加工质量的前提下,应尽可能使刀具路径最短,以节省程序执行时间,减少机床及功率的消耗。

(5)程序段最少。程序段是数控程序执行时的基本单位,程序段的减少有利于简化整个加工程序,这对手动编程来说尤为重要。程序段少则程序编写方便,检查容易,输入快捷,合理地使用固定循环指令和子程序编程对减少程序段有极大的帮助。

(6)避免在一次走刀过程中出现切削力方向的突变。对于存在间隙的传动丝杠,切削力方向的突变造成的危害是显而易见的。数控机床的传动丝杠虽然不存在间隙,但传动系统的刚性相对较弱,切削力造成的变形和突变同样会在加工表面留下痕迹。另外,切削力的突变较大时可能会造成打坏刀具的现象。

(7)避免在加工表面上出现刀具路径的转折。在加工表面上出现刀具路径的转折突变有可能会在零件表面上留下刀痕。

2.2.5 定位与夹紧方案的确定

1.数控车床夹具的特点

数控车床夹具必须适应数控车床的高精度、高效率、多方向同时加工、数字程序控制及单件小批量生产的特点。

2.数控车床夹具的新要求

(1)推行标准化、系列化和通用化。

(2)发展组合夹具和拼装夹具,降低生产成本。

(3)提高精度。

(4)提高夹具的自动化水平。

3.数控夹具的介绍

(1)数控车床卡盘分类。

1)三爪自定心卡盘,如图2-4所示。其优点为可自动定心,装夹方便,应用较广;缺点为夹紧力较小,不便于夹持外形不规则的工件。

选用要求:一般来说,外形比较规则的棒类零件使用三爪自定心卡盘装夹。

2)四爪单动卡盘。其四个爪都可单独移动,安装工件时需找正,夹紧力大,适用于装夹毛坯及截面形状不规则或不对称的较重、较大的工件。四爪单动卡盘的外形如图2-5所示。它的四个爪通过四个螺杆独立移动,特点是能装夹形状比较复杂的非回转体,如正方形、长方形等,而且夹紧力大。由于其装夹后不能自动定心,所以装夹效率较低,装夹时必须用划线盘或百分表找正,使工件回转中心与车床主轴中心对齐。

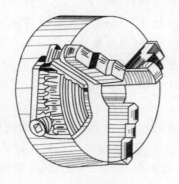 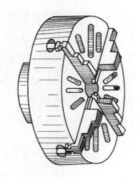

图2-4 三爪自定心卡盘 图2-5 四爪单动卡盘

3)花盘。形状不规则的无法使用三爪或四爪卡盘装夹的工件,可用花盘装夹。花盘是安装在车床主轴上的一个大圆盘,盘面上的许多长槽用来穿放螺栓,工件可用螺栓直接安装在花盘上,如图2-6所示,也可以把辅助支承角铁(弯板)用螺钉牢固夹持在花盘上,工件则安装在弯板上。图2-7为加工一轴承座端面和内孔时,在花盘上装夹的示意图。为了防止转动时因重心偏向一边而产生振动,在工件的另一边要加平衡铁。工件在花盘上的位置需仔细找正。

4）液压夹盘。数控车床为高效加工和高精度加工设备，为满足多种零件的高精度加工需要，应当选配合适的自动夹盘。根据零件加工的不同需要，可以选择三种不同的夹头。

（2）数控夹具分类。

1）软爪。数控卡盘通常都配备有未经淬火的卡爪，即所谓软爪，如图 2-8 所示。软爪分为内夹和外夹两种形式，卡盘闭合时夹紧工件的软爪为内夹式软爪，卡盘张开时撑紧工件的软爪为外夹式软爪。软爪以端面齿槽与卡爪座定位，通过螺钉和卡爪座中的 T 形螺母，固定在卡爪座上。当数控卡盘工作时，软爪在卡爪座的带动下，作闭合或张开运动，将工件夹紧或松开。夹持不同的工件时，通过改变软爪在卡爪座上的位置来改变数控卡盘的夹持尺寸。

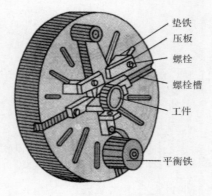

图 2-6　在花盘上安装零件

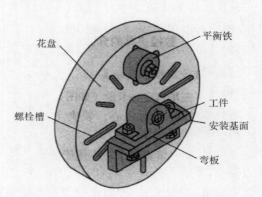

图 2-7　在花盘上用弯板安装零件

在加工批量较大的轴类或盘类零件时，为防止破坏工件已加工好的表面，满足工件被夹持面和被加工面的同轴度要求，须将液压卡盘软爪的夹持面车削一下。车削内夹式软爪的传统方法是先在液压卡盘软爪内侧夹持一个圆形支撑板来支撑软爪，然后再对软爪的支撑板夹持面进行车削加工，使软爪夹持面的直径尺寸与工件被夹持部位的直径尺寸大致相等。为使软爪行程的中央部位成为夹持工件的位置，车削夹持尺寸不同的软爪就要用不同直径尺寸的支撑板，因此在车削内夹式软爪前，需要事先准备多种不同尺寸规格的支撑板。因为软爪内侧夹持有支撑板，所以软爪的夹持面不可能全部被车削加工，而且加工尺寸一旦过量，就得更换新的支撑板，对软爪重新进行加工。车削软爪时，支撑板被夹持在软爪内侧，而当液压卡盘实际工作时，工件却被夹持在硬爪的内侧。

2）硬爪。一般把卡盘配的三爪叫作硬爪，如图 2-9 所示。其整体洛氏硬度在 60HRC 以上，不进行车爪，可以直接夹持工件。当卡盘实际工作时，工件却被夹持在软爪的外侧。

3）其他夹具。其他夹具还包括专门设计的组合夹具和专用夹具，其种类繁多，在此不一一介绍。

4. 夹具的选择和工件装夹方法的确定

车床主要用于加工工件的外圆柱面、内锥面、回转成形面和螺纹及端平面等，这些表面的加工都是绕机床主轴的旋转轴心而形成的。根据这一加工特点和夹具在车床上的安装位置，将车床夹具分为两种基本类型：一类是安装在车床主轴上的夹具。这类夹具和机床主轴相连接并带动工件一起随主轴旋转，除了各种卡盘、顶尖等通用夹具或其他机床附件外，往往根据加工的需要设计出各种芯轴或其他专用夹具。另一类是安装在滑板或床身上的夹具。对于某些形状不规则和尺寸较大的工件,常常把夹具安装在车床滑板上做进给运动,刀具则安装在车床上做旋转运动。

图 2-8　软爪

图 2-9　硬爪

(1)夹具的选择。数控加工时对夹具有两个要求:一是应该具有足够的精度和刚度;二是应该具有可靠的定位基准。选用夹具时通常应考虑以下几点:

1)单件小批量生产时,尽量选用可调整夹具、组合夹具或其他通用夹具,避免采用专用夹具,以缩短生产准备时间。

2)批量生产时,可考虑采用专用夹具,结构力求简单。

3)装卸工件要求迅速、方便,以减少车床停机的时间。

4)夹具在车床上的安装应准确可靠,以保证工件在正确位置上的加工。

(2)夹具的类型。数控车床上的夹具主要有两类:一类用于盘类和短轴类零件的加工,工件毛坯装在可调夹具的夹盘(三爪、四爪)中,由卡盘传动旋转;另一类用于轴类零件的加工,工件毛坯装在主轴顶尖和尾座顶尖间,工件由主轴上的拨动卡盘传动旋转。

(3)零件的安装。数控车床上零件的安装方法与普通车床的选择定位基准和夹紧方案相似,主要需考虑以下几点:

1)力求设计、工艺与编程计算基准统一,这样有利于提高编程时数值计算的简便性和准确性。

2)尽量减少装夹次数,尽可能在一次装夹后,加工出待加工面。

2.2.6　数控车削刀具的选择

数控车床能兼作粗、精车削,因此在粗车时,要选用强度高、耐用度好的刀具,以便满足粗车时大吃刀量、大进给量的要求。精车时,要选用精度高、耐用度好的刀具,以保证加工精度的要求。此外,为减少换刀时间和方便对刀,应尽可能采用机夹刀和机夹刀片。夹紧刀片的方式也要选择得比较合理,刀片最好选择具有涂层的硬质合金刀片,如图 2-10 所示。目前,数控车床用得最普遍的是硬质合金刀具和高速钢刀具两种。

对数控车削刀具的要求如下:

(1)要有高的切削效率。

(2)要有高的精度和重复定位精度。

(3)要有高的可靠性和耐用度。

(4)能够实现刀具尺寸的预调和快速换刀。

(5)具有完善的模块式工具系统。

(6)建立完备的刀具管理系统。

(7)要有在线监控及尺寸补偿系统。

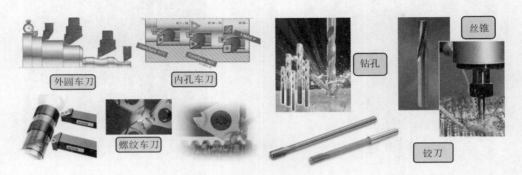

图 2-10　常用数控车削刀具

数控车床的刀具材料往往是指刀具切削部分的材料,即可以更换的刀头的材料。刀具材料应具有较高的强度、硬度、耐热性、耐磨性、导热性及良好的经济性。目前采用较多的刀具材料有以下几种:

(1)高速钢。普通车床的刀具材料较多地采用通用型的高速钢,而数控车床的刀具采用的是比通用型高速钢的耐用度高 10 倍左右的高速钢。其主要牌号为 WI8Cr4V,W6Mo5Cr4V2 等。

(2)硬质合金。硬质合金刀具比高速钢刀具的耐用性好,但同时其价格也相对较高,被广泛用于加工铸铁和有色金属零件,常用的牌号有 YG 类、YT 类和 YW 类。

(3)涂层。涂层刀具是在高速钢或者硬质合金表面涂上一层特殊的材料,可提高刀具的耐用度,一般能提高 1～10 倍的耐用度。

(4)非金属材料。非金属材料刀具主要有陶瓷、立方氮化硼、金刚石。

上述刀具材料与硬度、韧性的关系如图 2-11 所示。

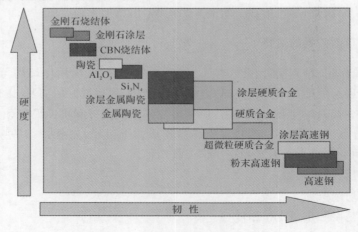

图 2-11　刀具材料与硬度、韧性的关系

常见的刀具主要有普通车刀和机夹刀。为了能够减少换刀时间和方便对刀,数控设备一般采用专用的机夹刀。表2-3为常用机夹刀的实例。

表 2-3 常用机夹刀

序号	名　称	图　例	功　能
1	外圆车刀		主要用于外圆加工,一般有左偏刀和右偏刀两种。刀具角度主要有 90°,45°,30°
2	内孔镗刀		主要用于内孔加工
3	螺纹刀具		主要用于内、外螺纹加工
4	切断、切槽刀具		主要用于工件切断和槽加工
5	中心钻		主要用于孔加工的预制精确定位,引导麻花钻进行孔加工,减少误差
6	麻花钻		锥柄麻花钻是目前应用最广的孔加工刀具,通常其直径范围为 0.25~80 mm,主要由工作部分和柄部构成

2.2.7 切削用量的选择

数控加工的切削用量主要包括背吃刀量、主轴转速或切削速度(用于恒线速度切削)、进给速度或进给量等。对于不同的加工方法,需要选择不同的切削用量,并编入程序当中。

切削用量的选择原则与普通机床加工选择原则相同。粗加工时,一般以提高生产效率为主,但也要考虑经济性和加工成本;半精加工和精加工时,应在保证质量的前提下,兼顾切削效率、经济性和加工成本。从刀具耐用度出发,切削用量的选择方法一般是先选择背吃刀量,其次确定进给速度,最后确定主轴转速。特殊情况则应根据机床使用说明书和机械加工工艺手册、金属切削手册等资料,并且结合实际经验来确定。

1. 背吃刀量 a_p(mm)

背吃刀量 a_p 主要根据机床、夹具、工件和刀具的刚度来决定。在刚度允许的情况下,应以最少的进给次数切除加工余量,最好一次切除加工余量,以便提高生产效率。在数控机床上,精加工余量可小于普通机床加工余量,一般半精车时,取 $a_p=1\sim2$ mm;精车时取 $a_p=0.2\sim0.5$ mm。

2. 进给速度 v_f(mm/min)或进给量 f(mm/r)

进给速度 v_f 是指在单位时间内刀具沿进给方向移动的距离,是数控机床切削用量中的重要参数。其值主要根据零件的加工精度和表面粗糙度的要求,以及刀具和工件材料进行选取。当加工精度和表面粗糙度要求高时,进给速度应该取小一些,一般在 $20\sim50$ mm/min 的范围内选取;当工件的加工质量要求能得到保证时,为了提高生产效率,可以选择较高的进给速度。根据以上分析,通常情况下在选择进给量时,粗车一般取 $f=0.3\sim0.8$ mm/r,精车常取 $f=0.1\sim0.3$ mm/r,切断 $f=0.05\sim0.2$ mm/r。

3. 主轴转速 n

主轴转速 n 主要根据允许的切削速度 v_a(m/min)选取,计算公式为 $n=1\,000v_a/\pi D$(D 为切削刃选定处所对应的工件或者刀具的回转直径,单位为 mm)。主轴转速除了按以上方法进行计算外,还可以凭借自己长期的实践经验进行初步确定,然后再进行试加工来最终确定主轴转速。常用切削用量推荐表见表 2-4。

表 2-4　常用切削用量推荐表

工件材料	加工内容	背吃刀 a_p/mm	切削速度 v_a/(m·min^{-1})	进给量 f/(mm·r^{-1})	刀具材料
碳素钢 ($\sigma_b>600$ MPa)	粗加工	5~7	60~80	0.2~0.4	YT 类
	半精加工	2~3	80~120	0.2~0.4	
	精加工	2~6	120~150	0.1~0.2	
碳素钢 ($\sigma_b>600$ MPa)	钻中心孔		500~800 r·min^{-1}		W18Cr4V
	钻孔		25~30	0.1~0.2	
	切断(宽度<5 mm)		70~110	0.1~0.2	YT 类
铸铁 (HBS<200)	粗加工	2~3	50~70	0.2~0.4	YG 类
	精加工	0.1~0.15	70~100	0.1~0.2	
	切断(宽度<5 mm)		50~70	0.1~0.2	

续表

工件材料	加工内容	背吃刀 a_p/mm	切削速度 v_a/(m·min^{-1})	进给量 f/(mm·r^{-1})	刀具材料
铝	粗加工	2～3	600～1000	0.2～0.4	YG 类
	精加工	0.2～0.3	800～1200	0.1～0.2	
	切断(宽度<5 mm)		600～1000	0.1～0.2	
黄铜	粗加工	2～4	400～500	0.2～0.4	YG 类
	精加工	0.1～0.15	450～600	0.1～0.2	
	切断(宽度<5 mm)		400～500	0.1～0.2	

2.3　轴类零件的数控车削加工工艺分析

轴类零件数控车削加工工艺的主要内容包括分析加工技术要求、确定加工步骤和装夹方案、选用刀具、计算数值、编写程序以及加工完成后的处理。数控车削加工工艺与普通机床加工工艺有很大的区别,所涵盖的内容也多一些。因此,在数控车削加工中,对编程人员的要求是非常高的,不仅要分析零件的加工工艺程序,还要合理地选择刀具,确定切削用量和走刀路线。另外,还要求对数控机床的性能特点、工件装夹、刀具系统以及切削规范和方法都必须很了解。数控加工工艺方案的确定不仅对机床的生产效率有影响,还会对轴类零件的加工质量产生影响。

2.3.1　零件的结构特点和技术要求

轴类零件在机械行业中用得十分广泛。它在机械中主要用于支承齿轮、带轮、凸轮以及连杆等传动件,用来传递扭矩。按其结构形式不同,轴可以分为阶梯轴、锥心轴、光轴、空心轴、凸轮轴和偏心轴以及各种丝杠等。轴类零件一般由圆柱面、轴肩、螺纹、螺尾退刀槽和键槽等组成。轴类零件的主要结构是回转体,零件表面大都为圆柱面,有的含有圆锥面、圆弧面、螺纹等较为复杂的外形,一般采用车削和磨削等完成。

轴类零件的主要技术要求如下。

1.尺寸精度

轴颈是轴类零件的主要表面,它影响轴的回转精度及工作状态。轴颈的直径精度根据其使用要求通常为 IT6～IT9,精密轴颈可达 IT5。

2.几何形状精度

轴颈的几何形状精度(圆度、圆柱度)一般应限制在直径公差的范围内。对几何形状精度要求较高时,可在零件图上另行规定其允许的公差。

3.位置精度

位置精度主要是指装配传动件的配合轴颈相对于装配轴承的支承轴颈的同轴度,通常是用配合轴颈对支承轴颈的径向圆跳动来表示的。根据使用要求,规定高精度轴的位置精度为 0.001～0.005 mm,而一般精度轴的位置精度为 0.01～0.03 mm。

此外,还有内、外圆柱面的同轴度和轴向定位端面与轴心线的垂直度要求等。

4. 表面粗糙度

根据零件的表面工作部位的不同,可有不同的表面粗糙度值,例如,普通机床主轴支承轴颈的表面粗糙度 Ra 为 $0.16\sim0.63~\mu m$,配合轴颈的表面粗糙度 Ra 为 $0.63\sim2.5~\mu m$,随着机器运转速度的增大和精密程度的提高,要求轴类零件表面粗糙度越来越小。

2.3.2 轴类零件材料、毛坯及热处理

合理选用材料和规定热处理的技术要求,对提高轴类零件的强度和使用寿命有重要意义,同时,对轴的加工过程有极大的影响。

1. 轴类零件的材料

一般轴类零件常用 45♯钢,根据不同的工作条件采用不同的热处理规范(如正火、调质、淬火等),以获得一定的强度、韧性和耐磨性。

对中等精度而转速较高的轴类零件,可选用 40Cr 等合金钢。这类钢经调质和表面淬火处理后,具有较高的综合力学性能。精度较高的轴,有时还用轴承钢 GCr15 和弹簧钢 65Mn 等材料,它们通过调质和表面淬火处理后,具有更高的耐磨性和抗疲劳性能。

对于在高转速、重载荷等条件下工作的轴,可选用 20CrMnTi,20Cr 等低碳合金钢或 38CrMoAlA 氮化钢。低碳合金钢经渗碳淬火处理后具有很高的表面硬度、抗冲击韧性和心部强度,热处理变形却很小。

2. 轴类零件的毛坯

轴类零件的毛坯最常用的是圆棒料和锻件,只有某些大型的、结构复杂的轴才采用铸件。

2.3.3 轴类零件工艺性分析

对图样的工艺性分析,一般是在零件图样设计和毛坯设计完成以后进行的,特别是在把原来采用通用车床加工的零件改为数控车床加工的情况下,审查零件图样,在不损害零件使用特性的许可范围内,需要更多地满足数控加工工艺的各种要求。

下面对数控车床加工的工艺性问题,从数控加工的可能性与方便性两个角度提出一些必须分析和审查的主要内容。

1. 尺寸标注应符合数控车床加工的特点

在数控编程中,所有点、线、面的尺寸和位置都是以编程原点为基准的,因此,在零件图中最好直接给出坐标尺寸,或尽量以同一基准标注尺寸。这种标注法既便于编程,也便于尺寸之间的相互协调,给保持设计、工艺、检测基准与编程原点设置的一致性方面也带来了很大的方便。但由于零件设计人员往往在尺寸标注中较多地考虑装配等使用特性方面的问题,而不得不采取局部分散的标注方法,这样会给工序安排与数控加工带来诸多不便。事实上,由于数控加工精度及重复定位精度都很高,不会因产生较大的累积误差而破坏使用性能,因而改动局部的分散标注法为集中标注或坐标式尺寸是完全可以的。

2. 几何要素的条件应完整、准确

在程序编制中,编程人员必须充分掌握构成零件轮廓的几何要素参数及各几何要素间的关系。因为在自动编程时要对构成零件轮廓的所有几何元素进行定义,手工编程时还要计算出每一个节点的坐标,无论哪一点不明确或不确定,编程都无法进行。但由于零件设计人员在

设计过程中考虑不周,常常出现给出的参数不全或不清楚的情况,也可能有自相矛盾之处,如圆弧与直线、圆弧与圆弧到底是相切还是相交或相离状态,这就增加了数学处理与节点计算的难度。因此,在审查与分析图样时,一定要认真和仔细,发现问题及时找设计人员更改。

3.定位基准可靠

在数控加工中,加工工序往往较集中,以同一基准定位显得十分必要,否则就很难保证两次安装加工后两个面上的轮廓位置及尺寸能够协调。

2.3.4　典型轴类零件数控工艺分析

2.3.4.1　案例一　轴类零件

1.零件图及工艺路线分析

阶梯轴的零件材料为 45♯钢,其中 $\phi50f6,60k6$ 的尺寸精度为 6 级,表面粗糙度 Ra 为 0.8 μm,它们之间有位置公差要求,即 $\phi50f6$ 中心线对 $\phi60k6$ 中心线的径向跳动不大于 0.01 mm,局部高频淬火硬度要求不低于 HRC52。以上精度要求在车削工序上不容易达到,或者即使能达到,对刀具、切削液、人为操作等条件及环境的要求会比较高,不是最经济的加工手段。再者,考虑到该零件还有热处理要求,如果精车成成品后再进行热处理,难免会引起零件变形,这样就很难保证零件图上的各项要求。综合考虑以上情况,制定的工艺路线为:下料 →车→局部感应淬火→磨。毛坯选用 $\phi65\times32$ mm 圆钢棒料,如图 2-12 所示。

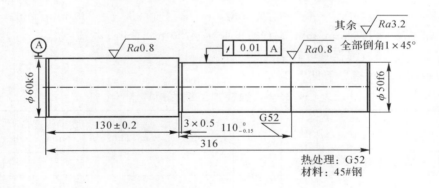

图 2-12　阶梯轴

2.选择设备和确定装夹方案

根据毛坯尺寸选用经济适用的设备,选用 FTC-350(友佳)数控车床,主轴最大回转直径为 350 mm,工件最大长度为 340 mm,伺服电机驱动,主轴转速为无级变速,符合加工要求。

工件为细长轴,轴心线为工艺基准,左部大端面和轴线为定位基准(即设计基准)。左端采用三爪自定心卡盘定心夹紧,右端采用活顶尖顶持方式。

3.确定加工顺序

(1)车夹位,车起即可,夹位轴向长度不小于 150 mm,车端面,钻中心孔。

(2)掉头,三爪夹夹位,车另一端面,钻另一端中心孔。

(3)三爪夹夹位,另一端顶尖顶持,粗、半精车大头,倒角。

(4)掉头,三爪夹大头,另一端顶尖顶持,粗、半精车小头,倒角。

(5)切空刀槽。

4.选择刀具

(1)中心钻(4 mm)。

(2)硬质合金 45°外圆、端面车刀(车端面用)。

(3)硬质合金 90°外圆车刀(车外圆用)。

(4)硬质合金切断刀(切槽用)。

5.选择切削用量

(1)背吃刀量 a_p(即切削深度)的选择:粗车选 a_p 为 2～6 mm,半精车选 a_p 为 0.25～1 mm。

(2)主轴转速的选择:粗车时主轴转速低,半精车相对粗车时主轴转速高。粗车线速度选 $v_c=100$ m/min,半精车线速度选 $v_c=140$ m/min,切槽线速度选 $v_c=60$ m/min。换算成主轴转速:$n_{粗}=1\,000v_c/(\pi d)=1\,000\times100/(3.14\times65)\approx490$ r/min,$n_{半精}=1\,000v_c/(\pi d)=1\,000\times140/(3.14\times57)\approx780$ r/min,$n_{切槽}=1\,000v_c/(\pi d)=1\,000\times60/(3.14\times51)\approx370$ r/min。其中,$d=65$ mm 为毛坯时外圆尺寸,$d=57$ mm 为半精车时外圆尺寸,$d=51$ mm 为切槽时外圆尺寸。

(3)进给速度的选择:粗车进给量大;半精车、精车时,进给量相对较小。切槽时进给量更需控制,以免打刀。粗车时选 $f=0.5$ mm/r,半精车时选 $f=0.2$ mm/r,切槽时选 $f=0.05$ mm/r。$v_{f粗}=n_{粗}\times f_{粗}=0.5\times490=245$ mm/min,编程时可取 $f=220$ mm/min;$v_{f半精}=n_{半精}\times f_{半精}=0.2\times780=156$ mm/min,编程时可取 $f=150$ mm/min;$v_{f切槽}=n_{切槽}\times f_{切槽}=0.05\times370=18.5$ mm/min,编程时可取 $f=20$ mm/min。

(4)数控加工编程指导卡见表 2-5。

表 2-5 数控加工编程指导卡

序号	工序内容	刀号	刀具参数 mm	转速 r·min⁻¹	进给速度 mm·min⁻¹	切削深度 mm	加工方式	备注
01	平端面,车夹头	T02	20×20	500			手动	
02	钻中心孔	T01	4	800			手动	
03	掉头车另一端面	T02	20×20	500			手动	
04	钻中心孔	T01	4	800			手动	
05	粗车 $\phi60$ mm 外圆	T03	20×20	490	220	2	自动	数控程序
06	半精车 $\phi60$ mm 外圆	T03	20×20	180	150	0.3	自动	数控程序
07	掉头粗车 $\phi50$ mm 外圆	T03	20×20	490	220	2.5	自动	数控程序
08	粗车 $\phi50$ mm 外圆	T03	20×20	490	220	2.5	自动	数控程序
09	粗车 $\phi50$ mm 外圆	T03	20×20	490	220	2	自动	数控程序
10	倒角半精车 $\phi50$ mm 外圆	T03	20×20	780	150	0.3	自动	数控程序
11	切空刀槽	T04	20×20	370	20		自动	数控程序

6. 粗、半精车 ϕ50 mm 外圆、倒角及切槽时的参考程序

```
%
O0001；
T0300；
G00 X180. Z318.
M03 S490；
M08；
G00 X60. Z318. ；
G01 Z130. F220；
G00 X62. Z318. ；
X55. ；
G01 Z130. F220；
G00 X57. Z318. ；
X51. ；
G01 Z130. F220；
G00 X62. Z318. ；
S780；
X53. Z316.2；
G01 X49. F150；
X50.4 Z315. ；
Z130. ；
G00 X180. Z318. ；
S370；
T0404；
X63. Z130. ；
G01 X49. F20；
X63. F200（工进退刀，以免打刀）；
G00 X180. Z318. T0400；
M05；
M09；
M30；
```

本节以典型零件——轴类工件的数控车削加工工艺为例，从分析图纸、制定工艺、优选设备、确定装夹方案、确定加工顺序、选择刀具以及选择切削用量等方面进行了全面分析。

2.3.4.2　案例二　组合体零件

组合件由多个零件装配而成，各零件加工后，按图样装配达到一定的技术要求。组合件的组合类型分为圆柱配合、圆锥配合、偏心配合和螺纹配合等。组合件的加工关键是零件配合部位的加工精度，要求确保工件满足相应的装配精度要求。

轴孔配合组合件如图 2-13～图 2-15 所示。毛坯为 ϕ50 mm×115 mm 圆钢，组合件的装配精度如图 2-15 中所述。采用数控车床加工，编写相应的加工程序。

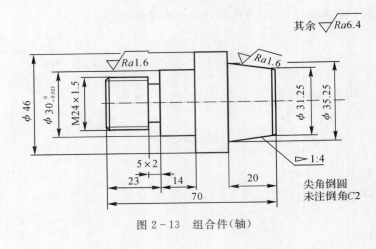

图 2-13　组合件（轴）

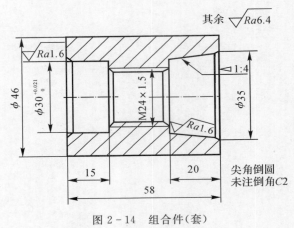

图 2-14　组合件（套）

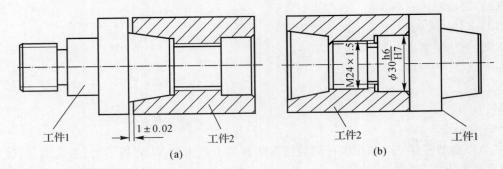

技术要求：

(1)工件1对工件2锥体部分涂色检验,锥面接触面积大于两件之间60%的装配间隙,为(1±0.02)mm。

(2)外锐边及孔口锐边去毛刺。

(3)不允许使用砂布抛光。

图 2-15　组合件装配图

(a)锥面配合；　(b)圆柱面配合

1.零件图及工艺路线分析

轴孔配合件由轴类零件和套类零件组成。由于套类件需加工孔表面,因此一般情况下,套类件的加工难度大于轴类件的加工难度。对于轴孔配合件通常采用先加工套类件,然后再加工轴类件,加工轴件时需保证轴件与套件配合,这样较易保证配合精度。根据上述工艺分析,本案例应该先加工工件 2,然后再加工工件 1。

2.设备和确定装夹方案

根据毛坯尺寸选用经济适用的设备,选用 FTC350 台湾友佳数控车床,主轴的最大回转直径为 350 mm,工件的最大长度为 1 000 mm,伺服电机驱动,主轴转速分三挡,在每挡内都可以无级变速,符合加工要求。

工件锥面可以采用几何计算得出。工件 2 锥孔小径为 $\phi30$ mm,工件 2 锥面外圆小径为 $\phi30.25$ mm。工件 1 和工件 2 均需两次装夹,每次装夹均以工件装夹后的右端面为工件坐标系原点。

3.确定加工顺序

工件 2 的车削步骤如下:

装夹 1:采用三爪卡盘夹持直径为 $\phi50$ mm 的圆钢,圆钢伸出 70 mm。

(1)尾座装夹钻头,手动钻孔 $\phi20$ mm×65 mm。

(2)换外圆车刀,车端面,车 $\phi46$ mm×60 mm 的外圆。

(3)换内孔车刀,车孔 $\phi30$ mm×15 mm,车螺纹底孔,并倒角。

(4)换内螺纹车刀,车 M24 mm 螺纹孔。

(5)换切断刀,切断,保证长度尺寸为 59 mm(留端面余量 1 mm)。

装夹 2:掉头卡 $\phi46$ mm 外圆。

(6)换外圆车刀,车端面。

(7)换内孔车刀,车锥孔面,倒角。

工件 1 的车削步骤如下:

装夹 1:采用三爪卡盘夹持直径为 $\phi50$ mm 的圆钢,圆钢伸出 85 mm。

(1)换外圆车刀,车端面,车外圆。

(2)换槽刀,切槽。

(3)换螺纹车刀,车 M24 mm 螺纹。

(4)换切断刀,圆钢切断。

装夹 2:掉头夹持直径为 $\phi46$mm 的外圆。

(5)换外圆车刀,车端面、锥面和倒角。

4.刀具的选择

刀具参数的选择见表 2-6。

表 2-6　刀具参数表

刀号	刀尖位置	刀具名称	刀具型号	刀尖圆弧	刀补号	加工部位
T01	3	外圆车刀	MDJNR2020K11	0.4	01	外圆、端面
T02	2	内孔车刀	S20S-SCFCR09	0.4	02	孔
T03	3	切断刀	QA2020R04	0.2	03	槽、切断

续表

刀号	刀尖位置	刀具名称	刀具型号	刀尖圆弧	刀补号	加工部位
T04	6	内螺纹车刀	SNR0012K11D－16	0.4	04	M24 mm×1.5 mm 螺纹孔
T05	8	螺纹车刀	SER2020K16T	0.4	05	M24 mm×1.5 mm 螺纹孔

5.切削用量的选择

工件 1 的切削用量选择见表 2－7。

表 2－7　工件 1 工序卡

工步号	工步内容	刀具	切削用量		
			背吃刀量 mm	主轴转速 r·min⁻¹	进给速度 mm·r⁻¹
1	夹 φ50 mm 圆钢，伸出 85 mm，换外圆车刀，车端面，车外圆	T01		600	0.2
2	切槽	T03	1	500	0.1
3	换螺纹车刀，车 M24 mm 螺纹	T05		500	
4	切断	T03	1	500	0.1
5	掉头夹持 φ6 mm 外圆，换外圆车刀，车端面、锥面和倒角	T01	3	600	0.2

6.参考程序

工件 2 的加工程序。

(1)装夹 1 程序:夹持圆钢 φ50 mm 外圆,伸出长度 75 mm,车外圆、锥孔、螺纹底孔。其程序如下:

O0401;程序名为 00401,试件 2 的工序 1 程序

G97 G99 G54 G40 S500 M03;设置工件原点在右端面,保险程序段

(车削外圆及端面程序)

G00 X100. Z200.;定位于换刀点

T0101;换 1 号车刀

G00 X52. Z0;定位端面初始点位置

G01X0F0.1;光端面

G00 Z10.0;Z 向退刀

G00 X52.0 Z5.0;定位到外圆循环起点(52,5)

G90 X46.2 Z－65.0 F0.2;粗车外圆,尺寸 φ50 mm～φ46.2 mm

X46.0 F0.1;精车外圆到尺寸 φ46.0 mm

G00 X100. Z200.;重新定位于换刀点

M00;程序暂停,检查与调整

(车削锥孔,粗车螺纹底孔)

T0202F0.1;换 02 号镗孔刀

G00 X16.0 Z5.0;定位于孔循环起点

G71 U1.0R0.5;粗车参数设置,背吃刀量 1.0 mm,每次退刀 0.5 mm

G71 P10 Q20 U-0.5W0.25;精车轮廓段

N10 G00 G41X35.0Z2.0;建立刀尖圆弧半径补偿,精车开始

G01Z0;定位

X30.0 Z-20.0;车锥面

X24.0;车台阶面

X22.0 Z-21.0;倒角

Z-45;粗车螺纹底孔

X16.0;X 向退刀

N20 G40 Z2.0;取消刀具半径补偿,精车轮廓段结束

G00 X16.0Z2.0;定位到精车循环起点

G70 P10 Q20;精车循环

G00 X37.0 Z1.0;定位到倒角起点

G01X31.0Z-2.0;锥孔口倒角

G00Z200;Z 向退刀

X100M05;回到换刀点;

(切断程序)

T0303;换 03 号切断刀;

G00 X52.0Z-63.0;刀具快速定位到切断起点

G01X16.0 F0.1;切断

G00 Z200.0;Z 向退刀到换刀点

X100.0;X 向退刀到换刀点

M30;程序结束

(2)装夹 2 程序:掉头夹持圆钢 ϕ46mm 外圆,车 ϕ30mm 圆孔、M24 内螺纹。其程序如下:

O0402;程序名为 O0402,试件 2 的工序 2 程序

G97 G99 G54 G40 S500 M03;设置工件原点在右端面,保险程序段

G00 X100. Z200.0;定位于换刀点

T0101F0.1;换 1 号车刀

G00 X52. Z0;定位端面初始点位置

G01X0F0.1;车端面,保证总长 58 mm

G00 Z100.0Z200.0;回换刀点

(车孔程序)

T0202F0.1;换 02 号镗孔刀

G00 X16.0 Z2.0;定位到外圆循环起点(16,2)

G71 U1.0R0.5;粗车参数设置,背吃刀量 1.0 mm,每次退刀 0.5 mm

G71 P30 Q40 U-0.5W0.25;精车轮廓段

N30 G00 G41X34.0Z1.0;建立刀尖圆弧半径补偿,精车开始

G01X30.0Z-1.0;孔口倒角

Z-15.0;车 ϕ30mm 孔

X22.5;车台阶面

Z-45.0;车螺纹底孔

N20 G40 X16.0;取消刀具半径补偿,精车轮廓段结束

G00 X16.0Z2.0;定位到精车循环起点

G70 P30 Q40;精车循环

G00Z200;Z 向退刀

X100;回到换刀点;

M00;程序暂停,用于检查调整

(车内螺纹程序)

T0404;换 4 号螺纹车刀

G00 X20.0 Z2.0;定位到车内螺纹孔循环起点

G92 X22.5 Z-42.0 F1.5;车内螺纹走第一刀

X23.0;第二刀

X23.4;第三刀

X23.7;第四刀

X23.9;第五刀

X24.0;第六刀

X24.0;第七刀重复走刀

G00 X100. Z200.;到换刀点

M30;程序结束

工件 1 的加工程序。

(1)装夹 1 程序:夹持圆钢 ϕ50mm 外圆,伸出长度 80mm,车外圆。其程序如下:

O0403;程序名为 00403,试件 1 的工序 1 程序

G97 G99 G54 G40 S500 M03;设置工件原点在右端面,保险程序段

(车削外圆及端面程序)

G00 X100. Z200.;定位于换刀点

T0101;换 1 号车刀

G00 X52. Z5.0;定位粗车循环起点位置

G71 U2.0R0.5;粗车参数设置,背吃刀量 2.0 mm,每次退刀 0.5 mm

G71 P10 Q20 U0.5W0.2;精车轮廓段

N10 G00 G42X0Z2.0;建立刀尖圆弧半径补偿,精车开始

G01Z0;正常切入

X20.0;光端面

X24.0 Z-2.0;倒角

Z-23.0;车外圆尺寸 ϕ24mm

X28.0;车台阶面

G03 X30.0 Z-24.0R1.0;倒圆角

G01Z－37.0;车外圆尺寸 ϕ30mm

X44.0;车台阶面

G03 X46.0 Z－38.0R1.0;倒圆角

G01Z－75.0;车外圆尺寸 ϕ46mm

N20 G40X52.0;退刀取消刀具半径补偿

G00 X52.0 Z5.0;定位到循环起点

G70 P10Q20;精车循环

G00 X100.0200.0;返回到换刀点

（车削退刀槽程序）

T0303;换 3 号切槽刀

G00 X52.Z－22.0;定位切槽起点位置

G01 X20.0 F0.1;切槽一次

G04X2.0;槽底停留 2s

X32.0;退刀

Z－23.0;定位

X20.0;切槽扩宽度

G04X2.0;槽底停留 2s

X32.0;退刀

G00 Z－200.0;Z 向退刀到换刀点

X300.0;X 向退刀到退刀点

M00;.程序暂停、检查与调整

（车外螺纹程序）

T0505;换 5 号螺纹车刀

G00 X30.0 Z5.0;定位到车外螺纹循环起点

G92 X23.4 Z－21.0 F1.5;车内螺纹走第一刀

X22.8;第二刀

X22.4;第三刀

X22.2;第四刀

X22.1;第五刀

X22.05;第六刀

X22.05;第七刀重复走刀

G00 X100. Z200.;退刀到换刀点

M00;程序暂停、检查与调整

（切断程序）

T0303;换 03 号切断刀;

G00 X52.0Z－74.0;刀具快速定位到切断起点

G01X0F0.1;切断

G00 Z200.0;Z 向退刀到换刀点

X100.0;X 向退刀到换刀点

M30;程序结束

(2)装夹 2 程序:采用软爪,掉头夹持圆钢 ϕ46mm 外圆,伸出 25mm,车锥面。其程序如下:

O0404;程序名为 00404,试件 1 的工序 2 程序

G97 G99 G54 G40 S500 M03;设置工件原点在右端面,保险程序段

G00 X100. Z200.0;定位于换刀点

T0101F0.1;换 1 号车刀

G00 X52. Z5.0;定位粗车循环起点位置

G71 U2.0R0.5;粗车参数设置,背吃刀量 2.0 mm,每次退刀 0.5 mm

G71 P30 Q40 U0.5W0.2;精车轮廓段

N30 G00 G42X0Z2.0;建立刀尖圆弧半径补偿,精车开始

G01Z0;正常切入

X26.25;光端面

X30.25 Z - 20.0;倒角

X35.25 Z - 20.0;锥面

X44.0;车台阶面

G03 X46.0 Z - 21.0R1.0;倒圆角

N40 G40X52.0;Z 向退刀,取消刀具半径补偿

G00 X52.0 Z5.0;定位到外圆循环起点(52,5)

G70 P30Q40;精车循环

G00 X100. Z200.;重新定位于换刀点

M30;程序结束

本节以典型组合体类工件的数控车削加工工艺为例,通过在程序中设置 M00 指令,利用加工过程中的暂停,测量并调整粗加工后的工件尺寸,以保证相应的加工精度。在编制加工程序时,把刀尖作为一个点处理,实际上刀尖是个半径很小的圆弧,它不影响加工圆柱表面的形状,仅影响圆柱表面加工尺寸,可以通过加工中的调整来修正加工尺寸。但是刀尖的圆弧在加工锥面和圆弧表面时,影响加工的形状精度,因此,在加工圆弧面或锥面时必须采用刀尖半径圆弧补偿。本节对锥面的加工程序采用了刀尖半径圆弧补偿,而对圆柱表面的加工没有采用刀尖半径圆弧补偿。

2.4 本 章 小 结

数控车削加工工艺是数控车削加工的前期准备工作。工艺制定得合理与否,对程序编制、加工效率、加工精度等都有重要影响。因此,应遵循一般的工艺原则并结合数控车床的特点,认真而详细地制定好零件的数控车削加工工艺,从而达到最优的加工方案,实现效率的提升和产能的提升。本章主要从数控车削工艺内容、工艺编排以及典型零件工艺制定方法等方面介绍了数控加工工艺基础知识,为后期的数控编程奠定了理论基础。

2.5 课后习题

(1)请对图 2-16 所示的轴零件进行数控车削加工工艺分析。

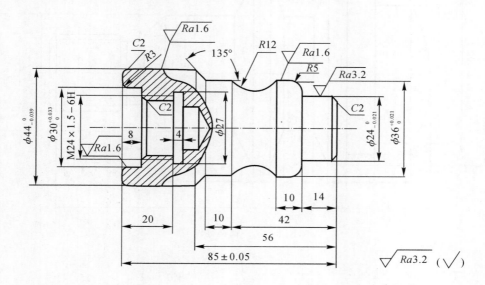

图 2-16　轴类零件

(2)请对图 2-17 所示的套类零件进行数控车削加工工艺分析。

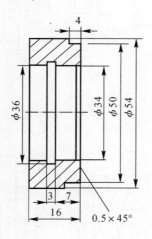

图 2-17　套类零件

(3)请对图 2-18 所示的轴类零件进行数控车削加工工艺分析。

(4)请对图 2-19 所示的组合体零件进行数控车削加工工艺分析。

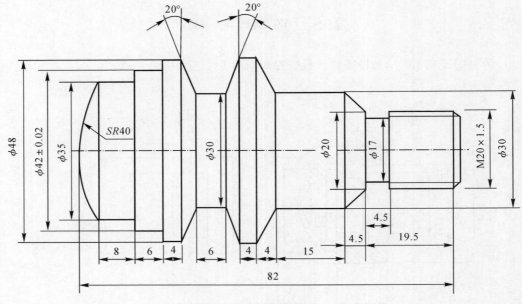

图 2-18　轴类零件

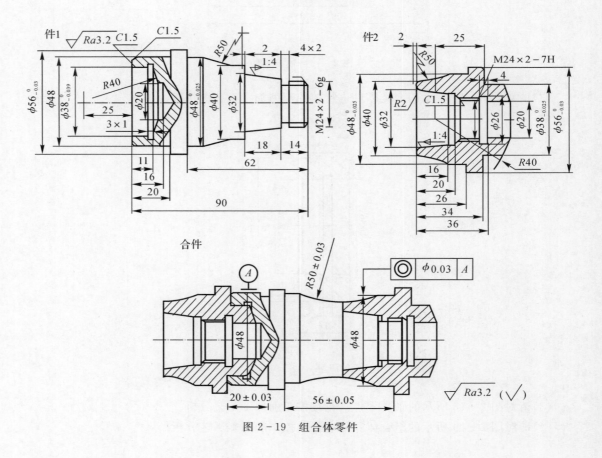

图 2-19　组合体零件

课 程 思 政

世界机床发展简史(二)

18 世纪的英国机械工业的改进和发明接连不断,日新月异,其结果甚至给社会的结构也带来了影响,这就是世界历史上众所周知的英国的工业革命。莫兹利这个名字作为机床之父和机床自然是分不开的。1797 年,莫兹利制成了第一台螺纹切削车床,它带有丝杆和光杆,采用滑动刀架——莫氏刀架和导轨,可车削不同螺距的螺纹,如图 2-20 所示。此后,莫兹利又不断地对车床加以改进。他在 1800 年制造的车床,用坚实的铸铁床身代替了三角铁棒机架,用惰轮配合交换齿轮对代替了更换不同螺距的丝杠来车削不同螺距的螺纹,如图 2-21 所示。这也是现代车床的原型,对英国工业革命具有重要意义。

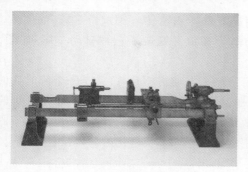

图 2-20　莫兹利 1797 车床

图 2-21　莫兹利 1800 车床

19 世纪,由于各行业的发展,应用于不同类型零件加工的机床相继出现。1817 年,罗伯茨发明了龙门车床,如图 2-22 所示,来自美国的惠特尼制造出了卧式铣床,如图 2-23 所示,这两种机床分别满足了不同行业的零件制造需求。随着工业革命的发展,机床也在不断发展中。

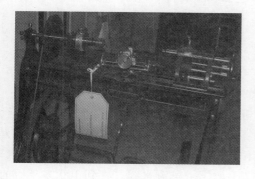

图 2-22　罗伯茨龙门车床

图 2-23　惠特尼卧式铣床

19 世纪最优秀的机械技师惠特沃斯于 1834 年制成了测长机,该测长机可以测量出的长度误差为万分之一英寸左右,如图 2-24 所示。1835 年,惠特沃斯发明了滚齿机,还建议全部的机床生产者都采用同一尺寸的标准螺纹。

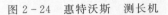

图 2-24 惠特沃斯 测长机

图 2-25 菲奇 转塔式六角车床

为了提高机械化和自动化程度,1845 年,美国的菲奇发明了转塔式六角车床,如图 2-25 所示。1873 年,美国的斯潘塞制成了单轴自动车床,不久他又制成了三轴自动车床,如图 2-26 所示。

随着电动机的发展,机床也由蒸汽动力驱动升级到了电动机驱动,这又是一个跨时代的改进。从人力驱动到水力驱动、从蒸汽驱动到电力驱动,这样的过程人类也走了好几百年的路程。美国人诺顿于 1900 年用金刚砂和刚玉石制成了直径大而宽的砂轮,以及刚度大而牢固的大型磨床,如图 2-27 所示。磨床的发明使机械制造技术进入了精密化的新阶段。

图 2-26 斯潘塞机床

图 2-27 磨床

制造工具的改进也促进了制造方式本身的变化,从 12 h 时生产一台车到 1 h 生产一台车,1908 年 10 月,第一款标准化汽车——福特 T 形车生产流水线诞生了,如图 2-28 所示。

1913 年,福特改革了装配汽车的全过程。用绳子钩住部分组装好的车辆被拖着从工人身旁经过,工人们一次只组装一个部件。这种情况下,福特公司一年就生产出了几十万辆汽车,在当时这是一项极出色的成就,是制造业真正意义上的第一条流水线。直到 100 多年后的今天,汽车装配依然还是使用福特发明的流水线,只是用机器代替了人工。

图 2-28　福特 T 形车生产流水线

诚信篇

成书在理不在势,服人以诚不以言。——苏轼

一言不实,百事皆虚。——邱心如

不信不立,不诚不行。——晁说之

丈夫一言许人,千金不易。——司马光

激浊而扬清,废贪而立廉。——柳宗元

小人重利,廉士重名,贤人尚志,圣人贵精。——庄子

惟天下之至诚,能胜天下之诚者,天之道也;思诚者,人之道也。至诚而不动者,未之有也;不诚,未有能动者也。战国·孟轲至伪;惟天下之至拙,能胜天下之至巧。——《礼记》

天失信,三光不明;地失信,四时不成;人失信,五德不行。——张弧

唯天下至诚,方能经纶天下之大经,立天下之大本。——《中庸》

恭、宽、信、敏、惠。恭则不侮,宽则得众,信则人任焉,敏则有功,惠则足以使人。——孔子

交友篇

朋友,以义合者。——朱熹

君子忌苟合,择交如求师。——贾岛

相识满天下。知心能几人。——冯梦龙

择友如淘金,沙尽不得宝。——李咸用

与朋友交,只取其长,不计其短。——李惺

故人故情怀故宴,相望相思不相见。——王勃

城上高楼接大荒,海天愁思正茫茫。——柳宗元

百人誉之不加密,百人毁之不加疏。——苏洵

君子择交莫恶于易与,莫善于胜己。——王夫之

日落鹧鸪啼庙口,水清斑竹映船窗。——李梦阳

家无担石凌万夫,义重丘山轻一死。——陈子龙

须知胜友真良约,莫作寻常旅聚看。——瞿式耜

天下快意之事莫若友,快友之事莫若谈。——蒲松龄

第3章 数控车削编程基础

数控车削编程是数控加工过程中的重要步骤。用数控机床对零件进行加工时,首先要对零件进行加工工艺分析,以确定加工方法和加工工艺路线,正确地选择数控机床刀具和装夹方式,然后按照加工工艺要求,根据所使用数控机床规定的指令代码及程序格式,将刀具的轨迹、移动量、切削参数(主轴转速、进给量、吃刀深度等)以及辅助功能(换刀、主轴正转/反转、切削液开/关等)编写成加工程序单传送到数控装置中,从而最终完成零件的加工过程。

3.1 数控车削编程概述

3.1.1 数控编程的内容

数控车削编程的流程图如图 3-1 所示。

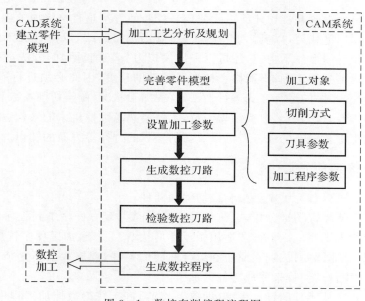

图 3-1 数控车削编程流程图

1.图样分析及工艺处理

在确定加工工艺过程时,编程人员首先应根据零件图样对工件的形状、尺寸和技术要求等进行分析,然后选择合适的加工方案,确定加工顺序和路线、装夹方式、刀具以及切削参数。为了充分发挥数控机床的功能,还应该考虑所用机床的指令功能,选择最短的加工路线,选择合适的对刀点和换刀点,以减少换刀次数。

2. 数值处理

数值处理就是根据图样的几何尺寸,确定的工艺路线及设定好的坐标系,计算工件粗、精加工的运动轨迹,得到刀位数据。零件图样坐标系与编程坐标系不一致时,需要对坐标进行换算。对形状比较简单的零件的轮廓进行加工时,需要计算出几何元素的起点、终点及圆弧的圆心,以及两个几何元素的交点或切点的坐标值,有的还需要计算刀具中心运动轨迹的坐标值。对于形状比较复杂的零件,需要用直线段或圆弧段逼近,然后根据要求的精度计算出各个节点的坐标值。

3. 编写加工程序单

确定好加工路线、工艺参数及刀位数据后,编程人员可以根据数控系统规定的指令代码及程序段格式,逐段编写加工程序单。此外,还应填写有关的工艺文件,如数控刀具卡片、数控刀具明细表和数控加工工序卡片等。随着数控编程技术的发展,现在大部分的机床已经可以直接采用自动编程。

4. 输入数控系统

输入数控系统即把编制好的加工程序通过某种介质传输到数控系统。以前数控机床的程序输入一般使用穿孔纸带,穿孔纸带的程序代码通过纸带阅读器输入数控系统。随着计算机技术的发展,现代数控机床主要利用键盘将程序输入计算机中。随着网络技术在工业领域的应用普及,通过 CAM 生成的数控加工程序还可以通过数据接口直接传输到数控系统中。

5. 程序检验及试切

程序单必须经过检验和试切才能正式使用。检验的方法是直接将加工程序输入数控系统中,让机床空转,即以笔代刀,以坐标纸代替工件,画出加工路线,以检查机床的运动轨迹是否正确。若数控机床有图形显示功能,还可以采用模拟刀具切削过程的方法进行检验。但这些过程只能检验出运动是否正确,不能检查被加工零件的精度,因此必须进行零件的首件试切。试切时,应该以单程序段的运行方式进行加工,监视加工状况,调整切削参数和状态。

从以上内容来看,作为一名数控编程人员,不但要熟悉数控机床的结构、功能及标准,还必须熟悉零件的加工工艺、装夹方法、刀具以及切削参数的选择等方面的知识。

3.1.2 数控编程的种类

数控编程一般可以分为手工编程和自动编程两种。

手工编程是指从零件图样分析、工艺处理、数值计算、编写程序单到程序校核等各步骤的数控编程工作均由人工完成。该方法适用于零件形状不太复杂、加工程序较短的情况,而形状复杂的零件,如具有非圆曲线、列表曲线和组合曲面的零件,或形状虽不复杂但程序很长的零件,则比较适合于用自动编程来完成零件的加工。

数控自动编程是从零件的设计模型(即参考模型)直接获得数控加工程序,其主要任务是计算加工进给过程中的刀位点(Cutter Location Point,CL 点),从而生成 CL 数据文件。采用自动编程技术可以帮助人们解决复杂零件的数控加工编程问题,其大部分工作由计算机来完成,因此编程效率得到大大提高,还能解决手工编程无法解决的许多复杂零件的加工编程问题。

3.1.3 程序的基本构成

数控加工程序由使机床运转而给予数控装置的一系列指令的有序集合构成。一个完整的程序由程序起始符、程序号、程序内容、程序结束和程序结束符五部分组成,如图 3 - 2 所示。

<pre>
程序起始符　％

程序号　　　O0001

            ┌ N01　G92 X30 Y30；
            │
            │ N02　G90 G00 X30 T01 M03；
            │
            │ N03　G01 X8 Y8 F200；
程序内容 ┤ N04　　XO　　YO；
            │
            │ …
            │
            └ N07　G00 X40；

程序结束　　N08　　M30

程序结束符　％
</pre>

图 3 - 2　数控加工程序基本结构

　　根据系统本身的特点及编程的需要,每种数控系统都有一定的程序格式。对于不同的机床,其程序格式也不同,因此编程人员必须严格按照机床说明书规定的格式进行编程,通过这些指令使刀具按直线、圆弧或其他曲线运动,控制主轴的回转和停止、切削液的开关、自动换刀装置和工作台自动交换装置等的动作。

　　(1)程序起始符。程序起始符位于程序的第一行,一般是"％"" ＄ ""P"等。不同的数控机床,起始符也有可能不同,应根据具体数控机床说明书使用。

　　(2)程序号。程序号也称为程序名,是每个程序的开始部分。为了区别存储器中的程序,每个程序都要有程序编号。程序号单列一行,一般有两种形式。一种是以规定的英文字母(通常为大写 O)为首,后面接若干位数字(通常为 2 位或 4 位),如 O0001;另一种是以英文字母、数字和符号"_"混合组成,比较灵活。程序名具体采用何种形式,根据具体的数控系统决定。

　　(3)程序内容。程序内容是整个程序的核心,由多个程序段(Block)组成。程序段是数控加工程序中的一句,单列一行,用于指挥机床完成某一个动作。每个程序段又由若干个指令组成,每个指令表示数控机床要完成的动作。指令由字(word)和";"组成。而字由地址符和数值构成,如 X(地址符)100.0(数值)、Y(地址符)50.0(数值)。字首是一个英文字母,称为字的地址,它还决定了字的功能类别。字的长度和顺序一般不固定。

　　(4)程序结束。在程序末尾一般有程序结束指令,如 M30 或 M02,用于停止主轴、切削液和进给,并使控制系统复位。M30 还可以使程序返回到开始状态,一般在换工件时使用。

　　(5)程序结束符。程序结束符是指程序结束的标记符,一般与程序起始符相同。

3.1.4　典型数控系统指令代码

　　数控系统是数控机床的核心。数控机床根据功能和性能要求配置不同的数控系统。数控系统不同,则其指令代码也有差别,因此,编程时应按所使用数控系统的代码规则进行编程。

　　数控车床常用的功能指令有准备功能 G、辅助功能 M、刀具功能 T、主轴转速功能 S 和进给功能 F。

　　1.准备功能 G 代码

　　准备功能指令由字母(称为地址符)G 和其后的二位数字所组成,从 G00～G99 共 100 种指令。该代码的作用主要是指定数控机床的运动方式,为数控系统的插补运算作好准备,因此在程序段中 G 代码一般位于坐标指令的前面。数控车床数控系统常用的 G 代码见表 3-1。

表 3-1　数控车床编程常用的 G 功能指令代码

代码	功能	是否模态	代码	功能	是否模态
G00	定位(快速定位)	模态	G42	刀尖半径补偿(右)	模态
G01	直线插补	模态	G50	绝对零点编程	非模态
G02	圆弧插补(顺时针)	模态	G70	精加工循环	非模态
G03	圆弧插补(逆时针)	模态	G71	轴向车削	非模态
G04	暂停	非模态	G72	径向车削	非模态
G20	英制数据输入	模态	G73	闭合车削	非模态
G23	存储行程限位 OFF	模态	G76	螺纹切削循环	非模态
G27	返回参考点检查	非模态	G90	切削循环 A(外圆切削)	模态
G28	返回参考点	非模态	G92	螺纹切削循环	模态
G29	离开参考点	非模态	G94	切削循环 B(平面切削)	模态
G30	返回第二参考点	非模态	G96	恒表面速度控制	模态
G32	螺纹切削(直螺纹或锥螺纹)	模态	G97	恒表面速度控制取消	模态
G40	刀尖半径补偿取消	模态	G98	每分钟进给量	模态
G41	刀尖半径补偿	模态	G99	每转进给量	模态

G 代码按其功能的不同分为若干组。G 代码有两种模态,即模态式 G 代码和非模态式 G 代码。非模态式 G 代码只限定在被指定的程序段中有效,模态式 G 代码则具有连续性。

不同的 G 代码在同一个程序段中可以指定多个,但如果在同一个程序中指定了两个或两个以上属于同一组 G 代码时,只有最后面那个 G 代码有效。

2. 辅助功能 M 代码

辅助功能指令由字母(称为地址符)M 和其后的两位数字组成,从 M00~M99 共有 100 种指令。这种指令主要用于机床加工操作时的工艺性指令,常用的 M 代码见表 3-2。

表 3-2　数控车床编程常用的 M 功能指令代码

代码	功能	是否模态	代码	功能	是否模态
M00	程序停止	非模态	M52	自动门开	模态
M01	任选停止	非模态	M53	自动门关	模态
M02	程序结束	非模态	M58	中心架夹紧	模态
M03	主轴正转(顺时针)	模态	M59	中心架放松	模态
M04	主轴反转(逆时针)	模态	M68	液压卡盘夹紧	模态
M05	主轴停止	模态	M69	液压卡盘松开	模态
M08	冷却液开	模态	M74	错误检测开	模态

续表

代码	功　能	是否模态	代码	功　能	是否模态
M09	冷却液关	模态	M75	错误检测关	模态
M10	零件收集器前进	模态	M76	螺纹退刀开	模态
M11	零件收集器后退	模态	M77	螺纹退刀关	模态
M17	两轴选取	模态	M78	尾座套筒前进	模态
M18	三轴选取	模态	M79	尾座套筒后退	模态
M19	主轴分度(仅用于分度型)	模态	M80	快速对刀仪臂伸出	模态
M30	程序结束和倒带	非模态	M81	快速对刀仪臂退回	模态
M31	主轴旋转时互锁(卡盘,尾座)	非模态	M88	主轴缓力夹紧(仅限 CS 型)	模态
M46	程控尾座松开	模态	M89	主轴强力夹紧(仅限 CS 型)	模态
M47	程控尾座夹紧	模态	M90	主轴松开(仅限 CS 型)	模态
M50	棒料进给器夹紧及前进	模态	M98	子程序调用	模态
M51	棒料进给器松开及后退	模态	M99	子程序调用结束	模态
M100	模态待定义 M 代码				

注:

(1)M00 功能。当读到此代码时,主轴停转,冷却液停止。当重新按下控制面板上的"循环启动"按钮,继续执行下一程序段(当测量工件或需要排除切屑时经常使用)。

(2)M01 功能。只有当任选停止开关(拨动开关)打开时,此代码才有效,此时,M01 代码的功能和 M00 代码的功能相同。当关闭任选停止开关时,系统忽略此指令。

(3)M30 功能。程序结束并返回程序的开头。

注意:禁止在含有 S 代码或 T 代码的程序段中编入上述代码,最好将这些代码独自编入一个程序段中。

3. N,F,T,S 功能

(1)N 功能。程序段号是由字母(称为地址符)N 和后面的四位数字来表示的。通常是按顺序在每个程序段前加上编号(顺序号),但也可以只在需要的地方加上编号。

(2)F 功能。F 功能表示进给速度的功能,是由字母(称为地址符)F 和其后面的若干位数字来表示的。

1)每分钟进给量(G98)。系统在执行了有 G98 的程序段后,当遇到 F 指令时,便认为 F 所指定的进给速度单位为 mm/min。例如,F25.54,即为 25.54 mm/min。

G98 被执行一次后,系统将保持 G98 状态,即使断电也不受影响。直至系统又执行了含有 G99 的程序段,此时 G98 便被否定,而 G99 将发生作用。

2)每转进给量(G99)。若系统处于 G99 状态,则认为 F 所指定的进给速度单位为 mm/r。例如,F0.15,即为 0.15 mm/r。如果要取消 G99 状态,就必须重新指定 G98。

(3)T 功能。T 功能表示刀具功能。根据加工需要,在某些程序段编写指令进行选刀和换刀。

刀具功能是用字母(称为地址符)T和其后的四位数字表示的。其中,前两位为刀具号,后两位为刀具补偿号。每一刀具加工结束后必须取消刀具补偿。例如:

N1　G50　　X270.0　　Z400.0

N2　G00　　S2000　　　M03

N3　T0304　　　(3号刀具,4号补偿)

N4　G00　　X40.0　　　Z100.0　　　M08

N5　G01　　Z50.0　　　F2.0

N6　G00　　X270.0　　Z400.0

N7　T0300　　　(3号刀具补偿取消)

(4)S功能。S功能表示主轴功能,主要表示主轴转速或线速度。主轴功能是由字母(称为地址符)S和其后面的数字来表示的。

1)恒线速度控制(G96)。G96是接通恒线速度的指令。系统执行G96后,便认为用S指定的数值表示切削速度。例如,G96 S200表示切削速度为200 m/min。

在恒线速度控制中,数控系统根据刀尖所处的 X 坐标值,作为工件的直径值来计算主轴转速,因此在使用G96指令前必须正确地设定工件坐标系。

2)主轴转速控制(G97)。G97是取消恒线速度控制的指令。此时,S指定的数值表示主轴每分钟的转速。例如,G97　S1200表示主轴转速为1200 r/min。

3)主轴最高速度限定(G50)。G50除有些用于坐标系设定功能外,还有主轴最高转速设定的功能,即用S指定的数值设定主轴每分钟的最高转速。例如,G50 S2000表示把主轴的最高转速设定为2000 r/min。

用恒线速度控制加工端面、锥面和圆弧时,由于 X 坐标不断变化,故当刀具逐渐移动到工件旋转中心时,主轴转速会越来越高,工件就有可能从卡盘中飞出。为了防止出现这类事故,必须限定主轴的最高转速。

3.2　数控车床坐标系统

1.数控车床的坐标轴

数控车床的主轴轴线方向为 Z 轴方向,刀具远离工件的方向为 Z 轴的正方向。X 轴位于与工件安装面相平行的水平面内,垂直于工件旋转轴线的方向,且刀具远离主轴轴线的方向为 X 轴的正方向,如图3-3所示。

2.机床原点、参考点及机床坐标系

机床原点为机床上的一个固定点。数控车床的机床原点定义为主轴旋转中心线与车头端面的交点。机床坐标系原点"O"是制造和调整机床的基础,也是设置工件坐标系的基础,一般不允许变动。如图3-4所示 O 为数控车床坐标系的原点。

参考点也是机床的一个固定点,是与机床原点相对的。它的位置由 Z 向与 X 向的机械挡块来确定的。当进行回参考点的操作时,安装在纵向和横向滑板上的行程开关碰到相应的挡块后,由数控系统发出信号,系统控制滑板停止运动,完成回参考点的操作。

如果以机床原点为坐标原点,建立一个 Z 轴与 X 轴的直角坐标系,则此坐标系就称为机床坐标系。

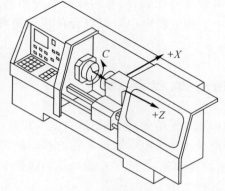

图 3-3　数控车床坐标系

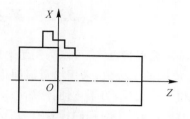

图 3-4　数控车床坐标系原点

3.工件原点和工件坐标系

在工件图样给出以后,首先应找出图样上的设计基准点,其他各项尺寸均是以此点为基准进行标注的。在加工过程中有工艺基准,同时应尽量将工艺基准与设计基准统一,该基准点称为工件原点。以工件原点为坐标原点建立一个 Z 轴与 X 轴的直角坐标系,称为工件坐标系。

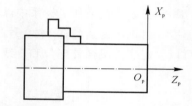

图 3-5　数控车床工件坐标系原点

工件原点是人为设定的,设定的依据是既要符合图样尺寸的标注习惯,又要便于编程。通常情况下,工件原点选择设定在工件右端面、左端面或卡爪的前端面。将工件安装在卡盘上,则机床坐标系与工件坐标系是不重合的。而工件坐标系的 Z 轴一般与主轴线重合,X 轴随工件原点位置不同而异。数控车床工件坐标系的一种表示方法,如图 3-5 所示。

4.绝对坐标和相对坐标

(1)绝对坐标表示法。将刀具运动位置的坐标值表示为相对于坐标原点的距离,这种坐标的表示法称之为绝对坐标表示法。如图 3-6 所示,大多数的数控系统都以 G90 指令表示使用绝对坐标编程。

(2)相对坐标表示法。将刀具运动位置的坐标值表示为相对于前一位置坐标的增量,即为目标点绝对坐标值与当前点绝对坐标值的差值,这种坐标的表示法称之为相对坐标表示法,如图 3-7 所示。

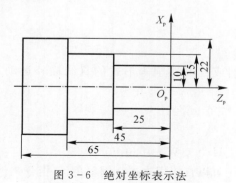

图 3-6　绝对坐标表示法

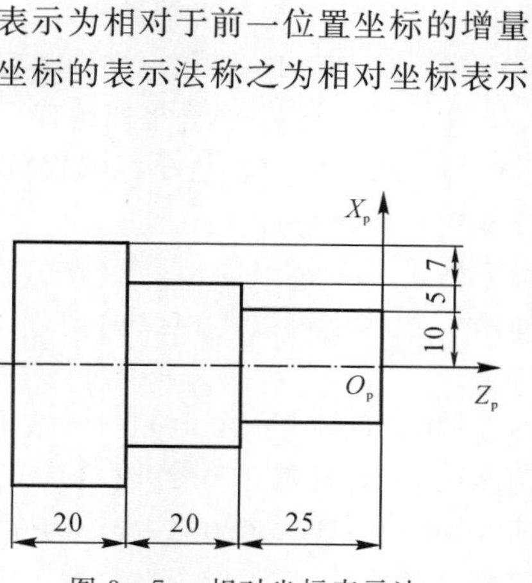

图 3-7　相对坐标表示法

大多数的数控系统都以 G91 指令表示使用相对坐标编程,有的数控系统用 X,Z 表示绝对坐标代码,用 U,W 表示相对坐标代码。在一个加工程序中可以混合使用这两种坐标表示法编程。

3.3 基本指令编程要点

数控车床编程特点:①可以采用绝对值编程和增量值编程,采用绝对值编程时,用 X、Z 表示 X 轴与 Z 轴的坐标值;采用增量值编程时,用 U,W 表示 X 轴与 Z 轴的移动量;②可以采用直径编程和半径编程,为了方便计算,一般采用直径编程;③除了一般简单功能指令外,还具有车削固定循环功能;④编程同样具有刀具位置补偿功能。

1. 快速定位指令 G00

指令格式:G00 X(U)_ Z(W)_;

G00 指令是在工件坐标系中以快速移动速度移动刀具到达坐标轴指定的位置。其中,移动速度是由机床制造商在 1420 号参数中分别对每个坐标轴进行设定。用 1401 号参数的第一位可以设定非直线插补定位和直线插补定位,如图 3-8(a)所示。

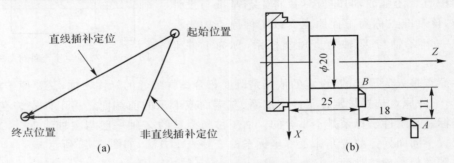

图 3-8 G00 指令一般使用方法
(a)G00 运动方式; (b)示例 1

例 3-1 如图 3-8(b)所示,用快速移动 G00 指令编程。

G00 X20 Z25;(绝对坐标编程)

G00 U-22 W-18;(相对坐标编程)

G00 X20 W-18;(混合坐标编程)

G00 U-22 Z25;(混合坐标编程);

2. 直线插补指令 G01

指令格式:G01 X(U)____ Z(W)____ F ____;

使用 G01 指令可以实现纵向切削、横向切削或锥度切削等形式的直线插补运动,如图 3-9 所示。

图 3-9(a)G01 Z-10.0 F0.2;或 G01 W-15.0 F0.2;

图 3-9(b)G01 X0 F0.2;或 G01 U-65.0 F0.2;

图 3-9(c)G01 X60.0 Z-40.0 F0.2;或 G01 U30.0 W-40.0 F0.2;

需要注意的是,G01 指令在数控车床编程中还可以直接用来进行倒斜角(C 指令)、倒圆角(R 指令),如图 3-10 和图 3-11 所示。

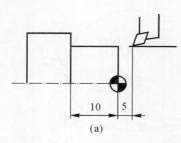 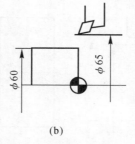 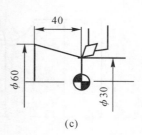

(a)   (b)   (c)

图 3-9   G01 指令一般使用方法

(a)示例 1;   (b)示例 2;   (c)示例 3

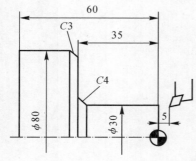

例 3-2:倒角。

G01 Z-35.0 C4.0 F0.2;

X80.0 C-3.0;

Z-60.0;

注:C4.0 倒角,因为 Z 轴切削向 X 轴正向倒角,所以为 C4.0;C-3.0 倒角,因为 X 轴切削向 Z 轴负向倒角,所以为 C-3.0;

图 3-10   G01 倒斜角功能

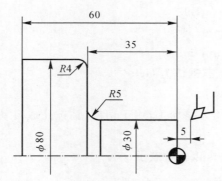

例 3-3:倒圆。

G01 Z-35.0 R5.0 F0.2;

X80.0 R-4.0;

Z-60.0;

图 3-11   G01 倒圆角功能

3.圆弧插补指令 G02,G03

该指令使刀具从圆弧起点沿圆弧移动到圆弧终点。

指令格式:G02 /G03   X(U)__   Z(W)__   R__   F__;

或 G02 /G03   X(U)__   Z(W)__   I__   K__   F__;

例 3-4   如图 3-12 (a)所示。

(1)G02 X80.0 Z-10.0 R10.0;或 G02 U20.0 W-10.0 R10.0;

(2)G02 X80.0 Z-10.0 I10.0 K0;或 G02 U20.0 W-10.0 I10.0 K0;

例 3-5   如图 3-12 (b)所示。

(1)G03 X45.0 Z-35.9 R25.0;或 G03 U45.0 W-35.9 R25.0;

(2)G03 X45.0 Z-35.9 I0 K-25.0;或 G03 U45.0 W-35.9 I0 K-25.0;

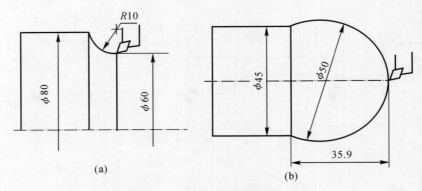

图 3 - 12　G02/G03 圆弧插补功能
(a)示例 1；　(b)示例 2

4. 主轴转速设置 S 指令和转速控制指令 G96、G97、G50

(1)主轴线速度恒定指令 G96。

格式：G96　S＿＿；　　　　S 的单位为 m/min

(2)直接设定主轴转速指令 G97。

格式：G97 S＿＿；　　　　S 的单位为 r/min

(3)G50 也可用在恒线速度加工时限制主轴最高转速。

格式：G50 S＿＿；　　　　S 的单位为 r/min

5. 每转进给指令 G99；每分钟进给指令 G98

格式：G99　F＿＿；　　　　F 的单位为 mm/r

G98　F＿＿；　　　　F 的单位为 mm/min

G98、G99 均为模态指令,机床初始状态默认为 G99；

6. 暂停指令 G04

该指令可以使刀具作短时间的无进给光整加工,用于切槽、钻镗孔或自动加工螺纹,也可用于拐角轨迹控制等场合。

格式：G04　　P＿＿；　　P 的单位为 ms 以整数表示

U＿＿；　　U 的单位为 s

7. 工作坐标系的原点设置指令 G50

格式：G50　X＿＿ Z＿＿；

数控车床亦可通过设置刀具数据来确定工作坐标系原点,如图 3 - 13(a)所示,当执行指令段"G50 X100 Z150；"后,就建立了如图 3 - 13(b)所示的工件坐标系,并将(X100 Z150)点设置为程序零点。(详见机床操作)

8. 工作坐标系的原点设置选择指令 G54～G59

一般数控机床可以预先设定 6 个(G54～G59)工作坐标系,这些坐标系在机床重新开机时仍然存在。

9. 参考点返回指令 G28

该指令使刀具自动返回参考点(一般设置为机床原点)或经过某一中间位置,再回到参考点。

指定格式:G28　X(U)____　Z(W)____　T00;

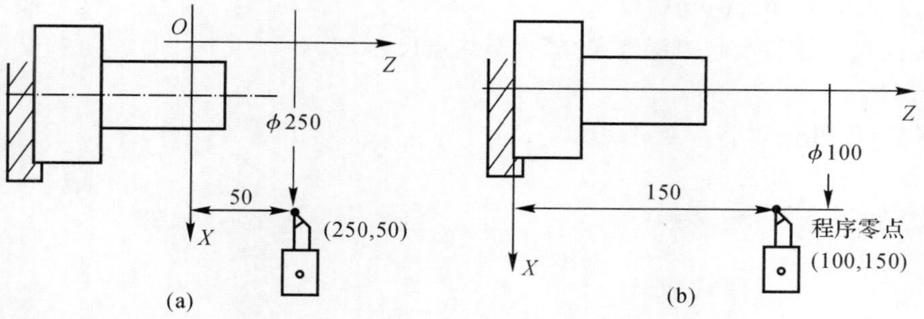

图 3-13　G50 工件坐标系设定功能

(a)用 G50 设置坐标系前；　(b)用 G50 设置坐标系后

10. 螺纹车削加工

在数控车床上用车削的方法可加工直螺纹和锥螺纹。车螺纹的进刀方式有直进式和斜进式,螺纹切削时应注意在两端设置足够的升速进刀段 δ_1(2~5 mm)和降速退刀段 $\delta_2 = (1/4 \sim 1/2)\delta_1$ mm。这两段螺纹导程小于实际的螺纹导程。

(1)螺纹切削指令 G32。G32 指令可车削直螺纹、锥螺纹和端面螺纹(涡形螺纹),其中,起点和终点的 X 坐标值相同(不输入 X 或 U)时,进行直螺纹切削;起点和终点的 Z 坐标值相同(不输入 Z 或 W)时,进行端面螺纹切削;起点和终点 X、Z 坐标值都不相同时,进行锥螺纹切削。G32 进刀方式为直进式。

指令格式:G32X(U)____　Z(W)____　F____;

指令中:X(U)____　Z(W)____为螺纹终点坐标;F____为螺距。

1)直螺纹加工。如例 3-6 所示。

例 3-6　如图 3-14 所示,螺纹外径已车至 29.8 mm;4 mm×2 mm 的槽已加工,此螺纹加工查表知切削 5 次(0.9;0.6;0.6;0.4;0.1),至小径 $d = 30 - 1.3 \times 2 = 27.4$ mm。

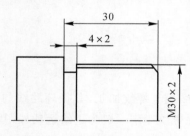

图 3-14　G32 螺纹车削功能指令

程序:　O1;

G00　X32.0　Z5.0;　螺纹进刀至切削起点

　　　X29.1;　　　　　切进

G32　Z-28.0　F2.0;切螺纹

G00　X32.0;　　　　　退刀

　　　Z5.0;　　　　　返回

```
      X28.5;            切进
G32   Z - 28.0  F2.0;切螺纹
…  X 向尺寸按每次吃刀深度递减,直至终点尺寸 27.4
      Z5.0;
      X27.4;切至尺寸
G32   Z - 28.0  F2.0;
G00   X32.0;
      Z5.0;
…
```

2)锥螺纹加工,已知螺距 2 mm,如图 3 - 15(a)所示。需要注意的是,加工锥螺纹时,当其斜角 $\alpha < 45°$ 时,螺纹导程以 Z 轴方向的值指定;当斜角 $45° < \alpha < 90°$ 时,螺纹导程以 X 轴方向值指定,如图 3 - 15(b)所示。

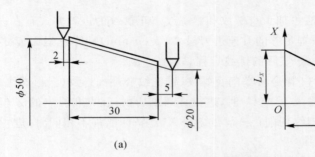

(a)   (b)

图 3 - 15 G32 锥螺纹功能

```
程序 O1;
…
…
Z5.0;
X20.0;                           进刀至尺寸
G32   X50.0   Z - 32.0   F2.0;车螺纹
…
```

(2)螺纹加工循环 G92。G92 用于螺纹加工,其循环路线与单一形状固定循环基本相同。如图 3 - 16 所示,循环路径中,除螺纹车削一般为进给运动外,其余均为快速运动。

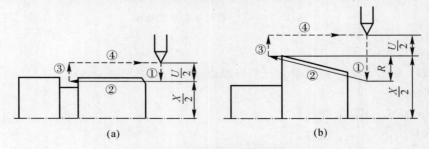

(a)   (b)

图 3 - 16 G92 螺纹切削循环指令
(a)直螺纹; (b)锥螺纹

输入格式:直螺纹　G92　X(U)_____　Z(W)_____　F_____;

　　　　　　锥螺纹　G92　X(U)_____　Z(W)_____　R_____　F_____;

指令中:X(U)_____　Z(W)_____　为螺纹终点坐标;R_____为锥螺纹始点与终点的半径差;F_____为螺距。

例 3-7　如图 3-17 所示,采用 G92 指令进行螺纹车削加工。

程序如下:

O0012;

M3 S300 G0 X150 Z50 T0101;(选择螺纹车刀)

G0 X65 Z5;(快速定位)

G92 X58.7 Z-28 F3;(加工螺纹,分 4 刀切削,第一次进刀 1.3 mm)

X57.7;(第二次进刀 1 mm)

X57;(第三次进刀 0.7 mm)

X56.9;(第四次进刀 0.1 mm)

M30;

11. 刀具功能指令 T 指令

该指令可指定刀具及刀具补偿,如图 3-18 所示。

输入格式:T ××××;

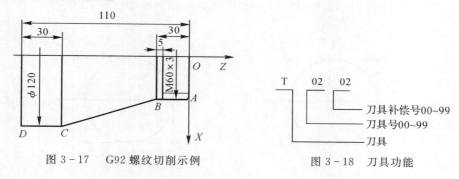

图 3-17　G92 螺纹切削示例　　　　图 3-18　刀具功能

12. 刀具半径补偿功能 G40/G41/G42

(1)刀具半径补偿的作用。如图 3-19 所示,可以提高零件加工精度避免过切与欠切现象。刀具半径补偿的方法是通过键盘输入刀具参数,并在程序中使用刀具半径补偿指令。

(2)刀具参数。刀具参数包括刀尖半径、车刀形状和刀尖圆弧位置。假想刀尖圆弧位置序号共有 10 个(0～9),如图 3-20 所示。

1)G40:取消刀具半径补偿指令;

2)G41:刀具半径左补偿;

3)G42:刀具半径右补偿;

(3) 刀具半径补偿注意事项。加刀具半径补偿或去除刀具半径补偿最好在工件轮廓线以外且未加刀补点至加刀补点距离应大于刀具(尖)半径,未去刀补点至去除刀补点处距离应大于刀具(尖)半径。

在使用 G41 或 G42 指令时,不允许有两句连续的非移动指令,否则刀具就会在前面程序段的终点的垂直位置停止,且容易产生过切或欠切现象。

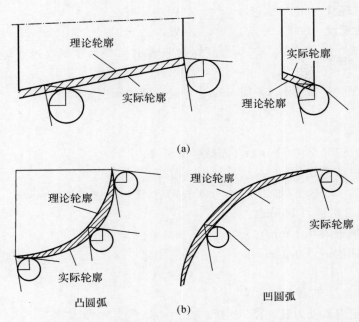

(a)

凸圆弧   凹圆弧

(b)

图 3-19　未使用刀具半径补偿加工的欠切与过切现象

(a)圆锥加工过程中的欠切与过切；　(b)圆弧加工过程中的欠切与过切

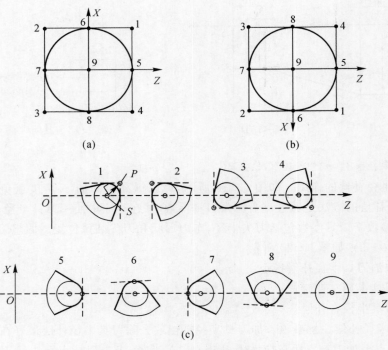

图 3-20　刀尖方位关系

(a)后置刀架方位；　(b)前置刀架方位；　(c)不同类型刀具刀尖

13. 固定循环指令

(1) 单一形状固定循环。单一形状固定循环有三种循环指令，分别是 G90，G92 和 G94，其中，G92 已在螺纹切削部分介绍过。

1) 轴向单一固定循环 G90。

a) 圆柱面切削循环，如图 3-21(a) 所示。

格式：G90 X(U)____ Z(W)____ F____；

$X(U)$，$Z(W)$ 为切削终点坐标。

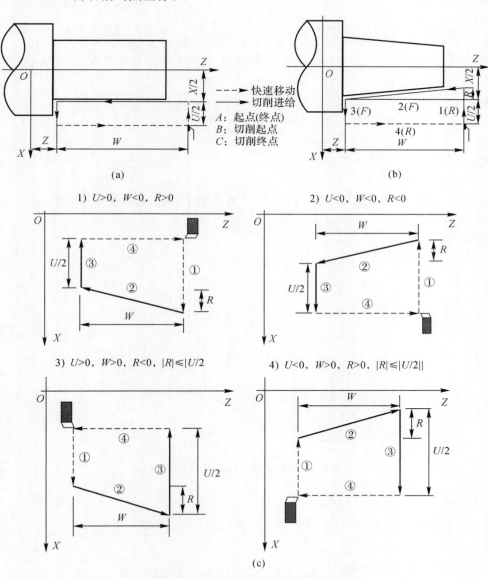

图 3-21　G90 轴向单一固定循环指令

(a) 圆柱面切削循环；　(b) 锥面切削循环；　(c) U，W，R 符号不同时轨迹

b) 锥面车削循环，如图 3-21(b) 所示。

指令格式:G90 X(U)＿＿＿ Z(W)＿＿＿ R＿＿＿ F＿＿＿;

$X(U),Z(W)$ 为切削终点坐标;R(或 I)为圆锥面加工起、终点半径差,有正、负号,其中,U,W,R 为切削终点与起点的相对位置,U,W,R 在符号不同时组合的刀具轨迹如图 3-21(c) 所示。

例 3-8 如图 3-22 所示,毛坯 ϕ125 mm×110 mm,采用 G90 指令进行车削加工。

程序如下:

O0002;

M3 S300 G00 X130 Z3;

G90 X120 Z-110 F200;($A{\to}D,\phi$120 mm 切削)

X110 Z-30;($A{\to}B,\phi$60 mm 切削,分六次进刀循环切削,每次进刀 10 mm)

X100;

X90;

X80;

X70;

X60;

G0 X120 Z-30;

G90 X120 Z-44 R-7.5 F150;($B{\to}C$,锥度切削,分四次进刀循环切削)

Z-56 R-15

Z-68 R-22.5

Z-80 R-30

M30;

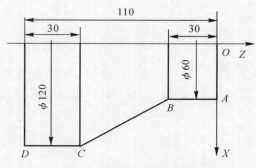

图 3-22 G90 轴向单一固定循环示例

2)径向单一固定循环指令 G94。

a)垂直端面车削固定循环,如图 3-23(a)所示。

指令格式:G94 X(U)＿＿＿ Z(W)＿＿＿ F＿＿＿;

$X(U),Z(W)$ 为切削终点坐标。

b)锥形端面车削固定循环,如图 3-23(b)所示。

指令格式:G94 X(U)＿＿＿ Z(W)＿＿＿ R＿＿＿ F＿＿＿;

$X(U),Z(W)$ 为切削终点坐标;R 为圆锥面起、终点 Z 坐标的差值,有正、负号,如图 3-23(c)所示。

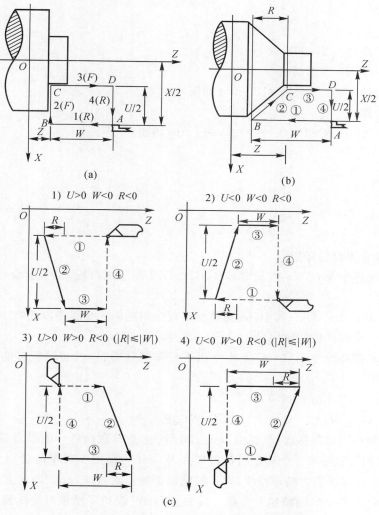

图 3-23   G94 径向单一固定循环指令

(a)圆柱面切削循环；   (b)锥面切削循环；   (c)U,W,R 符号不同时轨迹

例 3-8   如图 3-24 所示,毛坯 $\phi125$ mm×112 mm,采用 G94 指令进行车削加工。

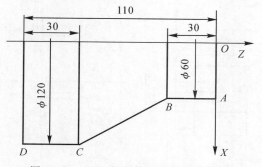

图 3-24   G94 径向单一固定循环示例

程序如下：

O0003；

G00 X130 Z5 M3 S1000；

G94 X0 Z0 F200 端面切削

X120 Z－110 F300；（外圆 ϕ120 mm 切削）

G00 X120 Z0；

G94 X108 Z－30 R－10；（C→B→A，ϕ60 mm 切削）

X96 R－20；

X84 R－30；

X72 R－40；

X60 R－50；

M30；

（2）多重复合固定循环指令

1）精加工循环指令 G70。在采用 G71，G72，G73 指令进行粗车后，配合 G70 指令进行精车循环切削。

指令格式：G70 Pns Qnf；其中，ns 为精加工程序组的第一个程序段的顺序号；nf 为精加工程序组的最后一个程序段的顺序号。

2）轴向粗车循环指令 G71。G71 指令用于粗车圆柱棒料，以切除较多的加工余量，如图 3－25(a)所示。

指令格式：G71 U(Δd) R(e)；

　　　　　　G71 P(ns)　　Q(nf) U(ΔU) W(ΔW) F ___ 　S ___ T ___ ；

其中，Δd 为每次切削深度〈半径值〉，无正负号。e 为每次循环后的退刀量（半径值），无正负号。ns 为精加工程序第一个程序段的段顺序号。nf 为精加工程序最后一个程序段的段顺序号。从 ns 到 nf 程序段为精车路线，即工件精加工的形状数据。ΔU 为 x 方向的精加工余量（直径值）。ΔW 为 Z 方向的精加工余量。其中 ΔU，ΔW 反应了精车时坐标偏移和切入方向，

按 ΔU、ΔW 的符号有四种不同的组合，如图 3－25(b)所示。图中：B→C 为精车轨迹，B′→C′为粗车轮廓，A 为起刀点。

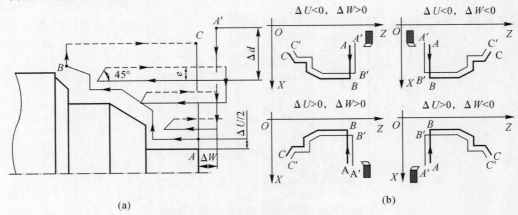

图 3－25　G71 外圆粗车固定循环指令

(a)G71 轴向粗车固定循环刀位轨迹；　(b)ΔU，ΔW 符号不同时轨迹

G71 外圆粗车固定循环指令需要注意以下几个方面：

a. G71 多重循环粗车切削沿平行 Z 轴方向进行，如图 3-25(a)所示。图中 C 点为循环始点，A 点为精车始点，B 点为精车终点，段顺序号 ns 至 nf 之间的程序段是精车路线，即工件精加工的形状数据。在精加工段中首语句只能是 X 方向运动，不能有 Z 向移动。

b. G71 多重循环切除棒料毛坯大部分加工余量，经过 G71 多重循环切削后，工件尚留有精加工余量，即 ΔU 和 ΔW，如图 3-25(b)所示。

c. G71 多重循环编程，要确定循环切削换刀点、循环始点 C、切削始点 A 和切削终点 B 的位置坐标。循环始点 C 的 X、Z 坐标均应位于毛坯尺寸之外。为节省数控机床的辅助工作时间，从换刀点至循环始点 C 使用 G00 快速定位指令，

d. G71 指令程序段中有两个代码 U，前一个表示背吃刀量，后一个表示 X 方向的精加工余量。在程序段中有 P/Q 代码，则代码 U 表示 X 方向的精加工余量，反之表示背吃刀量。背吃刀量无负值。

例 3-9　如图 3-26 所示，毛坯 $\phi100$ mm×170 mm，采用 G94 指令进行车削加工。

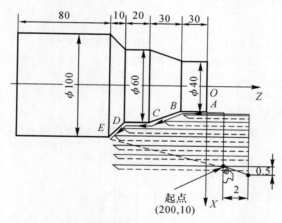

图 3-26　G71 外圆粗车固定循环指令示例

程序如下：

O0004；

G00 X200 Z10 M3 S800；（主轴正转，转速 800r/min）

G71 U2 R1 F200；（每次切深 2 mm，退刀 1 mm，[半径]）

G71 P80 Q120 U0.5 W0.2；（对 A→E 粗车加工，余量 X 方向 0.5 mm，Z 方向 0.2 mm）

N80 G00 X40 S1200；（定位）

G00 Z0

G01 Z-30 F100；（A→B）

X60 W-30；（B→C）精加工路线 A→B→C→D→E 程序段

W-20；（C→D）

N120 X100 W-10；（D→E）

G70 P80 Q120；（对 A→E 精车加工）

M30；（程序结束）

3)径向粗车循环指令 G72。G72 指令适用于圆柱毛坯的端面方向粗车,如图 3-27(a)所示。其中,ΔU,ΔW 反应了精车时坐标偏移和切入方向,按 ΔU、ΔW 的符号有四种不同组合如图 3-27(b)所示。G72 指令的执行过程除了车削是平行于 X 轴进行外,其余参数与 G71 相同。

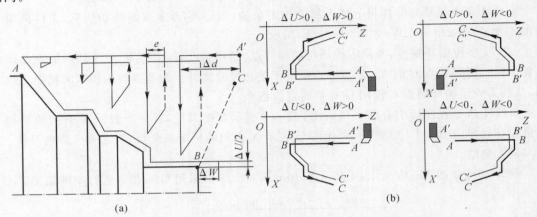

图 3-27 G72 径向粗车固定循环指令

(a)G72 径向粗车固定循环刀位轨迹; (b)ΔU,ΔW 符号不同时轨迹

指令格式:G72   W(Δd) R(Δe)

    G72   P(ns)   R(nf)   U(ΔU)   W(ΔW) F____   S____   T____;

例 3-10   如图 3-28 所示,毛坯 ϕ160 mm×150 mm,采用 G72 指令进行车削加工。

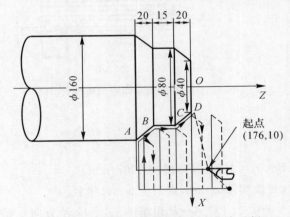

图 3-28 G72 径向粗车固定循环指令示例

程序如下:

O0005;

G00 X176 Z10 M03 S500(换 2 号刀,执行 2 号刀偏,主轴正转,转速为 500 r/min)

G72 W2.0 R0.5 F300;(进刀量 2 mm,退刀量 0.5 mm)

G72 P10 Q20 U0.2 W0.1;(对 A→D 粗车,X 方向留 0.2 mm,Z 方向留 0.1 mm 余量)

N10 G00 Z-55 S800 ;(快速移动)

G00 X160;(定位至 A 点)

G01 X80 W20；(加工 $A \rightarrow B$) 精加工路线程序段

W15；(加工 $B \rightarrow C$)

N20 X40 W20；(加工 $C \rightarrow D$)

G70 P010 Q020 M30；(精加工 $A \rightarrow D$)

4)闭合车削循环指令 G73。G73 指令与 G71，G72 指令功能相同，只是刀具路径是按工件精加工轮廓进行的仿形加工，如图 3 - 29 所示。G73 适用于毛坯轮廓形状与零件轮廓基本接近的毛坯粗加工。例如，一些锻件、铸件的粗车。

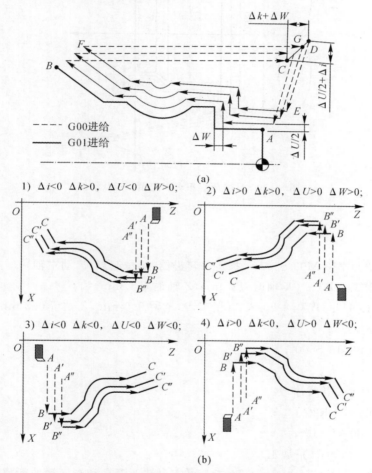

图 3 - 29　G73 闭合粗车固定循环指令

(a)G72 径向粗车固定循环刀位轨迹；　(b)ΔU, ΔW 符号不同时轨迹

指令格式：G73　U(Δi) W(Δk) R＿＿(d)　；

　　　　　G73　P(ns)　Q(nf)　U(ΔU) W(ΔW) F＿＿＿　S＿＿＿　T＿＿＿；

其中：Δi 为 X 轴方向总退刀量(半径值)。Δk 为 Z 轴方向总退刀量。d 为循环次数。ns 为精加工程序第一个程序段的段顺序号。nf 为精加工程序最后一个程序段的段顺序号。从 ns 到 nf 程序段为精车路线，即工件精加工的形状数据。ΔU 为 X 方向的精加工余量(直径值)。ΔW 为 Z 方向的精加工余量。Δi 和 Δk 是精加工时总的切削量(粗车余量)，粗加工次数

为 d，则每次 X 轴和 Z 轴方向的背吃刀量分别为 $\Delta i/d$ 和 $\Delta k/d$。Δi 和 Δk 的设定与工件的背吃刀量有关。

例 3-11 如图 3-30 所示，毛坯 $\phi180$ mm×150 mm，采用 G73 指令进行车削加工。

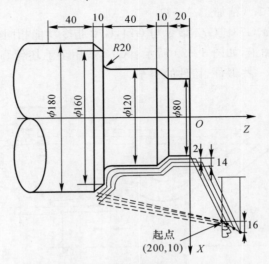

图 3-30 G73 闭合粗车固定循环指令示例

程序：
O0006；
G99 G00 X200 Z10 M03 S500；（指定每转进给，定位起点，启动主轴）
G73 U1.0 W1.0 R3；（X 轴退刀 2 mm，Z 轴退刀 1 mm）
G73 P14 Q19 U0.5 W0.3 F0.3；（粗车，X 轴留 0.5 mm，Z 轴留 0.3 mm 精车余量）
N14 G00 X80 Z0；
G01 W-20 F0.15 S600；
X120 W-10；
W-0；精加工形状程序段
G02 X160 W-20 R20；
N19 G01 X180 W-10；
G70 P14 Q19 M30；（精加工）

5）端面槽切削循环 G74 指令。G74 指令可实现端面深孔和端面槽的断屑加工，Z 向切进一定的深度，再反向退刀一定的距离，从而实现断屑。指定 X 轴地址和 X 轴向移动量，就能实现端面槽加工；若不指定 X 轴地址和 X 轴向移动量，则为端面深孔钻加工，如图 3-22 所示。如果省略 $X(u)$、$P(\Delta i)$ 及 $R(\Delta d)$，结果只能在 Z 轴操作，用于钻孔，如图 3-31 所示。

指令格式：G74　R(Δe)；
　　　　　　G74X(U)____Z(W)____P(Δi) Q(Δk) R(Δd) F(f)；

其中：Δe 为每次沿 Z 方向切削一个 Q 值后的退刀量；X，Z 为绝对值终点坐标尺寸；U，W 为相对值终点坐标尺寸；Δi 为 X 方向每次循环移动量（直径），即 X 方向的每次吃刀深度；Δk 为 Z 方向每次切削量，注：Δi 和 Δk 的编程值以 0.001 mm 为单位；Δd 为切削到终点时 X 方向的退刀量；f 为进给速度。

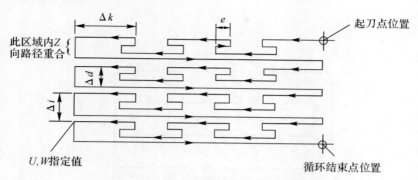

图 3-31　端面槽切削循环 G74 指令

例 3-12　如图 3-32 所示,毛坯 $\phi150$ mm$\times$50 mm,采用 G74 指令进行端面切槽加工。

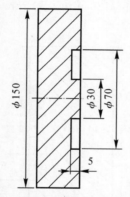

图 3-32　端面槽切削循环 G74 指令示例

程序如下：

T0606；(端面切槽刀,刃口宽 4 mm)

S300 M03；

G00 X30. Z2. ；

G74 R1. ；

G74 X62. Z-5. P3500 Q3000 F0.1；

G00 X200. Z50. M05；

M30；

例 3-13　如图 3-33 所示,毛坯 $\phi50$ mm$\times$70 mm,在工件上加工直径为 $\phi10$ mm 的孔,孔的有效深度为 60 mm,采用 G74 指令进行钻孔加工。

程序如下：

T0505；($\phi10$ mm 麻花钻)

S200 M03；

G00 X0 Z3. ；

G74 R1. ；

G74 Z－64. Q8000 F0.1；

G00 Z100.；

X100. M05；

M30；

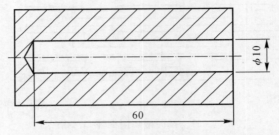

图 3－33　啄式钻孔切削循环 G74 指令示例

例 3－14　如图 3－34 所示,毛坯 ϕ120 mm×50 mm,在工件端面均布槽加工,采用 G74 指令进行端面槽加工。

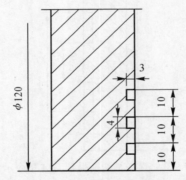

图 3－34　端面均布槽加工 G74 指令示例

程序如下：

T0303；(端面切槽刀,刃口宽 4 mm)

S300 M3；

G00 X60. Z2.；

G74 R1.；

G74 X100. Z－3. P10000 Q2000 F0.1；

G00 Z100.；

X100. M05；

M30；

6)外径、内径槽循环 G75。G75 指令用于内、外径切槽或钻孔,其用法与 G74 指令大致相同。当 G75 用于径向钻孔时,需配备动力刀具,本书只介绍 G75 指令用于加工外径沟槽。如图 3－23 所示,如图 3－35 所示如果省略 Z(ΔW)、Q(Δk)和 R(Δd),则仅有 X 轴移动,则可用于外圆槽的循环加工,如图 3－35 所示。

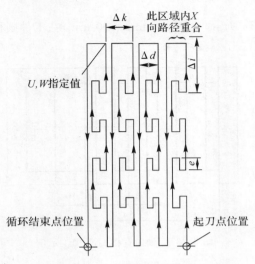

图 3 - 35 外径、内径槽循环 G75

指令格式：G75 R(△e)；

           G75 X(U)＿＿ Z(W)＿＿ P(△i) Q(△k) R(△d) F(f)；

其中，Δe 为每次沿 Z 方向切削一个 Q 值后的退刀量；X,Z 为绝对值终点坐标尺寸；U,W 为相对值终点坐标尺寸；Δi 为 X 方向每次循环移动量（半径），即 X 方向的每次吃刀深度；Δk 为 Z 方向每次切削量，注：Δi 和 Δk 的编程值以 0.001 mm 为单位。Δd 为切削到终点时 X 方向的退刀量；f 为进给速度。

例 3 - 15 如图 3 - 36 所示，毛坯 $\phi 50$ mm×70 mm，在工件外圆柱面上分布较宽槽，采用 G75 指令进行宽槽加工。

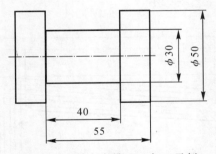

图 3 - 36 轴向宽槽 G75 加工示例

程序如下：

T0202；（切槽刀，刃口宽 5 mm）

S300 M03；

G00 X52. Z-15.；

G75 R1.；

G75 X30. Z-50. P3000 Q4500 F0.1；

G00 X150. Z100. M05；

M30；

例 3 - 16 如图 3 - 37 所示,毛坯 ϕ40 mm×60 mm,在工件圆柱面均布槽加工,采用 G75 指令进行轴向均布槽加工。

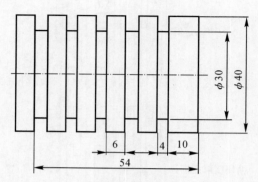

图 3 - 37 轴向宽槽 G75 加工示例

程序如下：

T0202；(切槽刀,刃口宽 4 mm)

S300 M03；

G00 X42. Z - 10. ；

G75 R1. ；

G75 X30. Z - 50. P3000 Q10000 F0.1；

G00 X100. Z100. M05；

M30；

7)螺纹切削复合循环 G76。G76 螺纹切削循环的工艺性比较合理,编程效率较高,螺纹切削循环路线及进刀方法如图 3 - 38 所示。

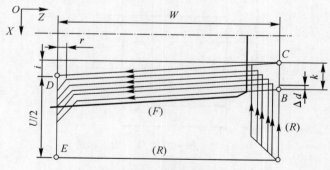

图 3 - 38 螺纹切削复合循环 G76

指令格式：G76 P(m)(r)(α)Q(Δdmin)R(d)

G76 X(U)Z(W)R(i)P(k)Q(Δd)F(L)

其中,m 为精加工重复次数(1～99)。该值是模态的,可以用 5142 号参数设定,由程序指令改变。r 为倒角量。当螺距由 L 表示时,可以设定从 0.0L 到 9.9L,单位为 0.1L(两位数：从 00 到 99)。该值是模态的,可用 5130 号参数设定,由程序指令改变。α 为刀尖角度,可以选择 80°,60°,55°,30°,29°和 0°六种中的一种,由 2 位数规定。该值是模态的,可用参数 5143 号设定,用程序指令改变。m,r 和 α 用地址 P 同时指定。例如,当 $m=2,r=1.2L,\alpha=60°$,指定如下(L 是螺距):P021260;

Δd_{min} 为最小切深(用半径值指定),当第一次循环运行($\Delta d-\Delta d-1$)的切深小于此值时,切深钳在此值。该值是模态的,可用 5140 号参数设定,用程序指令改变。d 为精加工余量。该值是模态的,可用 5141 号参数设定,用程序指令改变。i 为螺纹半径差。如果 $i=0$,可以进行普通直螺纹切削。k 为螺纹高。此值用半径规定。Δd 为第一刀切削深度(半径值)。L 为螺距(同 G32)。

例 3 - 17　如图 3 - 39 所示,毛坯 $\phi30$ mm×60 mm,在工件外圆柱面采用 G76 指令进行外螺纹加工。

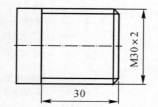

图 3 - 39　G76 螺纹切削复合循环示例

程序如下:

T0303;

S300 M03;

G00 X35. Z3. ;

G76 P021260 Q100 R100;螺纹参数设定,R 为正

G76 X26.97 Z - 30. R0 P1510 Q200 F2. ;

G00 X100. Z100. M05;

M02;

例 3 - 18　如图 3 - 40 所示,毛坯 $\phi50$ mm×60 mm,在工件外圆柱面采用 G76 指令进行内螺纹加工。

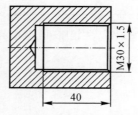

图 3 - 40　G76 螺纹切削复合循环示例

程序如下:

T0303;

S300 M3;

G00 X25. Z4. ;

G76 P021060 Q100 R－100;螺纹参数设定,R 为负

G76 X30. Z－40. P9742 Q200 F1.5;

G00 X100. Z100.;

M05;

M02;

14.子程序

在零件加工时,当某一加工内容重复出现(即工件上相同的切削路线重复)时,可以将此加工内容程序编制出来作为子程序,而在编程时通过主程序进行调用,使程序简化,如图 3－41 所示。

子程序调用:

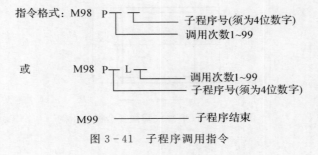

图 3－41　子程序调用指令

例 3－19　如图 3－42 所示,已知毛坯 $\phi32\times80$ mm,一号车刀为外圆车刀,三号车刀为切槽刀,槽宽为 2 mm,试用主程序和子程序进行编程。

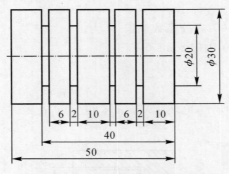

图 3－42　主程序和子程序示例

主程序如下:

O0010;

T0101;选择 1 号车刀

G00 X150.0 Z100.0;

M03 S800 M08 G98;

G00 X35.0 Z0;

G01 X0 F100;平端面

G00 X30.0 Z2.0;点定位

G01 Z－55.0 F100;车外圆

G00 X150.0 Z100.0;返回退刀

X32.0 Z0;点定位

T0303;换 3 号车刀

M98 P15 L2;调用子程序 O0015

G00 X150.0 Z100.0 M09;退刀返回

M30;

子程序如下:

O0015;

G00 W−12.0;

G01 U−12.0 F30;

G04 P1.0

G00 U12;

W−8;

G01 U−12 F30

G04 P1.0;

G00 U12;

M99;

3.4　编程中的数学处理

在加工零件图形之前,必须要先进行编程,但是在编程的过程中通常会遇到某些坐标点的值在图形中是没有被计算出来的,这时候就要涉及数学处理。数学处理的主要任务就是根据图纸上的数据求出编程所需的数据。另外,一般数控系统只能加工直线和圆弧,当工件表面是由其他复杂曲线或曲面构成的时,首先要用直线和圆弧去拟合工件轮廓,这也是数学处理的任务之一。

3.4.1　基点和节点的坐标计算

零件的轮廓是由许多不同的几何元素组成的,如直线、圆弧、二次曲线及列表点曲线等。各几何元素间的连接点称为基点,如两直线的交点,直线和圆弧或圆弧和圆弧之间的交点与切点。显然,相邻基点间只能是一个几何元素。

1. 基点

构成零件轮廓的不同几何素线的交点或切点称为基点。

例 3-20　如图 3-43 所示的零件冬中,A,B,C,D,E 为基点。A,B,D,E 的坐标值从图中很容易确定,C 点是直线与圆弧切点,要联立方程求解。以 B 点为计算坐标系原点,联立下列方程:

$$\begin{cases} \text{直线方程:} & Y=\tan(\alpha+\beta)\cdot X \\ \text{圆方程:} & (X-80)^2+(Y-14)^2=30 \end{cases}$$

可求得 (X,Y) 为 $(64.278\,6,39.550\,7)$,换算到以 A 点为原点的编程坐标系中,C 点坐标为 $(64.278\,6,51.550\,7)$。对于由直线与直线或直线与圆弧构成的平面轮廓零件,由于目前一般机床都有直线、圆弧插补的功能,数值计算较为简单。

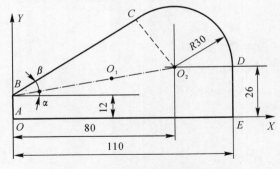

图 3-43 直线—圆弧相切轮廓

2.节点

当采用不具备非圆曲线插补功能的数控机床加工非圆曲线轮廓时,在加工程序的编制中,常常需要用多个直线段或圆弧段去近似地代替非圆曲线,这称为拟合,拟合线段的交点或切点称为节点。

对非圆曲线 $Y = f(X)$ 进行数学处理,实质就是计算各节点坐标,如图 3-44 所示。

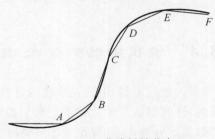

图 3-44 曲线插补节点

对如图 3-44 所示的曲线用直线逼近时,其交点 A,B,C,D,E,F 等即为节点。

编写数控程序时,应按节点划分程序段。逼近线段的近似区间愈大,则节点数目愈少,相应的程序段数目也会减少,但逼近线段的误差 d 应小于或等于编程允许误差 $d_{允}$,即 $d \leqslant d_{允}$。考虑到工艺系统及计算误差的影响,$d_{允}$ 一般取零件公差的 1/5~1/10。

3.4.2 非圆曲线节点坐标的计算

零件轮廓或刀位点轨迹的基点坐标计算一般采用代数法或几何法。代数法是通过列方程组的方法求解基点坐标,这种方法虽然已根据轮廓形状,将直线和圆弧的关系归纳成若干种方式,并变成标准的计算形式,方便了计算机求解,但手工编程时采用代数法进行数值计算还是比较烦琐。根据图形间的几何关系利用三角函数法求解基点坐标,计算比较简单、方便,与列方程组解法比较,工作量明显减少。本节要求重点掌握三角函数法求解基点坐标。

1.非圆曲线节点坐标计算的主要步骤

数控加工中把除直线与圆弧之外可以用数学方程式表达的平面轮廓曲线,称为非圆曲线。其数学表达式可以用直角坐标的形式给出,也可以用极坐标形式给出,还可以用参数方程的形式给出。通过坐标变换,后面两种形式的数学表达式可以转换为直角坐标表达式。

非圆曲线类零件包括平面凸轮类、样板曲线、圆柱凸轮以及数控车床上加工的各种以非圆曲线为母线的回转体零件等。其数值计算过程一般可按以下步骤进行。

(1)选择插补方式,即应首先决定是采用直线段逼近非圆曲线,还是采用圆弧段或抛物线等二次曲线逼近非圆曲线。

(2)确定编程允许误差,即应使 $d \leqslant d_{允}$。

(3)选择数学模型,确定计算方法。在决定采取什么算法时,主要应考虑的因素有两个,其一是尽可能按等误差的条件,确定节点坐标位置,以便最大限度地减少程序段的数目;其二是尽可能寻找一种简便的算法,简化计算机编程,省时快捷。

(4)根据相应的算法,画出计算机处理流程图。

(5)用高级语言编写程序,上机调试程序,并获得节点坐标数据。

2.常用的拟合算法

用直线段逼近非圆曲线,目前常用的节点计算方法有等间距法、等程序段法、等误差法和伸缩步长法;用圆弧段逼近非圆曲线,常用的节点计算方法有曲率圆法、三点圆法、相切圆法和双圆弧法。用直线段逼近非圆曲线时节点的计算,如图 3-45 所示。

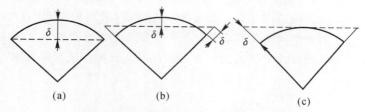

图 3-45　用直线段逼近非圆曲线
(a)弦线逼近;　(b)割线逼近;　(c)切线逼近

(1)等间距直线段逼近的节点计算。等间距法就是将某一坐标轴划分成相等的间距,如图 3-46 所示。

(2)等程序段法直线逼近的节点计算。等程序段法就是使每个程序段的线段长度相等,如图 3-47 所示。

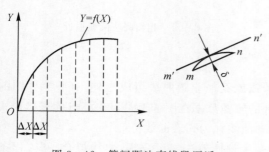

图 3-46　等间距法直线段逼近

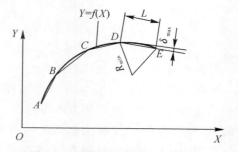

图 3-47　等程序段法直线段逼近

(3)等误差法直线段逼近的节点计算——任意相邻两节点间的逼近误差为等误差。各程序段误差 d 均相等,程序段数目最少,但计算过程比较复杂,必须由计算机辅助才能完成相关的计算。在采用直线段逼近非圆曲线的拟合方法中,是一种较好的拟合方法,如图 3 - 48 所示。

(4)曲率圆法圆弧逼近的节点计算——曲率圆法是用彼此相交的圆弧逼近非圆曲线,其基本原理是从曲线的起点开始,先作与曲线内切的曲率圆,再求出曲率圆的中心,如图 3 - 49 所示。

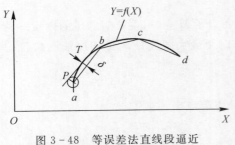

图 3 - 48　等误差法直线段逼近

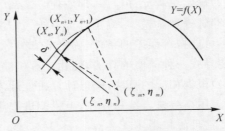

图 3 - 49　曲率圆法圆弧段逼近

(5)三点圆法圆弧逼近的节点计算。三点圆法是在等误差直线段逼近求出各节点的基础上,通过连续三点作圆弧,并求出圆心点的坐标或圆的半径,如图 3 - 50 所示。

(6)相切圆法圆弧逼近的节点计算。如图 3 - 51 所示,采用相切圆法,每次可求得两个彼此相切的圆弧,由于在前一个圆弧的起点处与后一个圆弧的终点处均可保证与轮廓曲线相切,因此,整个曲线是由一系列彼此相切的圆弧逼近实现的。此种方法可简化编程,但计算过程比较烦琐。

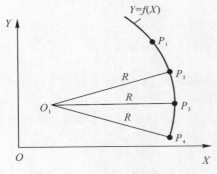

图 3 - 50　三点圆法圆弧逼近

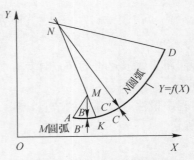

图 3 - 51　相切圆法圆弧逼近

3. 列表曲线型值点坐标的计算

实际零件的轮廓形状,除了可以用直线、圆弧或其他非圆曲线组成之外,有些零件图的轮廓形状是通过实验或测量的方法得到的。零件的轮廓数据在图样上是以坐标点的表格形式给出的,这种由列表点(又称为型值点)给出的轮廓曲线称为列表曲线。

在列表曲线的数学处理方面,常用的方法有牛顿插值法、三次样条曲线拟合、圆弧样条拟合与双圆弧样条拟合等。由于以上各种拟合方法在使用时往往存在着某种局限性,目前处理列表曲线的方法通常采用二次拟合法。

为了在给定的列表点之间得到一条光滑的曲线,对列表曲线逼近一般有以下要求:

(1)方程式表示的零件轮廓必须通过列表点。

（2）方程式给出的零件轮廓与列表点表示的轮廓凹凸性应一致，即不应在列表点的凹凸性之外再增加新的拐点。

（3）光滑性。为使数学描述不过于复杂，通常一个列表曲线要用许多参数不同的同样方程式来描述，希望在方程式的两两连接处有连续的一阶导数或二阶导数，若不能保证一阶导数连续，则希望在连接处两边一阶导数的差值应尽量小。

3.5　本章小结

本章重点对数控编程的内容、编程的方法、数控车削编程的坐标系设定以及基本编程指令进行了详细的讲解，最后对编程中的非圆曲线的处理方法进行了阐述。本章的学习将为后续自动编程奠定良好的理论基础。

3.6　课后习题

（1）数控车削编程的主要内容有哪些？
（2）数控编程的常用方法有哪些？
（3）数控程序的基本构成是什么？数控车削系统坐标系如何确定？
（4）数控车削编程代码指令如何分类？控制运动形式的代码有哪些？
（5）数控编程过程中非圆曲线的处理方法有哪些？各自有什么特点？

课 程 思 政

科技趣闻

世界机床发展简史（三）

持续多年的二战结束后，制造业还是维持在战前的发展水平。操作人员通过手工操作机床，将零件按照设计图纸的要求制作出来。这样的生产方式虽然比起蒸汽时代效率高，但是效率和精度已经很难满足工业发展的需求。二战后各种电动机床如图 3-52 所示。

图 3-52　二战后各种电动机床

随着电子信息技术的发展，世界机床业已进入了以数字化制造技术为核心的机电一体化时代,其中数控机床就是代表产品之一。20 世纪 40 年代末期,美国机械工程人员在直升机螺旋桨回转翼的制造中,为了轮廓切削的加工与成品检验,需要大量精密切削模板与标准样规,这些模板与样规的制造采用传统人工加工,一般是沿着绘制的轮廓边缘进行钻孔,再将其形成的扇形用工具加以精修、修饰磨光使其顺滑。

1947 年,美国的 MR. John T. Parsons 开始计划使用电子计算机来计算切削路径,并使用铣刀沿着计算好的路径做微小增量的移动,以得到平滑与精确的切削轮廓,并简化了模板样规的制作程序。1949 年,麻省理工学院接受美国空军委托,开始根据 Parsons 公司的概念研究数值控制。1952 年,第一台三轴数值控制工作母机问世。

1955 年,美国 Parsons 公司得到了麻省理工大学的协助,将 NC 控制系统安装在美国辛辛那提公司的铣床上,完成了一部商品化的三轴铣床,成为第一部 NC 工作母机。1957 年,由于美国空军任务需要,机械厂全力研究发展数值控制系统,且大部分属于轮廓切削铣床使用。1958 年,Kearney & Trecker 公司成功开发出具有自动刀具交换装置的加工中心机床。同年,麻省理工学院亦完成自动程式设计机(Automatic Programming Tools,APT)。1963—1970 年,世界各 NC 制造商积极地研究并开发 NC 系统的功能,增加金属加工机床的应用范围。近几年来,微处理器发展快速并应用在 NC 控制系统上,使得 NC 系统的功能大大增强。日本富士通(FANUC)公司于 1959 年在 NC 发展史上有两项重大突破性的发明,一是油压脉动电机,其次是代数演算方式脉冲补间回路,使得 NC 控制系统进步神速。

美、德、日三国是当今世上在数控机床科研、设计、制造和使用上技术最先进、经验最多的国家。美国政府重视机床工业,美国国防部等部门也因其军事方面的需求而不断提出机床的发展要求、安排新的科研任务,并且提供充足的经费,还网罗世界各国的人才,特别讲究"效率"和"创新",注重基础科研,因而在机床技术上能够不断创新,如 1952 年研制出世界上第一台数控车床(见图 3 - 53)、1958 年研制出加工中心、20 世纪 70 年代初研制成 FMS、1987 年首创开放式数控系统等。由于美国首先结合汽车、轴承生产需求,充分发展了大量大批生产自动化所需的自动生产线,而且其电子、计算机技术在世界上领先,因此其数控机床的主机设计、制造及数控系统基础扎实,且其一贯重视科研和创新,故其高性能数控机床技术在世界也一直领先。当今美国生产的用于宇航等的高性能数控机床,其存在的缺点是,偏重于基础科研,忽视应用技术,且在 20 世纪 80 年代政府一度放松了引导,致使数控机床产量增加缓慢,于 1982 年被日本超越。从 20 世纪 90 年代起,美国政府纠正过去偏向,在数控机床技术上转向实用,产量又逐渐上升。

图 3 - 53　世界上第一台数控车床

德国政府一贯重视机床工业的战略地位,在多方面大力扶持。于 1956 年研制出第一台数控机床后,德国特别注重科学试验,把理论与实际相结合,基础科研与应用技术科研并重。德国企业与大学科研部门紧密合作,对数控机床的共性和特性问题进行深入的研究,在质量上精益求精。德国的数控机床质量及性能良好、先进实用、货真价实,出口遍及世界,尤其是大型、重型、精密数控机床。德国还特别重视数控机床主机及配套件的先进实用,其机、电、液、气、光、刀具、测量、数控系统和各种功能部件,在质量、性能上居世界前列,如西门子公司的数控系统,均为世界闻名,竞相被采用。

日本政府对机床工业的发展异常重视,通过规划、法规(如"机振法""机电法""机信法"等)引导其发展,在重视人才及机床元部件配套上学习德国,在质量管理及数控机床技术上学习美国,甚至做到了青出于蓝而胜于蓝。日本自 1958 年研制出第一台数控机床后,1978 年其数控机床年产量(7 342 台)超过美国(5 688 台),至今产量和出口量一直居世界首位(2001 年年产量为 46 604 台,出口 27 409 台,占 59%)。日本在机床产业的战略上先仿后创,先生产量大而广的中档数控机床,大量出口,占去世界上的广大市场。在 20 世纪 80 年代开始进一步加强科研,向高性能数控机床发展。日本 FANUC 公司战略正确,仿创结合,针对性地发展市场所需各种低、中高档数控系统,在技术上领先,在产量上居世界第一。该公司现有职工 3 674 人,科研人员超过 600 人,月产机床能力 7 000 套,销售额在世界市场上占 50%,在国内约占 70%,对加速日本和世界数控机床的发展起了重大促进作用。

我国数控技术的发展起步于 20 世纪 50 年代,通过"六五"期间引进数控技术,"七五"期间组织消化吸收"科技攻关"。但是国内数控机床制造企业在中、高档与大型数控机床的研发方面与国外还有明显差距,70% 以上的此类设备和绝大多数的功能部件均需进口。究其原因在于国产数控机床的研究开发深度不够、制造水平依然落后、服务意识与能力欠缺、数控系统生产应用推广不力及数控人才缺乏等。我们应看清形势,充分认识国产数控机床的不足,努力发展自己的先进技术,加大技术创新与培训服务力度,以缩短与发达国家之间的差距。

道德篇

穷不失义,达不离道。——孟轲

仁义为友,道德为师。——史襄哉

君子之守,修其身而天下平。——孟轲

民生各有所乐兮,余独好修以为常。——屈原

德不优者,不能怀远;才不大者,不能博见。——王充

不就利,不违害,不强交,不苟绝,惟有道者能之。——王通

德有余而为不足者谦,财有余而为不足者鄙。——林逋

圆尔道,方尔德;平尔行,锐尔事。——尹喜

金玉满堂莫收,古人安此尘丑。独以道德为友,故能延期不朽。——嵇康

汝若全德,必忠必直,汝若全行,必方必正。——元结

团结篇

单丝不成线,独团结一致,同心同德,任何强大的敌人,任何困难的环境,都会向我们投降。——毛泽东

人众都胜天,天定亦能胜人。——苏轼

本互助博爱之精神,谋团体永久之巩固。——孙中山

麋鹿成群,虎豹避之;飞鸟成列,鹰鹫不击。——刘向

福善之门莫美于和睦,患咎之首莫大于内离。——班固

敌国相观,不观于其山川之崄、士马之众,相观于人而已。——苏洵

能用众力,则无敌于天下矣;能用众智,则无畏于圣人矣。——孙权

在各级党的组织中形成经常健全的、团结一致的、联系群众的领导核心,是极端重要的。——刘少奇

万人操弓,共射一招,招无不中。——吕不韦

第4章 数控车床基本操作

在数控车床操作过程中,要用理论指导实践,然后用实践检验理论的正确性。在操作数控车床之前,一定要仔细阅读数控车床安全操作规程,在生产实践中要不断总结经验,掌握更多的操作知识和技巧。本章重点介绍 FANUC 数控系统的控制面板、菜单功能以及各个按钮的操作使用方法,掌握数控车床的控制面板功能和基本实践操作。

4.1 数控车床基本操作概述

4.1.1 FANUC Oi-TC 系统控制面板

1. 系统控制面板及功能

FANUC Oi 系统的 CRT/MDI 系统控制面板如图 4-1 所示。用操作键盘结合显示屏可以进行数控系统操作,见表 4-1。

图 4-1 FANUC Oi 系统控制面板

表 4-1 操作界面介绍

按钮或按键	键名称与含义
（数字/字母键图）	【数字/字母键】用于输入数据到输入区域(如左图所示),系统可以自动判别取字母还是取数字。字母和数字键通过 SHIFT 键切换输入,如 O—P,7—A
编辑按键 ALTER	【替换键】用输入的数据替换光标所在的数据

续 表

按钮或按键		键名称与含义
编辑按键	【DELETE】	【删除键】删除光标所在的数据,或者删除一个程序,或者删除全部程序
	【INSERT】	【插入键】把输入区之中的数据插入到当前光标之后的位置
	【CAN】	【取消键】消除输入区内的数据
	【EOB E】	【回车换行键】结束一行程序的输入并且换行
	【SHIFT】	【换档键】在有些按键顶部有二个字符,可以通过该键进行字符选择
页面切换键	【PROG】	【程序画面键】程序显示与编辑页面
	【POS】	【位置画面键】位置显示页面。位置显示有三种方式,用 PAGE 按钮选择
	【OFS/SET】	【刀偏/设定画面键】参数输入页面。按第一次进入坐标系设置页面,按第二次进入刀具补偿参数页面。进入不同的页面以后,用 PAGE 按钮切换
	【SYSTEM】	【系统画面键】系统参数页面
	【MESSAGE】	【信息画面键】信息页面,如"报警"
	【CSTM/GR】	【显示图形画面键】图形参数设置页面
	【HELP】	【帮助键】系统帮助页面
	【RESET】	【复位键】按下复位键,可以消除报警等
翻页按键	【PAGE ↑】	向上翻页
	【PAGE ↓】	向下翻页

续 表

按钮或按键		键名称与含义
光标移动按键	↑	向上移动光标
	↓	向下移动光标
	←	向左移动光标
	→	向右移动光标
输入键	INPUT	把输入区内的数据输入参数页面

2.机床操作面板及功能

机床操作面板位于窗口的下侧,如图 4 - 2 所示,主要用于控制机床的运行状态,由模式选择按键、运行控制开关等多个部分组成,每一部分的详细说明见表 4 - 2。

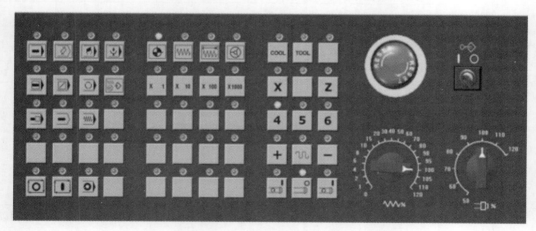

图 4 - 2　FANUC Oi 系统操作面板

表 4 - 2　操作界面介绍

按钮或按键	键的名称与含义
	【AUTO】自动加工模式
	【EDIT】用于直接通过操作面板输入数控程序和编辑程序
	【MDI】手动数据输入

续表

按钮或按键	键的名称与含义
	【INC】增量进给方式
	【HND】手轮模式移动台面或刀具
	【JOG】手动模式,手动连续移动台面和刀具
	【DNC】用232电缆线连接PC机和数控机床,选择程序传输加工
	【REF】回参考点
	【CYCLE START】程序运行开始模式选择,旋钮在"AUTO"和"MDI"位置时按下有效,其余时间按下无效
	【CYCLE STOP】在程序运行中按下此按钮程序停止运行
	【SPDL CW】手动开机床主轴正转
	【SPDL CCW】手动开机床主轴反转
	【SPDL STOP】手动停止主轴
X	X轴方向手动进给键
Z	Z轴方向手动进给键
+	正方向进给键
	快速进给键。在手动方式下,同时按住此键和一个坐标轴点动方向键,坐标轴以快速进给速度移动
−	负方向进给键
X 1	单步进给倍率选择按钮,选择移动机床轴时,每一步的距离:×1为0.001 mm
X 10	单步进给倍率选择按钮,选择移动机床轴时,每一步的距离:×1为0.01 mm
X 100	单步进给倍率选择按钮,选择移动机床轴时,每一步的距离:×1为0.1 mm

续表

按钮或按键	键的名称与含义
X1000	单步进给倍率选择按钮，选择移动机床轴时，每一步的距离：×1 为 1 mm
	按下此键在各轴以固定的速度运动
	手动示教
TOOL	按下此键在刀库中选刀
	程序重启动键。由于刀具破损等原因自动停止后，程序可以从指定的程序段重新启动
	机床锁定开关。按下此键，机床各轴被锁住，只能运行程序
	M01 程序选择停止，程序运行中，遇到 M01 停止
	程序编辑锁定开关。置于"⬜"位置，可编辑或修改程序
	调节程序运行中的进给速度，调节范围从 0～120%。置光标于旋钮上，点击鼠标左键转动
	主轴转速调节旋钮，调节主轴转速，调节范围从 0～120%
	紧急停止旋钮
	把光标置于手轮上，选择轴运动方向，按鼠标左键，移动鼠标，手轮顺时针转，相应轴往正方向移动，手轮逆时针转，相应轴往负方向移动

4.1.2 工件的装夹

选择零件安装方式时,要合理选择定位基准和加紧方案,只要注意以下两点:一是力求设计、工艺与编程计算的基准统一,这样有利于提高编程时数值计算的简便性和精确性;二是在数控机床上加工零件时,为了保证加工精度,必须先使工件在机床上占据一个正确的位置,即定位,然后再将其夹紧。这种定位与夹紧的过程称为工件的装夹。

1.常用数控车床工装夹具

在数控车床车削工件时,要根据工件结构特点和工件加工要求,确定合理的安装方式,选用相应的夹具。如轴类零件的定位方式通常是一端用外圆固定,即用三爪自定心卡盘、四爪单动卡盘或者弹簧套固定工件的外圆表面,但此定位方式对工件的悬伸长度有一定的限制。如果工件的悬伸长度过长,在切削过程中就会产生较大的变形,严重时将无法进行切削。切削长度过长的工件可以采用一夹一顶或者两顶尖装夹。

数控车床或数控卧式车削加工中心常用的装夹方案和通用工装夹具有以下几种。

(1)三爪自定心卡盘。三爪自定心卡盘如图4-3所示,是数控车床最常用的夹具,它限制了工件四个自由度。其特点是可以自定心,加持工件时一般不需要找正,装夹速度快,但夹紧力较小,定心精度不高。它适用于装夹中小型圆柱、正三边或正六边形工件,不适合同轴度要求高的工件的二次装夹。三爪自定心卡盘常见的有机械式和液压式两种。

(2)四爪单动卡盘。四爪单动卡盘装夹是数控车床中最常见的装夹方式。它有四个独立运动的卡盘,因此在装夹工件时每次都必须仔细校正工件的位置,使工件的旋转轴线与车床主轴的旋转轴线重合。用四爪单动卡盘装夹时,夹紧力较大,装夹精度较高,不受卡爪磨损的影响,但夹持工件时需要找正。四爪单动卡盘适于装夹偏心距较小、形状不规则或大型的工件,如图4-4所示。

图4-3　三爪自定心卡盘　　　　　图4-4　四爪单动卡盘

(3)软爪。由于三爪自定心卡盘定心精度不高,当加工同轴度要求高的工件二次装夹时,常常使用软爪,软爪是一种可以加工的卡爪,在使用前根据被加工工件的特点特别制造,如图4-5所示。

2.两顶尖装夹

对于较长的或必须经过多次装夹才能完成加工的轴类工件,如长轴、长丝杠、光杠等细长轴类零件,为了保证每次装夹时的安装精度,可用两顶尖装夹工件。其前顶尖为普通顶尖,装在主轴孔内,并随主轴一起转动,后顶尖为活动顶尖,装在尾架套筒内。工件利用中心孔被顶在前后顶尖之间,并通过鸡心夹头带动旋转。这种方式不需要找正,装夹精度高,如图 4-6 所示。

图 4-5　软爪结构形式

3．一夹一顶

车削较重、较长的轴体零件时要把一端用卡盘夹持夹持住,另一端用顶尖顶住的方式安装工件,这样可使工件更为稳固,从而能选用较大的切削用量进行加工。为了防止工件因为切削力作用而产生的轴向窜动,必须在卡盘内装一限位支承,或用工件的台阶做限位。该装夹方法比较安全,能承受较大的轴向切削力,故应用很广泛,如图 4-7 所示。

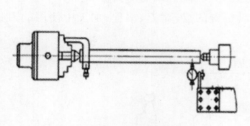

图 4-6　双顶尖装夹

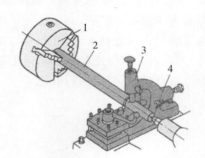

图 4-7　一夹一顶装夹

4.1.3　数控车床的对刀

1．机床原点、机床坐标系、机床参考点

数控编程中一般涉及到编程原点,工件原点和机械原点。编程原点一般指的是在程序开始之前必须确定的坐标系和程序的原点,通常把程序原点确定为便于程序编制和加工的点。在多数情况下,把 Z 轴与 X 轴的交点设置为编程原点。工件原点是编程人员在编制程序时用来确定刀具和程序起点的点,该坐标系的原点可由机床操作人员根据具体情况确定,但坐标轴的方向应与机床坐标系一致并且与之有确定的尺寸关系。机床原点也称为机械原点,它是机床制造厂家设置在机床上的一个物理位置,在数控车床上,机械原点通常位于 X 轴和 Z 轴的正方向的最大行程处,一般设在主轴旋转中心与卡盘后端面的交点处。以机床原点为坐标系原点在水平面内沿直径方向和主轴中心线方向建立起来的 X 轴、Z 轴直角坐标系,称为机床坐标系。其三者关系如图 4-8 所示。

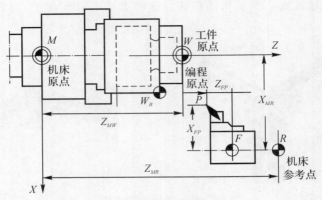

图 4-8　各坐标系之间的关系

2. 对刀操作

（1）对刀的概念。当数控车削加工同一个零件时，往往需要几把不同的刀具，而每把刀具在安装时是根据数控车床装刀要求安装的，当它们转至切削位置时，其刀尖所处的位置各不相同。但是数控系统要求在加工同一个零件时，无论使用哪一把刀具，其刀尖位置在切削前均应处于同一点，否则，零件加工程序就缺少一个共同的基准点。为使零件的加工程序不受刀具安装位置而给切削带来影响，必须在加工程序执行前调整每把刀具的刀尖位置，使刀架转位后，每把刀具的刀尖位置都重合在同一点，这一过程称为数控机床的对刀。

（2）刀位点。刀位点是数控机床上表示刀具位置的点，对刀、编程、加工中使用的刀具均以刀具的刀位点来表示其位置，如图 4-9 所示。

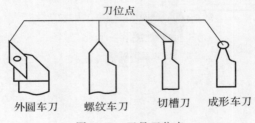

图 4-9　刀具刀位点

（3）对刀的方法。在数控车削加工中，应首先确定零件的加工原点，以建立准确的加工坐标系，同时考虑刀具的不同尺寸对加工的影响。这些都需要通过对刀来解决。对刀的方法因实际情况而异，多种多样。数控车床常采用试切法对刀、机外对刀仪对刀和自动对刀。

1）试切对刀。第一步，平端面 Z 方向对刀。安装好工件和所用刀具后先回参考点，在 MDI 方式下输入主轴转速，并启动程序让主轴转动。使用手轮将刀具移动至工件端面跟前，调整手轮速度，慢慢移动刀具让刀具与端面接触，然后将刀具沿 $+X$ 方向退出，再选择手轮方式 Z，向 $-Z$ 方向前进 0.1 mm，选择手轮方式 X，向 $-X$ 方向切削至零件的旋转中心，再向 $+X$ 方向退出，如图 4-10(a) 所示，这时在数控系统上点击 $\boxed{\text{OFS}\atop\text{SET}}$，再点击屏幕下方的【偏置】→【外形】软按键，将光标移动至与刀号一致的位置号的 Z 位置。使用键盘输入 Z0，然后依次点击操作面板上的【刀具测量】和屏幕下方的【测量】，完成 Z 方向对刀。

　　第二步,车外圆 X 方向对刀。先使用手轮将刀具移动至工件外圆跟前,调整手轮速率,慢慢移动刀具让刀具与外圆接触,然后将刀具沿 $+Z$ 方向退出,再选择手轮方式 X,向 $-X$ 方向前进 0.3 mm,选择手轮方式 Z,向 $-Z$ 方向切削 10 mm,再沿 $+Z$ 方向退出,如图 4-10(b)所示,将主轴停止,使用千分尺测量出车削好外圆的实际直径值并记录下来,这时在数控系统上点击 OFS/SET,再点击屏幕下方的【偏置】→【外形】软按键,将光标移动至与刀号相一致的位置号的 X 位置。使用键盘输入地址 X 和测量出来的外圆实际直径值,然后依次点击操作面板上的【刀具测量】和屏幕下方的【测量】,完成 X 方向对刀。

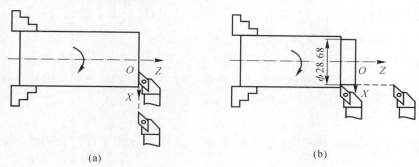

(a)　　　　　　　　　　　　　　　(b)

图 4-10　试切法对刀

(a)Z 方向试切对刀；　(b)X 方向试切对刀

　　2)机外对刀仪对刀。机外对刀仪对刀的本质是测量出刀具假想刀尖点到刀具台基准之间 X 方向及 Z 方向的距离。利用机外对刀仪可将刀具预先在机床外校对好,以便刀具装上机床后直接地对刀长度输入相应的刀具补偿号即可以使用,如图 4-11 所示。

　　3)自动对刀。自动对刀是通过刀尖检测系统实现的,刀尖以设定的速度向接触式传感器接近,当刀尖与传感器接触并发出信号时,数控系统立即记下该瞬间的坐标值,并自动修正刀具补偿值。自动对刀过程如图 4-12 所示。

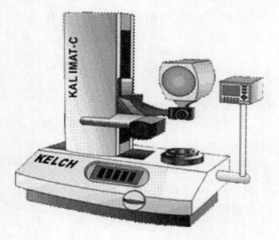

图 4-11　机外对刀仪对刀

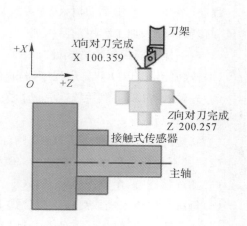

图 4-12　自动对刀

4.1.4　数控车床基本操作流程

数控车床基本操作规程是保证数控车床安全运行的重要措施之一,操作者一定要按操作规程操作。数控车床的一般操作流程如下。

1.编制程序

根据图纸要求编制合理的工件加工程序。

2.开机

先打开机床总电源,然后打开系统电源等待开机,系统启动后打开急停开关,然后点击NC准备好。开机的具体操作步骤如下:

(1)接通机床电源。

(2)按机床操作面板上的"系统启动"键,系统进行自检,自检结束后系统进入待机状态,可以进行正常工作。

3.回参考点

机床启动正常后,必须回参考点,否则系统不允许执行加工程序。回参考点操作步骤如下:

(1)按下回参考点操作按钮【RFE】,此时 X,Z 轴按钮指示灯闪烁。

(2)按一下 X 轴按钮,直至指示灯亮且不再闪烁,X 轴回零操作完成。

(3)按一下 Z 轴按钮,直至指示灯亮且不再闪烁,Z 轴回零操作完成。

(4)回参考点操作完成。

注意及技巧:

(1)一定要习惯先完成 X 轴回零操作,再进行 Z 轴回零操作。

(2)通过指示灯状态或刀架坐标点变化可以确定回零操作的完成情况。

4.输入加工程序

程序较短时可采用手动输入,如果程序较长,则可以用 CF 卡、电脑或者网络进行程序的拷贝和传输。输入加工程序的步骤如下:

(1)按下操作面板编辑方式键"EDIT"。

(2)按功能键"PROG"显示程序编辑界面。

(3)先输入程序名,然后依次完成相关程序的输入。

注意及技巧:

(1)新建的程序名不能与系统中已有的程序名重名。

(2)";"不能作为程序名一同输入,输入程序名后再输入";"则完成程度注册。

(3)熟练掌握"两个删除,两个输入,一个替换,一个换挡"六个键的运用。

(4)每次程序输入完成后按下复位键 RESET 返回程序开头段。

(5)注意输入程序段号,方便查找问题。

5.程序的校验

将机床锁打开,启动加工程序进行模拟运行,以此来检查加工程序是否正确。仿真加工操作步骤如下:

(1)按复位 RESET 键,使光标回程序头。

(2)按 CSTM\GR 功能键,【参数】软键显示毛坯棒料参数,【图形】软键显示毛坯棒料的形状。

(3)按下自动加工 MEM 键,机床锁住、空运行。

(4)按下循环启动按钮,观察程序的运行轨迹,注意警报提示界面信息。

注意及技巧:

(1)根据零件图纸合理设定毛坯棒料的参数。

(2)警告提示只针对程序中指令的错误和程序格式的错误,对程序中坐标错误的提示不全面,特别要求仔细观察程序模拟运行的轨迹。

(3)一定要注意按下机床锁定及空运行键,确保模拟过程中刀架不动。

6. 安装工件、刀具及对刀

加工零件前应先将零件安装在机床上,装好所使用的刀具,手动试切对刀,并准确无误地设定好工件坐标系。

7. 启动加工程序

先关闭防护门,然后点击"自动方式"按钮,再点击"循环启动"键,启动加工程序程序。第一件零件在切削时应采用"单段"模式进行切削,以便再次检查加工程序的正确性。

8. 零件的检测

当零件加工完毕时,要对零件各个尺寸进行精确检测,如有误差还要进行刀具补偿调整,并再次加工,直到零件合格为止。

4.2　斯沃车削数控加工仿真

南京斯沃软件技术有限公司开发的数控车铣及加工中心仿真软件,是结合机床厂家实际加工制造经验所开发的。其中软件包括 8 大类,28 个系统,62 个控制面板。通过在计算机上学习操作该软件,能在很短时间内掌握各系统数控车床、数控铣及加工中心的操作,还可手动编程或读入 CAM 数控加工程序。教师通过网络教学,可随时获得学员当前操作信息。

4.2.1　斯沃数控系统功能简介

1. 斯沃数控车床仿真界面

在斯沃数控仿真系统中,FANUC 数控车床操作面板如图 4-13 所示。

2. 单机版启动界面

斯沃单机版启动界面如图 4-14 所示。

(1)在左边文件框内选择"单机版"。

(2)在右边的条框内选择所要使用的系统名称【FANUC OIT】。

(3)在软件狗加密和"Web 认证"中选择其一。

(4)点击"运行"进入系统界面。

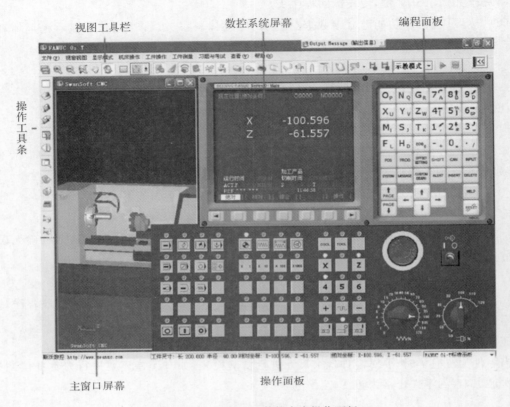

图 4-13 FANUC 数控车床操作面板

图 4-14 斯沃单机版启动界面

3. 工具条和菜单的配置

全部命令可以从屏幕左侧工具条上的按钮来执行。当光标指向各按钮时系统会立即提示其功能名称,同时在屏幕底部状态栏里显示该功能的详细说明。常用工具命令见表 4-3。

表 4-3 工具条命令简介

图标	含 义	图标	含 义	图标	含 义
	建立新 NC 文件		屏幕旋转		刀具显示
	打开保存的文件 （如 NC 文件）		X-Z 平面选择		刀具轨迹
	保存文件 （如 NC 文件）		Y-Z 平面选择		在线帮助
	另存文件		Y-X 平面选择		录制参数设置
	机床参数		机床罩壳切换		录制开始
	刀具库管理		工件测量		录制结束
	工件显示模式		声控	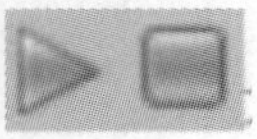	示教功能 开始和停止
	选择毛坯大小、 工件坐标等参数		坐标显示		屏幕放大、缩小
	开、关机床门		冷却水显示		透明显示
	铁屑显示		毛坯显示		ACT 显示
	以固定的顺序来 改变屏幕布置的功能	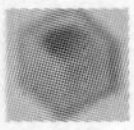	零件显示		屏幕整体放大
	屏幕平移		刀位号显示		屏幕整体缩小

4. 机床参数

单击菜单栏上【机床操作】→机床【参数设置】：拖动"参数设置"对话框中的滑块可选择合适的换刀速度，如图 4-15(a)所示。

单击菜单栏"显示颜色"按钮可以改变视图背景色和刀具路径颜色，如图 4-15(b)所示。

单击菜单"速度控制"按钮可以把仿真软件运行速度和显示精度调整到合适的位置，如图 4-15(c)所示。

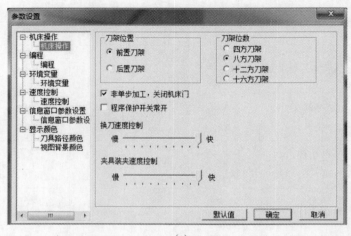

(a)

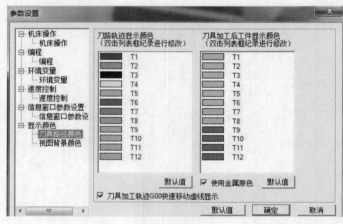

(b)

(c)

图 4-15　机床参数设置

（a）参数设置"机床操作"；　（b）参数设置"显示颜色"；　（c）参数设置"速度控制"

5. 刀具管理

单击菜单栏上【机床操作】→【选择刀具】:弹出"刀具库管理"对话框,可以进行刀具选择,如图 4 - 16 所示。

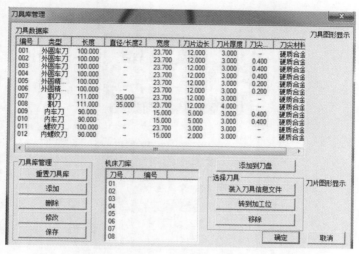

图 4 - 16　刀具库管理

通过单击【添加】按钮,依次输入:

(1)刀具号。

(2)刀具名称。

(3)可选择外圆车刀、割刀、内割刀、钻头、镗刀、丝攻、螺纹刀、内螺纹刀、内圆刀。

(4)可定义各种刀片、刀片边长、厚度。

(5)选确定,即可完成刀具入库工作。

(6)在刀具数据库里选择所需刀具,如 01 刀。

(7)按住鼠标左键拉到机床刀库上。

(8)通过【添加到刀盘】选择刀位号,按【确定】完成刀具创建。

刀具参数设置如图 4 - 17 所示。

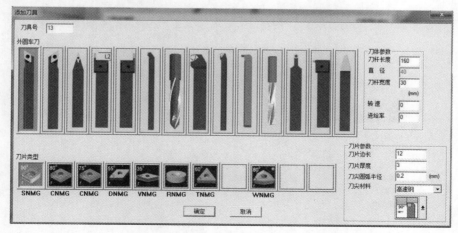

图 4 - 17　刀具参数设置

6. 工件参数及附件

单击菜单栏上【工件操作】→【选择毛坯夹具】：弹出"设置毛坯"对话框，可以进行工件毛坯和夹具类型的设置，如图 4-18 所示。

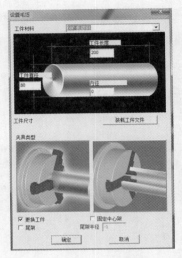

图 4-18　毛坯和夹具设置

通过定义相关参数可以完成毛坯夹具设置。设置步骤如下：

(1)定义毛坯的类型、长度、直径以及材料。

(2)定义夹具。

(3)选择尾架。

(4)选择工件夹具。

7. 工件测量

单击菜单栏上【工件测量】可以进行特征点、特征线、粗糙度分布、角度和距离等项目的测量。工件测量可用计算机数字键盘上的向上、向下、向左和向右光标键测量尺寸，也可利用输入对话框，如图 4-19 所示。

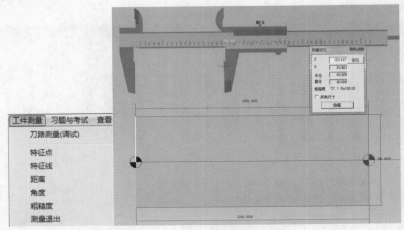

图 4-19　工件测量

4.2.2　数控车床的手动操作

1. 开机

操作步骤：

（1）接通机床电源，打开机床操作面板上的【急停按钮】🔴。

（2）按机床操作面板上的【系统启动】键，系统进行自检，自检结束后系统进入待机状态，可以进行正常工作。

2. 回参考点

机床在开机后必须立即进行回参考点操作。

操作步骤：

（1）按回零键🔵，进入回参考点方式，屏幕左下角显示"REF"。

（2）先按一下方向键+X，然后再按方向键+Z，当机床面板上的"X 零点"和"Z 零点"的指示灯亮时，表示该机床已回参考点。

回参考点应注意的事项：

（1）系统上电后，必须首先进行回参考点操作，如果发生意外而按下急停按钮，则必须重新再回一次参考点。

（2）在回参考点操作之前，应将刀架移到减速开关和负限位开关之间，以便机床在返回参考点过程中找到减速开关。

（3）为保证安全，防止刀架与尾架相撞，在回参考点时应首先沿 $+X$ 方向回参考点，然后再沿 $+Z$ 方向回参考点。

3. 手动移动机床运动轴

（1）点击快速移动按钮〰️，这种方法用于较长距离的工作台移动。

1）首先置"JOG"〰️模式位置。

2）选择各轴，点击方向键 + −，机床各轴移动，松开后停止移动。

3）按〰️键，各轴快速移动。

（2）点击增量移动按钮〰️，这种方法用于微量调整，如用在对基准操作中。

1）置模式在〰️位置：选择 X1 X10 X100 X1000 步进量。

2）选择各轴，每按一次，机床各轴移动一步。

（3）操纵"手脉"按钮◎，这种方法用于微量调整。在实际生产中，使用手脉可以让操作者容易控制和观察机床移动。"手脉"在软件界面右上角《，点击即出现。

4. 开、关主轴

（1）置模式旋钮在"JOG"位置。

（2）按🔲和🔲机床主轴分别正转和反转，按🔲主轴停转。

5. 启动程序加工零件

（1）置模式旋钮在"AUTO"➡️位置。

（2）选择一个程序（参照下面介绍选择程序方法）。

（3）按程序启动按钮🔲。

6.试运行程序

试运行程序时,机床和刀具不切削零件,仅运行程序。

(1)置模式旋钮为 ▭ 自动加工方式。

(2)选择一个程序,如 O0001,然后按 ↓ 向下移动光标键调出程序。

(3)按程序启动按钮循环启动 ▯。

7.单步运行

(1)置单步开关 ▭ 于"ON"位置。

(2)程序运行过程中,每按一次 ▯ 循环启动执行一条指令。

8.选择一个程序。

(1)按程序号搜索。

1)选择模式放在"EDIT"。

2)按 ▭ 键输入字母"O"。

3)按 ▭ 键输入数字"7",输入搜索的号码:"O7"。

4)按 CURSOR:↓ 向下移动光标键开始搜索;找到后,"O7"显示在屏幕右上角程序号位置,"O7"。

5)NC 程序显示在屏幕上。

(2)选择模式 AUTO ▭ 自动加工位置搜索。

1)按 ▭ 键入字母"O"。

2)按 ▭ 键入数字"7",输入搜索的号码:"07"。

3)按 ▭ → ▭ → ▭ "O7"显示在屏幕上。

4)输入程序段号"N30",按 ▭ 搜索程序段。

9.删除程序

(1)删除一个程序。

1)选择模式在"EDIT"。

2)按 ▭ 键输入字母"O"。

3)按 ▭ 键输入数字"7",输入要删除的程序的号码"07"。

4)按 ▭ 键则"07"NC 程序被删除。

(2)删除全部程序。

1)选择模式在"EDIT"。

2)按 ▭ 键输入字母"O"。

3)按数字键输入"-9999"。

4)按 ▭ 键则全部程序被删除。

10.编辑 NC 程序(删除、插入和替代操作)

对系统内存中已有的程序进行编辑和修改。其操作步骤如下:

(1)按 ▭ 编辑键,选择 EDIT 模式。

(2)按 ▭ 程序键,进入程序页面,按 ▭ 键输入地址,按数字键输入需要编辑的 NC 程序名,如"O2",按 ↓ 光标键,屏幕上显示该程序,即可进行编辑。

（3）按 [PAGE] 或 [PAGE] 翻页键，按 [↑] 或 [↓] 移动光标。

（4）删除、插入和替代：

1）按 [DELETE] 删除键，删除光标所在的代码。

2）按 [INSERT] 插入键，把输入域的内容插入光标所在代码后面。

3）按 [ALTER] 替换键，把输入域的内容替代光标所在的代码。

11. 通过操作面板手工输入 NC 程序

（1）置模式开关在"EDIT" [⟨⟩] 编辑状态 。

（2）按 [PROG] 程序键，再按 [DIR] 进入程序页面。

（3）按 [7] 输入"O7"程序名（输入的程序名不可以与已有程序名重复）。

（4）按 [EOB·E] 回车→ [INSERT] 插入键，开始程序输入。

（5）按 [EOB·E] 回车→ [INSERT] 插入键换行后再继续输入。

12. 输入零件原点参数

（1）按 [OFSET·SET] 刀偏键进入参数设定页面，按"坐标系"。

（2）用 [PAGE][PAGE] 翻页键或 [↑][↓] 来选择坐标系。输入地址字(X/Y/Z)和数值到输入域。

（3）按 [INPUT] 输入键，把输入域中的内容输入到指定的位置。

13. 输入刀具补偿参数

（1）按 [OFSET·SET] 刀偏键进入参数设定页面，按" [补正] "。

（2）用 [PAGE] 和 [PAGE] 翻页键选择长度补偿或半径补偿。

（3）用 CURSOR： [↓] 和 [↑] 光标键选择补偿参数编号。

（4）输入补偿值到长度补偿 H 或半径补偿 D。

（5）按 [INPUT] 输入键，把输入的补偿值输入所指定的位置。

14. 位置显示

按 [POS] 位置键切换到位置显示页面。用 [PAGE] 和 [PAGE] 翻页键或者软键进行切换。

15. MDI 手动数据输入

（1）按 [∅] 键，切换到"MDI"模式。

（2）按 [∅] 键，再按 [MDI] → [EOB·E] 分程序段号"N10"，输入程序，如：G0X50。

（3）按 [INSERT] 键，"N10G0X50"程序被输入。

（4）按 [▯] 键，程序启动。

4.2.3　数控车床的仿真对刀

1. 直接用刀具试切对刀

（1）用外圆车刀先试切一外圆，测量外圆直径后，按 [MENU·OFSET] → [形状] →将光标移到与刀位号相对应的位置后，输入"MX 外圆直径值 ϕ"，按 [INPUT] 键，即输入到刀具的几何形状里。

（2）用外圆车刀再试切外圆端面，按 [MENU·OFSET] → [形状] →将光标移到与刀位号相对应的位置后，输入"MZ 0"，按 [INPUT] 键，即输入刀具的几何形状里。

这种方式具有易懂、操作简单、编程与对刀可以完全分开进行等优点。同时，由于在各种组合设置方式中都会用到刀偏设置，因此直接用刀具试切对刀在数控车床对刀中应用最为普遍。

2. 用 G50 设置工件零点

(1)用外圆车刀先试切一外圆,选择■■相对■■、按 ⁱᵤ、按 ᶜᴬᴺ 键置"零",测量外圆直径 ϕ 后,把刀沿 Z 轴正方向退出一点,此处假定为 a 点。选择■手动数据输入模式,输入 G01 U - ϕF0.3 切端面到中心。

(2)选择■模式,输入 G50 X0 Z0,按■循环启动键,把当前点设为零点,此时程序原点与机床原点重合。

(3)选择■模式,输入 G0 X150 Z150,按■循环启动键,使刀具离开工件进刀加工,该点为刀具离开工件、便于换刀的任意位置,此处假设为 b 点,坐标为(150,150)。

(4)这时程序开头为:G50 X150 Z150 ……,即把刀尖所在位置设为机床坐标系的坐标(150,150)。

(5)注意:用 G50 X150 Z150,程序起点和终点必须一致,即 X150,Z150,这样才能保证重复加工不乱刀。

(6)如用第二参考点 G30,即能保证重复加工不乱刀,这时程序开头为:

G30 U0 W0;

G50 X150 Z150;

(7)在 FANUC 系统里,第二参考点的位置在参数里设置,机床对刀完成后(X150,Z150),按鼠标右键出现对话框 ■X:-160.000 Z:-395.833 ▶ 存入第二参考点■,按鼠标左键确认即可。

此方式提供了用手工精确调整起刀点的操作方式,但缺点是起刀点位置要在加工程序中设置,且操作较为复杂。

3. 工件偏移设置工件零点

(1)在 FANUC0i - TC 系统的 ᴹᴱᴺᵁ里,有一"工件偏移"界面,可输入零点偏移值。

(2)用外圆车刀先试切工件端面,这时 X、Z 坐标的位置为(X - 260,Z - 395),把它们直接输入到偏移值里。

(3)选择■回参考点方式,按先■后■轴回参考点,这时工件零点坐标系即建立。

(4)注意:这个零点一直保持,只有重新设置偏移值 Z0 时才清除。

4. G54~G59 设置工件零点

(1)用外圆车刀先试车一外圆,测量外圆直径后,把刀沿 Z 轴正方向退点,切端面到中心。

(2)把当前 X 和 Z 的值输入 G54~G59 里,程序直接调用,如 G54 X50 Z50……

(3)注意:可用 G53 指令清除 G54~G59 工件坐标系。

这种方式适用于批量生产且工件在卡盘上有固定装夹位置的零件加工。一般在铣削加工中用得较多。执行 G54~G59 指令相当于将机床原点移到程序原点。

4.3 车削加工仿真案例

4.3.1 仿真案例 1

例 4 - 1 在 FANUC (Oi)- TC 系统的数控车床上加工如图 4 - 20 所示的轴类零件,毛坯为 ϕ28 mm 塑料,试编制数控车削加工程序并进行单工序车削仿真。

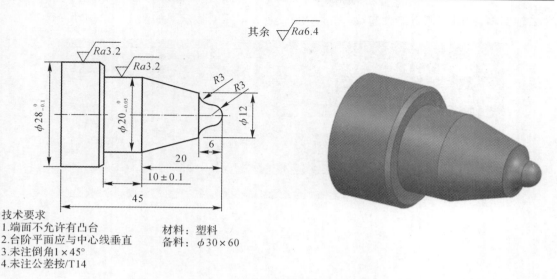

图 4-20　轴一零件单工序

1.打开仿真软件

双击桌面【斯沃数控仿真软件】,进入仿真界面。点击【数控系统】选择机床,此处选择"FANUC-Oi-T"车床,单击【运行】。右击选项,选择[中键旋转],左键平移,如图 4-21 所示。

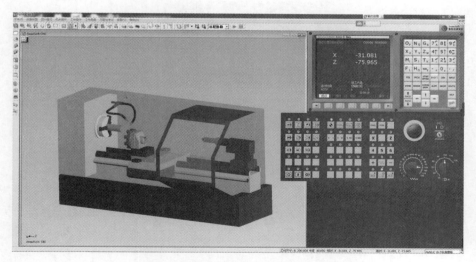

图 4-21　斯沃数控车床仿真界面

2.选择机床

点击操作面板上的控制系统开关按钮██,使电源灯⬛变亮。检查急停按钮是否松开至⬤弹起状态,若未松开,点击急停按钮⬤,将其松开。

3.机床回参考点

在工作方式处点击按钮▨进入手动方式,再按下⬤回参考点,按钮上的灯亮起,进入回零状态。点击按钮█,此时 X 轴将回零,CRT 显示屏上的 X 坐标变为"0";再点击 Z 按钮,可以

将 Z 轴回零,此时回原点灯亮起,如图 4-22(a)所示,CRT 显示屏如图 4-22(b)所示。

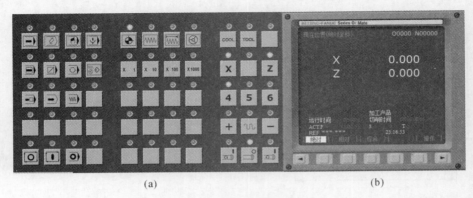

(a)　　　　　　　　　(b)

图 4-22 回零界面

(a)控制面板；　(b)CRT 显示屏

4.定义安装毛坯

单击菜单栏【工件操作】→【设置毛坯】,定义毛坯为【棒】料,长度为"100",直径为"30",【工件材料】选择"08F 低碳钢",单击【确定】按钮。通过【工件操作】→【工件加紧位置微调】可调整零件的伸出长度,如图 4-23 所示。

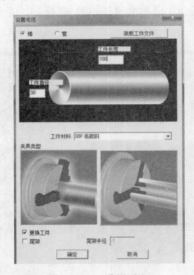

图 4-23　设置毛坯

5.定义刀具

单击菜单栏【机床操作】→【刀具管理】,弹出"刀具库管理"对话框,如图 4-24(a)所示,在【刀具数据库】选择"Tool1"外圆车刀,点击【修改】,弹出"修改刀具"对话框,依次修改【刀具号】【刀杆长度】【刀杆宽度】【刀片类型】【刀片参数】等参数如图 4-24(b)所示。左键选择"Tool1"拖动刀具入库到【机床刀库】1 号位置,通过【添加到刀盘】可以选择刀架上的位置,单击【确定】按钮,完成刀具创建。

6.对刀操作

在工作方式处点击按钮████进入手动方式。通过██ ██方向键，配合██ ██ ██正负快速移动键，将机床移动到如图 4-25(a)所示大致位置。将工作方式切换至██手动数据输入状态，然后在软键盘上单击【PROG】程序按键，在██████████扩展键上选择【MDI】对应按键，让系统切换至MDI输入方式，CRT 显示屏如图 4-25(b)所示，在软键盘上点击██回车键，再按██插入键，输入";"，然后在屏幕提示符下依次输入"S600M03"，按██回车键，再次按██插入键，完成主轴启动指令输入，最后单击控制面板██循环启动按钮，实现主轴的启动。

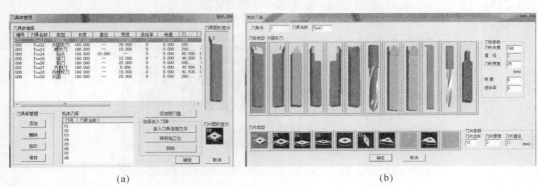

(a)　　　　　　　　　　　　　　　　(b)

图 4-24　刀具参数设置
(a)刀具库管理；　(b)修改刀具

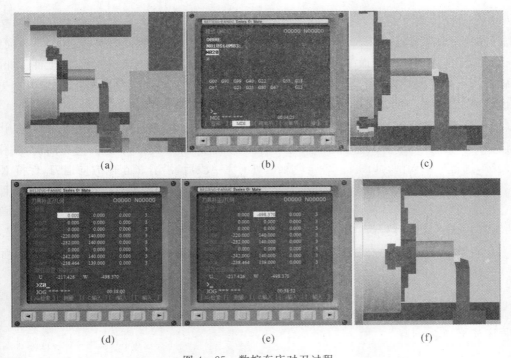

(a)　　　　　　　　　　(b)　　　　　　　　　　(c)

(d)　　　　　　　　　　(e)　　　　　　　　　　(f)

图 4-25　数控车床对刀过程
(a)快速移动逼近工件；　(b)手动数据输入状态；　(c)手动平端面；
(d)输入 ZO 坐标；　(e)测量完成 Z 坐标设定；　(f)慢速移动逼近工件

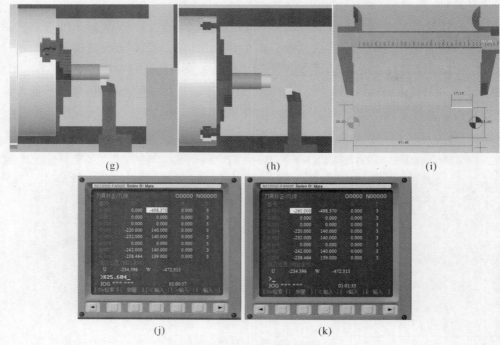

续图 4-25　数控车床对刀过程

(g)外圆切削；　(h)外圆切削；　(i)外径测量；　(g)输入测量 X 坐标值；　(h)测量完成 X 坐标设定

(1)平端面，实现 Z 向对刀：将工作方式按钮切换至⬛手动进给方式，选择⬛方向键，按住⬛负方向键，让刀架接近工件，在切入工件一段后，停止移动，选择⬛方向键，按住⬛负方向键，一直让刀具完成端面的切削加工，如图 4-25(c)所示。最后，按住⬛正向键退出工件。此时，选择软键盘上⬛→⬛补正⬛→⬛形状⬛输入"Z0"，如图 4-25(d)所示。按⬛测量⬛键，即输入到刀具几何形状里，完成 Z 方向的对刀设置，如图 4-25(e)所示。

(2)车外圆，实现 X 向对刀：保持在⬛手动进给方式，选择⬛方向键，按住⬛负方向键，让刀具慢慢接近工件，如图 4-25(f)所示，在切入工件后，停止 X 方向移动，选择⬛方向键，按住⬛负方向键，进行外圆切削，如图 4-25(g)所示，切削完一段后，沿着 Z 正向方向退刀，保持 X 方向不动，退到如图 4-25(h)所示位置，在控制面板上按下⬛键主轴停止。单击菜单栏【工件测量】→【特征线】进行车削段外径的测量，如图 4-25(i)所示，测得直径"25.604 mm"，最后单击【工件测量】→【测量退出】，返回到【刀具补正/几何】界面，在命令提示符下输入"X 25.604"，如图 4-25(j)所示，然后按⬛测量⬛键，即输入到刀具几何形状里，完成 X 方向的对刀设置，如图 4-25(k)所示。

7.输入程序

方法 1：工作方式选择在②编辑状态下，点击软件盘📟程序按键，进行程序的编辑输入。
程序如下：O0001；

　　　　　T0101；

　　　　　M03S800F0.1；

　　　　　G00X35.0；

```
Z5.0;
G71U1.0R0.5;
G71P10Q20U0.1W0.2F0.5;
N10G01X0.0;
Z0.0;
G03X6.0Z-3.0R3.0;
G02X12.0Z-6.0R3.0;
G01X19.975Z-20.0;
Z-30.1;
X27.95;
Z-31.0;
Z-45.0;
N20G00X35.0;
G70P10Q20S1000F0.1;
G00X50.0;
Z100.0;
M30;
```

方法 2:用文本格式将程序编辑好(如编好的文本图标:O0001,如图 4-26(a)所示),单击 开启程序保护锁,工作方式处在 编辑状态下,在提示符下输入"O0001",单击 回车键,最后单击软件盘上 插入键,进行地址登记。选择菜单栏上的【文件】→【打开】,选择桌面上保存的文本程序(注意文件类型过滤),如图 4-26(b)所示。导入程序后加工轨迹在仿真区显示如图 4-26(c)所示。

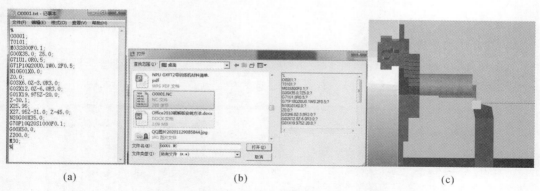

(a)　　　　　　　　　　　　(b)　　　　　　　　　　　　(c)

图 4-26　数控程序导入

(a)程序 G 代码;　(b)打开程序文件;　(c)加工轨迹预览

8.零件加工

将程序调出,按下软键盘上 复位键将光标移动到最上方,选择 自动加工模式,按下控制面板上 自动循环键完成零件的加工,如图 4-27 所示。

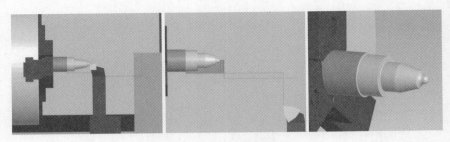

图 4 - 27　加工零件模型

4.3.2　仿真案例 2

例 4 - 2　在 FANUC Oi - TC 系统的数控车床上加工如图 4 - 28 所示的轴二零件，毛坯为 $\phi28$ mm，材料为 45♯钢，试编制数控车削加工程序并进行多工序车削仿真。

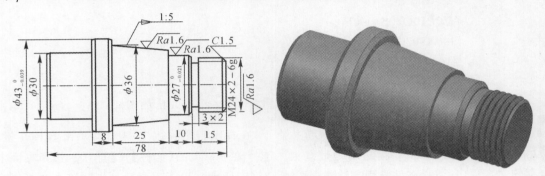

图 4 - 28　轴二零件多工序

1. 工序一

(1)打开仿真软件。

双击桌面【斯沃数控仿真软件】，进入仿真界面。点击【数控系统】选择机床，此处选择"FANUC Oi T"车床，单击【运行】。右击选项，选择中键旋转，左键平移，如图 4 - 29 所示。

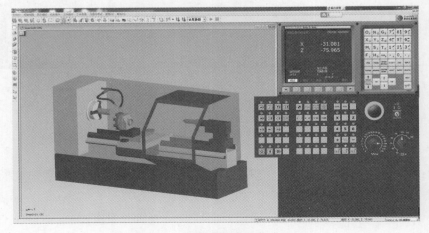

图 4 - 29　斯沃数控车床仿真界面

（2）选择机床。

点击操作面板上的控制系统开关按钮█,使电源灯█变亮。检查急停按钮◉是否松开至弹起状态,若未松开,点击急停按钮◉,将其松开。

（3）机床回参考点

在工作方式处点击按钮███进入手动方式,再按下🔘回参考点,按钮上的灯亮起,进入回零状态。点击方向键按钮█,此时 X 轴将回零,CRT 显示屏上的 X 坐标变为"0",再点击方向键█按钮,可以将 Z 轴回零,此时回原点灯亮起,如图 4 - 30(a)所示,CRT 显示屏如图 4 - 30(b)所示。

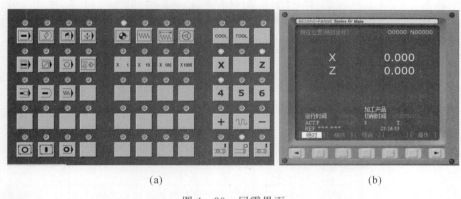

(a)   (b)

图 4 - 30　回零界面

(a)控制面板；　(b)CRT 显示屏

（4）定义安装毛坯。

单击菜单栏【工件操作】→【设置毛坯】,定义毛坯为【棒】料,长度为"100",直径为"45",【工件材料】选择"08F 低碳钢",如图 4 - 31 所示,单击【确定】。通过【工件操作】→【工件加紧位置微调】可调整零件伸出长度。

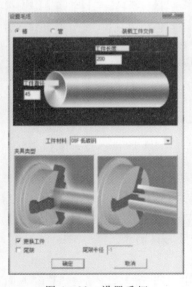

图 4 - 31　设置毛坯

（5）定义刀具。

单击菜单栏【机床操作】→【刀具管理】，弹出"刀具库管理"对话框，如图 4-32（a）所示，在【刀具数据库】选择"Tool1"外圆车刀，点击【修改】弹出"修改刀具"对话框，依次修改【刀具号】【刀杆长度】【刀杆宽度】【刀片类型】【刀片参数】等参数，如图 4-32（b）所示。左键选择"Tool1"拖动刀具入库到【机床刀库】1 号位置，通过【添加到刀盘】可以选择刀架上的位置，单击【确定】按钮，完成 1 号刀具创建。

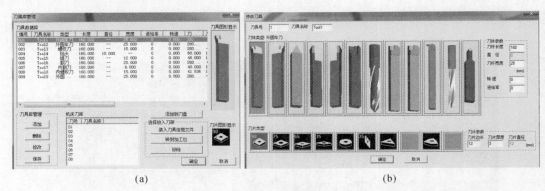

| (a) | (b) |

图 4-32　刀具参数设置

(a)刀具库管理；　(b)修改刀具

同理，在【刀具数据库】选择"Tool6"切槽刀，点击【修改】弹出"修改刀具"对话框，依次修改【刀具号】【刀杆长度】【刀杆宽度】【刀片类型】【刀片参数】等参数，如图 4-33（a）所示。左键选择"Tool6"拖动刀具入库到【机床刀库】2 号位置，通过【添加到刀盘】可以选择刀架上的位置，单击【确定】按钮，完成 2 号刀具创建。

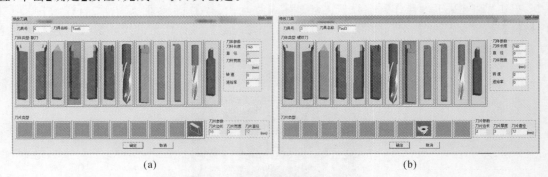

| (a) | (b) |

图 4-33　刀具参数设置

(a)切槽刀创建；　(b)外螺纹刀具创建

同理，在【刀具数据库】选择"Tool3"外螺纹车刀，点击【修改】弹出"修改刀具"对话框，依次修改【刀具号】【刀杆长度】【刀杆宽度】【刀片类型】【刀片参数】等参数如图 4-33（b）所示。左键选择"Tool3"拖动刀具入库到【机床刀库】3 号位置，通过【添加到刀盘】可以选择刀架上的位置，单击【确定】按钮，完成 3 号刀具创建。

（6）对刀操作。

在工作方式处点击按钮▓进入手动方式。通过▓ x ▓ z 方向键，配合 + ▓ - 正负快速移动键，将机床移动到如图 4-25(a)所示大致位置。将工作方式切换至手动数据输入状态,然后在软键盘上单击【PROG】程序按键,在扩展键上选择【MDI】对应按键,让系统切换至 MDI 输入方式,CRT 显示屏,如图 4-25(b)所示,在软键盘上点击回车键,再按插入键,输入";",然后在屏幕提示符下依次输入"S600M03",按回车键,再次按插入键,完成主轴启动指令输入,最后,单击控制面板循环启动按钮,实现主轴的启动。

1)平端面,实现 Z 向对刀:将工作方式按钮切换至手动进给方式,选择方向键,按住负方向键,让刀架接近工件,在切入工件一段后,停止移动,选择方向键,按住负方向键,一直让刀具完成端面的切削加工,如图 4-25(c)所示。最后,按住正向键退出工件。此时,选择在软键盘上→补正→形状输入"Z0",如图 4-25(d)所示。按键,即输入到刀具几何形状里,完成 Z 方向的对刀设置,如图 4-25(e)所示。

2)车外圆,实现 X 向对刀:保持在手动进给方式,选择方向键,按住负方向键点动方式,让刀具慢慢接近工件,如图 4-25(f)所示,在切入工件后,停止 X 方向移动,选择方向键,按住负方向键,进行外圆切削,如图 4-25(g)所示,切削完一段后,沿着 Z 正向方向退刀,保持 X 方向不动,退到如图 4-25(h)所示的位置,在控制面板上按下按键主轴停止运输。单击菜单栏【工件测量】→【特征线】进行车削段外径的测量,如图 4-25(i)所示,测得直径为"43.274 mm",最后单击【工件测量】→【测量退出】,返回到【刀具补正/几何】界面,在命令提示符下输入"X43.274",如图 4-25(j)所示,然后按键,即输入到刀具几何形状里,完成 X 方向的对刀设置,如图 4-25(k)所示。

(7)输入程序。

方法 1:工作方式选择在编辑状态下,点击软件盘编程按键,进行程序的编辑输入,见表 4-4。

表 4-4　左端外轮廓加工程序

序号	程　序	序号	程　序
N005	T0101	N100	X41
N010	G00X100Z80	N110	X43Z-21
N020	M03S800	N120	Z-32
N030	X47Z2	N130	G00X47
N040	G71U1.5R1	N140	M03S1200
N050	G71P60Q120U0.5W0F0.2	N150	G70P60Q120F0.1
N060	G00X28	N160	G00X100Z80
N070	G1Z0	N170	M05
N080	G01X30Z-1	N180	M30
N090	Z-20	N190	

方法 2：用文本格式将程序编辑好（如编好的文本图标：O0001，如图 4-34（a）所示），单击 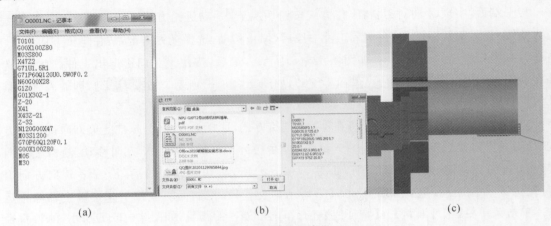开启程序保护锁。工作方式处在 编辑状态下，在提示符下输入"O0001"，单击 回车键，最后单击软件盘上 插入键，进行地址登记。选择菜单栏上的【文件】→【打开】选择桌面上保存的文本程序（注意文件类型过滤），如图 4-34（b）所示。导入程序后加工轨迹在仿真区显示如图 4-35（c）所示。

(a)　　　　　　　　(b)　　　　　　　　(c)

图 4-34　数控程序导入

（a）程序 G 代码；　（b）打开程序文件；　（c）加工轨迹预览

（8）零件加工。

将程序调出，按下软键盘上 复位按键将光标移动到最上方，点击 进入自动加工模式，按下控制面板上 自动循环键完成零件的加工。

（9）零件模型

加工出的零件模型如图 4-35 所示。

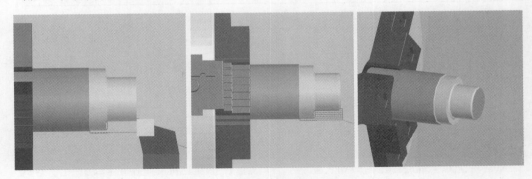

图 4-35　加工出的零件模型

2. 工序二

（1）工件掉头。

单击菜单栏【工件操作】→【工件掉头】，单击【确定】。通过【工件操作】→【工件加紧位置微调】可调整零件伸出长度，如图 4-36 所示。

（2）测量工件。

单击菜单栏【工件测量】→【特征线】进行车削段外径的测量，如图 4-37 所示，在"测量定位"对话框中勾选【显示所有尺寸】，测得长度尺寸为"98.67 mm"，最后单击【工件测量】→【测量退出】。

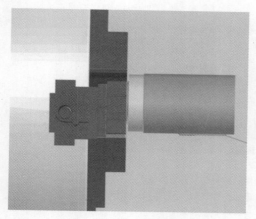

图 4-36　工件掉头

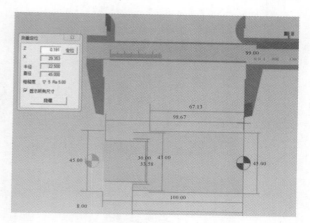

图 4-37　工件尺寸测量

（3）对刀操作。

切槽刀对刀先将工作方式切换至 【MDI】手动数据输入状态，在软键盘上单击【PROG】程序按键，在 扩展键上选择【MDI】对应按键，让系统切换至 MDI 输入方式，CRT 显示屏，在软键盘上点击 回车键，再按 插入键，输入"；"，然后在屏幕提示符下依次输入"T0202；S600M03；"，如图 4-38（a）所示，按 插入键，完成选择 2 号刀具与主轴启动指令，最后单击控制面板 循环启动按钮，实现换刀和主轴的启动。

1）Z 方向对刀设置将工作方式按钮切换至 手动进给方式，选择 Z 方向键，按住 负方向键，让刀架接近工件，当刀具刚刚触碰到工件端面时，停止移动，如图 4-38（b）所示。此时，选择软键盘上的 → 补正 → 形状 ，将光标通过上下移动键 移至 2 号刀具寄存器，然后输入"Z0"，按 测量 键，即输入到刀具几何形状里，完成 Z 方向的对刀设置，如图 4-38（c）所示。

2）X 方向对刀，保持在 手动进给方式，选择 Z 方向键，按住 负方向键，进行外圆切削，如图 4-38（d）所示，车完一段后，沿着 Z 正向方向退刀，保持 X 方向不动，退到如图 4-38（e）所示位置，在控制面板上按下 主轴停止按键。单击菜单栏【工件测量】→【特征线】进行车削段外径的测量，如图 4-38（f）所示，测得直径为"42.562 mm"，最后单击【工件测量】→【测量退出】。返回到【刀具补正/几何】界面，光标移动至 2 号刀具寄存器位置，在命令提示符下输入"X43.274"，然后按 测量 键，即输入到刀具几何形状里，完成 X 方向的对刀设置。

（4）手动切断操作。

将工作方式切换至 【MDI】手动数据输入状态，在软键盘上单击【PROG】程序按键，在 扩展键上选择【MDI】对应按键，让系统切换至 MDI 输入方式，在软键盘上点击 结尾符键，再按 插入键，输入"；"，然后在屏幕提示符下依次输入"T0202；S600M03；G00X50Z-20.67"，最后单击控制面板 循环启动按钮，完成选择 2 号刀具调用与切断定位，如图 4-39(a)所示。

切换至 ▦ 手动进给方式利用,选择 ⊠ 方向键,按住 ⊟ 负方向键点动方式,让刀具碰触到已加工表面,直到中心 X 方向停止移动,如图 4-39(a)所示,然后将刀具沿着 Z 正向方向退刀,如图 4-39(c)所示。

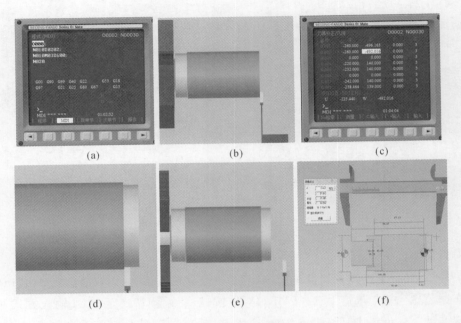

(a)　　　　　　　　(b)　　　　　　　　(c)

(d)　　　　　　　　(e)　　　　　　　　(f)

图 4-38　切槽刀对刀过程

(a)MDI 方式下换刀;　(b)2 号刀具碰触工件;　(c)Z 方向对刀;　(d)外圆切削;　(e)车刀退刀;　(f)外径测量

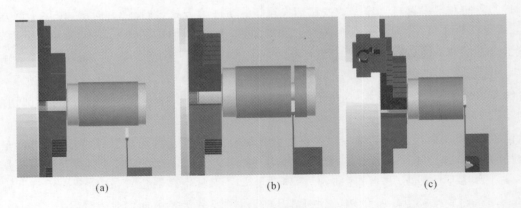

(a)　　　　　　　　(b)　　　　　　　　(c)

图 4-39　切断过程

(a)切槽定位;　(b)切断;　(c)退刀

(5)螺纹刀对刀。

将工作方式切换至 ▦【MDI】手动数据输入状态,在软键盘上单击【PROG】程序按键,在 ▦▦▦▦▦扩展键上选择【MDI】对应按键,让系统切换至 MDI 输入方式,在软键盘上点击 ▣⁸

回车键,再按█插入键,输入";",然后在屏幕提示符下依次输入"T0303;S600M03;",如图 4-40(a)所示,按█插入键,完成 2 号刀具选择与主轴启动指令输入,最后单击控制面板█循环启动按钮,实现换刀和主轴的启动。

　　将工作方式按钮切换至█手动进给方式,选择█方向键,按住█负方向键,让刀架接近工件,当刀具刚刚与工件右端面对齐时,停止移动,如图 4-40(b)所示。此时,选择软键盘上的 █→█补正█→█形状█,将光标通过上下移动键 █ 移至 3 号刀具寄存器,然后输入"Z0",按 █测量█键,即输入到刀具几何形状里,完成 Z 方向的对刀设置,如图 4-40(c)所示。

　　保持在█手动进给方式,选择█方向键,按住█负方向键,让刀具进入已切削表面,如图 4-40(d)所示,选择█方向键,按住█负方向键点动方式,让刀具碰触到已加工表面,此时停止 X 方向移动,将刀具沿着 Z 正方向退刀,退到如图 4-40(e)所示位置,在控制面板上按下█按键主轴停止。单击菜单栏【工件测量】→【特征线】进行车削段外径的测量,测得直径为"44.520 mm",返回到【刀具补正/几何】界面,光标移动至 3 号刀具寄存器位置,在命令提示符下输入"X44.520",然后按 █测量█键,即输入到刀具几何形状里,完成 X 方向的对刀设置,如图 4-40(f)所示。

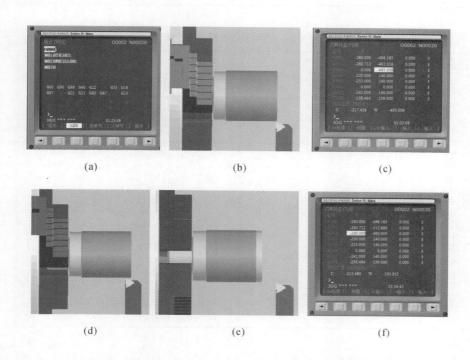

图 4-40　螺纹刀对刀过程

(a)MDI方式下换刀;　(b)3号刀具接触工件;　(c)Z方向对刀;　(d)外圆触碰;　(e)车刀退刀;　(f)外径测量

（6）输入程序

　　方法 1:工作方式选择在█编辑状态下,点击软件盘上的█程序按键,进行程序的编辑输入,其程序见表 4-5 和表 4-6。

表 4-5　右端外轮廓加工程序

序号	程　　序	序号	程　　序
N010	T0101M03S800	N120	X31
N020	G00X100Z80	N130	X36Z−50
N030	X47Z0	N140	X41
N040	G71U1.5R1	N150	X43Z−52
N050	G71P60Q150U0.5W0F0.2	N160	M03S1000
N060	G00X21	N170	G70P60Q150
N070	G01X23.8Z−1.5F0.1	N180	G00X100Z80
N080	Z−15	N190	M05
N090	X25	N200	M30
N100	X27Z−16	N210	
N110	Z−25	N220	

表 4-6　右端切槽与螺纹加工

序号	程　　序	序号	程　　序
N210	T0202M03S300	N270	T0303M03S500
N220	G00X26Z2	N280	X26Z4
N230	Z−15	N290	G92X23.1Z−13F2
N240	G01X20F0.05	N300	X22.5
N250	G00X26	N310	X21.9
N260	Z150	N320	X21.5
N270	M05	N330	X21.4
N280	M30	N340	X21.4
		N350	G00X100Z80
		N360	M05
		N370	M30

方法 2：用文本格式将程序编辑好（如编好的文本图标：O0001，如图 4-41(a)所示），单击
开启程序保护锁，工作方式处在编辑状态下，在提示符下输入"O0001"，单击插入结尾
符，最后单击软件盘上插入键，进行地址登记。选择菜单栏上的【文件】→【打开】选择桌面
上保存的文本程序（注意文件类型过滤），如图 4-41(b)所示。导入程序后加工轨迹在仿真区
显示如图4-41(c)所示。

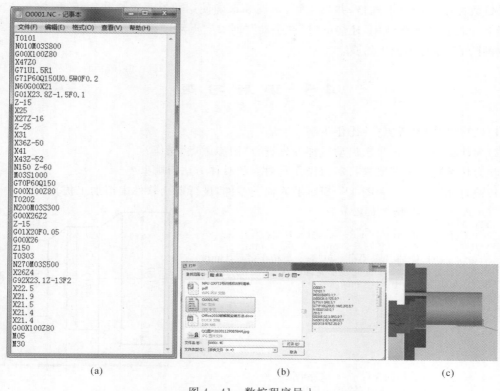

图 4 - 41　数控程序导入

(a)程序 G 代码；　(b)打开程序文件；　(c)加工轨迹预览

(7)零件加工

将程序调出,按下软键盘上 复位键将光标移动到最上方,点击 自动加工模式,进入自动加工模式,按下控制面板上 自动循环键完成零件的加工,如图 4 - 42 所示。

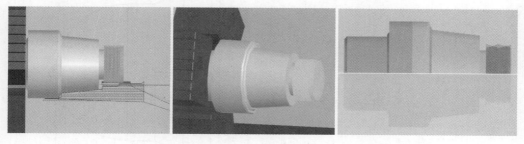

图 4 - 42　加工零件模型

4.4　本 章 小 结

本单元内容中,FANUC 数控系统车床基本操作训练是本单元的重中之重。通过本单元的学习和实训,要求在学习上一个单元内容基础上,进一步掌握数控车床的技术参数设置和

FANUC 数控系统的技术规格,并且了解、掌握和正确使用数控系统操作面板、数控车床操作面板及各个按钮的操作使用,还能够进行"手动""回参""点动""编辑方式""程序调用""自动方式"等操作与车床虚拟加工仿真。

4.5 课后习题

(1)试写出"回参考点"的操作步骤。

(2)为什么数控车床每次启动后都要先进行"回参考点"操作?

(3)为什么数控车床要进行对刀操作?对刀的具体方法有哪些?

(4)试对如图 4-44 和图 4-45 所示的轴类零件,进行斯沃软件虚拟加工仿真。

1)G72+G70 端面车削固定循环
N20 M03 S600;
N30 G00 G41 X165 Z2 M08;　　加入刀尖补偿
N40 G72 W2 R1L　吃刀量 2 mm,退刀量 1 mm
N50 G72 P60 Q130 U1. W1. F0.2;　　精车余量 1 mm
N60 G00 Z-110;　//ns 此段不允许有 X 方向的定位。
N70 G01 X160 F0.15;
N80 Z-80.;
N90 X120 Z-70;
N100 Z-50;
N110 X80 Z-40;
N120 Z-20.;
N130 X40 Z0;　　　　　//nf
N140 G70 P60 Q130;　　精车循环
N150 G00 G40 X200 Z200 M09;
N160 M05;
N170 M30;

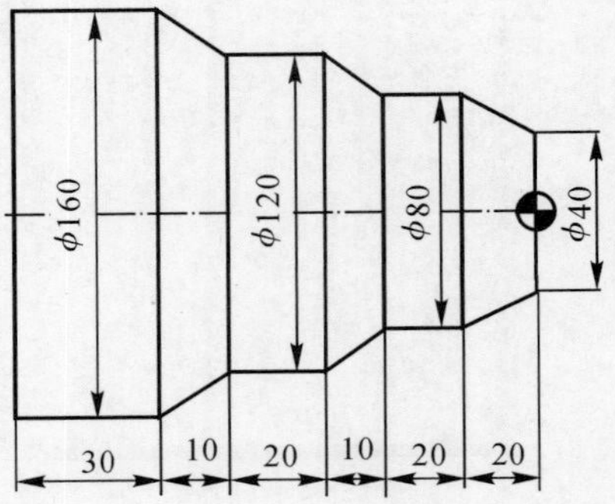

图 4-44　轴类零件加工

2)G71+G70 外圆粗、精加工循环
N10 T0101;
N20 M43;
N30 M03 S200;
N40 G00 X165 Z2.;
N50 G71 U2 R1.;
N60 G71 P70 Q160 U1. W.5 F.3;
N70 G00 X161.;
N80 G01 Z-1.F.1;
N90 X0
N100 G03 X100. W-50. R50.;
N110 G01 W-20.;
N120 X120 W-20.;
N130 X150.;
N140 G03 X160. W-5. R5.;
N150 G01 W-15.;
N160 G70 P70 Q160;
N170 G00 X150 Z50.;
N180 M05;
N190 M30;

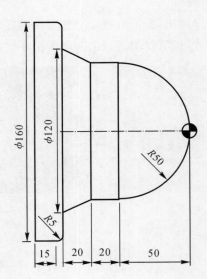

图 4-45　轴类零件加工

课 程 思 政

世界机床发展简史(四)

制造业的强盛是一个国家实力的体现。从 18 世纪 60 年代英国爆发第一次工业革命以来,以英、美为代表的工业发达国家均是从制造业起步,发展本国经济,获取了全球竞争优势,进而引领了全球的经济发展。因此,制造业的发展与转移趋势与国家的前途和命运息息相关。

18 世纪 60 年代,第一次工业革命造就了强大的大英帝国。之后的 200 多年间,随着工业化逐步输出到英国之外其他国家,制造业在世界上更多的地区得到了快速发展,大大提升了各国的经济水平。尤其是随着微电子、计算机技术的进步,数控机床的快速发展,已成为各国机床制造商展示先进技术、争夺用户和扩大市场的竞争焦点。

目前世界机床初步形成梯队,第 1 梯队中的瑞士米克朗(见图 4 - 46)、瑞士宝美、瑞士斯特拉格、瑞士利吉特、瑞士威力铭、德国哈默(见图 4 - 47)、德国奥美特、德国巨浪等机床品牌,属于加工中心领域的超一流选手。第 2 梯队德国 DMG、德国斯宾纳、德国斯塔玛、日本森精机、日本大偎、日本马扎克、日本牧野、日本丰田工机、美国 MAG、美国哈挺乔堡、意大利菲迪亚、西班牙达诺巴特等多位选手的大名几乎耳熟能详,是世界一流机械生产企业的主力机床。第 1 和第 2 梯队在产品品质、科技创新方面大幅领先。目前,天然或者人造大理石床身技术、床身恒温技术、直线电机驱动、滚珠丝杆中心冷却、重心驱动、超快速换刀机构以及高速电主轴等先进技术,均率先应用在第 1 和第 2 梯队的产品中。第 1 和第 2 梯队几乎是瑞士人、德国人、日本人的天下,他们的严谨和这三个国家始终如一重视技能培训的传统是他们能制造出优秀机床的根基。第 3 梯队中日合资北一大偎、中日合资小巨人马扎克、美国哈挺乔堡、美国哈斯、韩国斗山、韩国现代、韩国三星地区以及永进、东台、台中精机、快捷、高峰等品牌,是国内一线机械生产企业中的主力机床品牌。第 4 梯队北一、北京机电院、南通科技、新瑞、纽威、日发、海天、大金、台湾丽驰、台湾大侨、台湾大立、台湾友佳、台湾丽伟、台湾艾格玛、台湾绮发等品牌,是一、二线机械生产企业中的主力机床品牌。第 5 梯队沈阳、宝鸡、云南、大连、长征、汉川、宁江、凯达、联强(新浙)、青海一机、鲁南、杭机、宝佳、皖南、捷甬达、永华、迪莱姆、大天、嘉泰、隆盛等品牌的加工中心,在任何一个角落里的机械加工企业里都有可能看到。第 6 梯队海滕、百事特、一鸣、大森、鼎亚、海特、力创、鼎泰、中博等小品牌机普遍选用低端品牌数控系统。第 7 梯队为组装机,数控系统、丝杆、刀库等部件,控制系统一般用的是台湾新代、宝元或者是国产的凯恩帝、广州数控系统,三菱 M70 和 FANUC 0I - MATE MD 的数控系统也很常见。

随着科学技术的发展,先进制造技术的兴起和不断成熟,对数控技术提出了更高的要求。目前数控技术主要朝以下方向发展:

(1)向高速度、高精度方向发展。速度和精度是数控机床的两个重要指标,直接关系到产品的质量和档次、产品的生产周期和在市场上的竞争能力。在加工精度方面，近 10 年来，普通级数控机床的加工精度已由 10 μm 提高到 5 μm，精密级加工中心则从 3~5 μm 提高到 1~1.5 μm，并且超精密加工精度已开始进入纳米级（0.001 μm）。加工精度的提高不仅在于采用了滚珠丝杠副、静压导轨、直线滚动导轨、磁浮导轨等部件，提高了 CNC 系统的控制精度，应用了高分辨率位置检测装置，而且也在于使用了各种误差补偿技术，如丝杠螺距误差补偿、刀具误差补偿、热变形误差补偿以及空间误差综合补偿等。在加工速度方面，高速加工源于 20 世纪 90 年代初，以电主轴和直线电机的应用为特征，使主轴转速大大提高，进给速度达到 60 m/min 以上，进给加速度和减速度达到 1~2 g 以上，主轴转速达 100 000 r/min 以上。高速进给要求数控系统的运算速度快、采样周期短，还要求数控系统具有足够的超前路径加（减）速优化预处理能力（前瞻处理），有些系统可提前处理 5 000 个程序段。为保证加工速度，高档数控系统可在每秒内进行 2 000~10 000 次进给速度的改变。德国德玛吉车铣复合机床如图 4-48 所示。

图 4-46　瑞士米克朗机床

图 4-47　德国哈默机床

图 4-48　德国德玛吉车铣复合机床

（2）向柔性化、功能集成化方向发展。数控机床在提高单机柔性化的同时，也在朝单元柔性化和系统化方向发展，如出现了数控多轴加工中心、换刀换箱式加工中心等具有柔性的高效加工设备；出现了由多台数控机床组成底层加工设备的柔性制造单元（Flexible Manufacturing Cell，FMC）、柔性制造系统（Flexible Manufacturing System，FMS）、柔性加工线（Flexible Manufacturing Line，FML）。在现代数控机床上，自动换刀装置、自动工作台交换装置等已成为基本装置。随着数控机床向柔性化方向的发展，功能集成化更多地体现在工件自动装卸，工件自动定位，刀具自动对刀，工件自动测量与补偿，集钻、车、镗、铣、磨为一体的

"万能加工"和集装卸、加工、测量为一体的"完整加工"等。

（3）向智能化方向发展。随着人工智能在计算机领域不断渗透和发展,数控系统也在向智能化方向发展。在新一代的数控系统中,由于采用"进化计算"(Evolutionary Computation)、"模糊系统"(Fuzzy System)和"神经网络"(Neural Network)等控制机理,性能也得到了大大的提高,具有加工过程的自适应控制、负载自动识别、工艺参数自生成、运动参数动态补偿、智能诊断和智能监控等功能。

（4）向高可靠性方向发展。数控机床的可靠性一直是用户最关心的主要指标,它主要取决于数控系统各伺服驱动单元的可靠性。为了提高可靠性,目前主要采取以下措施:①采用更高集成度的电路芯片,采用大规模或超大规模的专用及混合式集成电路,以减少元器件的数量,提高可靠性。②通过硬件功能软件化以适应各种控制功能的要求,同时通过硬件结构的模块化、标准化、通用化及系列化来提高硬件的生产批量和质量。③增强故障自诊断、自恢复和保护功能,对系统内硬件、软件和各种外部设备进行故障诊断、报警。当发生加工超程、刀损、干扰和断电等各种意外时,自动进行相应的保护。

（5）向网络化方向发展。数控机床的网络化将极大地满足柔性生产线、柔性制造系统以及制造企业对信息集成的需求,也是实现新的制造模式,如敏捷制造(Agile Manufacturing,AM)、虚拟企业(Virtual Enterprise,VE)、全球制造(Global Manufacturing,GM)的基础单元。目前先进的数控系统为用户提供了强大的联网能力。除了具有 RS232C 接口外,还带有远程缓冲功能的 DNC 接口,可以实现多台数控机床间的数据通信和直接对多台数控机床进行控制。有的已配备与工业局域网通信的功能以及网络接口,促进了系统集成化和信息综合化,使远程在线编程、远程仿真、远程操作、远程监控及远程故障诊断成为可能。

（6）向标准化方向发展。数控标准是制造业信息化发展的一种趋势。数控技术诞生后的50 多年间的信息交换都是基于 ISO6983 标准,即采用 G 代码和 M 代码对加工过程进行描述,显然,这种面向过程的描述方法已越来越不能满足现代数控技术高速发展的需要。为此,国际上正在研究和制定一种新的 CNC 系统标准 ISO14649(STEP‑NC),其目的是提供一种不依赖于具体系统的中性机制,能够描述产品整个生命周期内的统一数据模型,从而实现整个制造过程,乃至各个工业领域产品信息的标准化。

（7）向驱动并联化方向发展。并联机床(又称虚拟轴机床)是 20 世纪最具革命性的机床运动结构的突破,它的出现引起了普遍关注。并联机床由基座、平台和多根可伸缩杆件组成,每根杆件的两端通过球面支承分别将运动平台与基座相连,并由伺服电机和滚珠丝杠按数控指令实现伸缩运动,使运动平台带动主轴部件或工作台部件作任意轨迹的运动,西班牙龙信并联机床如图 4‑49 和西班牙龙信并联机床图 4‑50 所示。并联机床结构简单但数学运算复杂,整个平台的运动牵涉到相当庞大的数学运算,因此并联机床是一种知识密集型机构。并联机床与传统串联式机床相比具有高刚度、高承载能力、高速度、高精度、重量轻、机械结构简单、制造成本低以及标准化程度高等优点,在许多领域都得到了成功的应用。由并联、串联同时组成的混联式数控机床,不但具有并联机床的优点,而且在使用上更具实用价值,是一类很有前途的数控机床。

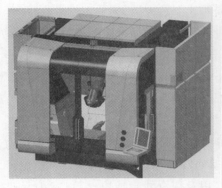

图 4-49　西班牙龙信并联机床

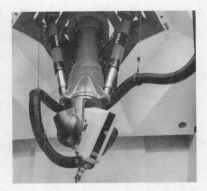

图 4-50　西班牙龙信并联机床

理想篇

生活的理想,就是为了理想的生活。—张闻天

人生最高之理想,在求达于真理。——李大钊

现实和理想之间,不变的是跋涉,暗淡与辉煌之间,不变的是开拓。——汪国真

光辉的理想像明净的水一样洗去我心灵上的尘垢。——巴金

生活若剥去理想、梦想、幻想,那生命便只是一堆空架子。——李嘉诚

发愤识遍天下字,立志读尽人间书。——苏轼

男儿志今天下事,但有进步不有止,言志已酬便无志。——梁启超

故立志者,为学之心也;为学者,立志之事也。——王阳明

学者不患立志之不高,患不足以继之耳。不患立言之不善,患不足以践之耳。——薛应旂

少年立志要远大,持身要紧严。立志不高,则溺于流俗;持身不严,则入于匪辞。——张履祥

奋斗篇

男儿不展同云志,空负天生八尺躯。——冯梦龙

人生能有几回搏,此时不搏何时搏。——容国团

生活的理想,就是为了理想的生活。——张闻天

春蚕到死丝方尽,人至期颐亦不休。一息尚存须努力,留作青年好范畴。——吴玉章

土扶可城墙,积德可厚地。——李白

天行健,君子以自强不息。——《易经》

古今中外,凡成就事业,对人类有作为的无一不是脚踏实地、艰苦攀登的结果。——钱三强

老骥伏枥,志在千里,烈士暮年,壮心不已。——曹操

我宁愿一百次跌倒,一百零一次地爬起来;只要爬起来,就要有进无退。——张海迪

合抱之木,生于毫末;九成之台,起于垒土;千里之行,始于足下。——《老子道德经》

第5章 数控车削手工编程

手工编程指主要由人工来完成数控机床控制系统编程中各个阶段的工作。一般对几何形状不太复杂的零件,所需的加工程序不长,计算比较简单,用手工编程比较合适。本章以FANUC 数控系统为主,由浅入深、分模块地阐述了数控编程指令的功能和编程方法,以实例、图表和程序的形式重点介绍了解 FANUC 系统基本指令的手工编程方法及其应用。通过手工编程学习为后续的自动编程奠定基础。

5.1 基础知识(1)

5.1.1 车削外圆、端面和台阶

1. 实训目的

(1)合理布置工作位置,注意操作姿势,养成良好的操作习惯。

(2)掌握车削外圆、端面和台阶的程序编制,熟练运用 G00 和 G01 指令。

(3)掌握程序的输入、检查和修改的技能。

(4)掌握装夹刀具及试切对刀的技能。

(5)按零件图要求完成工件外圆、端面、台阶的车削加工,并理解粗车与精车的概念。

(6)掌握在数控车床上加工零件尺寸的控制方法和切削用量的选择。

(7)通过对工件的外圆、端面、台阶进行车削加工,使学生掌握在数控车床上加工零件的基本方法,如图 5-1 所示。

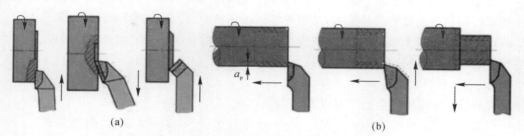

图 5-1 端面和台阶车削

(a)端面不同车削方法; (b)阶梯面不同车削方法

2. 实训要求

(1)严格按照数控车床的操作规程进行操作,防止人身事故和设备事故的发生。

(2)在自动加工前应由实习指导教师检查各项调试是否正确才可进行加工。

3. 工艺基础知识

(1)刀具安装要求。

1)车刀在装夹时,刀尖必须严格对准工件旋转中心,过高或低都会造成刀尖碎裂,如图 5 - 2(a)所示。

2)安装时刀头伸出长度约为刀杆厚度的 1~1.5 倍,如图 5 - 2(b)所示。

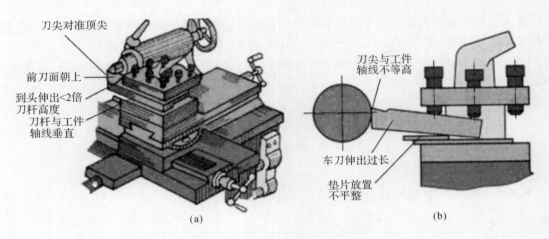

图 5 - 2　刀具安装方法

(a)刀尖对准工件旋转中心;　(b)刀头伸出过长

(2)编程要求。

1)熟练掌握 G00 快速定位指令的格式、走刀线路及运用。G00 X_Z_;

2)熟练掌握 G01 直线插补指令格式、走刀线路及运用,G01 X_Z_F_;

3)辅助指令 S,M,T 指令功能及运用。

(3)粗车、精车的概念。

1)粗车时转速不宜太快,切削量大,进给速度快,以求在尽短的时间内尽快把工件余量车掉。粗车时切削表面没有严格要求,只需留够精车余量即可,加工中要求装夹牢靠。

2)精车是车削的末道工序,加工能使工件获得准确的尺寸和规定的表面粗糙度。此时,刀具应该锋利,切削速度较快,进给速度应大一些。

(4)工量具及材料准备。

1)刀具:90°外圆硬质合金车刀 YT15(每组 3 把)。

2)量具:0~125 mm 游标卡尺、25~50 mm 千分尺、0~150 mm 钢尺(每组 1 套)。

3)材料:铝、ϕ22 mm×55 mm(每组 1 件)。

4. 数控编程加工

例 5 - 1　如图 5 - 3 所示的销钉类零件,毛坯为 ϕ22×55 mm 的铝材,试编制右半部分的车削加工程序。

O0001;程序名;

T0101;选择 1 号刀具;

M03S800;启动主轴;

G00X12Z2M08;快速点定位,同时开启冷却液;

G01X10Z0F1.5;切入倒角起点;

X12Z－1;倒角;

Z－30.62;加工外圆柱面;

G00X100Z100;退刀离开;

M05M09;主轴停止,关闭冷却液;

M30;程序结束;

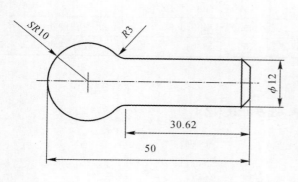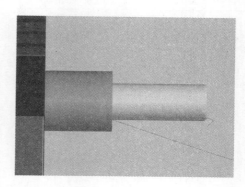

图 5－3　零件图(编写右半部分)

5.相关问题及注意事项

(1)如果切削用量选择不合理,会使刀具磨损,还会导致切屑不断屑,因此需要选择合理的切削用量及刀具。

(2)输入程序后要养成用图形模拟的习惯,以保证加工的安全性。

(3)要按照操作步骤逐一进行相关训练,对未涉及的问题及不明白之处要询问指导教师,切忌盲目开始加工。

(4)尺寸及表面粗糙度达不到要求时,要找出其中的原因,知道正确的操作方法及注意事项。

5.1.2　项目练习

例 5－2　试编制如图 5－4 所示轴零件轮廓的精加工程序。数控程序编制见表 5－1。

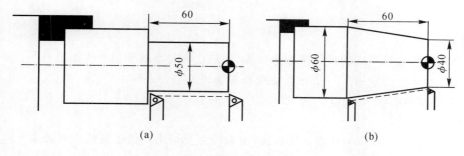

(a)　　　　　　　　　　　　　　　　　(b)

图 5－4　零件图一

(a)项目 1;　(b)项目 2

表 5-1 数控程序编制

序号	项目 1 程序	注释	序号	项目 2 程序	注释
N010	O0001;	程序名	N010	O0002;	程序名
N020	T0101;	调用刀具	N020	T0101;	调用刀具
N030	M03S800;	主轴正传	N030	M03S800;	主轴正传
N040	G00X50Z2M08;	快速点定位	N040	G00X40Z2M08;	快速点定位
N050	G01Z-60F1.5;	切圆柱面	N050	G01Z0F1.5;	切入起点
N060	X65;	切端面	N060	X60Z-60;	切圆柱面
N070	G00X100Z100;	退刀	N070	G00X100Z100;	退刀
N080	M05M09;	主轴停止	N080	M05M09;	主轴停止
N090	M30;	程序结束	N090	M30;	程序结束

5.2 基础知识(2)

5.2.1 圆弧面

1.实训目的

(1)掌握车削外圆、端面和台阶的程序编制,熟练运用 G02 和 G03 指令。

(2)通过对工件的外圆、端面和台阶进行车削加工,使学生掌握在数控车床上圆弧加工零件的基本方法,如图 5-5 所示。

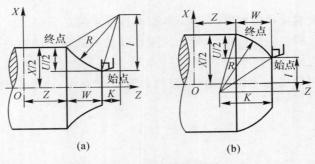

图 5-5 圆弧面车削

(a)顺圆弧; (b)逆圆弧

2.实训要求

(1)严格按照数控车床的操作规程进行操作,防止人身事故和设备事故的发生。

(2)在自动加工前应由实习指导教师检查各项调试是否正确才可进行加工。

3.工艺基础知识

(1)编程要求。

1)熟练掌握 G02 圆弧插补指令的格式、走刀线路及运用。指令格式为 G02 X_ Z_ R_ F_;
G02 X_ Z_ I_ K_ F_;

2）熟练掌握 G03 圆弧插补指令的格式、走刀线路及运用。指令格式为 G03 X_ Z_ R_F_；G03 X_ Z_I_K_ F_；

3）熟练掌握圆弧顺、逆的判定。

（2）球面余量的去除方法。

1）切锥法：加工时先将零件车成圆锥，最后再车成圆弧的方法，如图 5-6(a)所示。

2）同心圆法：圆心不变，车凸形圆弧插补半径依次减小（车凹形圆弧插补半径依次增大）一个背吃刀量，直到尺寸要求。

3）圆心偏移法：圆心依次偏移一个背吃刀量，直至达到尺寸要求，如图 5-6(b)所示。

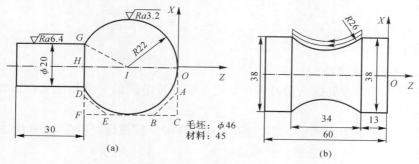

图 5-6　圆弧加工方法

(a)圆锥法；　(b)圆心法

（3）工量具及材料准备。

1）刀具为 93°外圆硬质合金车刀 YT15（每组 3 把）。

2）量具为 0～125 mm 游标卡尺、25～50 mm 千分尺、0～150 mm 钢尺（每人 1 套）。

3）材料为铝、ϕ20 mm×55 mm 的铝材（每组 1 件）。

例 5-3　如图 5-7 所示销钉类零件，毛坯为 ϕ22 mm×55 mm 的铝材，试编制左半部分车削加工程序。

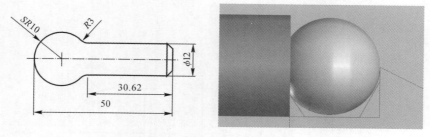

图 5-7　零件图（编写左半部分）

4. 数控编程加工

O0001；程序名；

T0101；选择 1 号刀具；

M03S800；启动主轴；

G00X0Z0M08；快速点定位，开启冷却液；

G01X6F1.5；切入锥面起点；

X21Z-4;加工锥面；

Z-15;加工锥面；

X12Z-18;加工锥面；

G00X21;快速退刀；

Z0;退刀；

G01X0F1.5;进刀切入端面中心；

G03X12Z-18R10;加工圆弧；

G00X30;X 方向退刀

Z100;Z 方向退刀

M05M09;主轴停止；

M30;程序结束；

5.相关问题及注意事项

(1)G02/G03 圆弧插补指令使刀具在指定平面内按给定的 F 进给速度作圆弧运动，切削出圆弧轮廓；

(2)圆弧插补指令分为顺时针圆弧插补指令和逆时针圆弧插补指令，这里首先要看机床是前置刀架，还是后置刀架，再选择顺逆圆弧指令。

(3)采用绝对值编程时，圆弧终点坐标为圆弧终点在工件坐标系中的坐标值，用 X,Z 表示。当采用增量值编程时，圆弧终点坐标为圆弧终点相对于圆弧起点的增量值，用 U,W 表示。

(4)圆心坐标 I,K 为圆弧起点到圆弧中心所作矢量分别在 X,Z 坐标轴方向上的分矢量（矢量方向指向圆心）。本系统 I,K 为增量值，并带有"±"号，当分矢量的方向与坐标轴的方向不一致时取"－"号。

(5)当用半径值指定圆心位置时，由于在同一半径值的情况下，从圆弧的起点到终点有两个圆弧的可能性，为区别二者，规定圆心角≤180°时，用"＋R"表示。若圆弧圆心角＞180°时，用"－R"表示。用半径只指定圆心位置时，不能描述整圆。

5.2.2 项目练习

例 5-4 试编制如图 5-8 所示。

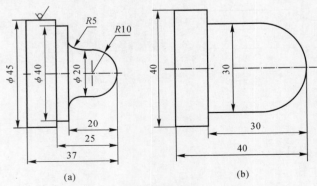

图 5-8 零件图二

(a)项目 1；　(b)项目 2

轴零件圆弧轮廓的精加工程序如表 5－2。

表 5－2 数控程序编制

序号	项目 1 程序	注释	序号	项目 2 程序	注释
N010	O0001；	程序名	N010	O0002；	程序名
N020	T0101；	调用刀具	N020	T0101；	调用刀具
N030	M03S800；	主轴正传	N030	M03S800；	主轴正传
N040	G00X0Z2M08；	快速点定位	N040	G00X0Z2M08；	快速点定位
N050	G01Z0F0.2；	切入端面中心	N050	G01Z0F0.2；	切入端面中心
N060	G03X20Z－10R10F0.08；	圆弧面加工	N060	G03X30Z－15R15F0.08；	圆弧面加工
N070	G01Z－15F0.08；	圆柱面加工	N070	G01Z－30F0.08；	圆柱面加工
N080	G02X30Z－20I10K0；	圆弧角加工	N080	X45；	端面加工
N090	G01X40；	端面加工	N090	G00X100Z100；	退刀
N100	Z－25；	外圆柱面加工	N100	M05M09；	主轴停止
N110	X46；	端面加工	N110	M30；	程序结束
N120	G00X100Z100；	退刀			
N130	M05M09；	主轴停止			
N140	M30；	程序结束			

5.3 基础知识（3）

5.3.1 切槽和切断

1. 实训目的

(1)进一步提高切槽与切断车刀的刀具刃磨技能。

(2)掌握切槽刀的对刀方法。

2. 实训要求

(1)严格按照数控车床的操作规程进行操作,防止人身事故和设备事故的发生。

(2)在自动加工前应由实习指导教师检查各项调试是否正确才可进行加工。

3. 工艺基础知识

(1)槽、切断切削及刀具。切槽主要包括切外圆柱面槽,内孔槽和端面槽,如图 5－9 所示。切槽的方法一般如图 5－10 所示。

(2)编程要求。

1)熟练掌握 G00 快速定位指令的格式、走刀线路及运用。指令格式为 G00 X_ Z_；

2)熟练掌握 G01 定位指令的格式、走刀线路及运用。指令格式为 G01 X_ Z_ F_；

3)辅助指令 S,M,T 指令功能及运用。

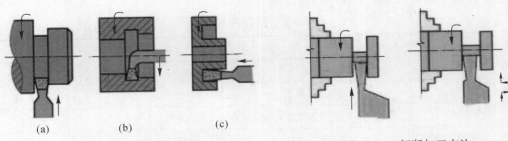

图 5 - 9　切槽加工方法

(a)外柱面槽；　(b)内孔槽；　(c)端面槽

图 5 - 10　切断加工方法

（3）工量具及材料准备。

1）刀具为切槽刀 3 mm，如图 5 - 11 所示（每组 3 把）。

2）量具为 0～125 mm 游标卡尺、25～50 mm 千分尺、0～150 mm 钢尺（每组 1 套）。

3）材料为 ϕ20 mm×25 mm（每组 1 件）。

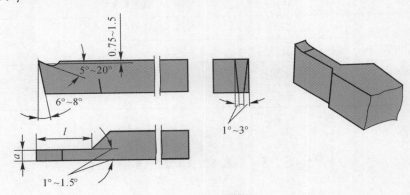

图 5 - 11　切槽刀

4. 数控编程加工

例 5 - 5　如图 5 - 12 所示的连接件，毛坯为 ϕ18 mm×15 mm 的铝材，试编制切槽部分车削加工程序。

O0001；程序名；

T0101；选择 1 号刀具；

M03S800；启动主轴；

G00X20Z - 8M08；快速点定位，同时开启冷却液；

G01X6F1.5；切槽第一刀；

X20；退刀；

Z - 10；切槽第二刀定位；

X6；切槽；

X20；退刀；

G00X100Z100；退刀离开；

M05M09；主轴停止，关闭冷却液；

M30；程序结束；

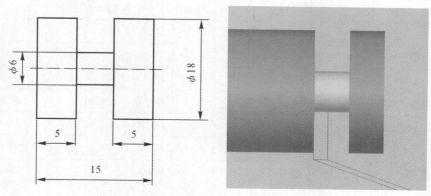

图 5-12　零件图

5.相关问题及注意事项

(1)尽量使刀头宽度和槽宽一致。若切宽槽(槽宽度尺寸大,切槽刀刀头宽度小),一次完成不了,车刀 Z 向移动刀头时,移动距离应小于刀头宽度。

(2)刀具从槽底退出时,一定先要沿 X 轴完全退出后,才能进行 Z 向移动,否则就会发生碰撞。

(3)因切槽刀有两个刀尖,必须明确 Z 向基准为左刀尖还是右刀尖,以免编程时发生 Z 向尺寸错误。

(4)切断实心工件时,工件半径应小于切断刀刀头长度;切断空心工件时,工件壁厚应小于切断刀刀头长度。

(5)切断较大工件时,不能将工件直接切断,以防发生安全事故。

5.3.2　项目练习

例 5-6　试编制如图 5-13 所示。

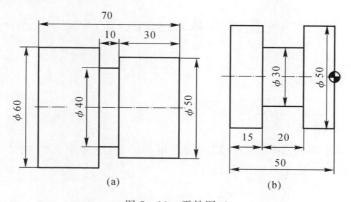

图 5-13　零件图三

(a)项目 1(3 mm 刀片)；　(b)项目 2(5 mm 刀片)

轴零件外圆柱面槽加工程序见表 5-3。

表 5－3　数控程序编制

序号	项目 1 程序	注　释	序号	项目 2 程序	注　释
N010	O0001；	程序名	N010	O0002；	程序名
N020	T0101；	调用刀具	N020	T0101；	调用刀具
N030	M03S800；	主轴正传	N030	M03S800；	主轴正传
N040	G00X65Z3M08；	快速点定位	N040	G00X55Z2M08；	快速点定位
N050	G01Z－33F0.05；	第一刀定位	N050	G01Z－20F0.05；	第一刀定位
N060	X40；	第一刀开槽	N060	X30；	第一刀开槽
N070	G00X65；	退刀	N070	G00X55；	退刀
N080	G01Z－35；	第二刀定位	N080	G01Z－25F0.05；	第二刀定位
N090	X40；	第二刀开槽	N090	X30；	第二刀开槽
N100	G00X65；	退刀	N100	G00X55；	退刀
N110	G01Z－37；	第三刀定位	N110	G01Z－30F0.05；	第三刀定位
N120	X40；	第三刀开槽	N120	X30；	第三刀开槽
N130	G00X65；	退刀	N130	G00X55；	退刀
N140	G01Z－40；	第四刀定位	N140	G01Z－35F0.05；	第四刀定位
N150	X40；	第四刀开槽	N150	X30；	第四刀开槽
N160	G00X65；	退刀	N160	G00X55；	退刀
N170	G00X100Z100；	返回起点	N170	G00X100Z100；	退刀
N180	M05M09；	主轴停止	N180	M05M09；	主轴停止
N190	M30；	程序结束	N190	M30；	程序结束

5.4　基础知识（4）

5.4.1　圆柱孔和锥孔

1. 实训目的

(1) 尾座及钻头的使用。

(2) 进一步提高孔加工刀具刃磨技能与使用量具的技能,如图 5－14 所示。

(3) 按照图纸要求完成工件的内孔加工。

2. 实训要求

(1) 严格按照数控车床的操作规程进行操作.防止人身事故和设备事故的发生。

(2) 在自动加工前应由实习指导教师检查各项调试是否正确才可进行加工。

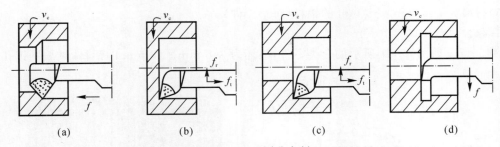

图 5 - 14　不同孔车削

（a）车削通孔；　（b）车削盲孔；　（c）车削台阶孔；　（d）车削内沟槽

3. 工艺基础知识

（1）刀具安装要求。

1）刀具安装要求刀尖应与工件同心，首先要钻底孔，如图 5 - 15 所示。

2）车通孔和不通孔，刀具的主偏角选择不一样，如图 5 - 16 所示。

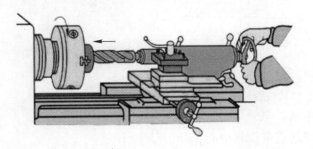

图 5 - 15　刀具安装方法

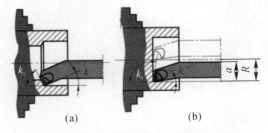

图 5 - 16　车通孔与不通孔刀具选择

（a）车通孔；　（b）车不通孔

（2）编程要求。

1）熟练掌握 G00 快速定位指令的格式、走刀线路及运用。指令格式为 G00 X_ Z_；

2）熟练掌握 G01 定位指令的格式、走刀线路及运用。指令格式为 G01 X_ Z_ F_；

3）辅助指令 S，M，T 指令功能及运用。

（3）工量具及材料准备。

1）刀具为镗孔刀、麻花钻（每组 3 把）。

（2）量具为 0～125 mm 游标卡尺、25～50 mm 千分尺、0～150 mm 钢尺（每组 1 套）。

3)材料为 φ50 mm×45 mm 的铝材(每组 1 件)。

4.数控编程加工

例 5-7 如图 5-17 所示的套类零件,毛坯为 φ46 mm×43 mm 的铝材,试编制锥孔加工程序。

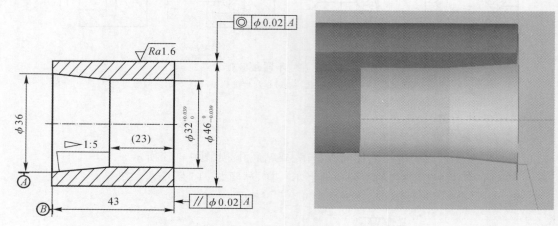

图 5-17 零件图

O0001;程序名;

T0101;选择 1 号刀具(φ30mm 钻头);

M03S600;启动主轴;

G00X0Z5M08;快速点定位到中心,同时开启冷却液;

G01X0Z-45F0.5;钻底孔;

G00Z10;退刀;

T0202;选择 2 号刀具(内孔镗刀);

G00X100Z100;退刀离开;

G00X36Z2;快速点定位到锥孔轮廓;

G01Z0F0.15;

X32Z-20;镗锥孔;

Z-45;镗直孔;

G00X10;退刀;

Z100;退刀;

X100;退刀;

M30;程序结束;

5.相关问题及注意事项

(1)镗通孔用的是镗刀,为减小径向切削分力导致的刀杆弯曲变形,一般主偏角为 45°～75°,常取 60°～70°。

(2)镗台阶孔和不通孔用的镗刀,其主偏角大于 90°,一般取 95～100°,刀头处宽度应小于孔的半径。

(3)刀杆伸出刀架处的长度应尽可能短,以增加刚性,避免因刀杆弯曲变形而使孔产生锥形误差。

（4）刀尖应略高于工件旋转中心，以减小振动和扎刀现象，防止镗刀下部碰坏孔壁，影响加工精度。

（5）刀杆要装正，不能歪斜，以防止刀杆碰坏已加工好的表面。

5.4.2　项目练习

例 5 - 8　试编制如图 5 - 18 所示。

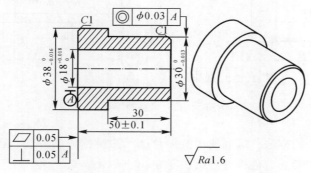

图 5 - 18　零件图四

套类零件通孔加工程序见表 5 - 4。

表 5 - 4　数控程序编制

序号	项目 1 程序	注　释	序号	项目 2 程序	注　释
N010	O0001；	程序名	N010	O0002；	程序名
N020	T0101；	调用刀具	N020	T0202；	调用刀具
N030	M03S600；	主轴正传	N030	M03S800；	主轴正传
N040	G00X0Z2M08；	快速点定位	N040	G00X18Z2M08；	快速点定位
N050	G01Z - 55F1.5；	钻孔(16mm)	N050	G01Z - 55F0.5；	镗孔
N060	Z5.0；	退刀	N060	Z5；	切圆柱面
N070	G00X100Z100；	退刀	N070	G00X100Z100；	退刀
N080	M05M09；	主轴停止	N080	M05M09；	主轴停止
N090	M30；	程序结束	N090	M30；	程序结束

5.5　基础知识（5）

5.5.1　内、外圆锥面

1. 实训目的

（1）掌握 M、S、T 指令。

（2）通过对工件的外圆锥进行车削加工，如图 5 - 19 所示，使学生掌握在数控车床上加工不同锥体类零件的方法。

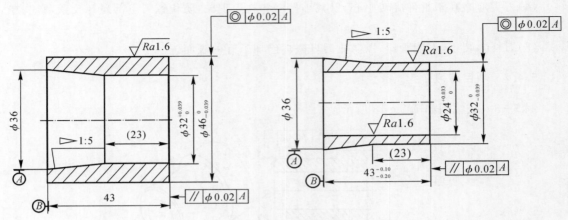

图 5-19　锥体类零件

（3）掌握锥度检查的方法。掌握使用游标角度尺测量锥体的方法。还要掌握使用套规检查锥体的方法，要求用套规涂色检查时接触面在 50% 以上。

2.实训要求

（1）严格按照数控车床的操作规程进行操作，防止人身事故和设备事故的发生。

（2）在自动加工前应由实习指导教师检查各项调试是否正确才可进行加工。

3.工艺基础知识

（1）刀具安装要求。

1）车刀在装夹时，刀尖必须严格对准工件的旋转中心，过高或低都会造成刀尖碎裂。

2）安装时刀头伸出长度约为刀杆厚度的 1～1.5 倍。

（2）编程要求。

1）熟练掌握 G00 快速定位指令的格式、走刀线路及运用。指令格式为 G00 X_ Z_；

2）熟练掌握 G01 定位指令的格式、走刀线路及运用，指令格式为 G01 X_ Z_ F_；

3）辅助指令 S，M，T 指令功能及运用。

4）熟练掌握 G71 内（外）径粗精车复合循环指令的格式、走刀线路及运用。

（3）粗车、精车的概念。

1）粗车转速不能太快，但切削量大，进给速度快，以求在尽可能短的时间内尽快把工件余量车掉。对切削表面没有严格的要求，只需留一定的精车余量即可，加工中要求装夹牢靠。

2）精车是车削的末道工序，加工后能使工件获得准确的尺寸和规定的表面粗糙度。此时，刀具应较锋利，切削速度较快，进给速度应大一些。

（4）工量具及材料准备。

1）刀具为 90° 外圆硬质合金车刀 YT15（每组 3 把）。

2）量具为 0～125 mm 游标卡尺、25～50 mm 千分尺、0～150 mm 钢尺（每组 1 套）。

3）材料为铝材 ϕ55 mm×75 mm（每组 1 件）。

4.数控编程加工

例 5-9　如图 5-20 所示套筒零件，毛坯为 ϕ40 mm×40 mm 的铝材，试编制内孔加工程序。

O0001;程序名；

T0101;选择 1 号镗孔刀具；

M03S800;启动主轴；

G00X17Z2M08;快速点定位循环起点,同时开启冷却液；

G71U0.8R0.3;背吃刀量选择 0.8 mm；

G71P100Q200U−0.3W0.05F0.2;精车余量 X 取负值,Z 向取正值；

N100G00X30.0F60S1000；

G01Z0F0.15；

X28.0Z−20.0；

Z−30；

X20；

Z−42；

N200G01X17；

G70P100Q200；

G00X100Z100;退刀离开；

M05M09;主轴停止,关闭冷却液；

M30;程序结束；

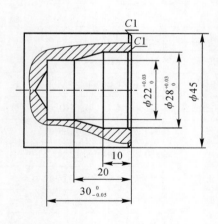

图 5−20　零件图

5. 相关问题及注意事项

(1)钻孔前应先把工件端面车平,否则会影响定心。同时必须找正尾座,以防孔径变大和钻头折断。当钻小孔时可先用中心钻定心,再用麻花钻钻孔,以保证同轴度。

(2)应根据图纸要求控制孔的深度。钻较深孔时要注意排屑。孔将要钻通时,进给量必须减小,以防损坏钻头。

(3)编程时注意 G71 指令中的精车余量 U 为−0.3,锥孔刀的磨耗也应设为−0.3。右端面用手动切削,不必编程。适时调整进给倍率开关,从而提高加工质量。

5.5.2 项目练习

例 5 - 10 试编制如图 5 - 21 所示。

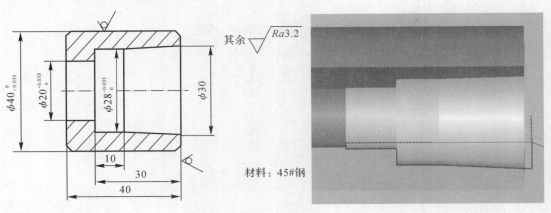

材料：45#钢

图 5 - 21 零件图五

套类零件阶梯孔加工程序见表 5 - 5。

表 5 - 5 数控程序编制

序号	项目 1 程序	注 释	序号	项目 2 程序	注 释
N010	O0001；	程序名	N010	O0002；	程序名
N020	T0101；	调用刀具（钻头）	N020	T0202；	调用刀具
N030	M03S800；	主轴正传	N030	M03S800；	主轴正传
N040	G00X0Z2M08；	快速点定位	N040	G00X17Z2M08；	快速点定位
N050	G01Z - 32F0.5；	钻孔（20mm）	N050	G71U0.3R0.3；	背吃刀量量 0.3
N060	Z5；	退刀	N060	G71P100Q200U - 0.3W0.05F0.2；	精车余量 X 取负值
N070	G00X100Z100；	退刀	N070	N100G00X30.0F0.5S1000；	
N080	M05M09；	主轴停止	N080	G01Z0F0.15	出发点
N090	M30；	程序结束	N090	X28Z - 1；	倒角
			N100	Z - 10；	圆柱
			N110	X22Z - 20；	圆锥面
			N120	Z - 30；	圆柱面
			N130	N200G01X17；	退刀
			N140	G70P100Q200；	精加工
			N150	G00X100Z100；	退刀
			N160	M05M09；	主轴停止
			N170	M30；	程序结束

5.6　基础知识(6)

5.6.1　标准螺纹

1. 实训目的

(1)掌握不同种类螺纹的程序编制,如图 5-22 所示,熟练运用 G32 和 G92 指令。

(2)提高 60°螺纹车刀的刀具刃磨技能与使用量具的技能。

(3)掌握在数控机床上加工螺纹控制尺寸的方法及切削用量的选择。

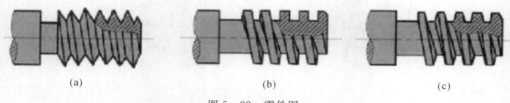

$$ (a) \qquad\qquad\qquad\qquad (b) \qquad\qquad\qquad\qquad (c) $$

图 5-22　零件图

(a)60°三角形螺纹;　(b)矩形螺纹;　(c)梯形螺纹

2. 实训要求

(1)严格按照数控车床的操作规程进行操作,防止人身事故和设备事故的发生。

(2)在自动加工前应由实习指导老师检查各项调试是否正确才可进行加工。

(3)了解三角形螺纹的用途和技术要求。

(4)能根据螺纹样板正确装夹车刀。

(5)能判断螺纹牙形、底径和牙宽的正确与否并进行修正,熟练掌握中途对刀的方法。

(6)掌握用螺纹环规检查三角形螺纹的方法。

3. 工艺基础知识

在机械制造业中,三角形螺纹应用广泛,常用于连接和紧固,在工具和仪器中还往往用于调节。三角形螺纹的特点是螺距小、一般螺纹长度较短。加工此类螺纹的基本要求是,螺纹轴向剖面牙型角必须正确、两侧面表面粗糙度小,中径尺寸符合精度要求,螺纹与工件轴线保持同轴。

(1)螺纹车刀的装夹。

1)装夹车刀时,刀尖位置一般应对准工件中心(可根据尾座顶尖高度检查)。

2)车刀刀尖角的对称中心必须与工件轴线垂直,如图 5-23 所示。

(2)螺纹的测量和检查。

1)大径的测量。螺纹大径的公差较大,一般可用游标卡尺或千分尺进行测量。

2)螺距的测量。螺距一般可用钢直尺测量,如果螺距较小可先测量 10 个螺距然后除以 10 得出一个螺距的大小。如果螺距较大的可以只量 2 至 4 个,然后在求一个螺距的大小。

3)中径的测量。精度较高的三角形螺纹可用螺纹千分尺测量,所测得的千分尺读数就是该螺纹的中径实际尺寸。

4)综合测量。可以用螺纹环规综合检查三角形外螺纹。首先对螺纹的直径、螺距、牙型和粗糙度进行检查,然后再用螺纹环规测量外螺纹的尺寸精度。如果环规通端正好能够拧进去,而止端拧不进去,则说明该螺纹精度符合要求。

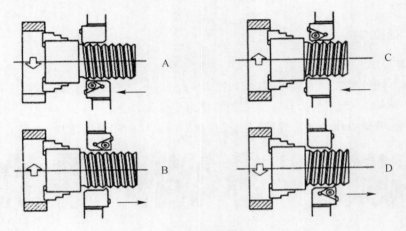

图 5-23　外螺纹加工方法

(3)编程要求。

1)熟练掌握 G32,G92 螺纹指令的格式、走刀线路及运用。指令格式为 G32X_ Z_ F_;G92 X_ Z_ F_;

2)注意引入距离与超越距离。

3)辅助指令 S,M,T 指令功能及运用。

(4)工量具及材料准备。

1)刀具为 60°的螺纹车刀 YT15(每组 3 把)。

2)量具为 0～125 mm 游标卡尺、25～50 mm 千分尺、0～150 mm 钢尺(每组 1 套)。

3)材料为 ϕ60 mm×80 mm 的铝材(每组 1 件)。

4. 数控编程加工

例 5-11　如图 5-24 所示的轴类零件,毛坯为 ϕ50×70 mm 的铝材,试编制一端螺纹加工程序。

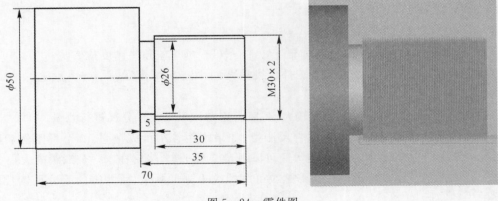

图 5-24　零件图

O0001;程序名;

T0101;选择 1 号刀具;

M03S800;启动主轴;

G00X32Z5M08;循环起点,同时开启冷却液;

G92X29.1Z－32F2;第一层;

X28.5;第二层;

X27.9;第三次;

X27.5;第四次;

X27.4;第五次;

X27.4;第五次;

G00X100Z100;退刀离开;

M05M09;主轴停止,关闭冷却液;

M30;程序结束;

5.相关问题及注意事项

(1)在车螺纹期间进给速度倍率、主轴速度倍率无效(固定 100%)。

(2)在车螺纹期间不要使用恒表面切削速度控制,而要使用 G97 恒转速。

(3)在车螺纹时,必须设置升速段和降速段,避免因车刀升降速而影响螺距的稳定性。通常升速度段 $L_1＝n×P/400$,降速段 $L_2＝n×P/1800$,其中 n 是主轴转速,P 是螺纹螺距,实际应用时一般取值比计算值略大。

(4)受机床结构及数控系统影响,在车螺纹时主轴转速有一定的限制,螺纹加工中的走刀次数和进给量会影响螺纹的质量,见表 5－6。

表 5－6　常用螺纹切削进给次数与背吃刀量(公制,双边 mm)

	螺距	1.0	1.5	2.0	2.5	3.0	3.5	4.0
	牙深	0.649	0.974	1.299	1.624	1.949	2.273	2.598
背吃刀量及切削次数	1 次	0.7	0.8	0.9	1.0	1.2	1.5	1.5
	2 次	0.4	0.6	0.6	0.7	0.7	0.7	0.8
	3 次	0.2	0.4	0.6	0.6	0.6	0.6	0.6
	4 次		0.16	0.4	0.4	0.4	0.6	0.6
	5 次			0.1	0.4	0.4	0.4	0.4
	6 次				0.15	0.4	0.4	0.4
	7 次					0.2	0.2	0.4
	8 次						0.15	0.3
	9 次							0.2

5.6.2　项目练习

例 5－12　试编制如图 5－25 所示的轴类零件螺纹加工程序。

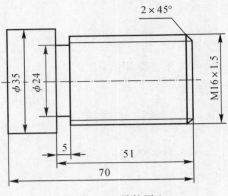

图 5 - 25 零件图六

轴类零件螺纹加工程序见表 5 - 7。

表 5 - 7 数控程序编制

序号	项目 1 程序	注 释	序号	项目 2 程序	注 释
N010	O0001；	程序名	N010	O0001；	程序名
N020	T0101；	调用刀具	N020	T0101；	选择 1 号刀具
N030	M03S800；	主轴正传	N030	M03S800；	启动主轴
N040	G00X30Z2M08；	设置循环起点	N040	G00X30Z5M08；	循环起点开启冷却液
N050	G71U0.3R0.3；	粗车循环	N050	G92X25.2Z-53F1.5；	第一层
N060	G71P100Q200U-0.3W0.05F0.2；	粗车循环	N060	X24.6；	第二层
N070	N100G00X24.0F0.5S1000；	进刀	N070	X24.2；	第三层
N080	G01Z0F0.15；	靠近工件	N080	X24.04；	第四层
N090	X26Z-1；	倒角	N090	X24.04；	第四层
N100	Z-51；	圆柱面加工	N100	G00X100Z100；	退刀离开
N110	N200X30；	退刀	N110	M05M09；	主轴停止关闭冷却液
N120	G70P100Q200；	精车循环	N120	M30；	程序结束
N130	T0202；	换切槽刀 5 mm			
N140	M03S600；	启动主轴			
N150	G00X30Z-51M08；	起到点			
N160	G01X24F0.05；	切退刀槽			
N170	X30；	退刀			
N180	G00X100Z100；	退刀离开			
N190	M05M09；	程序结束			
N200	M05M09；	主轴冷却液停			
N210	M30；	程序结束			

5.7　基础知识(7)

5.7.1　车削复合循环

1. 实训目的

(1)熟悉复合循环指令的选用原则。

(2)循环起始点位置选择。

(3)粗车与精车的配合使用。

(4)粗车与精车 F,S,T 设定。

2. 实训要求

(1)严格按照数控车床的操作规程进行操作,防止人身事故和设备事故的发生。

(2)在自动加工前应由实习指导教师检查各项调试是否正确才可实施加工。

3. 工艺基础知识

例 5－13　如图 5－26 所示的阶梯轴零件,毛坯为 $\phi 23$ mm×50 mm 的铝材,试编制外轮廓加工程序。

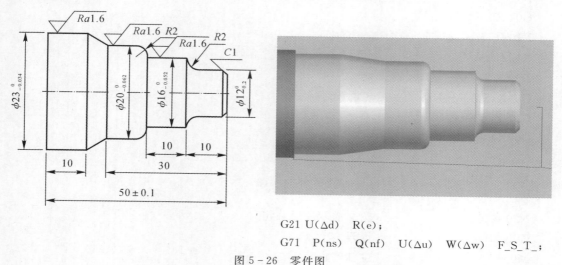

G21 U(Δd)　R(e);

G71　P(ns)　Q(nf)　U(Δu)　W(Δw)　F_S_T_;

图 5－26　零件图

(1)编程要求。

1)熟练掌握 G71/G70 外圆粗车指令的格式、走刀线路及运用。指令格式为 G71U(Δd) R(r) ; G71 P(ns) Q(nf) U(Δu) W(Δw) F(f) S(s) T(t);注意:G71 指令必须带有 P,Q 地址的 ns,nf,且与精加工路径起、止顺序号对应,否则不能进行该循环加工;ns 的程序段必须为 G00/G01 指令;顺序号为 ns 到顺序号为 nf 的程序段中,不应包含子程序。

2)熟练掌握 G01 定位指令的格式、走刀线路及运用指令格式为 G01 X_ Z_;

3)辅助指令 S,M,T 指令功能及运用。

4)精车循环 G70。指令格式为 G70 P(ns) Q(nf);

5)熟练掌握 G71,G72,G73,G70 指令的格式、走刀线路及运用。

（2）使用场合。

1）G71：棒料毛坯进行大范围车削时，一般轴向尺寸大于径向尺寸细长零件。

2）G72：棒料毛坯进行大范围车削时，一般径向尺寸大于轴向尺寸短粗零件。

3）G73：铸件、锻件毛坯，与最终零件有相似性。在 G71、G72、G73 程序段中的 S、M、T 只用于精加工。精加工程序段中 S，M，T 只在精加工中起作用。

（3）工量具及材料准备。

1）刀具为 90°外圆硬质合金车刀 YT15。

2）量具为 0～125 mm 游标卡尺、25～50 mm 千分尺、0～150 mm 钢尺。

3）材料为 ϕ55 mm×85 mm。

4. 数控编程加工

O0001；	程序名
T0101 M03 S600；	换 1 号刀，启动主轴
G00 X28 Z5；	刀具加工定位
G71 U1 R1；	调用外径粗车循环，并设置参数。
G71 P10 Q20 U0.5 W0.1 F0.2；	
N10 G00 X0；	轮廓描叙第一句
G01 Z0 F0.1；	
X10；	
X12Z−1；	
Z−8；	
G03X16 Z−10R2；	轮廓程序
G01 Z−20；	
G02X20Z−22R2；	
G01Z−30；	
X23Z−40；	
Z−50；	
N20 X26；	轮廓描叙最后一句
G00 X50 Z100；	退刀
M05；	主轴停止
M00；	程序暂停，修改刀补
T0101 M03 S1000；	换 1 号刀，启动主轴
G00 X28 Z5；	刀具加工定位
G70 P10 Q20；	精车循环
G00 X50 Z100；	返回换刀点
M30；	程序结束

5. 相关问题及注意事项

（1）车削复合固定循环指令有利于提高编程的加工效率。车削复合固定循环指令是将多次重复动作用一段程序表示，只要在程序中给出走刀轨迹及重复切削条件，系统就会自动重复切削，直至加工完成。车削复合固定循环指令是零件手工编程中自动化程度较高的一类指令。

（2）车削复合固定循环指令有利于提高加工的安全性。车削复合固定循环指令规定了机床每次循环切削的进刀量和退刀量，较单一编程指令编程程序量小，录入校对方便，引起错误概率减小。在加工过程中，只要观察零件加工的第一次循环就能大概判断出程序有无出错以及对刀是否正确。

（3）G71 及 G73 指令相同点是均为粗加工循环指令。不同点是 G71 指令根据程序条件自动计算循环次数，加工轨迹呈多个底边平行直角梯形：起刀点($X1/Z1$)—X 向进给—Z 向进给—斜向退刀—Z 向退刀（至起刀点 $Z1$)—X 向进给—Z 向进给；最后一刀仿精加工轮廓线，主要用于精加工棒料毛坯。G73 指令需要人工计算出循环次数写入程序，走刀轨迹类似多个叠放的相似多边形，每次切削都仿精加工轮廓，主要用于加工毛坯余量均匀的铸造、锻造成形工件，以减少空走刀轨迹。

（4）G71 指令精车轨迹必须符合 X 轴，Z 轴方向的共同单调增大或是减小的模式，也就是说不能完成对工件的凸凹处车削；确切地说，G71 不能完成工件凸凹量超过粗车能力（系统允许最大背吃刀量）处的车削；由于粗车前期的直角梯形走刀轨迹切不到凹陷处，残留处的材料要在最后仿形一刀全部车掉；如果残留量过大，会引起"打刀""撅件"等事故。

（5）精车后如果直径尺寸偏大，可对刀具补偿 X 值作相应补偿再作一次走刀，但不可为减少空走刀而将起刀点 X 值大幅度负向移动；因为 G71 指令走到精车轮廓线终点后，回起刀点时先走 X 轴，车刀会出现快速"扎入"已完成切削的工件内，造成工件报废、车刀损坏。

5.7.2　项目练习

例 5 - 14　试编制如图 5 - 27 所示的轴类零件外形轮廓加工程序。

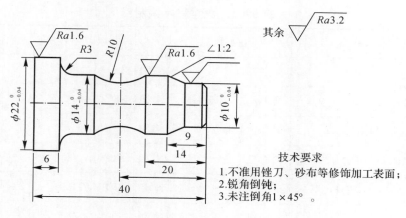

图 5 - 27　零件图七

轴类零件外形轮廓加工程序见表 5 - 8。

例 5 - 15　试编制如图 5 - 28 所示的轴类空件加工程序，轴类零件外形轮廓加工程序见表5 - 9。

表 5-8　数控程序编制

序号	项目程序	注　释	序号	项目程序	注　释
N010	O0001；	程序名	N050	G01Z-31；	
N020	T0101M03S600；	换 1 号刀,启动主轴	N060	G02X22Z-34R3；	
N030	G00X28Z5；	刀具加工定位	N070	G01Z-40；	
N040	G94X0Z0F0.1；	调用端面切削循环	N080	N20X26；	轮廓描叙最后一句
N050	G73U8R8W0；	调用轮廓粗车循环	N090	G00X50Z100；	退刀
N060	G73P10Q20U0.5W0.1F0.2；	调用轮廓粗车循环,并设置参数	N100	M05；	主轴停止
N070	N10G00X8；	轮廓描叙第一句	N110	M00；	程序暂停,修改刀补
N080	G01Z0F0.1；		N120	T0101M03S1000；	换 1 号刀,启动主轴
N090	X10Z-1；		N130	G00X28Z5；	刀具加工定位
N010	Z-5；	轮廓程序	N140	G70P10Q20；	精车循环
N020	X14Z-9；		N150	G00X50Z100；	返回换刀点
N030	Z-20		N160	M30；	程序结束
N040	G02X14Z-26R10；				

表 5-9　数控程序编制

序号	项目程序	注　释	序号	项目程序	注　释
N010	O0001；	程序名	N100	Z-50；	
N020	T0101M03S600；	换 1 号刀,启动主轴	N110	X80Z-40；	
N030	G00X165Z2M08；	刀具加工定位	N120	Z-20；	
N040	G72W2R1；	端面粗车循环	N130	X40Z0；	
N050	G72P60Q130U1W1F0.2；		N140	G70P60Q130；	精车循环
N060	G00Z-110；	走轮廓	N150	G00X200Z200M09；	退刀
N070	G01X160F0.15；		N160	M05；	主轴停止
N080	Z-80；		N170	M30；	程序结束
N090	X120Z-70；		N180		

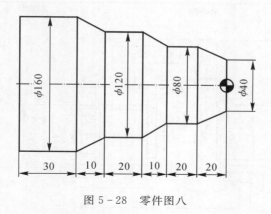

图 5-28　零件图八

5.8 基础知识(8)

5.8.1 综合项目一

1. 实训目的

(1)合理布置工作位置,注意操作姿势,养成良好的操作习惯。

(2)掌握车螺纹的程序编制,熟练运用各功能指令。

(3)掌握程序输入、检查和修改的技能。

(4)掌握装夹刀具及试切对刀的技能。

(5)提高外圆车刀的刀具刃磨技能与使用量具的技能。

(6)按图要求完成工件的车削加工,并理解粗车与精车的概念。

(7)掌握在数控车床上加工零件时控制尺寸的方法及切削用量的选择。

2. 实训要求

(1)严格按照数控车床的操作规程进行操作,防止人身事故和设备事故的发生。

(2)在自动加工前应由实习指导教师检查各项调试是否正确才可进行加工。

3. 工艺基础知识

例 5-15　如图 5-29 所示的传动轴零件,毛坯为 ϕ50 mm×100 mm 的 45♯钢材,试编制加工程序。

(1)刀具安装要求。

1)合理选用切削刀具。

2)正确安装所选刀具。

(2)编程要求。熟练掌握各指令的格式、走刀线路及运用。

(3)工艺技术分析。如图 5-29 所示,零件包括外圆、内孔、端面、槽和外螺纹;内、外圆的尺寸公差要求在 0.033 mm 以内;R26 mm 的圆弧面与 ϕ46 mm 外圆柱轴线的圆跳动公差为 0.025 mm;表面粗糙度 Ra 要求为 1.6 μm 和 Ra3.2 μm;零件材料为 45♯钢,切削性能较好,无热处理及硬度要求。

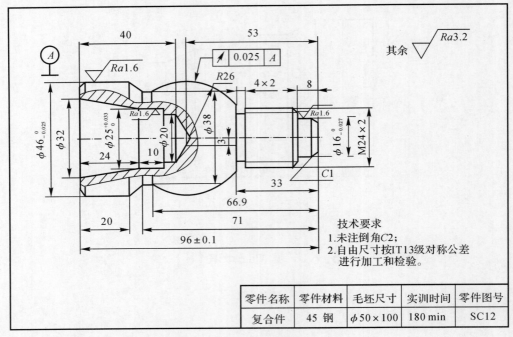

图 5-29 零件图

（4）量具及工艺准备。

1）三爪卡盘夹 ϕ50 mm 的毛坯外圆，伸出长度大于 70 mm，找正夹紧。

2）车端面，钻 ϕ20 mm，深 40 mm 的盲孔，

3）对刀，设置编程原点。

4）粗、精车工件左端包括 ϕ46 mm，ϕ38 mm 的外圆及 R26 的圆弧面，保证尺寸精度及圆跳动度要求。

5）粗、精车工件左端所有内孔表面至尺寸要求；

6）调头，包铜皮夹 ϕ46 mm 的外圆，找正夹紧；

7）车端面，保总长，对刀。打中心孔，顶上顶尖。

8）粗、精车右端外圆。

9）车 4 mm×2 mm 的退刀槽。

10）车 M24×2 mm 的外螺纹。

4. **数控编程加工**

根据 5-29 零件图纸，首先进行左端外轮廓粗、精车，然后进行左端内孔粗、精车，其程序编制见表 5-10。

表 5-10　程序编制清单

序号	项目程序	项目程序
N010	O1201；程序号（粗、精车左端外轮廓）	O1202；程序号（粗、精车左端内孔）
N020	G97 G99 M03 S600 F0.15；程序初始化	G97 G99 M03 S700 F0.2；程序初始化

续表

序号	项目程序	项目程序
N030	T0101；选择 1 号刀具	T0202；选择 2 号刀具
N040	G00 X52. Z2. M08；定位到循环起点	G00 X18.；定位到循环起点
N050	G73 U11. W0 R8；仿形固定循环	Z2.；
N060	G73 P60 Q150 U0.6 W0；	M08；冷却液开启
N070	G00 G42 X18. S1000 F0.1；精加工起始段	G71 U1. R0.5；外圆粗车固定循环
N080	G1 Z0；	G71 P80 Q130 U－0.5 W0.1；
N090	X42.；	G00 G41 X32. S1000 F0.1；精加工起始段
N100	X46. W－2.；	G01 Z0.；
N110	Z－20.；轮廓加工	X25. Z－24.；
N120	X38. W－5.；	W－10.；轮廓加工
N130	W－4.1；	X19.
N140	G03 X27.25 W－33.9 R26.；	G40 X18.；精加工结尾段
N150	G01 W－5；	G70 P80 Q130；轮廓精加工
N160	G40 X52.；精加工结尾段	G00 X100. Z100.；退刀
N170	G70 P60 Q150；轮廓精加工	M30；程序结构
N180	G00 X100. Z100.；退刀	
N190	M30；程序结束	

根据 5-29 零件图纸，掉头加工首先进行右端外轮廓粗、精车，然后进行右端退刀槽加工，其程序编制见表 5-11。

表 5-11　程序编制清单

序号	项目程序	项目程序
N010	O1203；程序号（粗、精车右端外圆）	O1204；程序号（车 4×2 退刀槽）
N020	G97 G99 M03 S800 F0.3；程序初始化	G97 G99 M03 S350 F0.05；程序初始化
N030	T0101；选择 1 号刀具	T0303；选择 3 号刀具
N040	G00 X52. Z2. M08；定位到循环起点	M08；冷却液开启
N050	G71 U2.0 R0.5；外圆粗车固定循环	G00 Z－33.；快速点定位到切槽位置
N060	G71 P60 Q150 U0.6 W0.；	X30.0；逼近槽位置
N070	G00 G42 X0 S1400 F0.1；精加工起始段	G01 X20.0；切槽
N080	G1 Z0；	G04 X2.；槽底停留 2 s
N090	X14.；	G01 X30.；退出槽底
N100	X16. W－1.；	G00 X100.；X 向退刀

续 表

序号	项目程序	项目程序
N110	Z－8.;	Z100.;Z 向退刀
N120	X19.8;	M30;程序结束
N130	X23.8 W－2.;	
N140	Z－33.;	
N150	X51.;	
N160	G40 X52.;	
N170	G70 P60 Q150;	
N180	G00 X100. Z100.;	
N190	M30;	

根据 5－29 零件图纸,进行右端螺纹加工,其程序编制见表 5－12。

表 5－12　程序编制清单

序号	项目程序	序号	项目程序
N010	O1205;程序号(车 M24×2 mm 外螺纹)	N090	X22.5;第二刀螺纹车削光整加工
N020	G97 G99 M03 S500;程序初始化	N100	X21.9;第三刀螺纹车削光整加工
N030	T0404;选择 4 号刀具	N110	X21.5;第四刀螺纹车削光整加工
N040	M08;冷却液开启	N120	X21.4;第五刀螺纹车削光整加工
N050	G00 Z－4.;Z 向定位循环起点	N130	X21.4;第六刀螺纹车削光整加工
N060	X26.;X 向定位循环起点	N140	G00 X100. Z100.;退刀
N070	G92 X23.1 Z－31. F2.;第一刀螺纹车削	N150	M30;程序结束

5.相关问题及注意事项

(1)如果切削用量选择不合理,刀具刃磨不当,会导致铁屑不断屑,因此,需要选择合理的切削用量及刀具。

(2)输入程序后要养成用图形模拟的习惯,以保证加工的安全性。

(3)要按照操作步骤逐一进行相关训练.实习中对未涉及的问题及不明自之处要询问指导就师,切忌盲目加工。

(4)尺寸及表面粗糙度达不到要求时,要找出其中原因,知道正确的操作方法及注意事项。

(5)在加工螺纹时要注意工件的夹紧是否稳固,特别注意凹槽处刀具是否会被干涉。

5.8.2　综合项目二

1.实训目的

(1)合理布置工作位置,注意操作姿势,养成良好的操作习惯。

(2)掌握车螺纹的程序编制,熟练运用各功能指令。

（3）掌握程序的输入、检查和修改的技能。

（4）掌握装夹刀具及试切对刀的技能。

（5）提高外圆车刀的刀具刃磨技能与使用量具的技能。

（6）按图要求完成工件的车削加工，并理解粗车与精车的概念。

（7）掌握在数控车床上加工零件时控制尺寸的方法及切削用量的选择方法。

（8）掌握配合零件数控车削的加工方法。

2．实训要求

（1）严格按照数控车床的操作规程进行操作，防止人身、设备事故的发生。

（2）在自动加工前应由实习指导教师检查各项调试是否正确才可进行加工。

3．工艺基础知识

例 5 - 16　如图 5 - 30 至图 5 - 32 所示的组合体零件，已知材料为 45♯钢材，试编制加工程序。

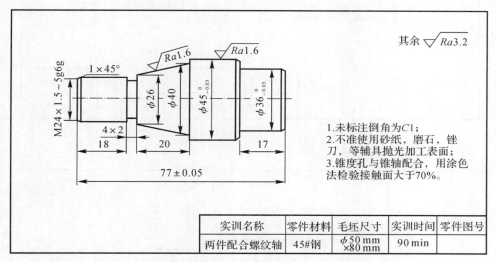

图 5 - 30　零件图九

（1）工艺技术分析。

1）配合后尺寸的总长要求为（88±0.1）mm，结合零件图结构可知，（88±0.1）mm 是由零件 1 和零件 2 的配合长度。

2）零件 1 和零件 2 之间有（1±0.05）mm 的锥度配合间隙。该尺寸在两个零件配合后用塞尺进行检测，决定这个配合尺寸的关键技术是内、外圆锥的配合加工方法。

3）配合零件 1 分析。该零件属于典型的轴类零件，有外圆、外锥、槽和 M24 的外螺纹，外圆公差为 0.04 mm，零件总长尺寸是（77±0.05）mm，表面粗糙度分别为 1.6 μm 和 3.2 μm。

4）配合零件 2 分析。该零件属典型的套类零件，有外圆、内锥和内螺纹，公差为 0.03 mm，零件总长尺寸为（52±0.05）mm，表面粗糙度值 Ra 分别 1.6 μm 和 3.2 μm。

（2）确定加工方案。零件 1 与零件 2 为典型的圆锥轴套配合，为间隙配合，其装配总长要求为 88mm，其中相互配合的锥轴之间的配合间隙要求为 1 mm。为了保证零件间相互配合的精度，所以加工难度较大，必须要有严格的尺寸要求，在加工中应该先加工套，并以此为基准来加工轴,以保证轴套零件的尺寸精度和几何精度。

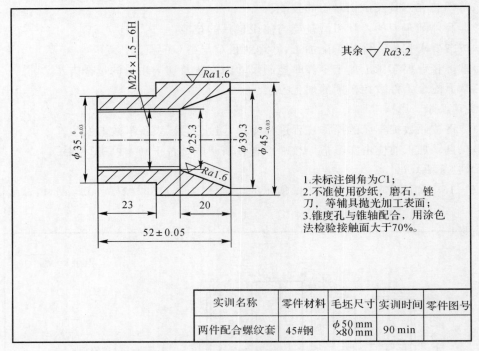

实训名称	零件材料	毛坯尺寸	实训时间	零件图号
两件配合螺纹套	45#钢	φ50 mm ×80 mm	90 min	

图 5 - 31　零件图十

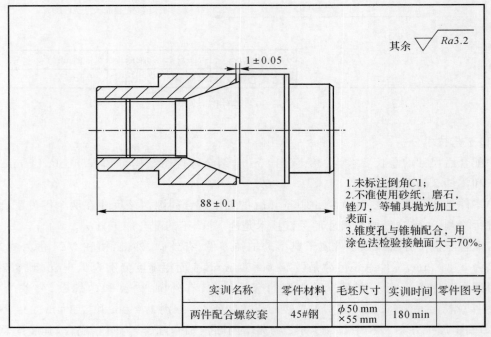

实训名称	零件材料	毛坯尺寸	实训时间	零件图号
两件配合螺纹套	45#钢	φ50 mm ×55 mm	180 min	

图 5 - 32　装配图十一

1)零件 2 的加工步骤。

a.采用三爪卡盘夹持 φ50 mm 外圆,棒料伸出卡盘外约 30 mm,φ19 mm 麻花钻钻通孔。

b.外圆刀平端面并粗、精车左端外轮廓至尺寸要求。

c.调头,包铜皮,夹左端外圆,找正,夹紧。

d.外圆刀车端面,保总长。并粗、精车右端外轮廓至尺寸要求。

e.换镗刀,粗、精车内孔至尺寸要求。

f.换内螺纹刀,车 M24×1.5 mm 内螺纹,塞规检测。

2)零件 1 的加工步骤。

a.采用三爪卡盘夹持 φ50 mm 外圆,棒料伸出卡盘外约 40 mm。

b.外圆刀粗、精车右端外圆轮廓至尺寸要求。

c.调头,包铜皮,夹右端外圆,找正,夹紧。

d.外圆刀车端面保总长。粗、精车左端外轮廓,锥面径向留 0.5 mm 的余量,车其它尺寸至要求。

e.换切槽刀,车槽至尺寸要求。

f.换外螺纹刀,粗、精车外螺纹,用内螺纹孔配合,直至配合合格。

g.换外圆刀车外锥面,以内锥为基准,通过调整磨耗,达到配合要求。

4.数控编程加工

根据 5－30 零件-图纸,首先进行右端外轮廓粗、精车,然后掉头进行左端粗、精车、其程序编制见表 5－13。

表 5－13　数控程序编制

序号	项目程序	项目程序
N010	O13015;(件一右端外圆)	O13016;(件一左端外圆并保总长)
N020	M3 S700 F0.3;程序初始化	M3 S700 F0.3;程序初始化
N030	T0101;选择 1 号刀具	T0101;选择 1 号刀具
N040	G0 X100. Z100.;快速逼近工件	G0 X100. Z100.;快速逼近工件
N050	X52. Z2.;运行到循环起点	X45. Z2.;运行动循环起点
N060	G71 U1.5 R0.5;外圆粗车固定循环	G71 U1.5 R0.5;外圆粗车固定循环
N070	G71 P1 Q2 U0 W0;	G71 P1 Q2 U0 W0;
N080	N1 G0 G42 X0.;精加工轮廓起始段	N1 G0 G42 X－1.;精加工轮廓起始段
N090	G1 Z0;	G1 Z0;
N100	X35. C1.;	X22.;轮廓加工
N110	Z－17.;轮廓加工	X24. W－1.;
N120	X45.;	Z－22;轮廓加工
N130	Z－37.;	X26.;
N140	N2 G1 G40 X52.;精加工轮廓结尾段	X40. W－20.;
N150	G70 P1 Q2;轮廓精加工固定循环	X45.;

续表

序号	项目程序	项目程序
N160	G0 X100. Z100.;	N2 G1 G40 X52.;精加工轮廓结尾段
N170	M30;	S1200　F0.1;精加工变换转速和进给速度
N180		G70 P1 Q2;轮廓精加工固定循环
N190		G00 X100. Z100.;退刀
N200		M30;程序结束

根据 5-30 零件-图纸,进行右端螺纹加工,其程序编制见表 5-14。

表 5-14　数控程序编制

序号	项目程序	序号	项目程序
N010	O13017;(件一外螺纹)	N090	X22.1;第四刀螺纹车削
N020	M3 S800 F0.3;程序初始化	N100	X22.05;第五刀螺纹车削
N030	T0303;选择 3 号刀具	N110	X22.05;第六刀螺纹车削
N040	G0 X100. Z10.;快速逼近工	N120	X24.;第七刀修整加工
N050	X26. Z3.;定位到循环起点	N130	G0 Z100;Z 方向退刀
N060	G92 X23.2 Z-53. F1.5;第一刀螺纹车削	N140	X100;X 方向退刀
N070	X22.8;第二刀	N150	M30;程序结束
N080	X22.4;第三刀	N160	

根据 5-31 零件二图纸,首先进行左端外轮廓粗、精车,然后掉头右端端面精车,其程序编制见表 5-15。

表 5-15　数控程序编制

序号	项目程序	项目程序
N010	O13011;(件二左端外圆)	O1302;(件二右端外圆,保总长)
N020	M3 S700 F0.3;程序初始化	M3 S700 F0.3;程序初始化
N030	T0101;选择 1 号刀具	T0101;选择 1 号刀具
N040	G0 X100. Z100;快速逼近工件	G0 X100. Z100.;快速逼近工件
N050	X52. Z2;定位到循环起点	X42. Z2.;定位到起点
N060	G71 U1.5 R0.5;外圆精车固定循环	G0 G42 X19.;
N070	G71 P1 Q2 U0 W0;	G1 Z0;
N080	N1 G0 G42 X19.;	X45. C1.;倒角
N090	G1 Z0;	Z-30.;
N100	X35. C1.;	G1 G40 X52.;

续表

序号	项目程序	项目程序
N110	Z－23.；	G0 X100. Z100.；退刀
N120	X45.；	M30；程序结束
N130	N2 G1 G40 X52.；精加工轮廓结尾段	
N140	G70 P1 Q2；轮廓精加工固定循环	
N150	G0 X100. Z100.；退刀	
N160	M30；程序结束	

根据 5－31 零件二图纸，进行右端内轮廓粗、精车，然后再右端螺纹加工，其程序编制见表 5－16。

表 5－16　数控程序编制

序号	项目程序	项目程序
N010	O13013；（零件二右端内孔）	O13014；（零件二右端内螺纹）
N020	M3 S700 F0.3；程序初始化	G97 M3 S700；程序初始化
N030	T0303；选择 3 号刀具	T0404；选择 4 号刀具
N040	G0 X100. Z100.。；	G00 X100 Z100；
N050	X42. Z2.；	X19；
N060	X19.；定位到循环起点	Z3；定位到循环起点
N070	G71 U1.5 R0.5；内轮廓粗车固定循环	G92 X22.9 Z－53. F1.5；第一刀螺纹车削
N080	G71 P1 Q2 U0 W0；	X23.4；第二刀螺纹车削
N090	N1 G0 G41 X39.3；精加工轮廓起始段	X23.8；第三刀螺纹车削
N100	G1 Z0；	X23.9；第四刀螺纹车削
N110	X25.3 W－20.；	X23.95；第五刀螺纹车削
N120	X20.；	X24.；第六刀螺纹车削
N130	X22.3 W－1.；	X24.；第七刀螺纹车削
N140	Z－53.；	G0 Z100；Z 向退刀
N150	N2 G1 G40 X19.；精加工轮廓结尾段	X100；X 向退刀
N160	S1200；精加工变换转速	M30；程序结束
N170	G70 P1 Q2；内轮廓结尾段	
N180	Z100.；Z 向退刀	
N190	X100.；X 向退刀	
N200	M30；程序结束	

5．相关问题及注意事项

（1）程序编写时，要注意 G40 和 G41，G42 需要配对使用，如果 G40 使用不当，会在最后一个加工尺寸上产生问题。

（2）在加工顺序上，一般先加工出合格的内螺纹，然后以内螺纹为基准加工外螺纹。加工外螺纹时应根据与内螺纹的配合情况，通过调整磨耗，使配合达到要求。

（3）精车后测量工件尺寸应根据实测尺寸通过磨耗进行尺寸修正。实际测量尺寸大了多少，就在磨耗中减掉多少，直至尺寸合格。

（4）圆锥涂色检验，要合理分析。检验内锥孔时，首先在塞规表面将红丹粉均匀涂抹三条，120°均布，然后将塞规插入内锥孔，转动 120°后抽出塞规，根据塞规表面涂料的擦拭痕迹来判断内圆锥的好坏，接触面积越多，锥度越好，反之则不好。一般用标准量规进行检验，锥度接触要在 70％以上，而且靠近大。涂色法只能用于精加工表面。

5.9　本　章　小　结

本章重点讲解了 FANUC 基本指令在数控车削工艺的应用，案例讲解从基础命令，简单零件入手，逐步过渡到复杂零件综合应用，培养学员的综合手工编程能力。通过刀具、夹具、工艺路线等选择策略讲解与分析，培养学员数控车削工艺分析能力与灵活编程能力。

5.10　课　后　习　题

（1）如图 5－33 所示，毛坯为 $\phi35$ mm×85 mm 的棒料，材料为 45♯钢，试编制数控车削程序。

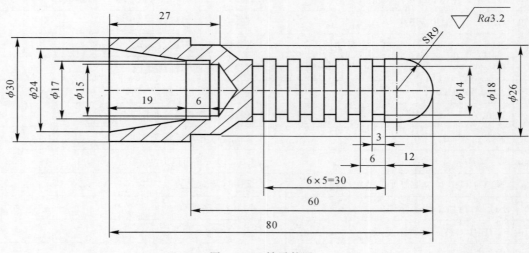

图 5－33　轴零件图一

（2）如图 5－34 所示，毛坯为 $\phi45$ mm×115 mm 的棒料，材料为 45♯钢，试编制数控车削程序。

（3）如图 5－35 所示，在数控车床上完成配合件的加工。毛坯尺寸 $\phi40$ mm×150 mm，材料 45♯钢,试编制数控车削程序。

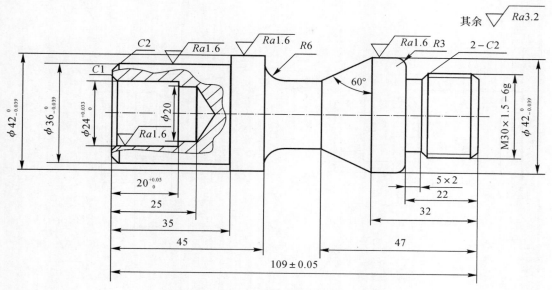

图 5-34　轴零件图二

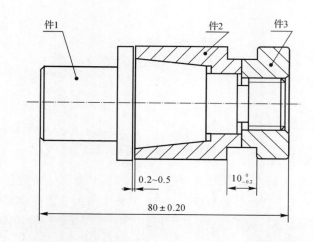

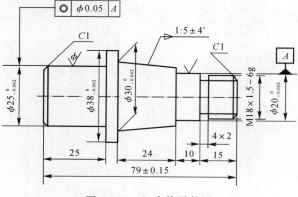

图 5-35　组合体零件图

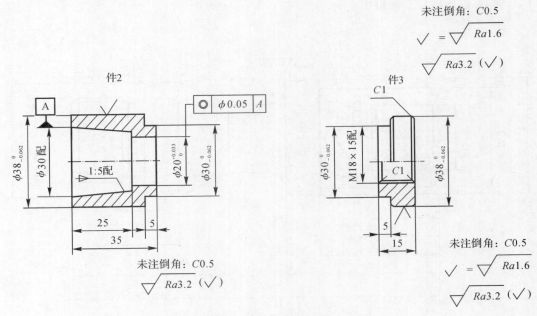

续图 5-35　组合体零件图

课 程 思 政

科技趣闻

中国机床发展简史(五)

　　1958 年,北京第一机床厂与清华大学合作,试制出了中国第一台数控机床——X53K1 三坐标数控机床(见图 5-36),这台数控机床的诞生,填补了中国在数控机床领域的空白。

图 5-36　X53K 三坐标数控机床

　　犹记得，那是 1958 年的秋天，当朝鲜劳动党主席金日成在周恩来总理的陪同下兴致勃勃地来到清华大学的车间参观时，等候多时的师生们热烈的欢迎了这位异国客人：没有用鲜花，没有用掌声，而是聚精会神地操作着一台结构复杂的机床。不一会儿，一块刻有"金日成万岁"五个字的钢板被递到了金日成的手里，他立刻饶有兴致地接过来，抚摸着，询问着。随后，又一块写着"毛主席万岁"的钢板被递到了周恩来总理的手中。金日成主席对这一先进的技术赞不绝口，立刻题词留念。

　　这台完成了刻字的设备就是我国第一台数控机床——X53K1，由清华大学和北京第一机床厂联合研制。它是北京第一机床厂与清华大学合作的结晶，在中国数控机床领域的空白纸页上，开始写下《第一台》。当时，世界上只有少数几个工业发达的国家试制成功了数控机床。试制这样一台机床，美国用了 4 年时间，英国用了两年半，日本正在大踏步前进。当时"数控"这种尖端技术对中国是绝对封锁的。这台机床的数控系统，当时在中国是第一次研制，没有可供参考的样机和较完整的技术资料，参加研制的全体工作人员包括教授、工程技术人员、工人、学生等，平均年龄只有 24 岁。他们只凭着一页"仅供参考"的资料卡和一张示意图，攻下一道又一道难关，用了 9 个月的时间，终于研制成功数控系统，由它来控制机床的工作台和横向滑鞍以及立铣头的进给运动，实现了三个坐标联动。这台数控机床的成功研制，为中国机械工业开始高度自动化奠定了基础。

　　据当时参与其中研究的王尔乾教授回忆道："1958 年是响应中央提出的'超英赶美'的一年，也是意气奋发、敢想敢干的一年，当年夏天研发工作开始了。这是我工作以来参加并负责的第一个科研项目。我在大学毕业前没有做毕业设计，根本不知道怎样做项目，加上当时对数控机床毫不了解，又查不到有关技术资料，因此心里七上八下，十分不安，生怕完不成任务。正好邹至圻教授从苏联考察回来，带来了一张 A4 大小的广告，上面印有苏联数控机床的照片，机床旁边有一个比成人稍矮的机柜，是数控系统，广告上还列了几条数控机床的性能指标，但没有给出数控部分的结构框图（尽管如此，广告对我们还是有用的）。数控组的师生一致认为，要完成任务，谁也不能靠，只能靠我们自己，靠敢想、敢干的革命精神。大家根据机床的特点、加工要求以及纸带输入机的速度，确定了数控机的技术指标和结构框图：把刀具的三维运动轨迹送入数控机，由它转换成步进信号去驱动步进马达，使刀具按原定要求切削工件。方案经批准后，大家群策群力，在近半年时间内，师生九人完成了逻辑设计、单元线路设计、电源设计、生产图设计等生产前的全部工作（生产工作由系车间承接）。这段时间里，师生们经常加班到半夜，吃、睡在实验室，身体极度疲劳。以现在的眼光来看，这是一件微不足道的小事，可是在 50 年前却够得上一个攻关项目，竟然花去了九个人半年的工作量。五一劳动节前后，数控铣床的各部分开始组装、联调。铣床放在旧航空馆一楼的一个大屋子里。联调中暴露出不少问题，其中一个主要问题是数控部分没有抗干扰措施，只要机床或航空馆附近有较大功率电器的启停，数控工作就会乱套，让没有实际工作经验的我们手足无措，心里万分焦急。最后还是依靠群众，大家出主意，终于把难题解决了。"想起当初的日子，王尔乾教授眼里充满了自豪。研制数控机床，遇到的困难是难以想象的。理论上，我们一穷二白，资料上，只有几张仅供参考的示意图，资金上，经常出现短缺。一次，一位老师在做实验时不小心弄坏了一个电阻，让他悔恨很久，还写了一份检讨书。而这种电阻，在现在到电子市场上只要几元钱就可以买一大把。当时的一些领导得知后也很重视，一位北京市的高级干部专门带着电机系的老师们去国营 738 工厂购买最好的电子元件。周恩来总理在一次参观中看到实验现场满地的电线和杂物显得杂乱无章，马上提醒老师们："立刻清理干净！"并且严肃地说："必须养成科学的工作作风！"领导人的关怀，不是体现在口头上，而是体现在每一个细节上，每一笔资金上和每一处问题上。

如今，我国数控机床的发展越来越快，各项核心技术也陆续获得突破性发展。然而，我们永远不能忘记，在 1958 年的夏天，那群为了第一台数控机床的研发而废寝忘食的前辈们，他们的精神和态度，将永远支撑着我国数控机床行业的发展！

——《世界先进制造技术论坛》

劳动篇

人生在勤，不索何获？——张衡

真挚而纯洁的爱情，一定渗有对心爱的人的劳动和职业的尊重。——邓颖超

劳动如同一杯香淳的清茶，只有体验过苦涩的过程，才会有甘甜的回味。——唐彬

在劳力上劳心，是一切发明之母。事事在劳力上劳心，变可得事物之真理。——陶行知

为什么灿烂的阳光总出现在雨后，因为美好的生活总在劳动之后——唐方军

患难困苦，是磨炼人格之最高学校。——梁启超

应该记住，我们的事业，需要的是手，而不是嘴。——童第周

社会主义制度的建立给我们开辟了一条到达理想境界的道路，而理想境界的实现还要靠我们的辛勤劳动。——毛泽东

劳动可以使人摆脱寂寞、恶心和贫困。——谚语

在太阳下辛勤劳动过的人，在树荫下吃饭才会心安理得。——谚语

科学篇

科学精神在于寻求事实，寻求真理。——胡适

科学技术是生产力，而且是第一生产力。——邓小平

科学和艺术是一枚硬币的两面。——李政道

科学不是为了个人荣誉，不是为了私利，而是为人类谋幸福。——钱三强

困难只能吓倒懦夫懒汉，而胜利永远属于敢于攀登科学高峰的人。——茅以升

科学是一个不断学习的过程。——小波

科学同思想自由是不可分割的。——张岱年

科学是在千百次失败后最后一次成功的。——徐特立

科学与民主，是人类社会进步之两大主要动力。——陈独秀

第6章 数控车削自动编程

UG CAM 数控车削加工编程是一种重要的加工方法,主要用于轴类、盘类、套类和盖类等回转零件的加工。该模块提供了粗车、多次走刀精车、车端面、车退刀槽、车螺纹和钻孔循环等24 种加工类型。同时,还能够准确控制进给量、主轴转速和加工余量等参数,而且能模拟仿真刀位轨迹,可以检测参数设置是否正确。

6.1 三维建模基础

UG 三维建模是基于特征的参数化系统,具有交互创建和编辑复杂实体模型的能力,能够帮助用户快速进行概念设计和细节结构设计。另外,系统还将保留每步的设计信息,与传统基于线框和实体的 CAD 系统相比,具有特征识别的编辑功能。

6.1.1 基本术语

(1)特征。特征是具有一定几何,拓扑信息以及功能和工程语义信息组成的集合。是定义产品模型的基本单元。例如孔、凸台等。

(2)片体、壳体。片体、壳体是指一个或多个没有厚度概念的集合。

(3)实体。实体是指具有三维形状和质量的,能够描述物体的几何模型。在基于特征的造型系统中,实体是各类特征的集合。

(4)体。体包括实体和片体两大类。

(5)面。面由边缘封闭而成的区域。面可以是实体的面,也可以是一个壳体。

(6)截面线。截面线即扫描特征截面的曲线,可以是曲线、实体边缘、草图。

(7)对象。对象包括点、曲线、实体边缘、表面、特征和曲面等。

6.1.2 UG NX 特征的分类

UG NX 特征分为三大类,如图 6-1 所示。

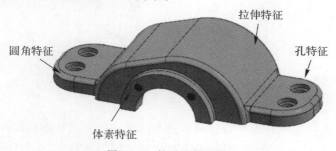

图 6-1 箱盖实体模型

（1）【参考几何特征】包括辅助面、辅助轴线等。

（2）【实体特征】零件的构成单元，可通过各种造型方法得到。

（3）【高级特征】包括曲面造型、曲线造型等生成特征。

6.1.3　UG NX 实体特征工具

UG NX 实体特征工具包括造型特征、特征操作和特征编辑。

1. 实体造型特征

实体造型特征工具栏如图 6-2 所示，主要包括以下几方面：

（1）【扫描特征】通过拉伸、旋转截面、或沿引导线扫略等方法创建实体，所创建的实体与界面线相关。

（2）【成型特征】在已存在的模型上，添加具有一定意义的特征，如孔，旋转槽、腔体等。

（3）【参考特征】基准平面和基准轴，起辅助创建实体的作用。

（4）【体素特征】利用矩形，圆柱体，球体等快速创建实体。

实体造型特征工具主要分布在菜单栏【插入】→【设计特征】和【关联特征】等中。同时也可以从【特征】工具栏中调用。

2. 特征操作

对实体可以进行修饰操作。特征操作工具集在菜单【插入】中【组合】、【修剪】、【偏置/缩放】以及【细节特征】中，也可在【特征】工具条中调用，如图 6-3 所示。

图 6-2　实体造型特征工具栏

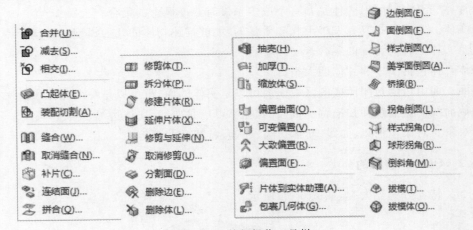

图 6-3　特征操作工具栏

6.1.4　扫描特征

1. 拉伸特征

拉伸特征是将截面轮廓草图进行拉伸生成实体或片体。其草绘截面可以是封闭的也可以是开口的，可以由一个或者多个封闭环组成，封闭环之间不能自交，但封闭环之间可以嵌套，如果存在嵌套的封闭环，在生成添加材料的拉伸特征时，系统自动认为里面的封闭环类似于孔特征。

　　单击【插入】→【设计特征】→【拉伸】选项，或者单击【特征】工具栏中的 图标，弹出如图6-4所示的【拉伸】对话框。

　　【拉伸】对话框相关选项参数含义如下。

　　(1)【截面】用于指定拉伸的二维轮廓。

　　1)【选择曲线】用来指定使用已有的草图来创建拉伸特征，在如图6-4所示的对话框中默认选择 图标。

　　2)【绘制草图】在如图6-4所示的对话框中单击 图标，可以在工作平面上绘制草图来创建拉伸特征。

图6-4　"拉伸"对话框

　　(2)【方向】指定拉伸的方向侧。

　　1)【指定矢量】用于设置所选对象的拉伸方向。

　　2)【反向】在如图6-4所示的对话框中单击 图标，可以使拉伸方向反向。

　　(3)【限制】定义拉伸特征的整体构造方法和拉伸范围。

　　1)【值】指定拉伸起始或结束的值。

　　2)【对称值】开始的限制距离与结束的限制距离相同。

　　3)【直至下一个】将拉伸特征沿路径延伸到下一个实体表面，如图6-5(a)所示。

　　4)【直至选定对象】将拉伸特征延伸到选择的面、基准平面或体，如图6-5(b)所示。

　　5)【直到被延伸】截面在拉伸方向超出被选择对象时，将其拉伸到被选择对象延伸位置为止，如图6-5(c)所示。

　　6)【贯通】沿指定方向的路径延伸拉伸特征，使其完全贯通所有的可选体，如图6-5(d)所示。

　　(4)【布尔】指定布尔运算操作。在创建拉伸特征时，还可以与存在的实体进行布尔运算。如果当前界面只存在一个实体，选择布尔运算时，自动选中实体；如果存在多个实体，则需要选择进行布尔运算的实体。

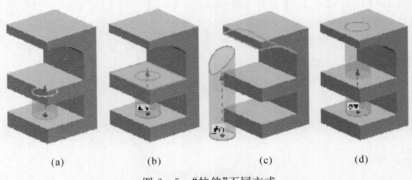

图 6-5 "拉伸"不同方式

(a)直至下一个； (b)直至选定对象； (c)直到被延伸； (d)贯通

(5)【拔模】在拉伸特征的一侧或多侧添加斜率。在拉伸时，为了方便出模，通常会对拉伸体设置拔模角度。拔模方式一共有 6 种。

1)【无】不创建任何拔模。

2)【从起始限制】从拉伸开始位置进行拔模，开始位置与截面形状一样，如图 6-6(a)所示。

3)【从截面】从截面开始位置进行拔模，截面形状保持不变，开始和结束位置进行变化，如图 6-6(b)所示。

4)【从截面-非对称角度】截面形状不变，从起始和结束位置分别进行不同的拔模，两边拔模角可以设置不同角度，如图 6-6(c)所示。

5)【从截面-对称角度】截面形状不变，从起始和结束位置进行相同的拔模，两边拔模角度相同，如图 6-6(d)所示。

6)【从截面匹配的终止处】从截面两端分别进行拔模，拔模角度不一样，起始端和结束端的形状相同，如图 6-6(e)所示。

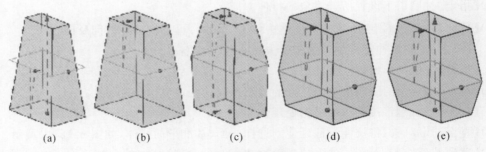

图 6-6 不同的"拔模"方式

(a)从起始限制； (b)从截面； (c)从截面-非对称角度； (d)从截面-对称角度； (e)从截面匹配的终止处

(6)【偏置】最多指定两个偏置来添加到拉伸特征。可以为这两个偏置指定唯一的值，用于设置拉伸对象在垂直于拉伸方向上的延伸，共有四种方式。

1)【无】不创建任何偏置。

2)【单侧】向拉伸添加单侧偏置,如图 6 - 7(a)所示。

3)【两侧】向拉伸添加具有起始值和终止值的偏置,如图 6 - 7(b)所示。

4)【对称】向拉伸添加具有完全相等的起始值和终止值(从截面相对的两侧测量)的偏置,如图 6 - 7(c)所示。

(7)【设置】用于设置拉伸特征为片体或实体。要获得实体,截面曲线必须为封闭曲线或带有偏置的非闭合曲线。

(8)【预览】选中"启用预览"复选框后,用户可预览绘图工作区的临时实体的生成状态,以便及时进行修改和调整。

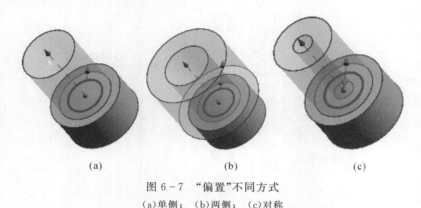

图 6 - 7　"偏置"不同方式
(a)单侧;　(b)两侧;　(c)对称

2. 旋转特征

旋转特征是由特征截面曲线绕旋转中心线旋转而成的一类特征,它适合于构造旋转体零件特征。单击【插入】→【设计特征】→【旋转】选项,或者单击【特征】工具栏中的　图标按钮,弹出如图 6 - 8 所示的【旋转】对话框,选择用于定义拉伸特征的截面曲线。

【旋转】对话框各选项卡具体含义如下。

(1)【截面】用于指定旋转截面。

1)【选择曲线】用来指定已有草图来创建旋转特征,在如图 6 - 8 所示的对话框中默认选择图标　按钮。

2)【绘制草图】单击　图标,可以在工作平面上绘制草图来创建旋转特征。

3)【轴】指定矢量,用于设置所选对象的旋转方向。

4)【反向】在如图 6 - 8 所示的对话框中单击　图标,使旋转轴方向反向。

5)【指定点】在指定点的下拉列表中可以选择要进行旋转操作的基准点。单击　图标,可通过捕捉直接在视图区中进行选择。

(2)【极限】用于指定旋转角度。

1)【开始】在设置以【值】或【直至选定对象】方式进行旋转操作时,用于限制旋转的起始角度。

2)【结束】在设置以【值】或【直至选定对象】方式进行旋转操作时,用于限制旋转的终止角度。

(3)【布尔】指定布尔运算操作。在下拉列表中可以选择布尔操作类型。

（4）【偏置】指定增加材料的侧，有两种选择。

1）【无】直接以截面曲线生成旋转特征。

2）【两侧】指在截面曲线两侧生成旋转特征，以结束值和起始值之差作为实体的厚度。

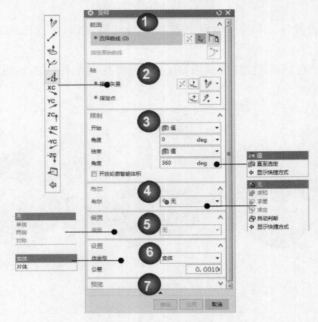

图 6 - 8　"旋转"对话框

（5）【设置】在体类型设置为实体的前提下，以下情况将生成实体。

1）封闭的轮廓。

2）不封闭的轮廓，旋转角度为 360°。

3）不封闭的轮廓，有任何角度的偏置或增厚。

（6）【预览】用户可预览绘图工作区的临时实体的生成状态，以便及时进行修改和调整。

3. 沿导引线扫掠特征

沿引导线扫掠特征是指由截面曲线沿引导线扫描而成的一类特征。通过沿一引导线串（路径）扫掠一"开口"或"封闭"边界草图、曲线边缘或表面建立一单个实体或片体。

单击【插入】→【扫掠】→【沿引导线扫掠】选项，或者单击【特征】工具栏中的 图标，弹出如图 6 - 9 所示的【沿引导线扫掠】对话框。

【沿引导线扫掠】对话框各项卡具体含义如下。

（1）【截面】选择需要扫掠的截面草绘。

（2）【引导线】选择用于扫掠的引导线草绘。如果引导路径上两条相邻的线以锐角相交，或引导路径上的圆弧半径对于截面曲线而言太小，将无法创建扫掠特征。换言之，路径必须是光顺的、切向连续的。

（3）【偏置】设置第一偏置和第二偏置。

（4）【布尔】确定布尔操作类型，即可完成操作。

（5）【设置】设置体的类型和公差。

(6)【预览】在图形区域中预览结果。

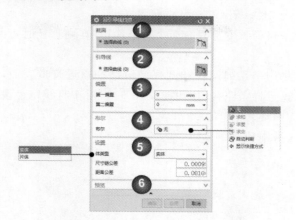

图 6-9　"沿引导线扫掠"对话框

> 提示：如果引导路径上两条相邻的线以锐角相交，或引导路径上的圆弧半径对于截面曲线而；满足以下情况之一将生成实体：(1)导引线封闭，截面线不封闭；(2)截面线封闭，导引线不封闭；(3)截面进行偏置太小，将无法创建扫掠特征。换言之，路径必须是光顺的、切向连续的。

4. 管道特征

【管道特征】是指把引导线作为旋转中心线旋转而成的一类特征。需要注意的是，引导线必须光滑、相切和连续。使用管道可以通过沿着一个或多个相切连续的曲线或边扫掠一个圆形横截面来创建单个实体。

单击【插入】→【扫掠】→【管道】选项，或者单击【特征】工具栏中的 图标，弹出如图 6-10 所示的【管道】对话框。

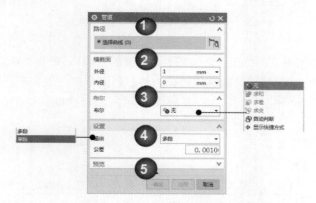

图 6-10　"管道"对话框

【管道】对话框各项卡具体含义如下。

(1)【路径】指定管道延伸的路径。

(2)【横截面】用于设置管道的内径和外径。外径值必须大于 0.2，内径值必须大于或等于 0，且小于外径值。

(3)【布尔】指定布尔运算操作。

(4)【设置】用于设置管道截面的类型,有单段和多段两种类型。选定的类型不能在编辑过程中被修改。

1)【单段】在整个样条路径长度上只有一个管道面(存在内直径时为两个)。这些表面是曲面,如图 6-11(a)所示。

2)【多段】多段管道是用一系列圆柱和圆环面沿路径逼近管道表面,如图 6-11(b)所示。其依据是用直线和圆弧逼近样条路径(使用建模公差)。对于直线路径段,把管道创建为圆柱。对于圆形路径段,创建为圆环。

(5)【预览】在图形区域中预览结果。

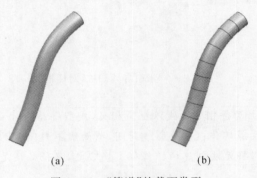

(a)   (b)

图 6-11 "管道"的截面类型

(a)单段; (b)多段

6.1.5 成型特征

成型特征是由有一定拓扑关系的一组实体体素构成的特定型体,它对应于零件上的一个或多个功能,能被固定的方法加工成型。常见的成型特征包括孔、圆台、腔体、凸垫、凸起、键槽、割槽和片体加厚等。

1. 孔特征

【孔】主要指的是圆柱形的内表面,也包括非圆柱形的内表面,而孔特征是指在实体模型中去除圆柱、圆锥或同时存在的两种特征的实体特征。通过【孔】命令可以在部件或装配中添加特征。

单击特征工具栏中的 图标,弹出如图 6-2 所示【孔】对话框。使用孔可以在部件或装配中添加孔特征。

【孔】对话框选项卡含义如下。

(1)【类型】定义孔的创建类型。

(2)【位置】指定孔中心的位置。 图标表示在草图中,通过指定放置面及方位来指定孔的中心。 图标表示可使用现有的点来指定孔的中心。

(3)【方向】指定孔的方向。默认的孔方向为沿-ZC 轴。

(4)【形状和尺寸】指定孔特征的形状和尺寸。该孔特征有以下 4 种成型方式。

1)【简单孔】该方式通过指定孔表面中心点,并制定孔的生产方向,然后设置孔的参数,即可创建。

2)【沉头孔】沉头孔是指紧固件的头完全沉入的阶梯孔。

3)【埋头孔】埋头孔是指紧固件的头部不完全沉入的阶梯孔。

4)【锥形孔】该方式通过指定孔的表面的中心点,并指定孔的生产方向,然后设置孔的直径,孔深度以及锥角参数,即可完成创建。

(5)【布尔】指定布尔运算操作。

(6)【设置】指定定义选项和参数的标准和公差。

(7)【预览】在图形区域中预览结果。

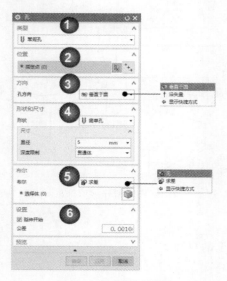

图 6-12　"孔"对话框

> 提示:此命令与 NX 版本之前的【孔】的区别主要有:1.可以在非平面上创建孔,可以不指定孔的放置面。2.通过指定多个放置点,在单个特征中创建多个孔。3.通过【指定点】对孔进行定位,而不是利用【定位方式】对孔进行定位。4.通过使用格式化的数据表为【钻形孔】、【螺钉间隙孔孔】和【螺纹孔】创建孔特征。5.使用 ANSI、ISO、DIN、JIS 等标准。6.创建孔特征时,可以使用【无】和【减去】布尔运算。7.可以将起始、结束或退刀槽倒斜角添加到孔特征上。

2.凸台特征

在机械设计过程中,常常需要设置一个凸台以满足结构上和功能上的要求,而此特征就可以快速地创建凸台。

单击【特征】工具栏中的图标,弹出如图 6-13 所示的【凸台】对话框。通过该对话框可以在已存在的实体表面上创建圆柱形或圆锥形凸台,也可以在平的表面或基准平面上创建凸台,如图 6-14 所示。

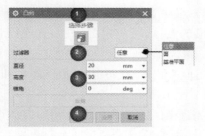

图 6-13　"凸台"对话框

【凸台】对话框中各功能介绍如下。

(1)【选择步骤】放置面是指从实体上开始创建凸台的平面形表面或者基准平面。

(2)【过滤器】通过限制可用的对象类型帮助用户选择需要的对象。这个选项有任意、面和基准平面3个选择。

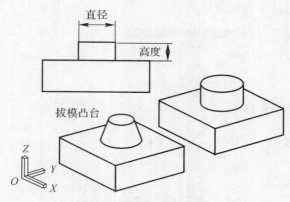

图 6-14　创建的圆柱形或圆锥形凸台

(3)【凸台设计参数】。

1)【直径】圆台在放置面上的直径。

2)【高度】圆台沿轴线的高度。

3)【锥角】若指定为非0值,则为锥形凸台。正的角度值为向上收缩(即在放置面上的直径最大),负的角度为向上扩大(即在放置面上的直径最小)。

(4)【反侧】若选择的放置面为基准平面,则可点此按钮改变圆台的凸起方向。

3. 腔体特征

使用腔体特征可以在现有的体上创建圆柱形、矩形和用户自定义的型腔。单击【特征】工具栏中的图标,弹出如图6-15所示的【腔体】类型选择对话框。该对话框用于从实体中移除材料或用沿矢量对截面进行投影生成的面来修改片体。

图 6-15　"腔体"类型选择对话框

【腔体】对话框中各项功能介绍如下。

(1)【柱】用来定义一个圆形的腔体,有一定的深度,有或没有圆角的底面,具有直面或斜面。如图6-16所示。

(2)【矩形】用来定义一个矩形的腔体,有一定的长度、宽度和深度,在拐角和底面处有指定的半径,具有直面或斜面,如图6-17所示。

(3)【常规】在定义腔体时,比照圆柱形的腔体和矩形的腔体选项有更大的灵活性,如图6-18所示。下面分别介绍腔体的三种类型。

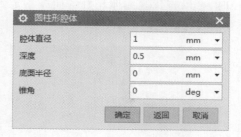
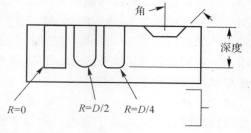

图 6-16　"圆柱形腔体"特征构建

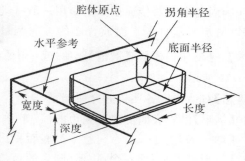

图 6-17　"矩形腔体"特征构建

图 6-18　"常规腔体"对话框

【常规腔体】具有如下特性：

1）常规腔体的放置面可以是自由曲面，而不像其他腔体选项那样，要是一个严格的平面。

2）腔体的底部定义有一个底面。如果需要的话，底面也可以是自由曲面。

3）可以在顶部和/或底部通过曲线链定义腔体的形状。曲线不一定位于选定面上，如果没有位于选定面上，它们将按照选定的方法投影到面上。

4）曲线没有必要形成封闭线串，可以是开放的，甚至可以让线串延伸出放置面的边。

5)在指定放置面或底面与腔体侧面之间的半径时,可以将代表腔体轮廓的曲线指定到腔体侧面与底面的理论交点,或指定到圆角半径与放置面或底面之间的相切点。

6)腔体的侧面是定义腔体形状的理论曲线之间的直纹面。如果在圆角切线处指定曲线,系统将在内部创建放置面或底面的理论交集。

4.键槽特征

使用【键槽】命令可以满足建模过程中各种键槽的创建。

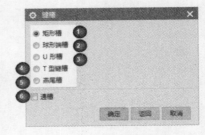

图 6-19 "键槽"对话框

在机械设计中,键槽主要用于轴、齿轮、带轮等实体上,起到周向定位及传递扭矩的作用。所有键槽类型的深度值都按垂直于平面放置面的方向测量。单击【插入】→【设计特征】→【键槽】选项,或单击【特征】工具栏中的 ⬛ 图标,弹出【键槽】对话框,如图 6-19 所示。

【键槽】对话框中各项功能介绍如下。

(1)【矩形】沿着底面创建有锐边的槽,如图 6-20(a)所示。

(2)【球形端】创建一个有完整半径底面和拐角的槽,如图 6-20(b)所示。

(3)【U 形键槽】创建一个 U 形(圆形的拐角和底面半径)的槽,如图 6-20(c)所示。

(4)【T 形键槽】创建一个槽,它的横截面是一个倒转的 T 字形,如图 6-20(d)所示。

(5)【燕尾键槽】创建一个"燕尾"形(尖角和成角度的壁)的槽,如图 6-20(e)所示。

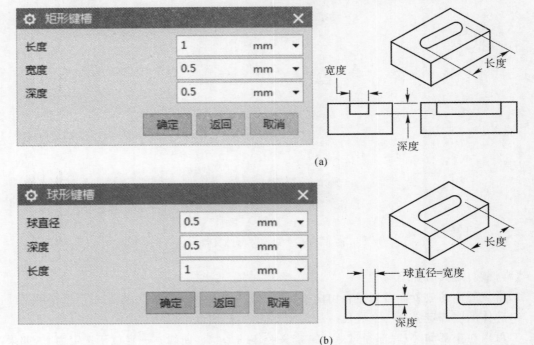

(a)

(b)

图 6-20 "键槽"各种类型方式

(a)矩形键槽; (b)球形键槽

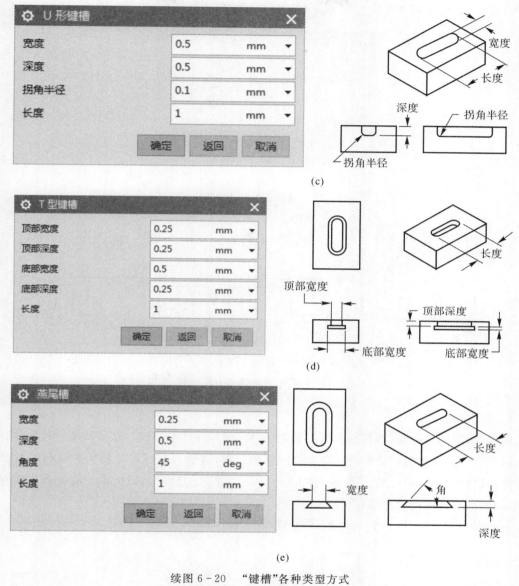

续图 6-20　"键槽"各种类型方式

(c)U 形键槽；　(d)T 形键槽；　(e)燕尾槽

5.槽特征

在机械加工螺纹时,常常有退刀槽,此特征就可以快速创建类似的沟槽。使用【割槽】命令可以在圆柱体或锥体上创建一个外沟槽或内沟槽,就好像一个成形刀具在旋转部件上向内(从外部定位面)或向外(从内部定位面)移动,如同车削操作。单击【插入】→【设计特征】→【槽】选项,或单击【特征】工具栏中的▣图标,弹出【槽】对话框,如图 6-21 所示。

【槽】对话框中各项功能介绍如下。

(1)【矩形槽】横截面形状为矩形,如图 6-22(a)所示。

(2)【球形端槽】横截面形状为半圆形,如图 6-22(b)所示。

（3）【U 形槽】横截面形状为 U 形，如图 6-22（c）所示。

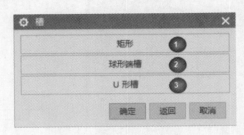

图 6-21 "槽"特征对话框

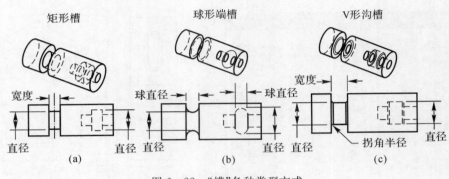

图 6-22 "槽"各种类型方式

(a)矩形槽； (b)球形槽； （c)U 形槽

6.螺纹特征

使用螺纹可以在具有圆柱面的特征上创建符号螺纹或详细螺纹。这些特征包括孔、圆柱、凸台以及圆周曲线扫掠产生的减去或增添的部分。单击【插入】→【设计特征】→【螺纹】选项，或者单击【特征】工具栏中的 ▦ 图标，弹出如图 6-23 所示的【螺纹】对话框。该命令用于在圆柱面、圆锥面上或孔内创建螺纹。

图 6-23 "螺纹"对话框

创建符号类型螺纹　　　　　　　创建详细螺纹

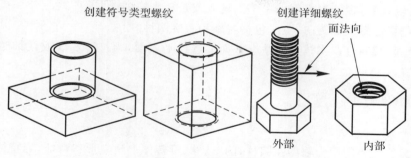

图 6 - 24　螺纹类型

【螺纹】的各选项的含义如下。

(1)【螺纹类型】指定要创建的螺纹类型,有符号类型和详细类型,,两种类型如图 6 - 24 所示。

1)【符号】用于创建符号螺纹。系统生成一个象征性的螺纹,用虚线表示。该操作可以节省内存,加快运算速度。推荐用户创建符号螺纹。

2)【详细】用于创建详细螺纹。系统生成一个仿真的螺纹。该操作很消耗硬件内存和速度,所以一般情况下不建议使用。

(2)【螺纹参数】输入螺纹的各种参数值,如图 6 - 25 所示。

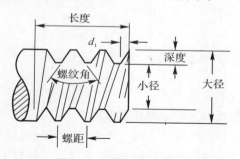

图 6 - 25　螺纹技术参数

1)【大径】用于设置螺纹大径,其默认值是根据选择的圆柱面直径和内外螺纹的形式,通过查螺纹参数表获得。对于符号螺纹,当不选择【手工输入】复选框时,主直径的值不能被修改。对于详细螺纹,外螺纹的主直径的值不能被修改。

2)【螺距】用于设置螺距,其默认值根据选择的圆柱面通过查螺纹参数表获得。对于符号螺纹,当不选择【手工输入】复选框时,螺距的值不能被修改。

3)【角度】用于设置螺纹牙型角,默认值为螺纹的标准值。当不选择【手工输入】复选框时,角度的值不能被修改。

4)【螺纹钻孔尺寸】用于设置外螺纹轴的尺寸或内螺纹的钻孔尺寸,也就是螺纹的名义尺寸,其默认值根据选择的圆柱面通过查螺纹参数表获得。

5)【螺纹头数】用于设置螺纹的头数,即创建单头螺纹还是多头螺纹。

6)【长度】用于设置螺纹的长度,其默认值根据选择的圆柱面通过查螺纹参数表获得。螺纹长度是沿平行轴线方向,从起始面进行测量的。

7)【手工输入】对螺纹参数都采用手工输入或是从表格中选取。

8)【旋转】指定螺纹的旋向,主要包括左旋和右旋两种。

9)【选择起始】通过在实体上或基准平面上选择平表面,为符号螺纹或详细螺纹指定一个新的起始位置。

6.1.6 基准特征

1.基准平面

基准平面的主要作用为辅助在圆柱、圆锥、球、旋转体上建立形状特征,当特征定义的平面和目标实体上的表面不平行(垂直)时,辅助建立其他特征,或者作为实体的修剪面。单击【插入】→【基准/点】→【基准平面】选项或单击【特征】工具栏中的 图标,弹出如图 6-26 所示的【基准平面】对话框。

图 6-26 "基准平面"对话框

【基准平面】对话框选项卡主要含义如下。

1) 【自动判断】系统根据所选对象创建基准面。

2) 【点和方向】通过选择一个参考点和一个参考矢量来创建基准平面。

3) 【在曲线上】通过已存在的曲线,创建在该曲线某点处和该曲线垂直的基准平面。

4) 【按某一距离】通过对已存在的参考平面或基准面进行偏置得到新的基准平面。

5) 【成一角度】通过与一个平面或基准面成指定角度来创建基准平面。

6) 【二等分】通过两个平面间的中心对称平面来创建基准平面。

7) 【曲线和点】通过选择曲线和点来创建基准平面。

8) 【两直线】选择两条直线,若两条直线在同一平面内,则以这两条直线所在平面创建基准平面。

9) 【YC-ZC 平面】、【XC-ZC 平面】、【XC-YC 平面】沿工作坐标系(WCS)或绝对坐标系(ABS)的 XC-YC、XC-ZC 或 YC-ZC 轴创建固定的基准平面。

10) 【相切】通过和一曲面相切且通过该曲面上点、线或平面来创建基准平面。

11) 【通过对象】以对象平面为基准平面。

12) 【按系数】使用含 A、B、C 和 D 系数的方程在 WCS 或绝对坐标系上创建固定的非关联基准平面。$Ax + By + Cz = D$

13) 【视图平面】创建平行于视图平面并穿过 WCS 原点的固定基准平面。

2. 基准轴

基准轴的主要作用为建立旋转特征的旋转轴线，建立拉伸特征的拉伸方向。选择【插入】→【基准/点】→【基准轴】选项或单击【特征】工具栏中的 图标，弹出如图 6 - 27 所示的【基准轴】对话框。

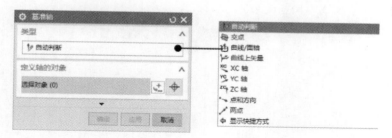

图 6 - 27　"基准轴"对话框

【基准轴】对话框选项卡主要含义如下。

1)【自动判断】根据所选的对象确定要使用的最佳基准轴类型。

2)【XC 轴】以工作坐标系（WCS）的 XC 轴为基准来创建固定基准轴。

3)【YC 轴】以工作坐标系 WCS 的 YC 轴为基准来创建固定基准轴。

4)【ZC 轴】以工作坐标系 WCS 的 ZC 轴为基准来创建固定基准轴。

5)【点和方向】从某个指定的点沿指定方向创建基准轴。

6)【两个点】定义两个点，经过这两个点创建基准轴。

7)【曲线上矢量】创建与曲线或边上的某点相切、垂直或双向垂直，或者与另一对象垂直或平行的基准轴。

8)【相交】在两个平面、基准平面或平面的相交处创建基准轴。

9)【曲线/面轴】沿线性曲线或线性边、或者圆柱面、圆锥面或圆环的轴创建基准轴。

6.1.7　基本体素特征

基本实体模型是实体建模的基础，通过相关操作可以建立各种基本实体，包括长方体、圆柱体、圆锥体和球体等。

1. 长方体

通过设置长方体的原点和 3 条边的长度来建立长方体。单击【特征】工具栏中 图标，或选择【插入】→【特征】→【设计特征】→【长方体】，弹出如图 6 - 28 所示【长方体】对话框。

【长方体】对话框各选项含义如下。

(1)【类型】定义长方体的三种类型。

1)【原点和边长】通过定义每条边的长度和顶点来创建长方体，如图 6 - 29(a)所示。

2)【二点和高度】通过定义底面的两个对角点和高度来创建长方体。如果第二个点在不同于第一个点的平面(不同的 Z 值)上，则系统通过该点垂直于第一个点的平面投影来定义第二个点，如图 6 - 29(b)所示。

3)【两个对角点】通过定义两个代表对角点的 3D 体对角点来创建长方体，如图 6 - 28(c)

所示。

(2)【原点】使用"点构造器"定义块基座的第一个点。

(3)【尺寸】定义长方体高度。

(4)【布尔】指定布尔运算操作。

(5)【预览】在图形区域中预览结果。

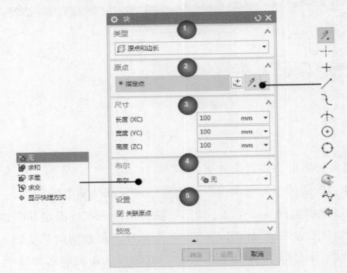

图 6 – 28　"长方体"对话框

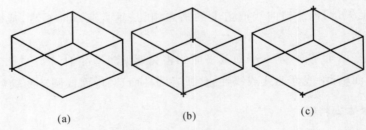

(a)　　　　　　　　　(b)　　　　　　　　　(c)

图 6 – 29　"长方体"类型

(a)原点和边长；　(b)二点和高度；　(c)两个对角点

2.圆柱特征

使用圆柱特征可以创建基本圆柱形实体。圆柱与其定位对象相关联。单击【特征】工具栏中的■图标，或选择【插入】→【特征】→【设计特征】→【圆柱】，弹出如图 6 – 30 所示【圆柱】对话框。

【圆柱】对话框各选项含义如下。

(1)【类型】定义圆柱的两种类型。

1)【轴、直径和高度】使用方向矢量、直径和高度创建圆柱。

2)【圆弧和高度】使用圆弧和高度创建圆柱。系统从选定的圆弧获得圆柱的方位，圆柱的轴垂直于圆弧的平面，且穿过圆弧中心。矢量会指示该圆柱的方向。选定的圆弧不必为整圆，系统会根据任一圆弧对象创建完整的圆柱。

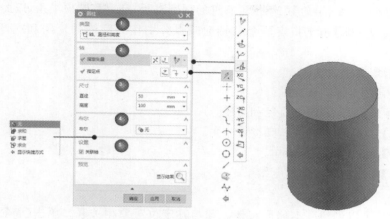

图 6-30 "圆柱"对话框

(2)【轴】指定圆柱的轴。

(3)【尺寸】定义圆柱的直径和高度。

(4)【布尔】指定布尔运算操作。

(5)【设置】使圆柱轴原点及其方向与定位几何体相关联。

3. 圆锥

单击【特征】工具栏中的△图标,或选择【插入】→【特征】→【设计特征】→【圆锥】,弹出如图 6-31 所示【圆锥】对话框。

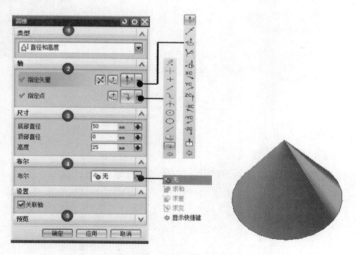

图 6-31 "圆锥"对话框

【圆锥】对话框各选项含义如下。

(1)【类型】定义圆锥的五种类型。

1)【直径和高度】用于指定圆锥的顶圆直径、底圆直径和高度,以此来创建圆锥。

2)【直径和半角】通过定义底部直径、顶部直径和半角值创建圆锥。

3)【底部直径、高度、半角】用于指定圆锥的底圆直径、高度和锥顶半角,以此来创建圆锥。

4)【顶部直径、高度、半角】用于指定圆锥的顶圆直径、高度和锥顶半角，以此来创建圆锥。

5)【两个共轴的弧】用于指定两个共轴的圆弧分别作为圆锥的顶圆和底圆，以此来创建圆锥。

(2)【轴】指定圆锥的轴。

1)【底部圆弧】指定圆锥的轴。

2)【顶部圆弧】定义圆锥的直径和高度。

(3)【尺寸】定义圆锥的直径、高度或半角。

(4)【布尔】指定布尔运算操作。

(5)【预览】在图形区域中预览结果。

4.球特征

使用球特征可以创建基本球形实体。球与其定位对象相关联。单击【特征】工具栏中⊙图标按钮，或选择【插入】→【特征】→【设计特征】→【球】，弹出如图 6-32 所示【球】对话框。

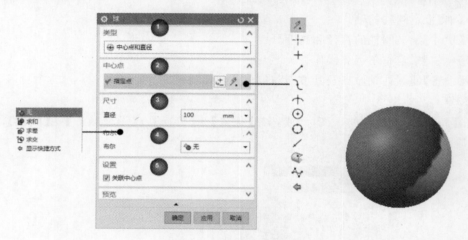

图 6-32 "球"对话框

【球】对话框各选项含义如下。

(1)【类型】定义球的两种类型。

1)【中心点和直径】用于指定直径和球心位置，创建球特征。

2)【圆弧】用于指定一条圆弧，将其半径和圆心分别作为所创建球体的半径和球心，创建球特征。

(2)【中心点】指定球的球心。

(3)【尺寸】定义球的直径。

(4)【布尔】指定布尔运算操作。

(5)【预览】在图形区域中预览结果。

6.1.8 特征操作

1.拔模

使用拔模可以对一个部件上的一组或多组面应用斜率（从指定的固定对象开始）。单击

【插入】→【细节特征】→【拔模】选项，或者单击【特征】工具栏中 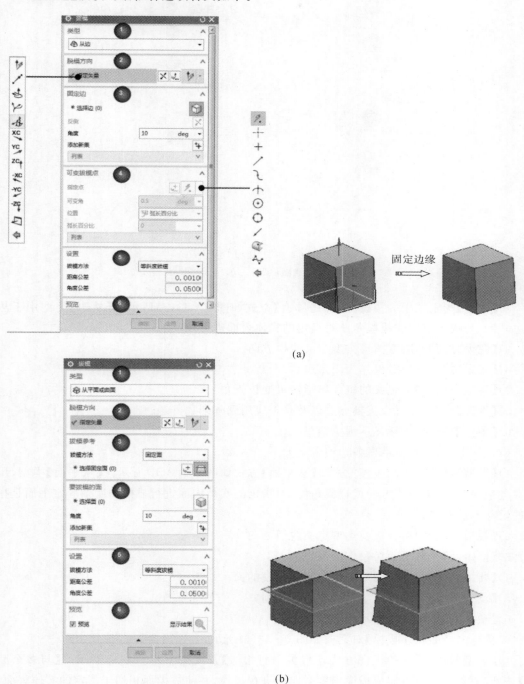 图标，弹出如图 6-33(a)～(d)所示的【拔模】对话框。

（1）【从边】拔模对话框各选项含义如下。

(a)

(b)

图 6-33　"拔模"对话框
(a)"从边"拔模方式；　(b)"从平面"拔模方式

(c)   (d)

续图 6-33 "拔模"对话框

(c)"与多个面相切"拔模方式；   (d)"至分型边"拔模方式

1)【类型】指定采用的拔模方式。【从边】方式如图 6-33(a)所示。【从边】类型用于从实体边开始,与拔模方向成拔模角度对指定的实体表面进行拔模。

2)【脱模方向】为所有拔模类型定义脱模方向。

3)【固定边】选择边对象作为固定边缘。

4)【可变拔模点】为定义的每个集指定可变拔模角。

5)【设置】设置公差值、拔模方法以及是否应用到阵列。

6)【预览】在图形区域显示预览结果。

(2)【从平面拔模】对话框各选项含义如下。

1)【类型】指定采用的拔模方式。【从平面】方式如图 6-33(b)所示。【从平面】类型,用于从参考平面开始,与拔模方向成拔模角度,对指定的实体表面进行拔模。所谓固定平面是指该处的尺寸不会改变。

2)【脱模方向】为所有拔模类型定义脱模方向。

3)【固定面】选择平面对象作为固定面。

4)【要拔模的面】选择面对象作为需要拔模的面。

5)【设置】设置公差值以及是否应用到阵列。

6)【预览】在图形区域显示预览结果。

(3)【与多个面相切拔模】对话框如图 6-33(c)所示,各选项含义如下。

1)【类型】指定采用的拔模方式,【与多个面相切】方式如图 6-34(a)所示。【与多个面相切】类型,用于与拔模方向成拔模角度对实体进行拔模,并使拔模面相切于指定的实体表面。

2)【脱模方向】为所有拔模类型定义脱模方向。

3)【相切面】选择要拔模的面和拔操作后与它们必须保持相切的面。

4)【设置】设置公差值以及是否应用到阵列。

5)【预览】在图形区域显示预览结果。

(4)【至分型边拔模】对话框如图 6-33(d)所示,各选项含义如下。

1)【类型】指定采用的拔模方式,【至分型边】方式如图 6-34(b)所示。【至分型边】类型,该选项可以在分型边缘不发生改变的情况下拔模,并且分型边缘不在固定平面上。用于从参考面开始,与拔模方向成拔模角度,沿指定的分割边对实体进行拔模。

2)【脱模方向】为所有拔模类型定义脱模方向。

3)【固定面】选择平面对象作为固定面。

4)【Parting Edges】用于指定分型边缘。

5)【设置】设置公差值以及是否应用到阵列。

6)【预览】在图形区域显示预览结果。

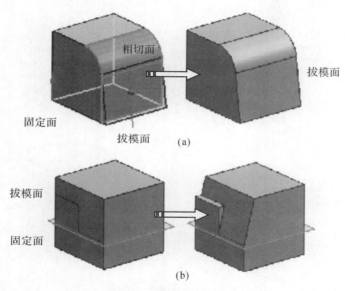

图 6-34　不同拔模类型

(a)"与多个面相切"类型；　(b)"至分型边拔模"类型

2. 边倒圆

单击【插入】→【细节特征】→【边倒圆】选项,或者单击【特征】工具栏中图标按钮,弹出如图 6-35 所示的【边倒圆】对话框。该对话框用于在实体上沿边缘去除材料或添加材料,使实体上的尖锐边缘变成圆滑表面(圆角面)。

【边倒圆】对话框各选项含义如下。

(1)【要倒圆的边】此选项区主要用于倒圆边的选择与添加,以及倒角值的输入。若要对多条边进行不同圆角的倒角处理,则单击【添加新集】按钮即可。列表框中列出了不同倒角的名称、值和表达式等信息。

(2)【可变半径点】通过向边倒圆添加半径值唯一的点来创建可变半径圆角。

(3)【拐角倒角】在三条线相交的拐角处进行拐角处理。选择三条边线后,切换至拐角栏,选择三条线的交点,即可进行拐角处理。拐角倒角可以改变三个位置的参数值来改变拐角的形状。

(4)【拐角突然停止】使某点处的边倒圆在边的末端突然停止。

(5)【修剪】可将边倒圆修剪至明确选定的面或平面,而不是依赖系统默认的修剪面。

(6)【溢出解】当圆角的相切边缘与该实体上的其它边缘相交时,就会发生圆角溢出。选择不同的溢出解,得到的效果会不一样,可以尝试组合使用这些选项来获得不同的结果。

(7)【设置】选项区主要是控制输出操作的结果。

1)【移除自相交】将倒圆自身的相交替换为光顺曲面补片。

2)【在凸/凹 Y 向的特殊圆角】使用该复选框,允许对某些情况选择两种 Y 型圆角之一。

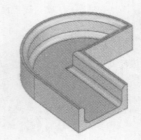

图 6-35 "边倒圆"对话框

3.倒斜角

使用倒斜角可以将一个或多个实体的边斜接。根据实体的形状,倒斜角通过添加或减去材料来将边斜接。单击【插入】→【细节特征】→【倒斜角】选项,或者单击【特征】工具栏中的图标,弹出如图 6-36 所示的【倒斜角】对话框。该对话框用于在已存在的实体上沿指定的边缘作倒角操作。

【倒斜角】对话框各选项含义如下。

(1)【边】用于选择要倒斜角的一条或多条边。

(2)【偏置】为横截面偏置定义方法以及输入距离值。

1)【对称】用于与倒角边邻接的两个面采用相同的偏置方式来创建简单的倒角。选择该方式则【距离】文本框被激活,在该文本框中输入用户所需的距离值,单击【确定】按钮,即可创建倒角,如图 6-37(a)所示。

2)【非对称】用于与倒角边邻接的两个面分别采用不同偏置值来创建倒角。选择该方式则

【距离 1】和【距离 2】文本框被激活，在这两个文本框中分别输入用户所需的距离值，单击【确定】按钮，即可创建【非对称】倒角，如图 6 - 37(b)所示。

3)【偏置和角度】用于由一个偏置值和一个角度来创建倒角。选择该方式则【距离】和【角度】两个文本框被激活，在这两个文本框中分别输入用户所需的距离值和角度，单击【确定】按钮创建倒角，如图 6 - 37(c)所示。

图 6 - 36 "倒斜角"对话框

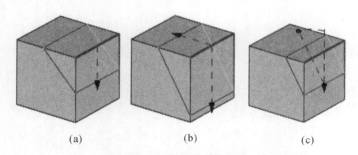

图 6 - 37 倒斜角偏置方式

(a)对称方式； (b)非对称方式； (c)偏置和角度方式

(3)【设置】设置偏置边的偏置方法以及是否应用于阵列。

(4)【预览】在图形区域显示操作结果。

4.抽壳

使用抽壳可以根据为壁厚指定的值抽空实体或在其四周创建新的壳体，也可为某个面单独指定厚度并移除单个面。单击【插入】→【偏置/缩放】→【抽壳】选项，或者单击【特征】工具栏中的 图标，弹出如图 6 - 38 所示的【抽壳】对话框。利用该命令可以以一定的厚度值抽空一实体。

(1)【类型】指定要创建的抽壳类型。

1)【对所有面抽壳】在视图区选择要进行抽壳操作的实体。

2)【移除面，然后抽壳】用于选择要抽壳的实体表面，所选的表面在抽壳后会形成一个缺口。在大多数情况下，此选项主要用于创建薄壁零件或箱体。

(2)【要抽壳的体】用于从要抽壳的体中选择一个或多个面。

（3）【厚度】用于指定抽壳的壁厚。向壳壁添加厚度与向其添加偏置类似。

（4）【备选厚度】用于为当前所选厚度集合特征指定厚度值。此值独立于为厚度选项定义的值。

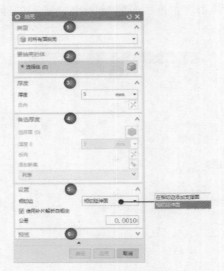

图 6-38 "抽壳"对话框

（5）【设置】设置相切边延伸类型以及公差。

1）【在相切边添加支撑面】允许选择的移除面与其他面相切，抽壳后在移除面的边缘处添加支撑面。

2）【相切面延伸】沿着移除面延伸相切面对实体进行抽壳。

（6）【预览】在图形区域显示操作结果。

> 提示：【抽壳所有面】和【移除面，然后抽壳】的不同之处在于：前者对所有面进行抽空，形成一个空腔；后者在对实体抽空后，移除所选择的面。

6.1.9 几何体运算

几何体运算主要包括修剪体、实例特征、布尔运算的等体的操作。

1. 修剪体

修使用修剪体可以使用一个面或基准平面修剪一个或多个目标体。选择要保留的体的一部分，并且被修剪的体具有修剪几何体的形状。修剪面必须完全通过实体，否则会出错。修剪后仍然是参数化实体。

单击菜单【插入】→【修剪】→【修剪体】，或单击【特征】作工具条中的 图标，弹出如图6-39所示对话框。

【修剪体】对话框各选项具体含义如下。

（1）【目标】指定要修剪的一条或多个目标体。

（2）【工具】指定刀具的定义方式，并选择刀具。

（3）【设置】设置修剪后。

（4）【预览】在图形区域预览显示结果。

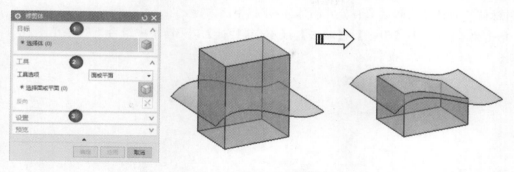

图 6-39　"修剪体"对话框

> 提示:a. 法矢的方向确定保留目标体的哪一部分。矢量指向远离保留的体的部分。b. 当使用面修剪实体时,面的大小必须足以完全切过体。

2.合并

使用合并工具可以将两个或两个以上的实体结合起来,使之成为一个单一实体。其中目标体只有一个,工具体可以有几个。

单击菜单【插入】→【组合】→【合并】,或单击【特征】作工具条中的 图标,弹出如图 6-40 所示对话框。

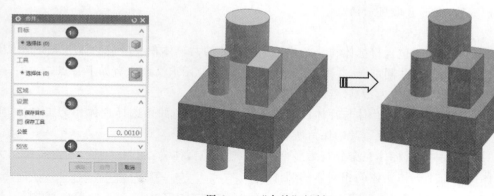

图 6-40　"合并"对话框

【合并】对话框各选项具体含义如下。

(1)【目标】用于选择目标实体。

(2)【工具】用于选择一个或多个工具实体以修改选定的目标体。

(3)【设置】设置合并后是否保留目标和工具副本。

(4)【预览】在图形区域显示预览结果。

> 提示:运用合并的时候,目标体和刀具体之间必须有公共部分。这两个体之间正好相切,其公共部分是一条交线,即相交的体积是 0,这种情况下是不能合并的,系统会提示工具体完全在目标体外,这个要注意。

3.减去

使用减去可以从目标体中减去一个或多个实体形成一个新的实体。执行减去操作的时候,目标体与刀具体之间必须有公共的部分,体积不能为零。

单击菜单【插入】→【组合】→【减去】,或单击【特征】作工具条中组合下拉菜单 图标,弹出如图 6-41 所示对话框。

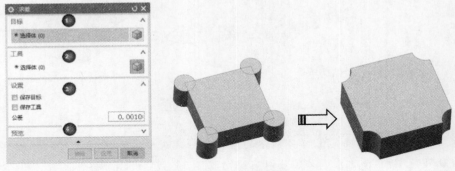

图 6-41 "减去"对话框

【减去】对话框各选项具体含义如下。

(1)【目标】用于选择目标实体。

(2)【工具】用于选择一个或多个工具实体以修改选定的目标体。

(3)【设置】设置减去后是否保留目标和工具副本。

(4)【预览】在图形区域显示预览结果。

4. 求交

使用求交可以创建包含目标体与一个或多个工具体的共享体积或区域的体。求交是求出目标体和工具体之间的共同部分,并形成一个新的实体。使用求交命令有如下特点。

(1)可以使用一组体作为工具。

(2)可以将实体与实体、片体与片体以及片体与实体相交。如果选择片体作为工具体,则结果将是完全参数化相交特征,其中保留所有区域。

(3)如果工具体将目标体完全分割为多个实体,则所得实体为参数化特征,其正常结果为包含目标体与所有工具体实体的相交体的实体。

单击菜单【插入】→【组合】→【求交】,或单击【特征】作工具条中组合下拉菜单 图标,弹出如图 6-42 所示对话框。

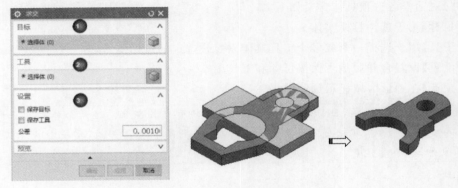

图 6-42 "求交"对话框

【求交】对话框各选项具体含义如下。

(1)【目标】用于选择目标实体。

(2)【刀具】用于选择一个或多个工具实体以修改选定的目标体。

(3)【设置】设置求交后是否保留目标和工具副本。

(4)【预览】在图形区域显示预览结果。

6.2　UG数控自动编程基础

在 UG CAM 的车削加工环境下,车削类型的坐标系包括工件坐标系 WCS 和加工坐标系 MCS。工件坐标系 WCS 是 UG 创建模型时的参考坐标系,它既不能确定主轴的中心线,也不能控制刀位的输出坐标。但有时在创建模型时,可以将该坐标系的设计基准和工艺基准重合,因此它也可以成为编程加工坐标系。

6.2.1　工件坐标系

车床工作时,编程在被称为"车床工作平面"的 3D 平面内进行。由于车床工作平面是平面,因此可以很方便地使工件坐标系 WCS 的 *XY* 平面与车床的工作平面平行。这样更有利于数据的输入,尤其是符合人类自然视角的方向,此角度与机床方向无关。对于数控车床编程,工作坐标系 WCS 方向一般设置为 XC 轴朝向用户的右侧(3 点钟方向),而 YC 轴朝向用户的上侧(12 点钟方向),如图 6-43 所示。

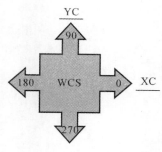

图 6-43　工件坐标系

6.2.2　加工坐标系

在 UG CAM 车削模块中,编程坐标系是数控编程的基点,因此必须设置合理,编程加工坐标系的设置和手工编程加工坐标系设置完全一致。其中,加工坐标系 MCS 是由主轴中心线、程序零点方位以及主轴上机床的工作平面共同决定的,同时,加工坐标系 MCS 也是刀轨中刀位点的输出参考坐标系。在实际操作中,同一个工件可以设置多个加工坐标系,用以完成不同工艺要求的数控加工。

如果定义 MCS 加工坐标系时,MCS 加工坐标系的 ZX 平面与 WCS 工件坐标系的 XY 平面平行,如图 6-44(a)和图 6-45(a)所示,则有

(1)ZM 轴将作为主轴中心线;

(2)MCS 原点将作为编程原点的位置;

(3)MCS 的 ZX 平面将作为车床的工作平面。

因为此方向与机床的坐标相匹配,所以该方法为一般车床编程中最常用设置,并且对车削中心编程非常有用。

如果定义 MCS 加工坐标系时,MCS 加工坐标系的 XY 平面与 WCS 工件坐标系的 XY 平面平行,如图 6-44(b)和图 6-45(b)所示,则有

(1)XM 轴将作为主轴中心线;

(2)MCS 原点将作为编程原点的位置;

(3)MCS 的 XY 平面将作为车床的工作平面。

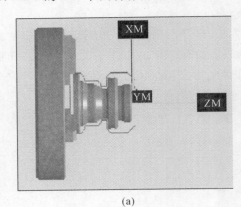 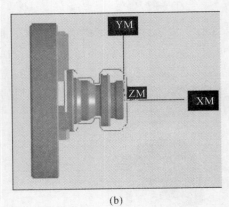

(a)　　　　　　　　　　　　　　　　(b)

图 6-44　卧式车床编程加工坐标系

(a)编程平面 MCS ZX 平面与主轴中心线 ZM 轴；　(b)编程平面 MCS XY 平面与主轴中心线 XM 轴

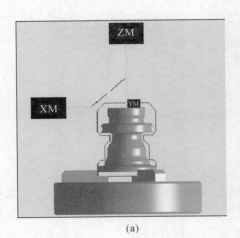 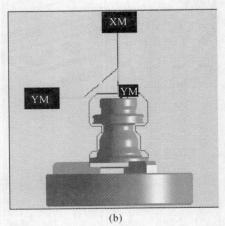

(a)　　　　　　　　　　　　　　　　(b)

图 6-45　立式车床编程加工坐标系

(a)编程平面 MCS ZX 平面与主轴中心线 ZM 轴；　(b)编程平面 MCS XY 平面与主轴中心线 XM 轴

6.2.3　加工坐标系设置

加工坐标系是数控编程的基准,因此,在 UG CAM 车削模块中,编程坐标系设置和手工编程坐标系的设置完全一致。在实际编程的过程中,同一个工件可以设置多个加工坐标系,以完成不同工艺需求,加工坐标系的方位可以参考加工坐标系的设置原则进行。一般设置加工坐标系的 ZX 平面与 WCS 工件坐标系的 XY 平面平行,ZM 作为主轴中心线方向,如果设置为加工坐标系的 XY 平面与 WCS 工件坐标系的 XY 平面平行,XM 作为主轴中心线方向,则需要在后面处理时注意坐标的变换。UG 在计算刀位轨迹时,参考的就是设置的加工坐标系。加工坐标系 MCS 的设置步骤如下。

(1)打开模型源文件文件 6.2-1.part。

(2)初始化加工环境。选择【开始】→【加工】进入初始化加工环境(或按快捷键 Ctrl+Alt+M),系统弹出【加工环境】对话框,在【CAM 会话配置】中选择【cam_general】,在子对话框【要创建的 CAM 组装】模块选择【Turning】车削模块,然后单击【确定】。

(3)在图形窗口背景中单击右键并选择【定向视图】→【俯视图】,然后,选择【菜单】→【格式】→【WCS】→【显示】。将工件坐标系 WCS 定位在车刀移动所在的

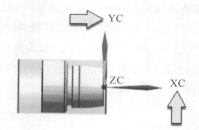

图 6-46　工作平面视图

平面。WCS 的原点应位于旋转的中心线上。在此视图中,需要注意的是,XC 应该指向右侧,YC 应该指向上方如图 6-46 所示。

(4)在工序导航器上切换视图为【几何视图】,在导航器的 MCS_SPINDLE 上单击右键并选择【对象】→【显示】,其中,①为此部件 MCS 加工坐标系正确定位;②为显示的工作平面;③为主轴中心线显示。然后双击 MCS_SPINDLE,在 MCS 主轴对话框中,确保已经从指定平面列表上选择 ZM-XM 平面,该平面也就是刀具移动的平面,最后关闭该对话框,如图 6-47 所示。如果加工坐标系方位不对可以通过双击坐标系利用旋转和平移指定到工作坐标系原点位置。

图 6-47　加工坐标系设置

注意:在创建 MCS 加工坐标系前,一般需要先定位 WCS 工件坐标系,因为车削刀具是根据工件坐标系 WCS 来定位的。同时加工坐标系 MCS 的 ZM-YM 平面应尽量与工件坐标系

WCS 的 XC - YC 平面重合，以避免后续工序中不可避免的麻烦。

6.3 工件和毛坯的设置方法

6.3.1 设置方法一

（1）当工件和毛坯都为实体时，打开模型源文件 6.3 - 1.part。

（2）选择【开始】→【加工】进入初始化加工环境（或按快捷键 Ctrl＋Alt＋M），系统弹出【加工环境】对话框，在【CAM 会话配置】中选择【cam_general】，在子对话框【要创建的 CAM 组装】模块选择【Turning】车削模块，然后单击【确定】。

（3）在工序导航器上切换视图为【几何视图】，双击导航器的 MCS_SPINDLE，指定车床工作平面为 ZM - XM 平面，单击【指定 MCS】按钮调整加工坐标系方向，选择实体模型右端面中心为加工坐标系原点，其中 ZM 轴为零件中心线方向，XM 轴为竖直方向，结果如图 6 - 48 所示。

图 6-48 加工坐标系设置

（4）在工序导航器中，双击 WORKPIECE 以编辑该组件，单击指定部件⬚图标，选择部件体，此处使用快速拾取列表以确保选择的是部件几何体而不是棒料。在部件几何体对话框中，单击【确定】，然后单击【描述】栏材料🔧编辑图标，从部件材料列表中选择 MATO_00266。这里将指定 7050 铝材作为部件材料，单击【确定】，如图 6 - 49 所示。

图 6-49 定义部件几何体

(5)在工件对话框中,单击指定毛坯 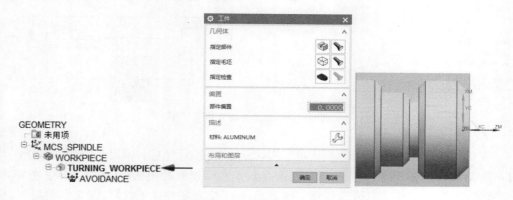 图标,选择棒料,单击【确定】。在工件对话框中,单击【确定】。此时,部件与毛坯的几何体存储在 WORKPIECE 内。产生的部件与毛坯边界存储在 TURNING_WORKPIECE 内,如图 6-50 所示。

图 6-50　定义毛坯几何体

(6)在工序导航器选项卡 中,选中 TURNING_WORKPIECE,在图形窗口背景中,选择毛坯,单击右键选择【隐藏】,此时毛坯被隐藏起来。同理,选择零件几何体,也进行隐藏。这时将显示部件①和毛坯②边界。若右键单击并选择【渲染样式】→【静态线框】,则显示的曲线可以在制订工序和生成刀轨时可作为视觉参考,如图 6-51 所示。

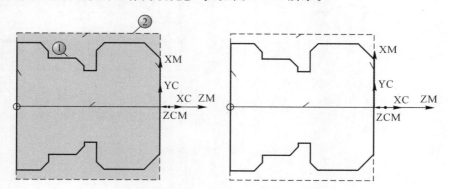

图 6-51　部件和毛坯边界

6.3.2　设置方法二

(1)当工件和毛坯都为线框时,打开模型源文件 6.3-2.part。

(2)选择【开始】→【加工】进入初始化加工环境(或按快捷键 Ctrl＋Alt＋M),系统弹出【加工环境】对话框,在【CAM 会话配置】中选择【cam_general】,在子对话框【要创建的 CAM 组装】模块选择【Turning】车削模块,然后单击【确定】。

(3)在工序导航器上切换视图为【几何视图】,双击导航器的 MCS_SPINDLE,指定车床工作平面为 ZM-XM 平面,单击【指定 MCS】 按钮,调整加工坐标系方向,选择线框模型的线框右端交点作为加工坐标系原点,其中,ZM 轴为零件中心线方向,XM 轴为竖直方向,结果如图 6-52 所示。

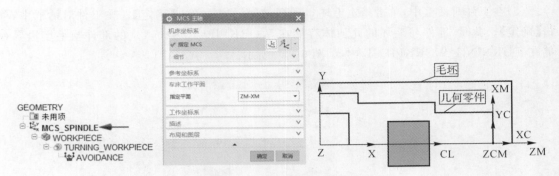

图 6-52　加工坐标系设置

（4）在工序导航器选项卡中，双击 TURNING_WORKPIECE，指定车削加工边界。首先单击【指定部件边界】按钮，选择方法为【曲线】，在选择过滤器中选择【相连曲线】，然后在图形窗口背景中，选择零件几何体的任意一条边界，即可实现零件线框选取，其余参数默认，单击【确定】完成零件几何体定义。同理，单击【指定毛坯边界】按钮，在选择过滤器中选择【相连曲线】，选择类型为【曲线】，在图形窗口背景中，选择毛坯封闭线框，其余参数默认，单击【确定】，就完成了毛坯和几何零件的边界定义，如图 6-53 所示。

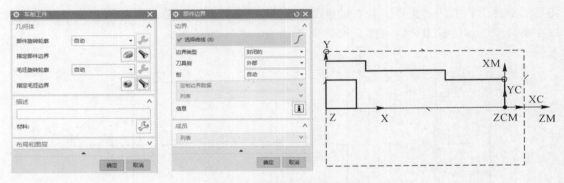

图 6-53　部件和毛坯边界

6.3.3　设置方法三

（1）当工件和毛坯都为平面片体时，打开模型源文件 6.3-3.part。

（2）选择【开始】→【加工】进入初始化加工环境（或按快捷键 Ctrl＋Alt＋M），系统弹出【加工环境】对话框，在【CAM 会话配置】中选择【cam_general】，在子对话框【要创建的 CAM 组装】模块选择【Turning】车削模块，然后单击【确定】。

（3）在工序导航器上切换视图为【几何视图】，双击导航器的 MCS_SPINDLE，指定车床工作平面为 ZM-XM 平面，单击【指定 MCS】按钮，调整加工坐标系方向，选择片体模型的线框右端作为加工坐标系原点，其中，ZM 轴为片体零件中心线方向，XM 轴为竖直方向，结果如图 6-54 所示。

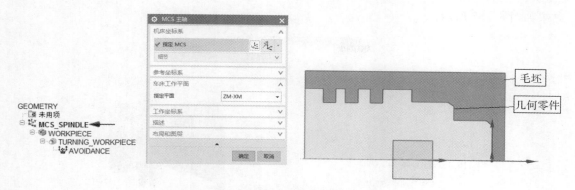

图 6-54　加工坐标系设置

(4)在工序导航器选项卡 中,双击 TURNING_WORKPIECE,指定车削片体的加工边界。首先单击【指定部件边界】 按钮,选择方法为【曲面】,在选择过滤器中选择【单个面】,然后在在图形窗口背景中,通过【快速拾取列表】选择零件零件片体,其余参数默认,单击【确定】完成零件几何体定义。同理单击【指定毛坯边界】 按钮,在选择过滤器中选择【单个面】,在【毛坯边界】对话框中,选择类型为【曲线】,单击【指定边界几何体】 按钮,选择方法【边界】→【曲面】,通过【快速拾取列表】选择毛坯几何片体,其余参数默认,单击【确定】,就完成了毛坯和几何零件的边界定义,如图 6-55 所示。

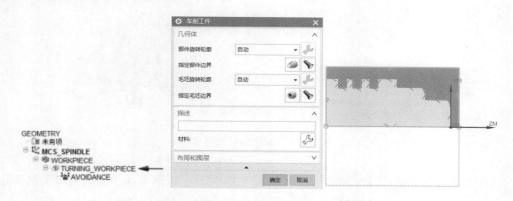

图 6-55　部件和毛坯边界

6.3.4　设置方法四

(1)当毛坯都为型材几何体时,打开模型源文件 6.3-4. part。

(2)选择【开始】→【加工】进入初始化加工环境(或按快捷键 Ctrl+Alt+M),系统弹出【加工环境】对话框,在【CAM 会话配置】中选择【cam_general】,在子对话框【要创建的 CAM 组装】模块选择【Turning】车削模块,然后单击【确定】。

(3)在工序导航器上切换视图为【几何视图】,双击导航器的 MCS_SPINDLE,指定车床工作平面为 ZM-XM 平面,单击【指定 MCS】 按钮,调整加工坐标系方向,选择实体模型的零件右端面中心作为加工坐标系原点,其中,ZM 轴为实体零件中心线方向,XM 轴为竖直方向,结果如图6-57所示。

图6-56 加工坐标系设置

(4)在工序导航器中,双击 WORKPIECE 以编辑该组件,单击指定部件⬛按钮。选择实体几何部件体。在部件几何体对话框中,单击【确定】,然后单击【描述】栏材料⬛编辑图标,从部件材料列表中选择 MATO_00266。这时将指定 7050 铝作为部件材料,单击【确定】,如图6-56所示。

图6-57 定义部件几何体

(5)在工序导航器选项卡⬛中,双击 TURNING_WORKPIECE,此时,车削加工剖切边界自动生成。单击【指定毛坯边界】⬛按钮,毛坯边界【类型】选择型材【棒料】,毛坯【安装位置】选择【在主轴箱处】,【指定点】坐标位置参考工件坐标系 WCS 的坐标输入(XC:-180,YC:0,ZC:0),单击【确定】,毛坯【长度】输入180,【直径】输入170,单击【确定】,如图6-58所示。

图6-58 部件和毛坯边界

6.3.5　设置方法五

(1)利用车加工横截面精确定义工件几何边界,打开模型源文件 6.3－5. part。

(2)选择【开始】→【加工】进入初始化加工环境(或按快捷键 Ctrl＋Alt＋M),系统弹出【加工环境】对话框,在【CAM 会话配置】中选择【cam_general】,在子对话框【要创建的 CAM 组装】模块选择【Turning】车削模块,然后单击【确定】。

(3)在工序导航器上切换视图为【几何视图】,双击导航器的 MCS_SPINDLE,指定车床工作平面为 ZM－XM 平面,单击【指定 MCS】按钮,调整加工坐标系方向,选择实体模型的右端面中心作为加工坐标系原点,其中,ZM 轴为实体零件中心线方向,XM 轴为竖直方向,结果如图 6－59 所示。

图 6－59　加工坐标系设置

(4)选择【菜单】→【工具】→【车加工横截面】,弹出如图 6－60 所示【车加工横截面】对话框,单击【体】选择按钮,选择实体模型,然后选择【简单截面】剖切方式,再单击选择【剖切平面】按钮,单击【确定】,可以创建零件二维剖切截面,在图形窗口背景中,选择实体零件,单击右键【隐藏】,可以看到精确剖切的二维轮廓截面,如图 6－60 所示。

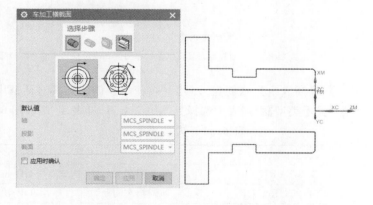

图 6－60　车加工横截面剖切

（5）在工序导航器选项卡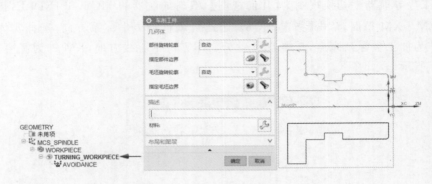中，双击 TURNING_WORKPIECE，指定车削片体的加工边界。首先单击【指定部件边界】按钮，选择方法为【曲线】，在选择过滤器中选择【相连曲线】，其余参数默认，单击【确定】完成零件几何体定义。单击【指定毛坯边界】按钮，毛坯边界【类型】选择型材【棒料】，毛坯【安装位置】选择【在主轴箱处】，【指定点】坐标位置参考工件坐标系 WCS 的坐标输入（XC：－120，YC：0，ZC：0），单击【确定】，毛坯【长度】输入 125，【直径】输入 150，单击【确定】，如图 6－61 所示。

图 6－61　部件和毛坯边界

6.4　数控刀具定制

与其他 NX/CAM 应用模块一样，车削处理器使用刀具的相关信息计算刀轨。UG 车削支持以下几种类型的刀具，如图 6－62 所示，其中，【ISO 刀片形状】标准刀具可以是平行四边形、菱形、六角形和矩形等。

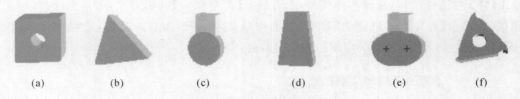

图 6－62　UG 支持刀具种类
（a）标准刀具；　（b）自定义刀具；　（c）杯形刀具；　（d）切槽刀具；　（e）成形刀具；　（f）螺纹刀

选择【主页选项卡】→【插入组】→【创建刀具】按钮。在创建刀具对话框中的类型组中选择【Turning】车削，从【刀具子类型】组列表中选择具体类型车刀，见表 6－1 和图 6－63 所示。

表 6－1　刀具类型

序号	加工模板	刀具类型	刀具名称
1	ROUGH_TURN_ON	外圆粗车刀	OD_80_L
2	FINISH_TURN_ON	外圆精车刀	OD_35_L
3	GROOVE_OD	切槽刀	OD_GROOVE_L
4	CENTERLINE_DRILLING	中心钻	DRILLING_D2.5

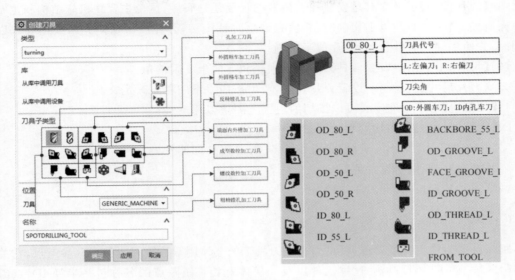

图 6 - 63　UG 车刀刀具结构类型

单击【刀具子类型】中 OD_55_L 外圆 55°精车刀 按钮，单击【确定】，弹出【车刀-标准】对话框，可以进行刀具参数定义。

6.4.1　【工具】选项卡

该选项卡主要用于设置车刀的刀片形状和尺寸参数，如图 6 - 64 所示。常见的车刀刀片按照 ISO/ANSI/DIN 或刀具厂商标准来划分，用户可以根据具体的使用要求来进行选择，其含义如下。

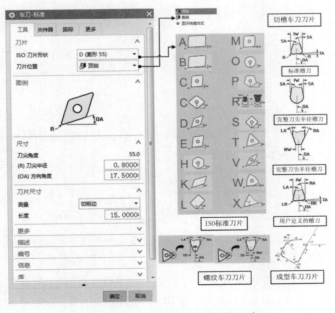

图 6 - 64　UG 车刀刀片结构尺寸

（1）【刀片位置】定义刀具是安装在夹持器的顶侧还是底侧，这个主要跟机床结构和主轴旋转方向有关，当在中心线以上切削时，它使主轴顺时针旋转，刀片位于顶侧。当在中心线以下切削时，它使主轴逆时针转动，刀片位于底侧。

（2）【尺寸】主要用于设置刀具刀尖圆弧半径和方向角度副偏角。

（3）【刀片尺寸】主要用于设置刀片宽度，可以按照以下三种方式定义。

1)【切削边】ISO 标准定义可以按切削边长来测量刀片。

2)【内切圆(IC)】按内切圆直径测量刀片。

3)【ANSI (IC)】ANSI 标准定义可以按 64 等分内切圆测量刀片。

（4）【更多】主要用于设置主后角和刀片厚度。

（5）【编号】刀具在机床刀库中的位置代号。

6.4.2 【跟踪】选项卡

跟踪点主要用于设置刀位点位置，它是刀具上的 NX 用于计算刀轨的内部参考点，它关联到切削区域、碰撞检测、刀轨、过程工件以及几何体避让。跟踪点的名称包括半径 ID、点编号（即跟踪点编号）以及补偿寄存器值，例如 R1_P3_13 或 R3_P9_10，如图 6-65 所示。

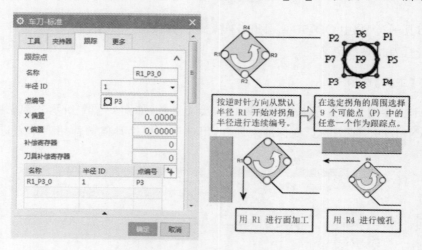

图 6-65　UG 车刀刀具跟踪点

（1）【半径 ID】可以选择刀片的任何有效拐角作为跟踪点的活动拐角半径。系统从 R1（默认半径）开始按逆时针方向依次为拐角半径编号。

（2）【点编号】指定在活动拐角上放置跟踪点的位置。

（3）【刀具角度】仅在点编号设为 P9 时可用，由用户输入的"刀具角度"值。

（4）【半径】仅在点编号设为 P9 时可用，由用户输入的"半径"值。

（5）【X 偏置】指定 X 偏置，该偏置必须是刀具参考点和它的跟踪点间距离的 X 坐标。

（6）【Y 偏置】指定 Y 偏置，该偏置必须是刀具参考点和它的跟踪点间距离的 Y 坐标。

注意：可以选择刀片的任意有效拐角作为活动拐角半径。随后，在选定拐角的周围选择 9 个可能点（P）中的任意一个点作为跟踪点。可以在任意拐角中定义多个跟踪点，只要刀具偏置编号不同即可。但是对于所有刀具而言，始终有一个跟踪点处于活动状态。

6.4.3 【夹持器】选项卡

夹持器选项卡主要用来精确定义刀具。夹持器的各个尺寸要根据机夹可转位车刀实际的尺寸作相应的调整;夹持器的角度则要根据零件切削的方向作相应的调整,如图 6－66 所示。

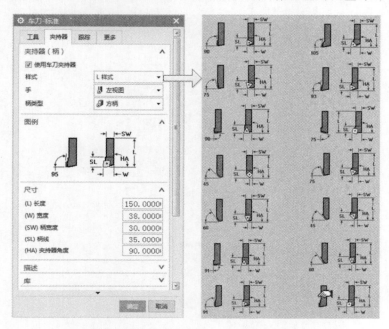

图 6－66　UG 车刀刀具夹持器

【样式】选择要使用的夹持器的样式。

【手】选择左手或右手夹持器。

【柄类型】选择方柄或圆柄类型。

【(L)长度】包括刀刃在内的刀具长度。

【(W) 宽度】包括刀刃在内的刀具宽度。

【(SW) 柄宽度】只是刀柄的宽度。

【(SL) 柄线】安装刀刃所在刀柄的长度。

【(HA) 夹持器角度】指定刀具夹持器相对于主轴的方位。

6.5　公共参数设置

本节重点介绍各操作子类型主要界面中共同项参数的设置,主要包括指定切削区域、轮廓加工选项参数、进刀/退刀参数的设置等。其他参数的设置将在后面工序中分别介绍。

6.5.1　指定切削区域

切削区域用于检测仍需切削的材料的数量。它们表示了在考虑到所有工序参数后(刀片形状和方位、余量和偏置值、空间范围、层/步长以及切削角)刀具实际可切削的最大面积。【切削区域】对话框如图 6 - 67 所示,各选项卡含义如下。

图 6 - 67　切削区域对话框

系统通过两个径向和两个轴向包容选项,用于确定零件切削的范围。

1. 修剪平面

当选择单个轴向修剪平面的右侧,单个径向修剪平面的上方或两个轴向则修剪平面,两个径向则修剪平面之间部分。修剪平面中包括以下 3 个选项。

(1)【无】表示不创建修剪平面。

(2)【点】用于指定一个点以定义修剪平面,如图 6 - 68 所示。

(3)【距离】对于径向修剪平面,用于沿 Y 轴指定一个距离以偏置平面 B。对于轴向修剪平面,用于沿 X 轴指定一个距离以偏置平面 A,如图 6 - 69 所示。

2. 修剪点

修剪点主要用于指定区域与有关总体成链部件边界的切削区域的起点和终点,其主要包含如下内容。

(1)【无】不创建修剪点。

(2)【指定】用于指定修剪点并使【指定点】选项可用。当选择【指定点】选项时,其中有三项,【延伸距离】选项为沿上一个分段的方向延伸切削区域,如图 6－70(b)所示;【斜坡角】选项指从指定角度的指定点创建一条直线以辅助包含所选定的刀具;【偏置角度】在角度选项设置为矢量或角度时出现,在用户所需角度处偏置修剪线,同时保持选中几何体的相关性。

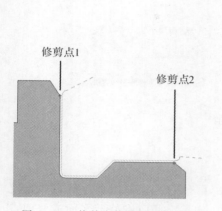

图 6－68 修剪点修剪空间范围

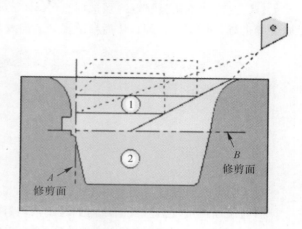

图 6－69 修剪平面修剪空间范围

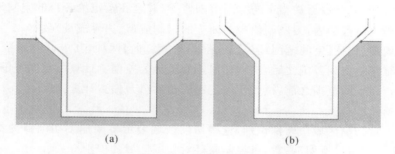

图 6－70 延伸距离设置

(a)"延伸距离"关闭; (b)"延伸距离"打开

3. 区域选择

(1)【区域选择】主要用于控制选择加工区域的方式,包括【默认】和【指定】两项,其中,【默认】表示选择软件检测到的一个切削区域;【指定】表示可在图形窗口中选择一个区域选择点(RSP)。如果系统识别出多个切削区域,它会选择最接近区域选择点的切削区域。

(2)【区域加工】确定在有多个切削区域尚未加工的情况下区域如何排序。其中【单个】区域表示系统只加工默认切削区域,或是最接近区域选择组中指定的区域选择点的区域;当为【多个】切削区域选择选项时,将为所有区域启用加工,并涉及到【区域序列】的问题。

1)【单向】表示所有隔离的切削区域均按照它们在部件边界上出现的顺序加工,并遵循工序指定的原始层/步长/切削角方向。这是切削区域排序控制的默认行为,如图 6－71(a)所示。

2)【反向】所有隔离的切削区域均按照单个方向选项的相反方向加工。此选项保持为工序指定的原始层/步长/切削角方向,如图 6－71(b)所示。

3)【双向】表示加工从最接近区域选择点(RSP)的切削区域开始,并遵循为工序指定的原始层/步长/切削角方向,直到该方向的最后一个未切削区域被加工为止。然后把切削方向反向,加工则从最接近区域选择点的切削区域继续进行。加工反向继续进行,直到所有切削区域均被加工,如图 6-71(c)所示。

4)【交替】加工从最接近区域选择点(RSP)的切削区域开始,并在下一个最接近的切削区域继续进行,而不考虑方向,从而导致多处方向发生更改。

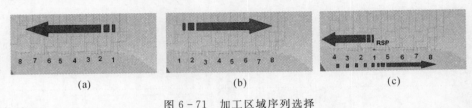

图 6-71　加工区域序列选择

(a)单向；　(b)反向；　(c)双向

4. 定制成员设置

(1)【表面灵敏度】包括【区域内】和【距离内】两项,其中,【区域内】表示只要空间范围未定义,刀轨就调整为切削区域内的部件轮廓为定制成员设置。如果空间范围修剪平面或修剪点从部件偏置,该设置不会将边界成员数据或曲面特性传递到空间范围修剪平面或修剪点;【距离内】表示即使定制成员数据被指定的空间范围修剪,并且在指定给各自的空间范围修剪平面或修剪射线的距离值范围内,刀轨调整为曲面上的定制成员(边界成员)数据。

(2)【公差偏置】包括【空间范围之后】和【空间范围之前】两项,其中,【空间范围之后】在将部件边界修剪至指定空间范围之后,执行任何定制边界公差偏置计算,【空间范围之前】在将部件边界修剪至指定空间范围之前,执行任何定制的边界公差偏置计算。

5. 自动检测

自动检测表示切削区域由软件识别,这些切削区域表示将要加工切削掉的材料体积。如果通过指定“切削区域过滤器”参数,可控制软件对切削区域的识别方式。

6.5.2　轮廓加工策略

1. 轮廓加工

轮廓加工策略设置主要用于粗加工,其对话框如图 6-72 所示。参数具体含义如下。

(1)【轮廓切削区域】包括“自动检测”和“与粗加工相同”两项,“自动检测”是指对自动检测的区域进行轮廓加工;“与粗加工相同”是指对以粗加工刀路切削的相同区域进行轮廓加工。

(2)【策略】指定切削方式,与精镗加工时策略相同。

(3)【方向】根据边界方位所给定的方向控制精加工/轮廓加工刀路的(初始)切削方向。

(4)【切削圆角】可指定圆角与面相邻(陡峭区域),还是与直径相邻(水平区域)。

(5)【轮廓切削后驻留】在轮廓切削运动的每个增量处输出一个驻留命令。

(6)【多条刀路】与“刀轨设置”选项区的“切削深度”下拉列表框中“多个”选项卡相同。

(7)【精加工刀路】指定精加工时的切削方向,包括“保持切削方向”和“变换切削方向”两项,其中“保持切削方向”是指每个刀路均遵循为轮廓加工指定的切削方向;“变换切削方向”则指刀轨会在每个刀路之后更改方向,从而使多个连续的刀路均与前一个刀路的方向相反。

(8)【螺旋刀路】与精加工刀路相同。

2. 轮廓粗加工策略

轮廓粗加工切削策略指的就是粗加工切削走刀方式。根据车削的加工方法不同，UG NX 提供了 10 种不同的切削方法，具体如下。

(1) 线性单向。"线性单向"可以实现粗加工时对切削区域直层切削，其特点是各层切削方向相同，均平行于前一个层切削。

(2) 线性往复。"线性往复"通过变换各粗切削的方向实现高效的切削策略，该方法可以迅速移除大量材料，并对材料进行不间断切削。

(3) 倾斜单向。"倾斜单向"切削可使一个切削方向上的每个切削或每个交替切削从刀路起点到刀路终点的切削深度有所不同。此种策略会沿刀片边界连续移动刀片切削边界上的临界应力点（热点）位置，从而分散应力和热，延长刀片的寿命。

(4) 倾斜往复。"倾斜往复"切削与上述情况不同。对于每个粗切削，倾斜往复切削均交替交换切削方向，因而减少了加工时间。

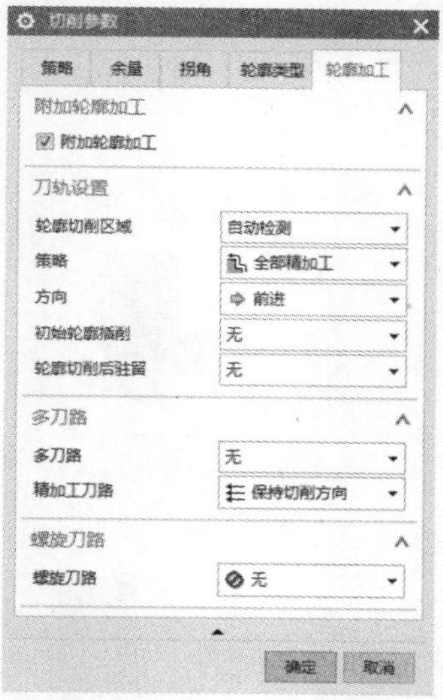

图 6-72　切削参数对话框

(5) 单向轮廓。"单向轮廓"粗加工在粗加工时刀具将逐渐逼近部件的轮廓。在这种方式下，刀具每次均沿着一组等距曲线中的一条曲线运动，而最后一次的刀路曲线将与部件的轮廓重合。对于部件轮廓开始处或终止处的陡峭元素，系统不会使用直层切削的轮廓加工选项来进行处理或轮廓加工。

(6) 轮廓往复。"轮廓往复"粗加工刀路的切削方式与"单向轮廓"切削类似，但例外的是，此方式在每次粗加工刀路之后还要反转切削方向。

(7) 单向插削。"单向插削"是一种典型的与槽刀配合使用的粗加工策略。

(8) 往复插削。"往复插削"并不直接插削槽底部，而是使刀具插削到指定的切削深度（层深度），然后再进行一系列的插削，以移除处于此深度的所有材料。之后再次插削到切削深度，并移除处于该层的所有材料。以往复方式来回执行以上一系列切削，直至达到槽底部。如果已在刀具定义对话框中设置了切削深度（最大切削深度），系统将插削至此深度，前提是该深度小于工序中所指定的值。

(9) 交替插削。"交替插削"将各后续插削应用于上一个插削的对侧。

(10) 槽顶插削。"槽顶插削"通过偏置连续插削（即第一个刀轨从槽的一肩运动至另一肩之后，"塔"保留在两肩之间）在刀片两侧实现对称刀具磨平。当在反方向执行第二个刀轨时，将切除这些塔。

3. 轮廓精加工策略

在操作主界面上单击【切削参数】按钮，弹出【切削参数】对话框，如图 6-73 所示，打开【轮廓加工】选项，选择【附加轮廓加工】复选框，则显示刀轨设置下拉选项，在【策略】选项卡中包含以下 8 种选项，其含义如下。

(1) 仅周面。"仅周面"是一种用于轮廓加工刀路或精加工的切削策略，可以在轮廓类

型对话框中指定周面的构成。在此策略中,系统仅切削被指定为周面的几何体,如图 6 - 73
(a)所示。

(2)仅面。"仅面"是一种用于轮廓加工刀路或精加工的切削策略,可以在轮廓类型对话框中指定面的构成。在此策略中,系统仅切削指定为面的几何体,如图6 - 73(b)所示。

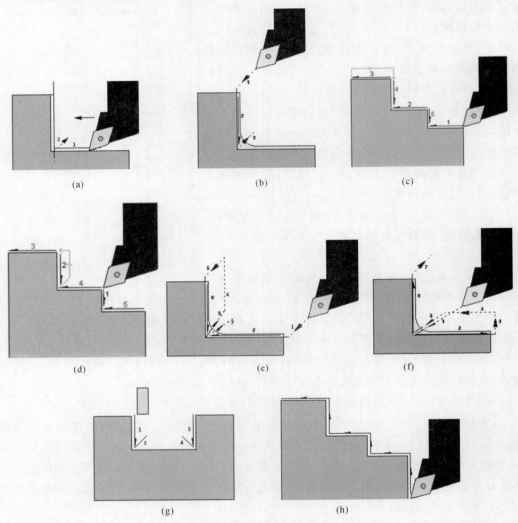

图 6 - 73 轮廓精加工策略
(a)仅周面; (b)仅面; (c)首先周面,然后面; (d)首先面,然后周面;
(e)指向拐角; (f)离开拐角; (g)仅向下; (h)全部轮廓加工

(3)首先周面,然后面。"首先周面,然后面"是一种用于轮廓加工刀路或精加工的切削策略,可以在轮廓类型对话框中指定或面的构成。在此策略中,系统仅切削指定为周面和面的几何体,如图 6 - 73(c)所示。

(4)首先面,然后周面。"首先面,然后周面"是一种用于轮廓加工刀路或精加工的切削策略,可以在轮廓类型对话框中指定面或周面的构成。在此策略中,系统仅切削指定为周面和面的几何体,如图 6 - 73(d)所示。

(5) 指向拐角。"指向拐角"表示面或周面区域可包含多个边界段,共同指向角点,如图 6 - 73(e)所示。

(6) 离开拐角。对于"离开拐角"切削策略,系统将自动计算进刀角值并使之与拐角的角平分线对齐,从角点向外侧分散刀路,如图 6 - 73(f)所示。

(7) 仅向下。"仅向下"用于轮廓刀路或精加工,如图 6 - 73(g)所示。

(8) 全部轮廓加工。系统按刀轨对各种几何体进行轮廓加工,但不考虑轮廓类型,如图 6 - 73(h)所示。

6.5.3　刀轨一般性设置

在任意一个车削操作类型的操作对话框中,都包括[刀轨设置]选项卡,如图 6 - 74 所示,该选项卡主要用于设置切削层角度、方向、切削深度、变换模式、清理、附加轮廓加工等选项,具体内容如下。

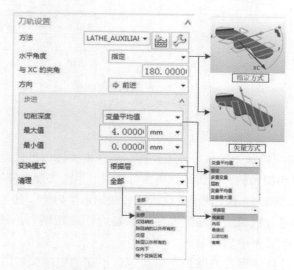

图 6 - 74　"刀轨设置"对话框

1.切削层角度

切削层角度如图 6 - 75 所示,可以通过【水平角度】和【与 XC 方向夹角】来指定切削层切削方向,或者通过【矢量】来自由变换各加工侧的切削方向。系统从中心线按逆时针方向测量切削层角度,它可以定义粗加工线性切削的方位和方向,当切削层角度为 0 时正好与中心线轴的"正"方向一致。

2.方向

"方向"用于指定切削方向,包括【向前】和【反向】两种。车加工时一定要沿着规定的方向前进,如果违反方向规定,软件可能无法生成刀路,甚至加工时出现刀具损坏。一般对于单一切削方向刀具,软件生成刀具轨迹时已经调整好方向,不需要用户调整。对于往复切削的刀具,可根据实际的工艺调整方向,如图 6 - 76 所示。

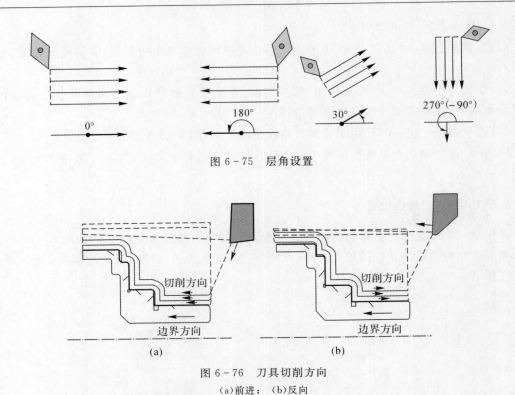

图 6-75　层角设置

图 6-76　刀具切削方向

(a)前进；　(b)反向

3.步进

【切削深度】用于指定粗加工工序中各刀路的切削深度。该值可以是用户指定的固定值,或者是系统根据指定的最小值和最大值而计算出的可变值。系统按照计算的或指定的深度生成所有非轮廓加工刀路,在此深度或小于此深度位置生成轮廓加工刀路。其主要包含以下内容。

(1)【恒定】用于指定各粗加工刀路上要作出的最大深度切削。系统应尽可能多次采用指定的深度值,然后在一个刀路中切削余料。

(2)【多个】可以通过输入所需刀路数和距离定义不同的切削深度值,然后添加组。根据相应的刀路数指示的频率执行每次切削,最多可以指定 10 组不同的切削深度和刀路值。对于余料切削,可以指定附加刀路,这些附加刀路均采用等深切削,如图 6-77 所示。

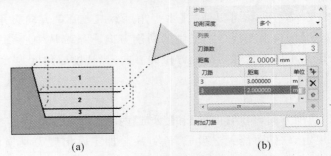

图 6-77　多个切削控制方式

(a)多个切削深度；　(b)多个切削设置

（3）【层数】用于指定粗加工工序的层数,根据输入层数实现切削深度的均匀分布。

（4）【变量平均值】用于定义最小切削深度和最大切削深度。系统根据不切削各区域大于指定的"最大"深度值或小于指定的"最小"深度值的原则,计算所需最小刀路数。

（5）【变量最大值】用于指定最大和最小切削深度。系统在确定区域后尽可能多次地在指定的"最大"深度值处进行切削,然后一次切削各独立区域中大于或等于指定的"最小"深度值的余料。

4. 变换模式

【变换模式】决定使用何种切削序列切削变换区域中的余料(即这一切削区域中部件边界的凹部),其选项内容如下。

（1）【根据层】系统首先在反向的最大深度执行各粗切削。当到达进入较低反向的切削层时,系统将继续切削层角方向中的反向,如图 6-78(a)所示。

（2）【反向】按照与"作为层"模式相对的模式切削反向。换言之,系统将先切削最后一个反向,然后返回至第一个反向,如图 6-78(b)所示。

（3）【最接近】系统加工时先选择下一次距离当前刀具位置的最近的反向进行切削。该选项在结合使用往复切削策略时非常有用。对于特别复杂的部件边界,采用这种方式可以减少刀路,因而可以节省相当多的加工时间。

（4）【以后切削】首先考虑正向切削区域,仅在对遇到的第一个反向进行完整深度切削时,对更低反向的粗切削才能执行。初始切削时完全忽略其他的颈状区域,仅在进行完开始的切削之后才对其进行加工。这一原则可递归应用于之后在同一切削区域遇到的所有反向,如图 6-78(c)所示。

（5）【省略】忽略不切削在第一个反向之后遇到的任何颈状的区域,如图 6-78(d)所示。

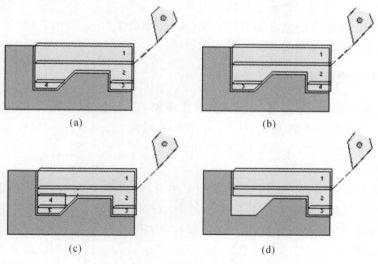

图 6-78　不同变换模式

(a)根据层；　(b)反向；　(c)以后切削；　(d)省略

6.5.4 清理参数设置

切削过程中,为进行下一运动而从轮廓中提起刀具,结果使得轮廓中存在残余高度或阶梯,如图6-79(a)所示,这是粗加工中存在的一个普遍问题。系统通过【清理】选项可以通过一系列切除阶梯的切削来改善这种状况,如图6-79(b)所示,清理选项决定了一个粗切削完成之后刀具遇到轮廓元素时如何继续刀轨行进。

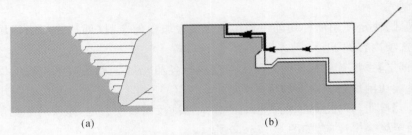

(a)　　　　　　　　　　　(b)

图6-79　残料余留清理方式
(a)切削过程中残料余留;　(b)残料清理去除

"清理"选项卡中包括如下多种控制方式。

(1)【无】不清理残料。

(2)【全部】清理所有轮廓元素。

(3)【仅陡峭的】仅限于清理陡峭的元素。

(4)【除陡峭以外所有的】清理陡峭之外的所有残料。

(5)【仅层】仅清理标识为层的元素。

(6)【除层之外所有的】清理层之外的所有残料。

(7)【仅向下】仅按向下切削方向对所有面(在"轮廓类型"中定义的)进行清理。

(8)【每次变换】对各单独变换执行轮廓刀路。

6.5.5 切削参数设置

在车削加工中,切削参数主要用于定义切削策略、加工余量、拐角方式以及轮廓类型等。精加工和粗加工时的切削参数设置略有不同,粗加工时的"切削参数"对话框和精加工时的"切削参数"对话框内容也有差异,如图6-80所示。

1.【策略】选项卡

"策略"选项卡主要用于设置切削、切削约束和刀具的安全角,其各选项的含义如下。

(1)【排料式插削】主要用于控制是否添加附加插削以避免因为刀具挠曲而过切。包括【无】和【离壁距离】两个子选项。其中【无】表示不添加排料式插削;【离壁距离】表示每一层的切削均从附加(排料式)插削开始,以移除边界附近的材料,并提供空间以防止在执行侧向切削时刀具的尾角过切部件。排料式插削放置于远离壁(最近的接触点)的指定距离处。

由于刀具偏转,如果没有选择"排料式插削"选项时,则会产生如图所示的过切现象;如果选择"排料式插削"选项时,则可以避免这种过切现象,如图6-81所示。

(2)【安全切削】是在进行完整的粗切削之前清除小区域的材料创建短的安全切削。当开始底切或切槽以及加工较硬材料时该选项很有用,如图6-82所示。其中包括以下4项具体内容如下。

1)【无】不应用安全切削。

2)【切削数】指定工序生成的安全切削数。在全长度粗切削进行到切削深度之前应用安全切削,该切削深度在工序主对话框中指定。

3)【切削深度】指定安全切削的深度。

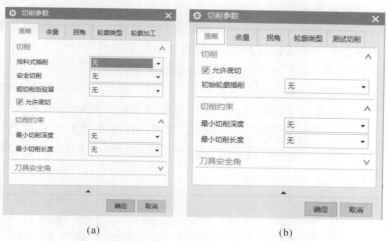

图 6 - 80　两种加工方式的切削参数"策略"对话框
(a)粗加工时的"切削参数"对话框;　(b)精加工时的"切削参数"对话框

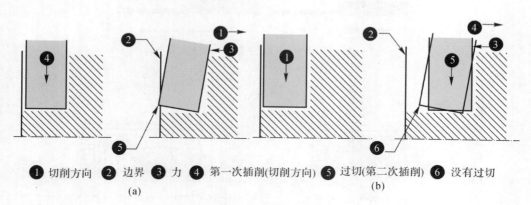

❶ 切削方向　❷ 边界　❸ 力　❹ 第一次插削(切削方向)　❺ 过切(第二次插削)　❻ 没有过切

(a)　　　　　　　　　　(b)

图 6 - 81　残料余留清理方式
(a)由于刀具偏转导致的过切;　(b)无过切现象

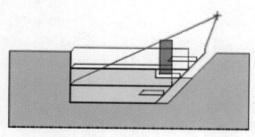

图 6 - 82　安全切削方式

4)【数量和深度】指定安全切削数量和安全切削深度。这样可先进行较浅的安全切削,再进行全长度的粗切削。系统将根据需要减少安全切削数量,以确保安全切削深度不超过总的粗切削深度。

(3)【粗切削后驻留】在插削运动的每个增量深度处输出一个驻留命令。当激活切屑控制时,也可以在后续的增量插削运动中初始化此命令,驻留可以按秒数或转数输入。

(4)【允许底切】通过此选项,可启用或禁用底切。

(5)【最小切削深度】指定是否抑制小于指定值的深度切削,该选项包括【无】和【指定】两个选项,【无】表示不抑制小切削,【指定】表示指定要抑制的切削的尺寸。

(6)【最小切削长度】指定是否抑制小于指定值的长度切削。

(7)【刀具安全角】使用刀具安全角创建对材料的斜切削运动,从而避免过切。此处的插入角从内部添加到刀具中,并用于计算切削区域。系统根据以下规则应用第一个和最后一个刀具安全角:将第一个刀具安全角应用于沿 X 轴正向顺时针首次遇到的刀片边;将最后一个刀具安全角应用于沿 X 轴正向顺时针最后遇到的刀片边,如图 6-83(a)所示,其安全角效果如图 6-83(b)所示。

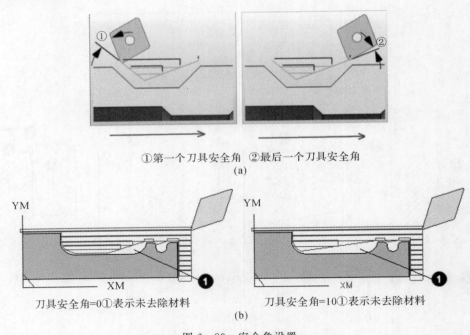

①第一个刀具安全角　②最后一个刀具安全角

(a)

刀具安全角=0①表示未去除材料　　刀具安全角=10①表示未去除材料

(b)

图 6-83　安全角设置

(a)安全角设置；　(b)安全角效果

2.【余量】选项卡

余量是指在完成一个工序后,处理中的工件上留下的材料。根据切削方法的不同,"余量"选项卡里的内容有所不同。"余量"选项卡在粗精加工中的内容如图 6-84 所示。

指定切削及任何可选清理刀路的余量设置。粗精加工余量都包括以下三种情况。

(1)【恒定】是指定一个余量值以应用于所有元素,6-85(a)所示。

(2)【面】是指定一个余量值以仅应用于面,6-85(b)所示。

（3）【径向】是指定一个余量值以仅应用于周面，6-85(c)所示。

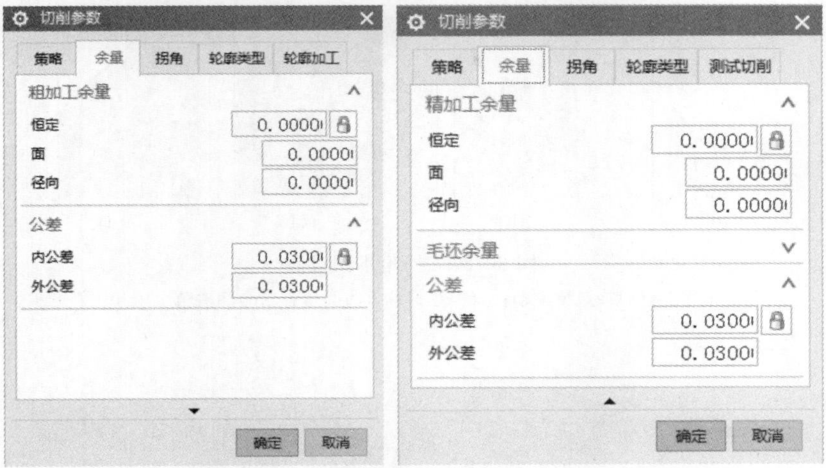

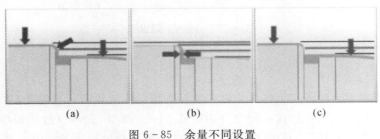

图 6-84　"余量"对话框

(a)粗加工余量对话框；　(b)精加工余量对话框

图 6-85　余量不同设置

(a)恒定；　(b)面；　(c)径向

（4）【毛坯余量】是指定刀具与已定义的毛坯边界之间的偏置距离。这个选项与粗加工余量的选项相同。

3.【拐角】选项卡

通过【拐角】选项卡进行轮廓加工时可以指定系统在凸角处的切削行为。凸角可以是法向角或浅角。常规拐角类型有四类子选项，其具体含义如下。

（1）【绕对象滚动】系统将在拐角周围切削一条圆滑的刀轨，但是会留下一个尖角，如图 6-86(a)所示。

（2）【延伸】系统将在拐角周围切削一条尖角的刀轨，如下 6-86(b)所示。

（3）【圆角】系统将产生一个圆的刀轨和拐角。其具有法向角半径为 10 mm 的倒圆拐角结果，如图 6-86(c)所示。

（4）【倒斜角】系统会将切削的角展平。要展平的量取决于输入的距离值，此距离值表示从模型化工件的拐角到实际切削位置的距离，如图 6-86(d)所示。

【浅角】是指夹角大于指定"最小浅角"值并小于 180°的凸角，此选项也包含四个选项，如图 6-87 所示。

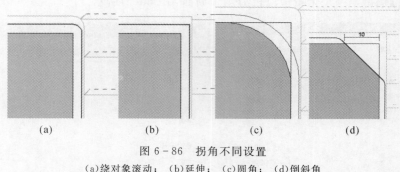

图 6-86 拐角不同设置

(a)绕对象滚动； (b)延伸； (c)圆角； (d)倒斜角

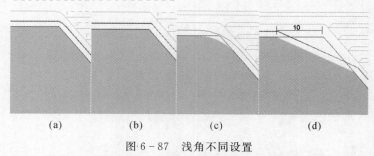

图 6-87 浅角不同设置

(a)绕对象滚动； (b)延伸； (c)圆角； (d)倒斜角

4.【轮廓类型】选项卡

【轮廓类型】选项卡用于定义需要由软件特殊处理的几类轮廓元素的公差。用户可以为每一类别定义最小和最大角度。这个角度分别定义了一个圆锥，它可以过滤斜率小于最大角度且大于最小角度的所有线段，并将这些线段分别划分到各自的轮廓类型中。类似地，根据切矢的起点/终点对圆弧段进行分析。粗加工和精加工的"轮廓类型"选项卡如图 6-88 所示，其中子项的具体含义如下。

(1)【面和直径范围】粗加工和精加工中用于确定曲线是否代表面或直径的最小角度和最大角度。对于面元素面范围包括"最大面角角度"和"最小面角角度"，最小面角角度和最大面角角度都是从中心线测量的，如图 6-89(a)所示。面的最小角度值为 70°，最大角度值为 110°。角度允许段斜率的最大变动值为 40，直至为面定义圆锥过程中无法再包含这些斜率为止。对于直径(周面)文素，如图 6-89(b)所示，当周面的最小值为 160。角度和最大角度值 200。角度可能允许将轮廓元素相对较大的带宽识别为周面。

(2)【陡峭和水平范围】用于粗加工中确定曲线是否代表陡峭或层区域的最小和最大角度。水平切削和陡峭切削区域始终是相对于为粗加工工序指定的水平角或陡峭角方向进行确定的。将根据通过层角或陡峭角定义的线自动测量为其选择的角度值，如果部件倒斜角上某个槽中识别的水平切削区域，则情况如图 6-88(c)所示状况。如果为陡峭区域分析部件倒斜角上的同一槽，则出现如图 6-89(d)所示状况。

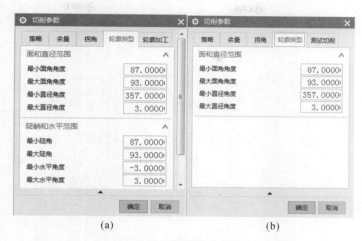

图 6 - 88　轮廓类型选项卡

(a)粗加工；　(b)精加工时的"轮廓类型"选项卡

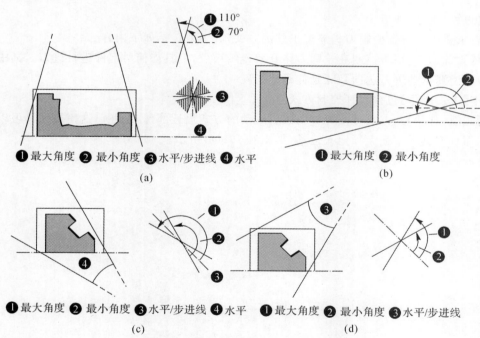

❶最大角度 ❷最小角度 ❸水平/步进线 ❹水平
(a)

❶最大角度 ❷最小角度
(b)

❶最大角度 ❷最小角度 ❸水平/步进线 ❹水平
(c)

❶最大角度 ❷最小角度 ❸水平/步进线
(d)

图 6 - 89　面和直径与陡峭和水平范围识别

(a)面范围的最大角和最小角；　(b)边界区域被识别为直径；
(c)边界元素被识别为水平切削元素；　(d)边界段被识别为陡峭切削元素

6.5.6　非切削移动设置

"非切削移动"主要用于定义切削前后的辅助动作,其在粗加工和精加工参数设置上略有差异,如图 6 - 90 所示。各选项卡的具体含义如下。

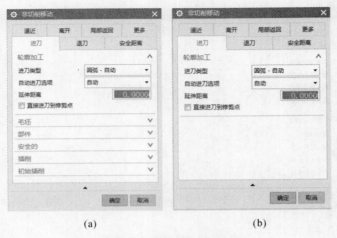

(a)   (b)

图 6 - 90 非切削移动对话框

(a)粗加工时的"非切削移动"对话框; (b)精加工时的"非切削移动"对话框

1.【进刀/退刀】选项卡

进刀主要用于设置确定刀具逼近工件的方式,其主要包括如下内容。

(1)【轮廓加工】用于控制在轮廓刀路开始或结束处,刀具如何对部件进行进刀。其中包括了【进刀类型】【自动进刀选项】和【延伸距离】等。

其中【进刀类型】包含六种控制方式。

1)【圆弧-自动】此方式可使刀具以圆周运动的方式逼近部件/毛坯。这使得刀具可以平滑地移动,而且刀具在中途无须停止运动,如图 6 - 91(a)所示。

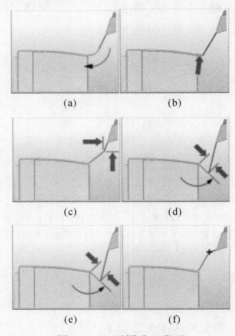

图 6 - 91 不同进刀类型

(a)圆弧-自动; (b)线性-自动; (c)线性-增量; (d)线性; (e)线性-相对于切削; (f)点

2)【线性-自动】此方式沿着第一刀切削的方向逼近部件,如图 6 - 91(b)所示。

3)【线性-增量】"增量"值定义刀具沿着相应的轴逼近部件的线性方向,如图 6 - 91(c)所示。

4)【线性】角度和长度值定义相对于 WCS 的逼近方向,如图 6 - 91(d)所示。

5)【线性-相对于切削】与线性相比,该角度为相对于邻近运动的角度,如图 6 - 91(e)所示。

6)【点】刀具从指定点直接向部件进刀,如图 6 - 91(f)所示。

(2)【自动进刀选项】包含了【自动】与【用户定义】两种控制方式。

1)【自动】系统自动定义退刀参数,如图 6 - 92(a)所示。

2)【用户定义】需要用户输入退刀参数,如图 6 - 92(b)所示。

其中【角度】将指定刀具移动需要的角度。在自动进刀选项设置为【自动】的情况下,角度适用于线性-线性—相对于切削。在自动进刀选项设置为【用户定义】的情况下,角度适用于圆弧-自动、线性-自动和线性-相对于切削,如图 6 - 92(c)所示。【半径】定义在进刀切削之前,刀具将扫掠的半径如图 6 - 92(d)所示。【长度】使刀具以指定的角度进刀指定的距离。在自动进刀选项设置为【自动】的情况下,长度适用于线性和线性-相对于切削。在自动进刀选项设置为【用户定义】的情况下,长度适用于圆弧-自动、线性-自动和线性-相对于切削,如图 6 - 92(e)所示。

(3)【延伸距离】指定在由系统的初始起点之前开始切削的提前距离。进刀设置应用于修改后的起点,适用于所有的延伸类型,如图 6 - 92(f)所示。【直接进刀到修剪点】勾选此选项可绕过标准进刀位置并直接进刀至修剪点或修剪平面交点,如图 6 - 92(g)所示。

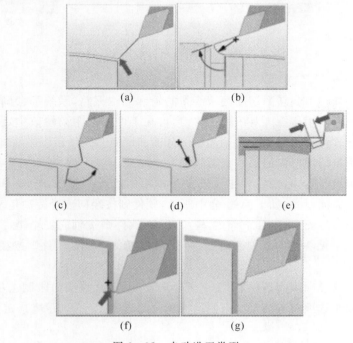

图 6 - 92　自动进刀类型

(a)自动;　(b)用户定义;　(c)角度;　(d)半径;　(e)长度;　(f)角度;　(g)半径

（4）【毛坯】用于控制在开始线性粗切削时向毛坯进刀，该选项设置与"轮廓加工"选项卡内容相同。

（5）【部件】控制沿部件几何体进行进刀运动，通常在腔室中使用此方式。

（6）【安全的】在仅为上一个切削层执行毛坯进刀后，防止刀具碰到切削区域的相邻部件底面，这是最后的粗加工切削。

（7）【插削】可控制插削的进刀。

（8）【初始插削】控制插削完全进入材料的进刀。

注意：【退刀】与【进刀】选项设置相同，主要用于控制在完成一个轮廓加工刀路之后从部件退刀。

2.【安全距离】选项卡

【安全距离】选项卡主要用于安全平面和工件安全距离的设置。如图 6-93（a）所示，其工件安全距离参数有以下两个用途。

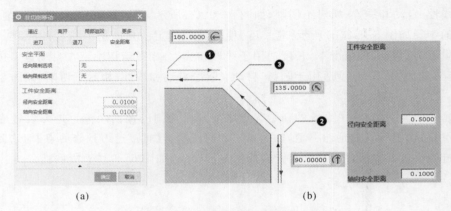

图 6-93　安全距离设置

（a）安全距离选项卡；　（b）最小安全距离和层角

1）只要刀具必须移刀到新的切削区域或新的轮廓加工刀路，系统都会确保生成的移刀运动不与当前过程工件发生碰撞。对于这种移刀，可在工件安全距离参数中定义刀轨与过程工件间的最小距离。软件会在这些移刀运动中区分面和周面。软件还将碰撞避让应用于从一个粗切削进入下一个粗切削所需的那些移刀运动。

2）从粗切削中退刀时，系统使用工件安全距离组中输入的值，如图 9-93（b）所示。如果切削的层角与某一周面对齐，如下面的 ❶ 中所示，软件则按径向安全距离值从粗切削中退刀。如果切削的层角与某一面对齐，如下面的 ❷ 中所示，软件则按轴向安全距离值从粗切削中退刀。如果切削的层角无法与面或周面对齐，如下面的 ❸ 中所示，软件则按径向安全距离值从粗切削中退刀。

（1）安全平面。【径向限制选项】用于定义径向安全平面。【轴向限制选项】用于定义轴向安全平面。轴向限制选项具有与径向限制选项相同的选项，只不过距离指定沿 X 轴偏置平面的距离。

1）【无】表示不创建平面，如图 6-94（a）所示，如图 6-95（a）所示。

2）【点】用于指定点位置以放置平面，如图 6-94（b）所示，如图 6-95（b）所示。

3)【距离】当【径向限制选项】用于指定沿 Y 轴的偏置距离以放置平面,如图 6 - 94(c)所示。当【轴向限制选项】用于指定沿 X 轴的偏置距离以放置平面,如图 6 - 95(c)所示。

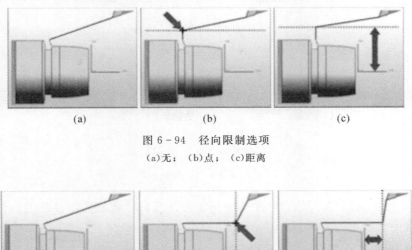

图 6 - 94　径向限制选项

(a)无;　(b)点;　(c)距离

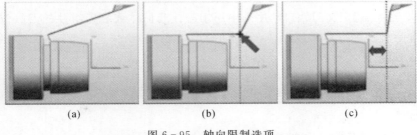

图 6 - 95　轴向限制选项

(a)无;　(b)点;　(c)距离

(2)工件安全距离。工件安全距离为径向和轴向安全区域提供参考值。径向安全距离指定沿 Y 轴测量的、与工件之间的安全距离。轴向安全距离指定沿 X 轴测量的、与工件之间的安全距离。逼近和离开运动类型使用此安全距离值。

3.【逼近/离开】选项卡

【逼近/离开】刀轨指定在起点和进刀运动起点之间及终点和退刀点之间的可选系列运动,如图 6 - 96 所示。

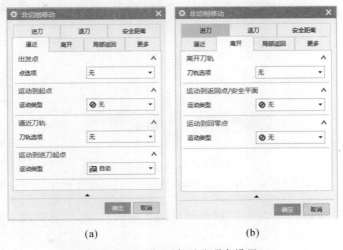

图 6 - 96　逼近/离开选项卡设置

(a)"逼近"选项卡;　(b)"离开"选项卡

（1）【出发点】表示在一段新的刀轨起点处定义初始刀具位置。其选项卡包括【无】和【指定】两种方式。【无】表示不创建出发点，如图6－97（a）所示。【指定】用于指定刀轨的起始位置。其含义如图6－97（b）所示。

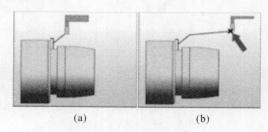

图6－97　出发点设置
（a）无；　（b）指定

（2）【运动到起点】定义刀轨启动序列中用于避让几何体或装夹组件的刀具位置。起点将在FROM和后处理命令之后，在第一个逼近移动之前，输出快速进给率时的一个GOTO命令。【运动类型】包括六种方式，其含义如下。

1）【无】不创建刀轨运动，如图6－98（a）所示。

2）【直接】用于指定出发点和起点之间的刀具运动。刀具直接移动到进刀起点，而不执行碰撞检查，如图6－98（b）所示。

3）【径向→轴向】刀具先垂直于主轴中心线进行移动，然后平行于主轴中心线移动，如图6－98（c）所示。

4）【轴向→径向】刀具先平行于主轴中心线进行移动，然后垂直于主轴中心线移动，如图6－98（d）所示。

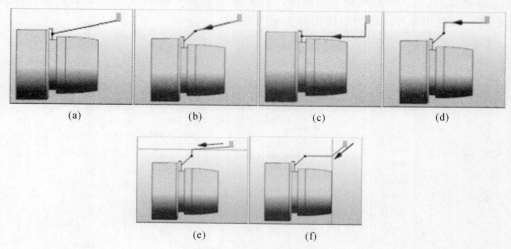

图6－98　运动到起点设置
（a）无；　（b）直接；　（c）径向→轴向；　（d）轴向→径向；　（e）纯径向→直接；　（f）纯轴向→直接

5）【纯径向→直接】刀具先沿径向移动到径向安全距离，然后直接移动到该点。首先需要指定径向平面，如图6－98（e）所示。

6)【纯轴向→直接】刀具先沿平行于主轴中心线的轴向移动到轴向安全距离,然后直接移动到该点,但是注意首先需要指定轴向平面,如图 6-98(f)所示。

(3)【逼近】刀轨指定在起点和进刀运动起点之间的可选系列运动。

1)【无】表示不创建刀轨运动,如图 6-99(a)所示。

2)【点】用于通过指定点位置来创建逼近刀轨运动,如图 6-99(b)所示。

3)【点(仅在换刀后)】用于通过仅在上一个工序使用其他刀具时指定点的位置来创建逼近刀轨运动。刀轨的"逼近"部分是在"运动到起点"和"运动到进刀起点"运动之间定义的,如图 6-99(c)所示。

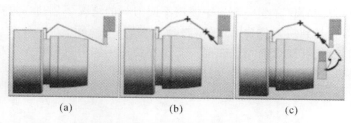

图 6-99　逼近轨迹设置
(a)无;　(b)点;　(c)点(仅在换刀后)

(4)【运动到进刀起点】刀轨指定移动到进刀运动起始位置时刀具的运动类型。

1)【自动】刀具自动移动到进刀运动的起始位置,或者移到退刀运动的第一点,移动时会用 IPW 检查碰撞,如图 6-100(a)所示。

2)【直接】刀具自动移到进刀运动的起始位置,并在移动时检查是否与 IPW 碰撞,如图 6-100(b)所示。

3)【径向→轴向】刀具先垂直于主轴中心线进行移动,然后平行于主轴中心线移动,如图 6-100(c)所示。

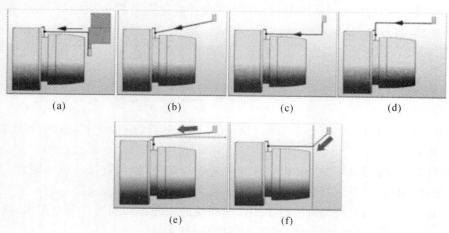

图 6-100　运动到进到起点设置
(a)自动;　(b)直接;　(c)径向→轴向;　(d)轴向→径向;　(e)纯径向→直接;　(f)纯轴向→直接

4)【轴向→径向】刀具先平行于主轴中心线进行移动,然后垂直于主轴中心线移动,如图 6-100(d)所示。

5)【纯径向→直接】刀具先沿径向移动到径向安全距离,然后直接移动到该点。首先需要指定径向平面,如图 6-100(e)所示。

6)【纯轴向→直接】刀具先沿平行于主轴中心线的轴向移动到轴向安全距离,然后直接移动到该点。首先需要指定轴向平面,如图 6-100(f)所示。

(5)【离开】刀轨指定移动到"返回"点或安全平面时刀具的运动类型。

1)【无】表示不创建离开刀轨,如图 6-101(a)所示。

2)【点】表示创建离开刀轨,如图 6-101(b)所示。

3)【与逼近相同】表示使用通过逼近点指定的避让刀轨,如图 6-101(c)所示。

4)【点(仅在换刀前)】仅在前一个工序使用不同刀具的情况下创建通过离开点选项指定的离开刀轨。离开刀轨是到换刀位置结束的,如图 6-101(d)所示。

5)【与逼近相同(仅在换刀前)】仅在前一个工序使用不同刀具的情况下创建通过逼近点选项指定的离开刀轨。离开刀轨是到换刀位置结束的,如图 6-101(e)所示。

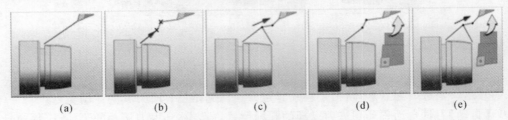

图 6-101 离开刀轨设置

(a)无; (b)点; (c)与逼近相同; (d)点(仅在换刀前); (e)与逼近相同(仅在换刀前)

(6)【运动到返回点/安全平面】定义在完成离开移动之后,刀移动到的点。在"最后退刀"运动后,"返回点"将以"快进"进给率输出一个 GOTO 命令。

1)【无】表示不创建离开刀轨,如图 6-102(a)所示。

2)【自动】刀具自动移动到进刀运动的起点,或者移到退刀运动的第一点,移动时会用 IPW 检查碰撞,如图 6-102(b)所示。

3)【直接】刀具直接移到起点、进刀起点、返回或回零点,而不进行碰撞检查,如图 6-102(c)所示。

4)【径向→轴向】刀具先垂直于主轴中心线进行移动,然后平行于主轴中心线移动,如图 6-102(d)所示。

5)【轴向→径向】刀具先平行于主轴中心线进行移动,然后垂直于主轴中心线移动,如图 6-102(e)所示。

6)【纯径向→直接】刀具先沿径向移动到径向安全距离,然后直接移动到该点。首先需要指定径向平面,如图 6-102(f)所示。

7)【纯轴向→直接】刀具先沿平行于主轴中心线的轴向移动到轴向安全距离,然后直接移动到该点。首先需要指定轴向平面,如图 6-102(g)所示。

8)【纯径向】刀具直接移动到径向安全平面,然后停止。首先需要指定径向平面。当使用此选项时,软件会忽略任何活动的返回点,如图 6-102(h)所示。

9)【纯轴向】刀具直接移动到轴向安全平面,然后停止。首先需要指定轴向平面。当使用此选项时,软件会忽略任何活动的返回点,如图 6-102(i)所示。

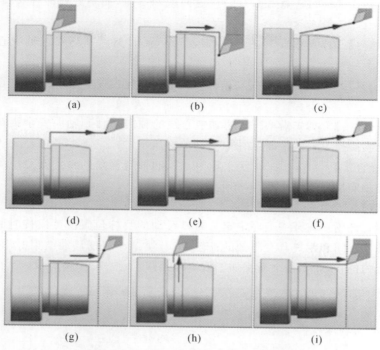

图 6 - 102　运动到返回点与安全平面设置

(a)无；　(b)自动；　(c)直接；　(d)径向→轴向；　(e)轴向→径向；　(f)纯径向→直接；

(g)纯轴向→直接；　(h)纯径向；　(i)纯轴向

（7）【运动到回零点】定义最终的刀具位置。通常使用"出发点"作为这个刀具位置。输出 GOHOME 命令作为刀轨中的最终条目。

1)【无】表示不创建离开刀轨，如图 6 - 103(a)所示。

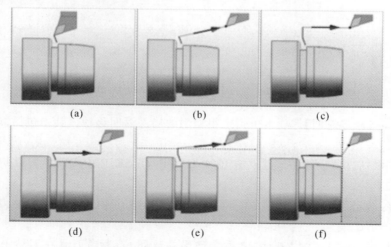

图 6 - 103　运动到回零点点设置

(a)无；　(b)直接；　(c)径向→轴向；　(d)轴向→径向；　(e)纯径向→直接；　(f)纯轴向→直接

2)【直接】刀具直接移到起点、进刀起点、返回或回零点,而不进行碰撞检查,如图 6 - 103 (b)所示。

3)【径向→轴向】刀具先垂直于主轴中心线进行移动,然后平行于主轴中心线移动,如图 6 - 103(c)所示。

4)【轴向→径向】刀具先平行于主轴中心线进行移动,然后垂直于主轴中心线移动,如图 6 - 103(d)所示。

5)【纯径向→直接】刀具先沿平行于主轴中心线的轴向移动到轴向安全距离,然后直接移动到该点。首先需要指定轴向平面,如图 6 - 103(e)所示。

6)【纯轴向→直接】刀具先沿平行于主轴中心线的轴向移动到轴向安全距离,然后直接移动到该点。首先需要指定轴向平面,如图 6 - 103(f)所示。

4.【局部返回】选项卡

【局部返回】允许用户在某一工序中定义刀具移动的目标位置。可以按时间、距离或刀路数指定返回间隔。时间和距离具有附加的补偿选项,使得在切削移动结束时尽可能将局部返回运动放在方便的位置,而不是中断粗加工或清理刀路,如图 6 - 104 所示。

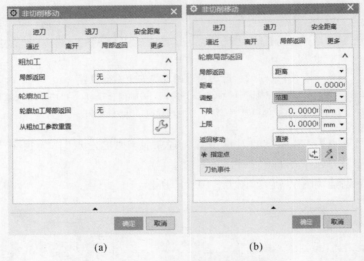

(a)   (b)

图 6 - 104 "局部返回"选项卡设置

(a)粗加工时的"局部返回"选项卡; (b)精加工时的"局部返回"选项卡

(1)粗加工时【局部返回】选项卡可指定粗切削的局部返回移动。其中包括以下四种情况,具体含义如下。

1)【无】表示不启动局部返回,且不输出 OPSTOP,OPSKIP 或 DELAY 语句,如图 6 - 105 (a)所示。

2)【距离】在指定距离(按部件单位测量)之后启动局部返回,不考虑刀具在刀轨上的位置,如图 6 - 105(b)所示。

3)【时间】在给定的耗时(以秒计)之后启动局部返回,不考虑刀具在刀轨上的位置,如图 6 - 105(c)所示。

4)【刀路数】在指定数目的刀路之后启动局部返回,如图 6 - 105(d)所示。

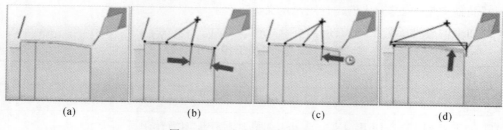

图 6 - 105　粗加工局部返回设置

(a)无；　(b)距离；　(c)时间；　(d)刀路数

(2)精加工时【局部返回】选项卡含义与粗加工时略有差异,其具体含义如下。

1)【无】表示在指定的确切距离或时间值启动局部返回,如图 6 - 106(a)所示。

2)【范围】指定局部返回移动的触发范围。刀具一旦进入该范围,系统就开始搜索最佳位置以进行局部返回。如果在该范围内有多个位置可进行退刀移动,软件将选择最接近指定距离或时间值的点,如图 6 - 106(b)所示。

3)【对齐】系统尝试尽可能使局部返回与粗加工或精加工刀路的原始退刀对齐,如图 6 - 106(c)所示。

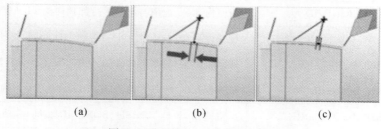

图 6 - 106　精加工局部返回设置

(a)无；　(b)范围；　(c)对齐

(3)【轮廓加工】可指定轮廓切削的局部返回移动。其中,【轮廓加工局部返回】选项与局部返回的含义相同;【粗加工参数重新设置】将粗加工中的局部返回设置复制到[轮廓加工],然后可以按照轮廓加工需要调整这些参数。

5.【更多】选项卡

【更多】选项卡可以控制自动避让运动并激活附加避让方法及刀具补偿。

6.6　车削常规加工策略

在【插入】工具组上单击【创建工序】 按钮,系统弹出【创建工序】对话框,如表 6 - 2 所示,其中包含了 22 种操作子类型,其中大部分操作类型的操作步骤、参数设置相同。按照加工对象不同,车削加工的类型大致可以分为以下四大类。

(1)【循环固定加工】为从中心孔到攻螺纹。

(2)【表面加工】为从车端面到精镗内孔。

(3)【螺纹加工】为车削内、外螺纹。

（4）【其他类型加工】为从模式到用户定义。

车削加工的各种子类型的图标、名称及说明见表6－2。

表6－2　车削加工操作子类型

序号	图标	英文名称	中文名称	说　明
01		CENTERLINE_SPOTDRILL	中心点钻	带有驻留的钻循环
02		CENTERLINE_DRILLING	中心线钻	带有驻留的钻循环
03		CENTERLINE_PECKDRILL	中心啄钻	每次啄钻后完全退刀的钻循环
04		CENTERLINE_BREAKCHIP	中心断屑	每次啄钻后短退刀或驻留的钻循环
05		CENTERLINE_REAMING	中心铰孔	送入和送出的镗孔循环
06		CENTERLINE_TAPPING	中心出屑	送入、反向主轴和送出的拔锥循环
07		FACING	端面加工	粗加工切削，用于面削朝向主轴中心线的部件
08		ROUGH_TURN_OD	外圆粗车	车削与主轴平行部件外侧（OD）粗加工切削。
09		ROUGH_BACK_TURN	反车加工	与ROUGH_TURN_OD相同，移动远离主轴端面
10		ROUGH_BORE_ID	粗镗内孔	镗削与主轴平行部件内侧（ID）粗加工切削
11		ROUGH_BACK_BORE_ID	反镗内孔	与ROUGH_BORE_ID相同，移动远离主轴端面
12		FINISH_TURN_OD	外圆精车	为部件的外侧（OD）自动生成精加工切削
13		FINISH_BORE_ID	精镗内孔	为部件的内侧（ID）自动生成精加工切削
14		FINISH_BACK_BORE	反精镗孔	与FINISH_BORE_ID相同，移动远离主轴端面
14		TEACH_MODE	示教模式	生成由用户密切控制的精加工切削
15		GROOVE_OD	外部切槽	用于在部件的外侧（OD）加工槽
16		GROOVE_ID	内部切槽	用于在部件的内侧（ID）加工槽
17		GROOVE_FACE	端面槽	用于在部件的外面上加工槽
18		THREAD_OD	外螺纹	在部件的外侧（OD）切削螺纹
19		THREAD_ID	内螺纹	在部件的内侧（ID）切削螺纹
20		PARTOFF	切断模式	切断已经加工的零件或切割端面
21		LATHE_CONTROL	机床控制	只包含机床控制事件
22		LATHE_USER	用户定义	此刀轨由您定制的NX Open程序生成

6.6.1　端面加工刀路

外圆与端面是轴类零件组成的基本要素。要掌握轴类零件的加工，首先要掌握外圆与端面的加工知识。一般工艺过程为检查毛坯→拟定加工顺序→安装校正工件→选择安装刀具→

车端面与外圆。端面车削是指主切削刃对工件的端面进行切削加工,如图 6－107 所示。

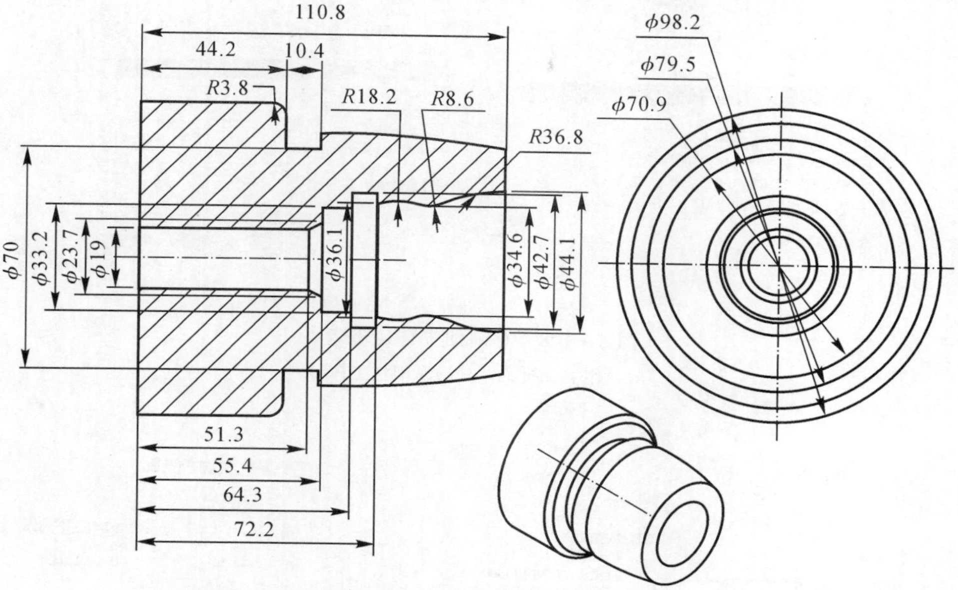

图 6－107　轴类零件(一)

车端面时应注意如下 4 个事项。

(1)车刀的刀尖应对准工件中心,以免车出的端面中心留有凸台。

(2)偏刀车端面,当背吃刀量较大时,容易扎刀。背吃刀量 a_p 的选择:粗车时 a_p＝0.5～3 mm,精车时 a_p＝0.05～0.2 mm。

(3)端面的直径从外到中心是变化的,切削速度也在改变,在计算切削速度时必须按端面的最大直径计算。

(4)端面质量要求较高时,最后一刀应由中心向外切削。

1.加工环境初始化

(1)打开源文件夹 6.6－1.part 模型文件。

(2)在【标准】组工具条上选择【开始】→【加工】命令,程序弹出【加工环境】对话框。在【CAM 会话配置】列表中选择【cam_general】,如图 6－108(a),同时在该对话框的【要创建的 CAM 设置】列表中选择【turning】,如图 6－108(b),单击【确定】按钮,进入车削加工环境。

2.创建加工坐标系

(1)首先应将工作坐标系【WCS】坐标系定位在刀移动所在的平面。在图形窗口背景中,右键单击并选择【定向视图】→【俯视图】,然后选择【菜单】→【格式】→【WCS】→【显示】。双击【WCS】坐标系,调整方向并将其原点移动至右端面旋转的中心线上。保证在此视图中,XC 指向右侧,YC 指向上方,如图 6－109(a)所示。

(2)在工序导航器组中切换视图为【几何】视图,双击 MCS_SPINDLE 项目,弹出【Turn Orient】,单击【CSYS】对话框中的 图 按钮,打开【CSYS】对话框,将 MCS 绕 YM 轴旋转 90°,将其原点移动至右端面旋转的中心线上,在【Turn Orient】对话框中,将车床工作平面指定为 ZM －XM。保证在此视图中,XM 应该垂直向上,ZM 应该水平向右,如图 6－109(b)所示。

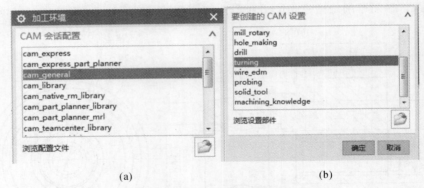

图 6-108　车削加工环境设置

(a)通用加工模式；　(b)车削加工环境

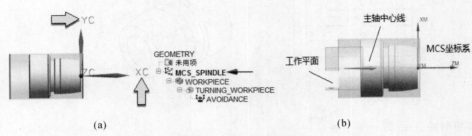

图 6-109　坐标系设置

(a)工件坐标系设置；　(b)加工坐标系设置

3.设置工件和毛坯

(1)在工序导航器中,双击【WORKPIECE】弹出【工件】对话框,单击 🔲【指定部件】,如图 6-110(a)所示,弹出【部件几何体】对话框,如图 6-110(b)所示,在工作区选择轴零件为部件体,如图 6-110(c)所示,然后单击【确定】按钮。单击材料编辑 🔧,在【部件材料】列表中可以选择【MATO_00266】铝作为部件材料,单击【确定】按钮。

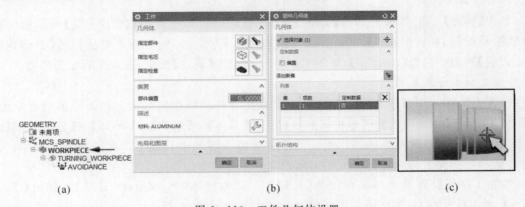

图 6-110　工件几何体设置

(a)几何部件定义；　(b)部件几何体对话框；　(c)零件几何体选择

（2）在【工件】对话框中，单击⊞【指定毛坯】，如图 6－111(a)所示，类型选择【几何体】，在工作区选择圆棒料，如图 6－111(b)所示，单击【确定】按钮。在工件对话框中，单击【确定】按钮。此时部件与毛坯几何体存储在 WORKPIECE 内。单击【TURNING_WORKPIECE】可以看到部件与毛坯边界形成的二维车削截面，如图 6－111(c)所示。

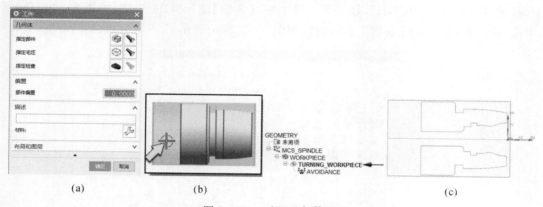

图 6－111　毛坯几何体设置

(a)工件对话框；　(b)毛坯选择；　(c)车削二维轮廓截面

4. 创建数控刀具

（1）在【插入】组工具栏上单击【创建刀具】，弹出【创建刀具】对话框，在该对话框中选择【OD_80_L】80°外圆粗车左偏刀，并命名为 T1，如图 6－112(a)所示。

（2）单击【应用】按钮，随后弹出【车刀－标准】对话框，设置刀片长度为"5 mm"，刀具号输入"1"，其余参数保持默认设置，如图 6－112(b)所示。

（3）在【车刀－标准】对话框的【夹持器】选项卡中，勾选【使用车刀夹持器】复选框，然后根据现场实际情况设置刀柄参数，刀柄参数如图 6－112(c)所示，最后关闭该对话框，完成刀具 T1 刀具创建。

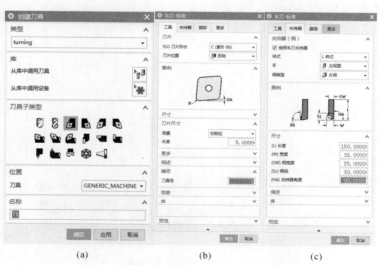

图 6－112　数控刀具设置

(a)刀具设置对话框；　(b)刀片设置对话框；　(c)刀柄设置对话框

5.创建端面车削

(1)工序导航器处于 几何视图状态下,在【插入】组工具栏上单击【创建工序】按钮 ,系统弹出【创建工序】对话框,在【工序子类型】中选择 面切削,在【位置】选择区中,选择【程序】为"NC_PROGRAM",【刀具】选择为"T1",【几何体】选择为"TURNING_WORKPIECE",【方法】选择为"LATHE_ROUGH",加工第一道工序,【名称】输入"OP-01",如图6-113(a)所示,单击【确定】按钮,弹出【面加工】对话框,如图6-113(b)所示。

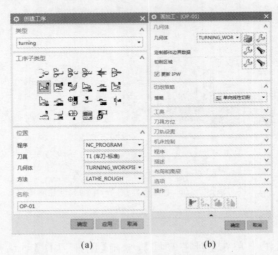

(a)   (b)

图6-113 面车削工序对话框

(a)工序创建对话框; (b)端面加工设置对话框

(2)在该对话框的几何体区段,单击【切削区域】旁边的编辑 按钮,弹出【切削区域】对话框,如图6-114(a)所示。在【轴向修剪平面1】的【限制选项】列表中选择"点",然后在部件右端面外径上处选择圆中心,切削区域如图6-114(b)所示,单击【确定】按钮以接受【切削区域】对话框设置,重新返回【面】加工对话框。

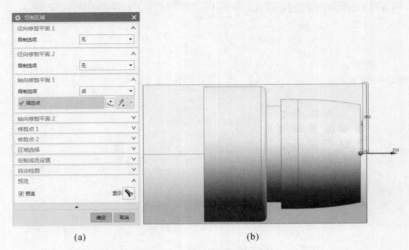

(a)   (b)

图6-114 切削区域设置

(a)切削区域对话框; (b)划分端面切削区域

（3）在【切削策略】中选择"单向线性切削"，在【刀轨设置】选项区中接受默认刀具切削方向，与 XC 方向成 270°，在【步进】参数中设置【切削深度】为【恒定】切深，其【深度】值为"1.5"，【变换模式】为"省略"，【清理】为"全部"，如图 6 - 115(a)所示。

（4）单击【切削参数】 ▦ 按钮，系统弹出【切削参数】对话框，在该对话框中选择【余量】选项卡，输入粗加工余量——【恒定】为"0"，【面】为"0"，【径向】为"0"，然后单击【确定】按钮，完成切削参数设置，如图 6 - 115(b)所示。

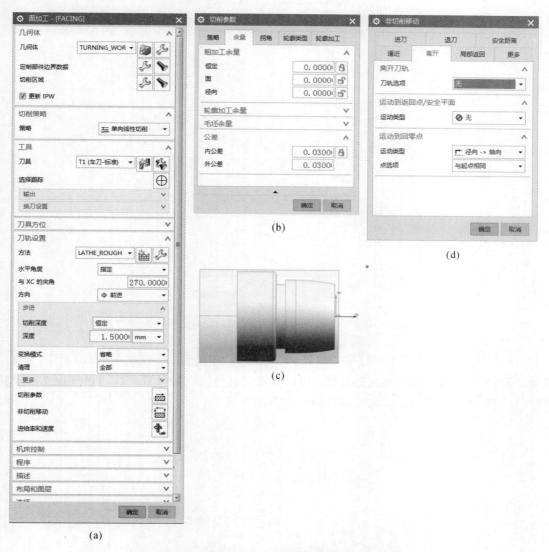

(a)

(b)

(c)

(d)

图 6 - 115　加工参数设置

(a)端面加工策略；　(b)"切削参数"对话框；　(c)出发点设置；　(d)"非切削参数"对话框

（5）单击【非切削参数】 ▦ 按钮，系统弹出【非切削参数】对话框，在【逼近】选项卡中【出发点】设置点坐标(XC50，YC80，ZC0)，如图 6 - 115(c)所示，【运动到进刀起点】设置为"轴向→径向"，在【离开】选项中【运动到回零点】选择【运动类型】为"径向→轴向"，【点选项】选择"与起点相同",如图 6 - 115(d)所示。

(6)单击【进给率和速度】🔧按钮,系统弹出【进给率和速度】对话框,在【主轴速度】选项中的【输出模式】中选择【RPM】模式,勾选【主轴转速】输入 1 500 r/min,在【进给率】输入切削速度 0.15 mmpr,其余参数默认,如图 6 - 116 所示,单击【确定】按钮完成切削参数设置,系统自动返回【端面加工】对话框。

图 6 - 116 "进给量和速度"设置对话框

(7)单击 ✈【刀位轨迹生成】按钮,系统生成端面加工轨迹,如图 6 - 117(a)所示,单击 🖱【确认】按钮,弹出【刀轨可视化】对话框,可以完成刀轨仿真,选择【3D 动态】,利用▸【播放】按钮可以实现端面路径的仿真加工,如图 6 - 117(b)所示。

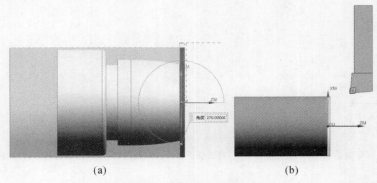

(a)   (b)

图 6 - 117 端面刀位轨迹生成

(a)刀位轨迹生成; (b)三维动态模拟

(8)仿真无误后,单击🖳后处理按钮,弹出【后处理】对话框,如图 6-118(a)所示,在【后处理器】列表中选择"FANUC_lathe"后置文件,根据实际情况在【输出文件】中设置文件保存路径,【扩展名】接受默认设置为"NC",最后单击【确定】按钮,生成 G 代码,如图 6-118(b)所示。

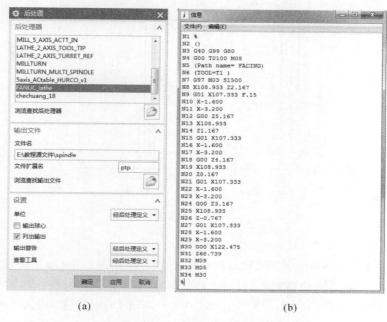

(a)　　　　　　　　　　　　(b)

图 6-118　标准 G 代码生成

(a)后处理对话框;　(b)生成加工 G 代码

(9)选择下拉菜单【文件】选择【保存】命令,保存文件。

6.6.2　车削外轮廓刀路

外圆车削是对零件的外圆表面进行加工,以获得所需的尺寸形位精度及表面质量。外圆车削一般分为外圆粗车和外圆精车两种。如图 6-119 所示,外圆车削时的注意事项如下:

(1)外圆粗车时一般吃刀深、走刀快,所以粗车时要求刀具要有足够的强度,能够一次走刀去除较多的余量,常用的外圆粗车刀有主偏角为 90°、75°、60°、45°等几种。90°、95°主偏角刀具切削时轴向力较大,径向力较小,适于车削细长轴类零件;75°、60°、45°主偏角刀具适于车削短粗类零件的外圆,其中 45°主偏角刀具还可以进行 45°倒角车削。

(2)外圆精车时,主要以获取高的表面质量为目的。此时,在刀具选择上,应该选择前角比较大的刀具,使得刀具锋利,以达到减小变形,轻快切削的目的。后角可以选择大一些(6°~8°),以减小刀具后刀面和工件之间的摩擦。同时,可以选取较小的副偏角或刀尖处磨修光刃,修光刃长长度一般选择(1.2~1.5 mm/r),从而提高表面的加工质量。可采用正的刃倾角(3°~8°),以控制切屑流向待加工表面。

(3)精车塑性材料时,前刀面应该磨有较窄的断屑槽。

(4)工件在卡爪间必须放正,轻轻加紧,加持长度至少为 10mm。机床开动时,首先低速转动,检查工件有无偏摆,如果有偏摆应该停车,用小锤轻敲校正,然后紧固工件。

(5)车削开始后,必须及时清除切屑,不能堆积,以免发生事故。车削中,如果刀具磨损,应该及时更换刀具,防止切削力增大,造成闷车或损坏刀具的严重后果。

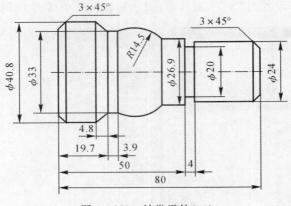

图 6-119　轴类零件(二)

1. 加工环境初始化

(1)打开源文件夹 6.6-2. part 模型文件。

(2)在【标准】组工具条上选择【开始】→【加工】命令,程序弹出【加工环境】对话框,如图 6-120(a)所示。在【CAM 会话配置】列表中选择【cam_general】,同时在该对话框的【要创建的 CAM 设置】列表中选择【turning】,如图 6-120(b)所示,单击【确定】按钮,进入车削加工环境。

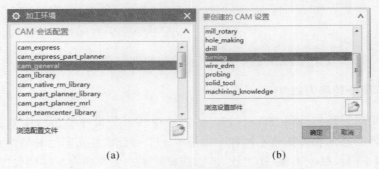

(a)　　　　　　　　　　(b)

图 6-120　车削加工环境设置

(a)通用加工模式;　(b)车削加工环境

2. 创建加工坐标系

(1)首先应将工作坐标系【WCS】坐标系定位在刀具移动所在的 XC-YC 平面。在图形窗口背景中,右键单击并选择【定向视图】→【俯视图】。然后选择【菜单】→【格式】→【WCS】→【显示】。双击【WCS】坐标系,调整方向并将其原点移动至轴零件右端面与回转中心线的交点上。保证在此视图中,XC 应该指向水平右侧,YC 应该指向垂直正上方,如图 6-121(a)所示。

(2)在工序导航器组中切换视图为【几何】视图,双击 MCS_SPINDLE 项目,弹出【Turn Orient】,单击【CSYS】对话框中的 按钮,打开【CSYS】对话框,将 MCS 绕 YM 轴旋转 90°。将其原点移动至右端面与回转的中心线交点上。在【Turn Orient】对话框中,将车床工作平面指定为 ZM-XM。保证在此视图中,XM 应该指向上,ZM 应该水平向右,如图 6-121(b)

所示。

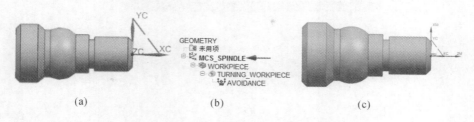

图 6－121　坐标系设置

(a)工件坐标系设置；　(b)加工坐标系设置

3.设置工件和毛坯

(1)在工序导航器中,双击【WORKPIECE】如图 6－122(a)所示,弹出【工件】几何对话框,单击🔲【指定部件】,弹出【部件几何体】对话框,如图 6－122(b)所示,在工作区选择轴零件为部件体,如图 6－122(c)所示,然后单击【确定】按钮。单击材料编辑🔧,在【部件材料】列表中可以选择【MATO_00266】7050 铝作为部件材料,单击【确定】按钮。

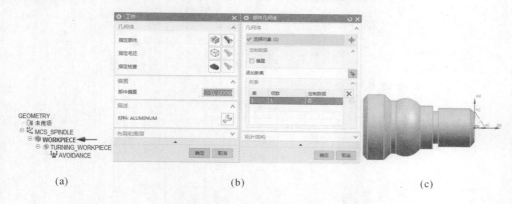

图 6－122　工件几何体设置

(a)工件对话框；　(b)部件几何体对话框；　(c)零件几何体选择

(2)在工序导航器单击选项卡🔖,点击【WORKPIECE】前面的"＋"号,如图 6－123(a)所示,展开【TURNING_WORKPIECE】节点并双击,此时,车削加工剖切边界自动生成,弹出【Turn Bnd】对话框,单击【指定毛坯边界】🔲按钮,弹出【毛坯边界】对话框,【类型】选择型材【棒料】,毛坯【安装位置】选择【在主轴箱处】,如图 6－123(b)所示,【指定点】坐标位置参考【WCS】坐标输入(XC:－80,YC:0,ZC:0),单击【确定】按钮,毛坯【长度】输入"82",【直径】输入"48",单击【确定】按钮,如图 6－123(c)所示,单击【确定】按钮,完成车削边界设置。

4.创建数控刀具

(1)在【插入】组工具栏上单击【创建刀具】,弹出【创建刀具】对话框,在该对话框中选择【OD_80_L】80°外圆粗车左偏刀,并命名为 T1,如图 6－124(a)所示。

(2)单击【应用】按钮,随后弹出【车刀－标准】对话框,选择【ISO 刀片形状】为"R 圆形"设置【(BD)镶嵌铣刀直径】刀片直径为"5",【(HW)加持器控制宽度】为"4"刀具号输入"1",其余参数保持默认设置,如图 6－124(b)所示。

图 6-123　毛坯边界设置

(a)车削边界对话框；　(b)毛坯边界对话框；　(c)车削二维轮廓截面

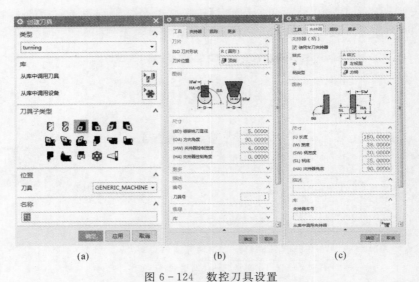

图 6-124　数控刀具设置

(a)刀具设置对话框；　(b)刀片设置对话框；　(c)刀柄设置对话框

（3）在【车刀-标准】对话框的【夹持器】选项卡中，勾选【使用车刀夹持器】复选框，【样式】选择"A 样式"，【(HA)夹持器角度】输入"90"，其余参数选择刀柄默认参数，刀柄参数如图 6-124(c)所示，最后关闭该对话框，完成刀具 T1 刀具创建。

5.创建外轮廓车削

（1）外轮廓粗车加工。

1）工序导航器处于 几何视图状态下，在【插入】组工具栏上单击【创建工序】按钮 ，系统弹出【创建工序】对话框，在【工序子类型】中选择 外径粗车切削，在【位置】选择区中，选择【程序】为"NC_PROGRAM"，【刀具】选择为"T1"，【几何体】选择为"TURNING_WORKPIECE"，【方法】选择为"LATHE_ROUGH"，加工第一道工序，【名称】输入"OP-01"，如图 6-125(a)所示，单击【确定】按钮，弹出【外径粗车】对话框，如图 6-125(b)所示。

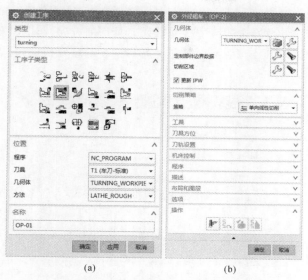

(a)　　　　　　　　　　　　(b)

图 6 - 125　外圆粗车工序设置

(a)创建工序对话框；　(b)外径粗车对话框

　　2)在该对话框的几何体区段,单击【切削区域】旁边的编辑 按钮,弹出【切削区域】对话框,如图 6 - 126(a)所示。在【径向修剪平面 1】的【限制选项】列表中选择"点",然后在部件右端面倒角处选择倒角下角点,在【轴向修剪平面 1】的【限制选项】列表中选择"点",然后在部件左侧端面倒角处选择倒角上角点,切削区域如图 6 - 126(b)所示,单击【确定】按钮以接受【切削区域】对话框设置,重新返回【外径粗车】加工对话框。

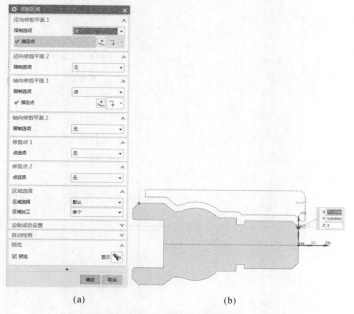

(a)　　　　　　　　　　　　(b)

图 6 - 126　切削区域设置

(a)切削区域对话框；　(b)切削区域指定

3)在【切削策略】选项中接受默认"线性往复切削";【工具】刀具选项中选择"T.1"外圆车刀,其它参数默认;【刀轨设置】选项区中接受默认刀具切削方向,与 XC 方向成 180°,在【步进】参数中设置【切削深度】为【恒定】切深,其【深度】值为"2.0",【变换模式】为"最接近",【清理】为"无",如图 6-127 所示。

图 6-127 切削策略设置

4)单击【切削参数】▣按钮,系统弹出【切削参数】对话框,在该对话框中选择【余量】选项卡,输入粗加工余量——【恒定】为"0",【面】为"0.1",【径向】为"0.2";在【拐角】选项卡中,【常规拐角】设置为"延伸",【浅角】设置为"延伸",【凹角】设置为"延伸";在【轮廓加工】中不要勾选【附加轮廓加工】为精加工留下余量,其余参数默认,然后单击【确定】按钮,完成切削参数设置,如图 6-128(a)所示。

5)单击【非切削参数】▣按钮,系统弹出【非切削参数】对话框,在【逼近】选项卡中选择【出发点】通过坐标方式指定点,坐标为(XC20,YC30,ZC0),如图 6-128(b)所示,【进刀】进刀类型选择"线性-自动",其余参数默认,【退刀】退刀类型选择"线性-自动",【安全距离】选项中径向和轴向安全距离设置为"0",【离开】选项中【运动到回零点】选择【运动类型】为"径向→轴向",【点选项】设置为"与起点相同",如图 6-128(c)所示,单击【确定】按钮完成非切削参数设置,系统返回【外径粗车】对话框。

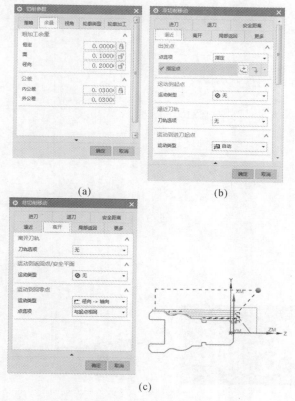

(a)

(b)

(c)

图 6-128　切削参数设置
(a)切削参数余量设置; (b)非切削出发点设置; (c)非切削离开点设置

6)单击【进给率和速度】👆按钮,系统弹出【进给率和速度】对话框,在【主轴速度】选项中的【输出模式】中选择【RPM】模式,勾选【主轴转速】输入 800r/min,在【进给率】输入切削速度0.25mmpr,其余参数默认,如图 6-129 所示,单击【确定】按钮完成切削参数设置,系统返回【外径粗车】对话框。

7)单击👆【刀位轨迹生成】按钮,系统生成外轮廓粗加工轨迹,如图 6-130 所示,单击👆

【确认】按钮,弹出【刀轨可视化】对话框,可以完成刀轨仿真,选择【3D动态】,利用▶【播放】按钮可以实现外轮廓粗加工路径的仿真加工。

图6-129 进给率和速度设置

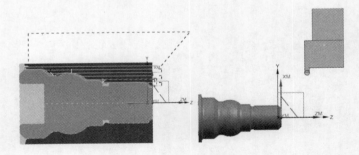

图6-130 刀位轨迹仿真

8)仿真无误后,单击工序集【后处理】器按钮,弹出【后处理】对话框,如图6-131(a)所示,在【后处理器】列表中选择"FANUC_lathe"后置文件,根据实际情况在【输出文件】中设置文件保存路径,【扩展名】接受默认设置为"NC",最后单击【确定】按钮,生成G代码,如图6-131(b)所示。

9)选择下拉菜单【文件】选择【保存】命令,保存文件。

(a) (b)

图 6-131　标准 G 代码生成

(a)后置处理器设置；　(b)G 代码生成

（2）外轮廓精车加工。

1)在【插入】组工具栏上单击【创建刀具】，弹出【创建刀具】对话框，在该对话框中选择【OD_55_L】55°外圆精车左偏刀，并命名为 T2，如图 6-132(a)所示。

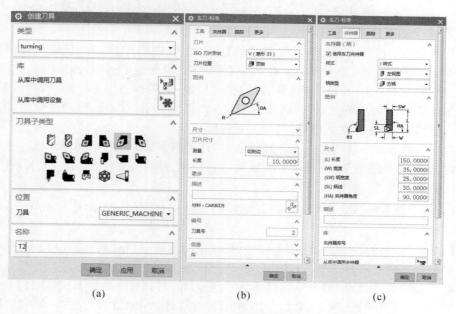

(a) (b) (c)

图 6-132　数控刀具设置

(a)刀具设置对话框；　(b)刀片设置对话框；　(c)刀柄设置对话框

2)单击【应用】按钮,随后弹出【车刀－标准】对话框,选择【ISO 刀片形状】为"V(菱形 35)"设置【刀片尺寸】长度为"10",刀具号输入"2",其余参数保持默认设置,如图 6－132(b)所示。

3)在【车刀－标准】对话框的【夹持器】选项卡中,勾选【使用车刀夹持器】复选框,【样式】选择"J 样式",【(HA)夹持器角度】输入"90",其余参数选择刀柄默认参数,刀柄参数如图 6－132(c)所示,最后关闭该对话框,完成刀具 T2 刀具创建。

4)工序导航器处于 几何视图状态下,在【插入】组工具栏上单击【创建工序】按钮 ,系统弹出【创建工序】对话框,在【工序子类型】中选择 外径精车切削,在【位置】选择区中,选择【程序】为"NC_PROGRAM"【刀具】选择为"T2",【几何体】选择为"TURNING_WORKPIECE",【方法】选择为"LATHE_FINISH",加工第一道工序,【名称】输入"OP-02",如图 6－133(a)所示,单击【确定】按钮,弹出【外径精车】对话框,如图 6－133(b)所示。

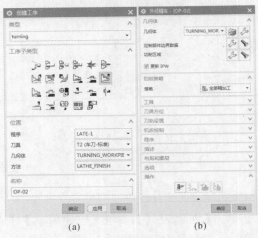

图 6－133 外径精车工序设置
(a)创建工序对话框; (b)外径精车对话框

5)在该对话框的几何体区段,单击【切削区域】旁边的编辑 按钮,弹出【切削区域】对话框,如图 6－134(a)所示。在【径向修剪平面 1】的【限制选项】列表中选择"点",然后在部件右端面倒角处选择倒角下角点,在【轴向修剪平面 1】的【限制选项】列表中选择"点",然后在部件左侧端面倒角处选择倒角上角点,切削区域如图 6－134(b)所示,单击【确定】按钮以接受【切削区域】对话框设置,重新返回【外径精车】加工对话框。

6)在【切削策略】选项中接受默认"全部精加工";【工具】刀具选项中选择"T2"外圆精车刀,其他参数默认;【刀轨设置】选项区中接受默认刀具切削方向,与 XC 方向成 180°,在【步进】参数中设置接受默认参数,如图 6－135 所示。

7)单击【切削参数】 按钮,系统弹出【切削参数】对话框,所有参数默认,然后单击【确定】按钮,完成切削参数设置。

8)单击【非切削参数】 按钮,系统弹出【非切削参数】对话框,在【逼近】选项卡中选择【出发点】,通过坐标方式指定点(XC20,YC30,ZC0),如图 6－136 所示,【进刀】进刀类型选择"线性－自动",其余参数默认,【退刀】退刀类型选择"与进刀相同",【安全距离】选项中径向和轴向安全距离设置为"0",【离开】选项中【运动到回零点】选择【运动类型】为"径向→轴向",【点选项】设置为"与起点相同",单击【确定】按钮完成非切削参数设置,系统返回【外径精车】对话框。

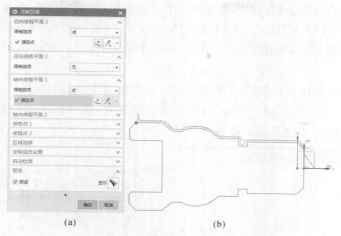

(a)　　　　　　　　　　　　　(b)

图 6 - 134　切削区域设置

(a)切削区域对话框；　(b)切削区域指定

图 6 - 135　外径精车策略

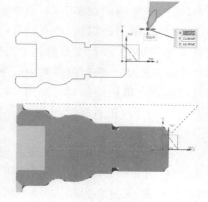

图 6 - 136　非切削移动设置

(9)单击【进给率和速度】![按钮,系统弹出【进给率和速度】对话框,在【主轴速度】选项中的【输出模式】中选择【RPM】模式,勾选【主轴转速】输入 1200r/min,在【进给率】输入切削速度 0.15mmpr,其余参数默认,如图 6-137 所示,单击【确定】按钮完成切削参数设置,系统返回【外径精车】对话框。

10)单击【刀位轨迹生成】按钮,系统生成外轮廓精加工轨迹,如图 6-138 所示,单击【确认】按钮,弹出【刀轨可视化】对话框,可以完成刀轨仿真,选择【3D 动态】,利用【播放】按钮可以实现外轮廓精加工路径的仿真加工。

图 6-137 进给率和速度设置

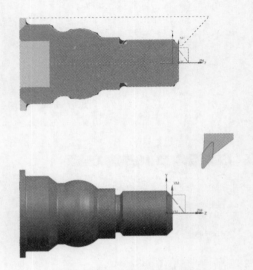

图 6-138 刀位轨迹仿真

11)仿真无误后,单击工序集【后处理】器按钮,弹出【后处理】对话框,如图 6-139(a)所示,在【后处理器】列表中选择"FANUC_lathe"后置文件,根据实际情况在【输出文件】中设置文件保存路径,【扩展名】接受默认设置为"NC",最后单击【确定】按钮,生成 G 代码如图6-139(b)所示。

12)选择下拉菜单【文件】选择【保存】命令,保存文件。

6.6.3 车削内轮廓刀路

内孔车削时,处于半封闭状态下,不便于观察排屑情况,影响加工质量。深孔切削时常引起刀杆的振动,使得切削刃磨损快,小直径孔切削采用硬质合金刀杆,中等以上直径采用减振刀杆。进行外圆车削时,工件长度及所选的刀杆尺寸不会对刀具悬伸产生影响,因此能够承受在加工期间产生的切削力。进行镗削和内孔车削时,由于孔深决定了悬伸,因此,零件的孔径和长度对刀具的选择有极大的限制。如图 6-140 所示,内轮廓孔车削时的注意事项如下:

(1)内轮廓孔加工前,先平端面,中心处不留凸头,防止引起中心钻歪斜。然后用中心钻定心,再用麻花钻钻孔,确保内、外同轴。

(2)钻头装入尾座套筒后,需要校正钻头轴心线和工件回转中心重合,防止孔径扩大和钻头折断。在中心钻引向工件端面时,不可以用力过大,防止损坏工件或折断钻头。

(3)孔加工一段后,需要退出钻头,停车测量孔径,防止孔径扩大,工件报废。钻深孔时,切屑不易排出,必须经常退出钻头,确保切屑流畅。

(a)   (b)

图 6-139 标准 G 代码生成

(a)后置处理器设置; (b)G 代码生成

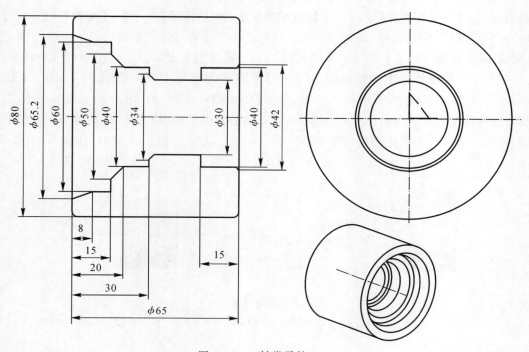

图 6-140 轴类零件(三)

(4)镗孔时应尽量增加刀杆的截面积,从而增强镗刀的刚性,避免振动。同时,镗刀杆伸出长度应尽可能缩短,镗孔点坐标应选取适当,防止镗刀后壁与孔壁发生碰撞。

(5)采用硬质合金镗内孔时,一般不需要加冷却液,尤其是铝合金,水和铝容易起化学反应,使得表面产生小针孔。精加工铝合金时,可以考虑使用煤油较好。

1.加工环境初始化

(1)打开源文件夹 6.6-3.part 模型文件。

(2)在"标准"组工具条上选择【开始】→【加工】命令,程序弹出【加工环境】对话框,如图 6-141(a)所示。在【CAM 会话配置】列表中选择【cam_general】,同时在该对话框的【要创建的 CAM 设置】列表中选择【turning】,如图 6-141(b)所示,单击【确定】按钮,进入车削加工环境。

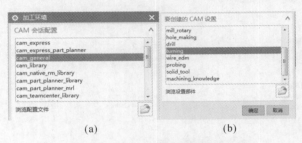

(a)   (b)

图 6-141　车削加工环境设置
(a)通用加工模式;　(b)车削加工环境

2.创建加工坐标系

(1)首先应将工作坐标系【WCS】坐标系定位在刀具移动所在的 XC-YC 平面。在图形窗口背景中,右键单击并选择【定向视图】→【俯视图】。然后选择【菜单】→【格式】→【WCS】→【显示】。双击【WCS】坐标系,调整方向并将其原点移动至轴零件右端面与回转的中心线交点上。保证在此视图中,XC 应该指向水平右侧,YC 应该指向垂直正上方,如图 6-142(a)所示。

(2)在工序导航器组中切换视图为【几何】视图,双击 MCS_SPINDLE 项目,弹出【Turn Orient】,单击【CSYS】对话框中的 按钮,打开【CSYS】对话框,将 MCS 绕 YM 轴旋转 90°。将其原点移动至右端面与回转的中心线交点上。在【Turn Orient】对话框中,将车床工作平面指定为 ZM-XM。保证在此视图中,XM 应该指向上,ZM 应该水平向右,如图 6-142(b)所示。

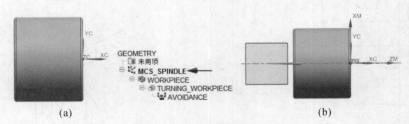

(a)   (b)

图 6-142　坐标系设置
(a)工件坐标系设置;　(b)加工坐标系设置

3.设置工件和毛坯

(1)在工序导航器中,双击【WORKPIECE】如图 6-143(a)所示,弹出【工件】几何对话框,单击 【指定部件】,弹出【部件几何体】对话框,如图 6-143(b)所示,在工作区选择轴零件为部件体,如图 6-143(c)所示,然后单击【确定】按钮。单击材料编辑 🔧 在【部件材料】列表中可以选择【MATO_00174】4340 钢作为部件材料,单击【确定】按钮。

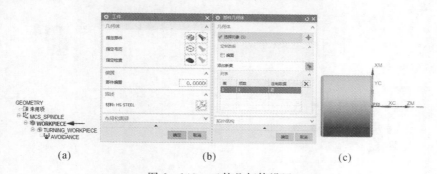

(a)　　　　　　　　　　(b)　　　　　　　　　　(c)

图 6-143　工件几何体设置
(a)工件对话框;　(b)部件几何体对话框;　(c)零件几何体选择

(2)在工序导航器单击选项卡 🔩,点击【WORKPIECE】前面的"+"号,展开【TURNING_WORKPIECE】节点并双击,此时,车削加工剖切边界自动生成,弹出【Turn Bnd】边界对话框,如图 6-144(a)所示,单击【指定毛坯边界】 🔘 按钮,弹出【毛坯边界】对话框,【类型】选择型材【棒料】,毛坯【安装位置】选择【在主轴箱处】,如图 6-144(b)所示,【指定点】坐标位置参考【WCS】坐标输入(XC:-66,YC:0,ZC:0),单击【确定】按钮,毛坯【长度】输入"68",【直径】输入"85",单击【确定】按钮,生成车削二维轮廓截面,如图 6-144(c)所示,单击【确定】按钮,完成车削边界设置。

(a)　　　　　　　　　　(b)　　　　　　　　　　(c)

图 6-144　毛坯边界设置
(a)"Turn Bnd"边界对话框;　(b)"毛坯边界"对话框;　(c)车削二维轮廓截面

4.创建数控刀具

(1)在【插入】组工具栏上单击【创建刀具】,弹出【创建刀具】对话框,在该对话框中选择【SPOTDRILLING_TOOL】中心钻,并命名为 T1,如图 6-145(a)所示。

(2)单击【应用】按钮,随后弹出【钻刀】对话框,设置【(D)直径】为"3.2",【(PA)刀尖角度】为"120",【(L)长度】为"50",【(FL)刃长长度】为"35",【刀刃】为"2"刃,刀具号输入"1",其余参数保持默认设置,如图 6-145(b)所示。

(3)在【钻刀】对话框的【刀柄】选项卡中,【(SD)刀柄直径】为"20",【(SL)刀柄长度】为"30",【(STL)锥柄长度】为"10",如图 6-145(c)所示,最后关闭该对话框,完成刀具 T1 中心钻刀具创建。

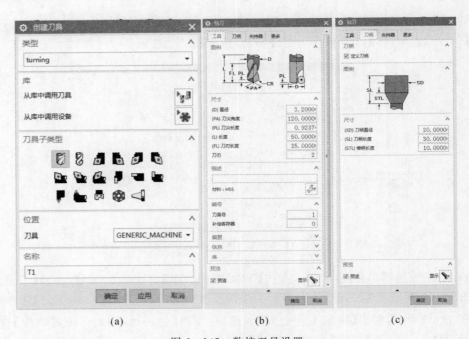

图 6 - 145　数控刀具设置

(a)刀具设置对话框；　(b)刀片设置对话框；　(c)刀柄设置对话框

(4)在【插入】组工具栏上单击【创建刀具】,弹出【创建刀具】对话框,在该对话框中选择【DRILLING_TOOL】钻头,并命名为 T2,如图 6 - 146(a)所示。

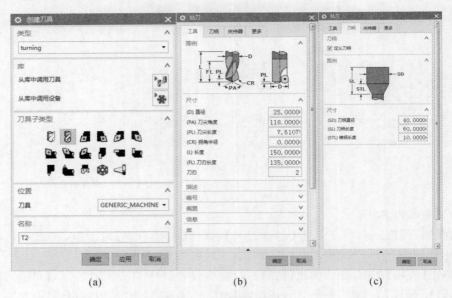

图 6 - 146　数控刀具设置

(a)刀具设置对话框；　(b)刀片设置对话框；　(c)刀柄设置对话框

(5)单击【应用】按钮,随后弹出【钻刀】对话框,设置【(D)直径】为"25",【(PA)刀尖角度】为"118",【(L)长度】为"150",【(FL)刃长长度】"135",【刀刃】为"2"刃,刀具号输入"2",其余参数保持默认设置,如图 6-146(b)所示。

(6)在【钻刀】对话框的【刀柄】选项卡中,【(SD)刀柄直径】为"40",【(SL)刀柄长度】为"60",【(STL)锥柄长度】为"10",如图 6-146(c)所示,最后关闭该对话框,完成刀具 T2 钻头刀具创建。

(7)在【插入】组工具栏上单击【创建刀具】,弹出【创建刀具】对话框,在该对话框中选择【ID_80_L】内孔镗刀,并命名为 T3,如图 6-147(a)所示。

(8)单击【应用】按钮,随后弹出【车刀-标准】对话框,【ISO 刀片形状】选择为"C(菱形80)",【刀尖角度】默认为"80",设置【(R)刀尖半径】为"0.8"【(OA)方向角度】为"275",【长度】有效长度为"11",【刀刃】为"2"刃,刀具号输入"3",其余参数保持默认设置,如图 6-147(b)所示。

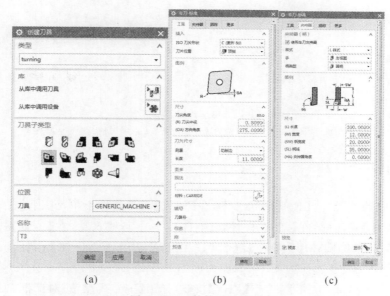

（a） （b） （c）

图 6-147 数控刀具设置

(a)刀具设置对话框； (b)刀片设置对话框； (c)刀柄设置对话框

(9)在【车刀-标准】对话框的【刀柄】选项卡中,【(L)长度】为"300",【(W)宽度】为"12",【(SW)柄宽度】为"20",【(SL)柄宽度】为"35",【(HA)加持角度】为"0",如图 6-147(c)所示,最后关闭该对话框,完成刀具 T3 内孔镗刀创建。

(10)在【插入】集工具栏上单击【创建刀具】,弹出【创建刀具】对话框,在该对话框中选择【ID_55_L】55°内孔精镗左偏刀,并命名为 T4,如图 6-148(a)所示。

(11)单击【应用】按钮,随后弹出【车刀-标准】对话框,选择【ISO 刀片形状】为"D(菱形35)"设置【刀片尺寸】长度为"10",【(R)刀尖半径】为"0.2",【刀具号】输入"4",其余参数保持默认设置,如图 6-148(b)所示。

(12)在【车刀-标准】对话框的【夹持器】选项卡中,勾选【使用车刀夹持器】复选框,【样式】选择"Q 样式",【(L)长度】设置为"200",【(W)宽度】设置为"10",【(SW)柄宽度】设置为"18",【(SL)柄线】设置为"20",【(HA)夹持器角度】输入"0",其余参数选择刀柄默认参数,刀柄参数如图 6-148(c)所示,最后关闭该对话框,完成刀具 T4 刀具创建。

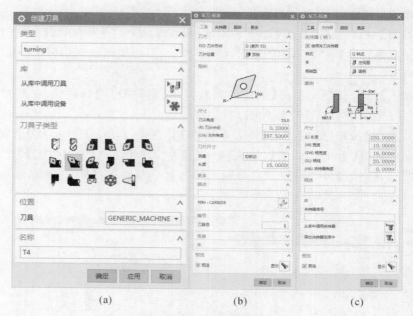

图 6-148　数控刀具设置

(a)刀具设置对话框；　(b)刀片设置对话框；　(c)刀柄设置对话框

5.创建内轮廓车削

(1)中心孔加工。

1)工序导航器处于 几何视图状态下,在【插入】组工具栏上单击【创建工序】按钮 ,系统弹出【创建工序】对话框,在【工序子类型】中选择 中心线点钻,在【位置】选择区中,选择【程序】为"NC_PROGRAM"【刀具】选择为"T1(钻刀)",【几何体】选择为"TURNING_WORKPIECE",【方法】选择为"LATHE_CENTERLINE",加工第一道工序,【名称】输入"OP-01",如图 6-149(a)所示,单击【确定】按钮,弹出【中心线点钻】对话框,如图 6-149(b)所示。

2)在【循环类型】选项中接受默认点"钻",【输出选项】选择"已仿真",【进刀距离】设置为"2",【主轴停止】选择默认"无",【退刀】选择"至起始位置"处;在【起始位置】选择"自动",【入口直径】默认为"0",点钻【深度选项】选择"距离"方式,输入【距离】为"7.5",其中【参考深度】为"刀尖"方式,【偏置】为"0",其余参数接受默认,设置结果如图 6-149(b)所示。

3)单击【非切削参数】 按钮,系统弹出【非切削参数】对话框,在【逼近】选项卡中选择【出发点】通过坐标方式指定一安全点,坐标为(XC75,YC90,ZC0),如图 6-150(a)所示,【运动到进刀起点】运动类型选择"径向→轴向",其余参数默认,【离开】离开退刀类型选择"轴向→径向",其余参数默认,如图 6-150(b),单击【确定】按钮完成非切削参数设置,系统返回【中心线点钻】对话框。

4)单击【进给率和速度】 按钮,系统弹出【进给率和速度】对话框,在【主轴速度】选项中的【输出模式】中选择【RPM】模式,勾选【主轴转速】输入 800r/min,在【进给率】输入切削速度0.06mmpr,其余参数默认,如图 6-151 所示,单击【确定】按钮完成切削参数设置,系统返回【中心线点钻】对话框。

5)单击█【刀位轨迹生成】按钮,系统生成中心孔加工轨迹,如图 6-152 所示,单击█【确认】按钮,弹出【刀轨可视化】对话框,可以完成刀轨仿真,选择【3D 动态】,利用▶【播放】按钮可以实现端面中心孔路径的仿真加工。

6)仿真无误后,单击工序集█【后处理】器按钮,弹出【后处理】对话框,如图 6-153(a)所示,在【后处理器】列表中选择"FANUC_lathe"后置文件,根据实际情况在【输出文件】中设置文件保存路径,【扩展名】接受默认设置为"NC",最后单击【确定】按钮,生成 G 代码,如图6-153(b)所示。

(a)   (b)

图 6-149　端面钻孔工序设置

(a)创建工序对话框;　(b)中心线点钻对话框

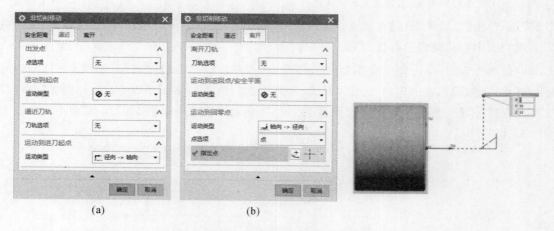

图 6-150　端面钻孔工序设置

(a)非切削出发点设置；　(b)非切削离开点设置

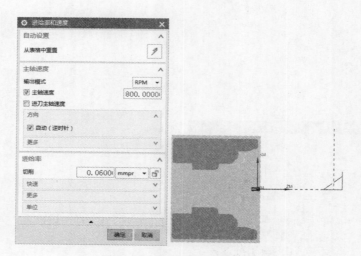

图 6-151　进给率和速度设置

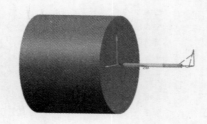

图 6-152　刀位轨迹仿真

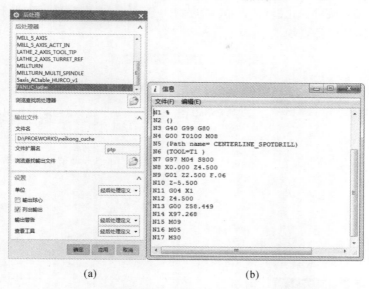

图 6－153　标准 G 代码生成

(a)后置处理器设置；　(b)G 代码生成

7)选择下拉菜单【文件】选择【保存】命令,保存文件。

(2)钻孔加工。

1)工序导航器处于 🔹 几何视图状态下,在【插入】组工具栏上单击【创建工序】按钮 ▶️,系统弹出【创建工序】对话框,在【工序子类型】中选择 🔽 中心线钻孔,在【位置】选择区中,选择【程序】为"NC_PROGRAM"【刀具】选择为"T2(钻刀)",【几何体】选择为"TURNING_WORKPIECE",【方法】选择为"LATHE_CENTERLINE",加工第二道工序,【名称】输入"OP－02",如图 6－154(a)所示,单击【确定】按钮,弹出【中心线钻孔】对话框,如图 6－154(b)所示。

2)在【循环类型】选项中选择"钻、断屑"方式;【输出选项】选择"已仿真",【进刀距离】设置为"2",【主轴停止】选择默认"无";【排屑】选项中的【增量类型】选择"恒定",【恒定增量】设置为"1",【离开距离】设置为"3";【退刀】选择"至起始位置"处;在【起始位置】选择"自动",【入口直径】默认为"0",点钻【深度选项】选择"距离"方式,输入【距离】为"65",其中【参考深度】为"刀肩"方式,【偏置】为"8",刀轨设置中【安全距离】3,在孔底【驻留】转数为"1",【钻孔位置】选择"在中心线上",其余参数接受默认,设置结果如图 6－154(b)所示。

3)单击【非切削参数】🔲 按钮,系统弹出【非切削参数】对话框,在【逼近】选项卡中选择【出发点】通过坐标方式指定一安全点,【运动到进刀起点】运动类型选择"径向→轴向",其余参数默认,如图 6－154(c)所示,【离开】选项卡中【运动到进刀起点】退刀类型选择"轴向→径向",其余参数默认,单击【确定】按钮完成非切削参数设置,系统返回【中心线钻孔】对话框。

4)单击【进给率和速度】🔧 按钮,系统弹出【进给率和速度】对话框,在【主轴速度】选项中的【输出模式】中选择【RPM】模式,勾选【主轴转速】输入 300r/min,在【进给率】输入切削速度 0.15mmpr,其余参数默认,如图 6－155 所示,单击【确定】按钮完成切削参数设置,系统返回【中心线钻孔】对话框。

5)单击 ▶️【刀位轨迹生成】按钮,系统生成端面钻孔加工轨迹,如图 6－156 所示,单击 🔲

【确认】按钮,弹出【刀轨可视化】对话框,可以完成刀轨仿真,选择【3D 动态】,利用 ▶【播放】按钮可以实现钻孔路径的仿真加工。

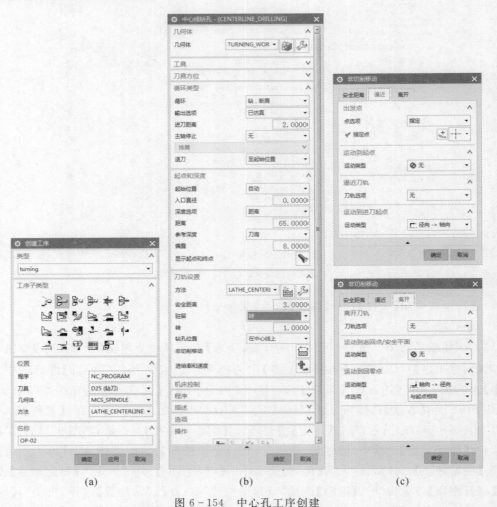

图 6-154　中心孔工序创建
(a)工序创建对话框；　(b)中心线钻孔对话框；　(c)非切削参数对话框

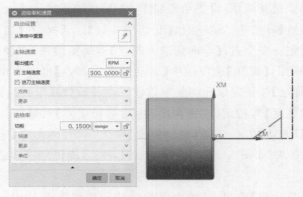

图 6-155　进给率和速度设置

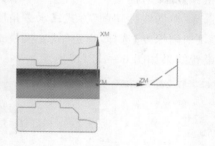

图 6-156 刀位轨迹仿真

6)仿真无误后,单击工序集 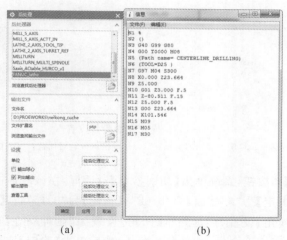【后处理】器按钮,弹出【后处理】对话框,如图 6-157(a)所示,在【后处理器】列表中中选择"FANUC_lathe"后置文件,根据实际情况在【输出文件】中设置文件保存路径,【扩展名】接受默认设置为"NC",最后单击【确定】按钮,生成 G 代码,如图 6-157(b)所示。

图 6-157 标准 G 代码生成

(a)后置处理器设置; (b)G 代码生成

7)选择下拉菜单【文件】选择【保存】命令,保存文件。

(3)镗孔粗加工。

1)工序导航器处于 几何视图状态下,在【插入】组工具栏上单击【创建工序】按钮 ,系统弹出【创建工序】对话框,在【工序子类型】中选择 内径粗镗,在【位置】选择区中,选择【程序】为"NC_PROGRAM",【刀具】选择为"T3(车刀—标准)",【几何体】选择为"TURNING_WORKPIECE",【方法】选择为"LATHE_ROUGH",加工第三道工序,【名称】输入"OP-03",如图 6-158(a)所示,单击【确定】按钮,弹出【内径粗镗】对话框,如图 6-158(b)所示。

2)在该对话框的几何体区段,单击【切削区域】旁边的编辑 按钮,弹出【切削区域】对话框,如图 6-158(c)所示。在【径向修剪平面 1】的【限制选项】列表中选择"点",然后在部件右端面倒角处选择倒角角点,切削区域如图 6-158(d)所示,单击【确定】按钮以接受【切削区域】

对话框设置，重新返回【内径粗镗】加工对话框。

3）在【切削策略】选项中选择"单向线性切削"方式；【水平角度】选择"指定"，【与 XC 夹角】为"180"【方向】设置为"前进"，【切削深度】选择"恒定"；【变换模式】选择"省略"，【清理】设置为"全部"，其余参数接受默认，设置结果如图 6-158(b)所示。

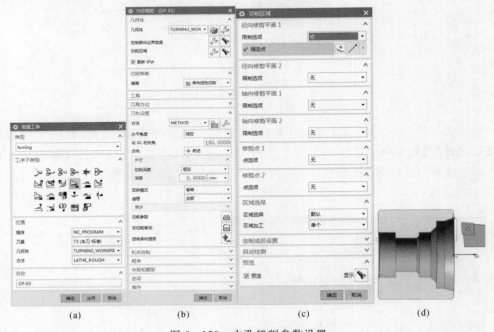

图 6-158 内孔镗削参数设置

(a)工序创建对话框； (b)内径粗镗策略； (c)切削区域设置对话框； (d)切削区域设置

4）单击【切削参数】 按钮，系统弹出【切削参数】对话框，在该对话框中选择【余量】选项卡输入粗加工余量——【恒定】为"0"，【面】为"0.05"；【径向】为"0.15"；在【拐角】选项卡中，【常规拐角】设置为"延伸"，【浅角】设置为"延伸"，【凹角】设置为"延伸"；在【轮廓加工】中不要勾选【附加轮廓加工】为精加工留下余量，其余参数默认，然后单击【确定】按钮，完成切削参数设置，如图 6-159 所示。

图 6-159 切削参数对话框

5)单击【非切削参数】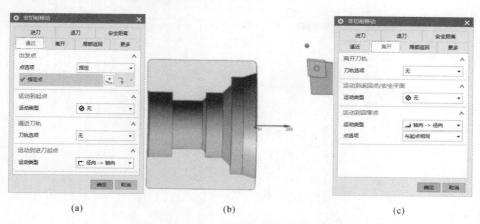按钮,系统弹出【非切削参数】对话框,如图 6－160(a)所示,在【逼近】选项卡中选择【出发点】通过坐标方式指定点,坐标为(XC30,YC50,ZC0),如图 6－160(b)所示。【进刀】进刀类型选择"线性－自动",其余参数默认,【退刀】退刀类型选择"线性－自动",【安全距离】选项中径向和轴向安全距离设置为"0",【逼近】选项中【运动到进刀起点】选择【运动类型】设置为"径向→轴向",【离开】选项中【运动到回零点】中的【运动类型】设置为"轴向→径向",【点选项】设置为"与起点相同",如图 6－160(c)所示,单击【确定】按钮完成非切削参数设置,系统返回【内径粗镗】对话框。

(a)　　　　　　　　　　(b)　　　　　　　　　　(c)

图 6－160　非切削参数设置

(a)非切削参数对话框; (b)出发点设置; (c)离开参数设置

6)单击【进给率和速度】按钮,系统弹出【进给率和速度】对话框,在【主轴速度】选项中的【输出模式】中选择【RPM】模式,勾选【主轴转速】输入 800r/min,在【进给率】输入切削速度0.15mmpr,其余参数默认,如图 6－161 所示,单击【确定】按钮完成切削参数设置,系统返回【内径粗镗】对话框。

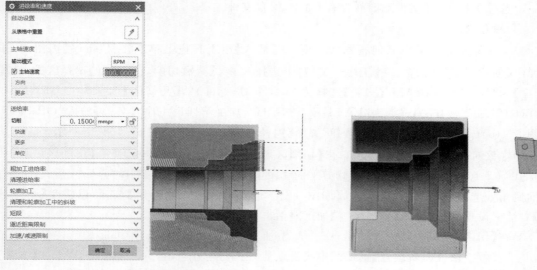

图 6－161　"进给率和速度"对话框　　　　　　图 6－162　刀位轨迹仿真

7)单击 【刀位轨迹生成】按钮,系统生成镗孔粗加工轨迹,如图 6-162 所示,单击 【确认】按钮,弹出【刀轨可视化】对话框,可以完成刀轨仿真,选择【3D 动态】,利用 ▶【播放】按钮可以实现镗孔粗加工路径的仿真加工。

(a)   (b)

图 6-163   标准 G 代码生成

(a)后置处理器设置;   (b)G 代码生成

8)仿真无误后,单击工序集 【后处理】器按钮,弹出【后处理】对话框,如图 6-163(a)所示,在【后处理器】列表中选择"FANUC_lathe"后置文件,根据实际情况在【输出文件】中设置文件保存路径,【扩展名】接受默认设置为"NC",最后单击【确定】按钮,生成 G 代码,如图 6-163(b)所示。

9)选择下拉菜单【文件】选择【保存】命令,保存文件。

(4)镗孔精加工。

1)工序导航器处于 几何视图状态下,在【插入】组工具栏上单击【创建工序】按钮 ,系统弹出【创建工序】对话框,在【工序子类型】中选择 内径精镗切削,在【位置】选择区中,选择【程序】为"NC_PROGRAM"【刀具】选择为"T4(车刀-标准)",【几何体】选择为"TURNING_WORKPIECE",【方法】选择为"LATHE_FINISH",加工第四道工序,【名称】输入"OP-04",如图 6-164(a)所示,单击【确定】按钮,弹出【内径精镗】对话框,如图 6-164(b)所示。

2)在该对话框的几何体区段,单击【切削区域】旁边的编辑 按钮,弹出【切削区域】对话框,如图 6-165(a)所示。在【径向修剪平面 1】的【限制选项】列表中选择"点",然后在部件右端面倒角处选择倒角角点,切削区域如图 6-165(b)所示,单击【确定】按钮,以接受【切削区域】对话框设置,重新返回【内径精镗】加工对话框。

3)在【切削策略】选项中接受默认"全部精加工";【工具】刀具选项中选择"T4"外圆精车刀,其他参数默认;【刀轨设置】选项区中接受默认刀具切削方向,与 XC 方向成 180°,在【步进】参数中设置接受默认参数,勾选【省略变换区域】,其余默认,如图 6-166 所示。

(a)   (b)

图 6 - 164 内径精镗工序设置

(a)创建工序对话框； (b)内径精镗策略

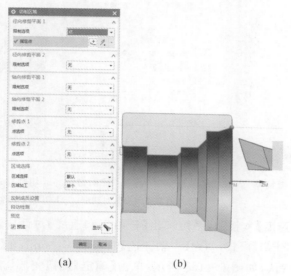

(a)   (b)

图 6 - 165 切削区域设置

(a)切削区域对话框； (b)切削区域指定

　　4)单击【切削参数】▦按钮,系统弹出【切削参数】对话框,所有参数默认,然后单击【确定】按钮,完成切削参数设置。

　　5)单击【非切削参数】▦按钮,系统弹出【非切削参数】对话框,如图 6 - 167(a)所示,在【逼近】选项卡中选择【出发点】通过坐标方式指定点,坐标为(XC30,YC50,ZC0),如图 6 - 167(b)所示,【运动到进刀起点】设置为"轴向→径向",【进刀】进刀类型选择"线性－自动",其余参数默认,【退刀】退刀类型选择"与进刀相同",【安全距离】选项中径向和轴向安全距离设置为"0",【离开】选项中【运动到回零点】选择【运动类型】为"轴向→径向",【点选项】设置为"与起点相同",如图 6-167(c)所示,单击【确定】按钮,完成非切削参数设置,系统返回【内径精镗】对话框。

图 6-166　内径精镗策略

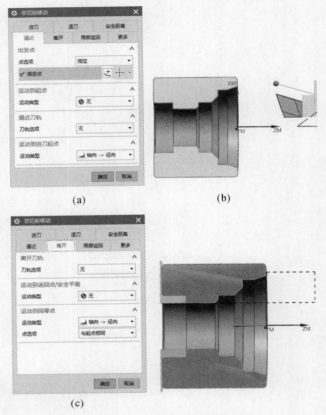

图 6-167　非切削移动设置

(a)非切削参数对话框；　(b)出发点设置；　(c)离开参数设置

6)单击【进给率和速度】![icon]按钮,系统弹出【进给率和速度】对话框,在【主轴速度】选项中的【输出模式】中选择【RPM】模式,勾选【主轴转速】输入 1200r/min,在【进给率】输入切削速度 0.15mmpr,其余参数默认,如图 6-168 所示,单击【确定】按钮完成切削参数设置,系统返回【外径精车】对话框。

7)单击![icon]【刀位轨迹生成】按钮,系统生成镗孔精加工轨迹,如图 6-169 所示,单击![icon]【确认】按钮,弹出【刀轨可视化】对话框,可以完成刀轨仿真,选择【3D 动态】,利用![icon]【播放】按钮可以实现镗孔精加工路径的仿真加工。

8)仿真无误后,单击工序集![icon]【后处理】器按钮,弹出【后处理】对话框,如图 6-170(a)所示,在【后处理器】列表中选择"FANUC_lathe"后置文件,根据实际情况在【输出文件】中设置文件保存路径,【扩展名】接受默认设置为"NC",最后单击【确定】按钮,生成 G 代码,如图 6-170(b)所示。

9)选择下拉菜单【文件】选择【保存】命令,保存文件。

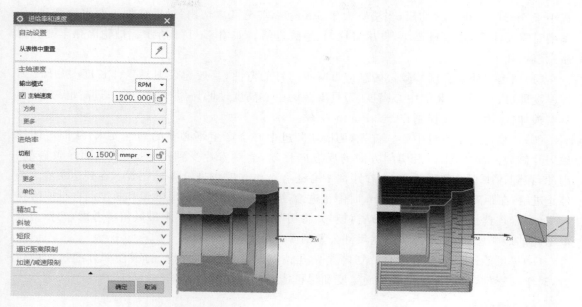

图 6-168　进给率和速度设置　　　　　　图 6-169　刀位轨迹仿真

（a）　　　　　　　　　　　（b）

图 6-170　标准 G 代码生成

（a）后置处理器设置；　（b）G 代码生成

6.6.4　切槽刀路

在车床上用来加工零件的槽型，是用切槽车刀横向或者纵向进给来完成的。槽的种类有外槽、内槽、端面槽。切槽刀刀头较窄，易折断，因此，在装刀时注意对称，不宜伸出太长；当槽宽小于 5mm 时,可一次切出,当槽宽大于 5mm 时,应分几次切出;最后精加工两侧面和底面。车槽时需要注意:进给量要小,且尽量均匀、连续进给。如图 6 - 171 所示。槽轮廓孔车削时的注意事项如下。

(1)切槽刀伸出长度。较短的悬伸可减少刀杆的弯曲,一般建议刀具悬伸长度<1.5H 刀杆厚度即可。刀具安装的中心高度,刀具安装的中心高度过低易裂,增加飞边;过高也易裂,刀具磨损加快,因此一般控制在±0.1 mm 左右。

(2)切槽切断不要过中心。首先,切槽切断过中心会产生不必要的韧性要求,从而可能导致刀片破裂。其次,工件沿切削方向的反方向移动,会使刀片受到拉伸应力,从而导致破裂。因此,在到达中心之前降低进给,在距离中心还有 2 mm 时将进给降低75%。在到达中心之前停止进给,在距离中心还有 0.5 mm 时停止进给,被切掉的零件会因其质量和长度而自行掉落。

(3)合理选择刀片宽度。从节省材料并将切削力和环境污染降至最低角度考虑,切槽刀宽取槽宽的最大尺寸,其公差取槽宽尺寸公差的 1/2~1/3。

(4)尽可能选用较小的前角。切断至钻孔位置时,一定要确保孔的圆柱部分经过切断位置,对于壁管件,应选择尽可能小的宽度和尽可能锋利的切削刃。

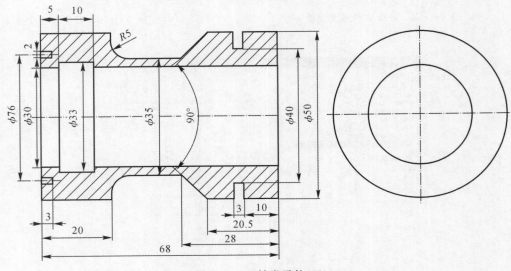

图 6 - 171　轴类零件(四)

1.加工环境初始化

(1)打开源文件夹 6.6 - 4.part 模型文件。

(2)在"标准"组工具条上选择【开始】→【加工】命令,程序弹出【加工环境】对话框,如图 6 - 172(a)所示。在【CAM 会话配置】列表中选择【cam_general】,同时在该对话框的【要创建的 CAM 设置】列表中选择【turning】,如图 6 - 172(b)所示,单击【确定】按钮,进入车削加工环境。

2.创建加工坐标系

(1)首先应将工作坐标系(【WCS】坐标系)定位在刀移动所在的平面。在图形窗口背景中,右键单击并选择【定向视图】→【俯视图】。然后选择【菜单】→【格式】→【WCS】→【显示】。双击【WCS】坐标系,调整方向并将其原点移动至右端面旋转的中心线上。保证在此视图中,

XC 应该指向右侧,YC 应该指向上方,如图 6 - 173(a)所示。

(2)在工序导航器组中切换视图为【几何】视图,双击 MCS_SPINDLE 项目,弹出【Turn Orient】,单击【CSYS】对话框中的 按钮,打开【CSYS】对话框,将 MCS 绕 YM 轴旋转 90°。将其原点移动至右端面旋转的中心线上。在【Turn Orient】对话框中,将车床工作平面指定为 ZM-XM。保证在此视图中,XM 应该指垂直向上,ZM 应该水平向右,如图 6 - 173(b)所示。

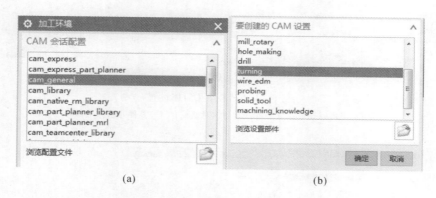

(a)　　　　　　　　　　　　　(b)

图 6 - 172　车削加工环境设置
(a)通用加工模式;　(b)车削加工环境

(a)　　　　　　　　　　　　　(b)

图 6 - 173　坐标系设置
(a)工件坐标系设置;　(b)加工坐标系设置

3.设置工件和毛坯

(1)在工序导航器中,双击【WORKPIECE】弹出【工件】几何对话框,如图 6 - 174(a)所示,单击 【指定部件】,弹出【部件几何体】对话框,如图 6 - 174(b),在工作区选择轴零件为部件体,如图 6 - 174(c),然后单击【确定】按钮。单击材料编辑 ,在【部件材料】列表中可以选择 【MATO_00266】铝作为部件材料,单击【确定】按钮。

(2)在工序导航器单击选项卡 ,选择 几何视图,然后点击【WORKPIECE】前面的“+”号,展开【TURNING_WORKPIECE】节点并双击,此时,车削加工剖切边界自动生成,弹出 【Turn Bnd】对话框,如图 6 - 175(a)所示,单击【指定毛坯边界】 按钮,弹出【毛坯边界】对话框,【类型】选择型材【管料】,毛坯【安装位置】选择【在主轴箱处】,【指定点】坐标位置为部件右端面中心,单击【确定】按钮,毛坯【长度】输入 68,【外径】输入 50,【内径】输入 30,如图 6 - 175 (b)所示,单击【确定】按钮,再次单击【确定】按钮,完成车削边界设置,如图 6 - 175(c)所示。

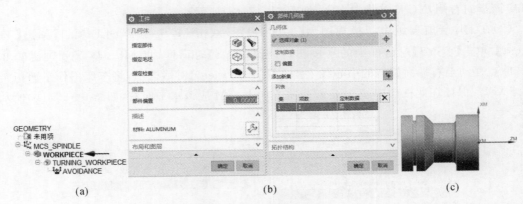

图 6-174　工件几何体设置
(a)工件对话框；　(b)部件几何体对话框；　(c)零件几何体选择

图 6-175　毛坯边界设置
(a)车削边界对话框；　(b)毛坯边界对话框；　(c)车削二维轮廓截面

4.创建数控刀具

(1)在工序导航器单击选项卡，选择机床视图，然后在【插入】组工具栏上单击【创建刀具】，弹出【创建刀具】对话框，在该对话框中选择【OD_GROOVE_L】外圆切槽刀，并命名为T1，如图 6-176(a)所示。

(2)单击【应用】按钮，随后弹出【槽刀-标准】对话框，设置【IL 刀片长度】为"10"，【IW 刀片宽度】为"3"，【(R)半径】为"0.2"，【刀具号】输入"1"，其余参数保持默认设置，如图 6-176(b)所示。

(3)在【车刀-标准】对话框的【夹持器】选项卡中，勾选【使用车刀夹持器】复选框，【样式】选择"0"，【手】方向选择"左手"，【柄类型】选择为"方柄"，然后根据现场实际情况设置刀柄参数，刀柄参数如图 6-176(c)所示，最后关闭该对话框，完成刀具 T1 刀具创建。

(4)在工序导航器单击选项卡，选择机床视图，然后在【插入】组工具栏上单击【创建刀具】，弹出【创建刀具】对话框，在该对话框中选择【ID_GROOVE_L】内孔切槽刀，并命名为T2，如图 6-177(a)所示。

(5)单击【应用】按钮，随后弹出【槽刀-标准】对话框，设置【(OA)方向角度】为"270"，【IL 刀片长度】为"10"，【IW 刀片宽度】为"2"，【(R)半径】为"0.2"，【刀具号】输入"2"，在【跟踪】选项卡内设置【半径(ID)】为"2",跟踪点的【点编号】为"2",【补偿寄存器】为"2",【刀具补偿寄存器】为"2",其余参数保持默认设置,如图 6－177(b)所示。

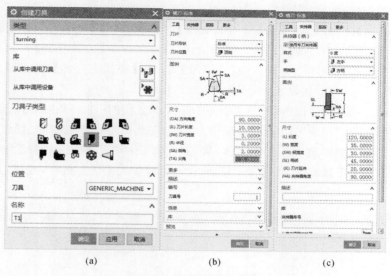

(a)　　　　　　　　　(b)　　　　　　　　　(c)

图 6－176　数控刀具设置

(a)刀具设置对话框;　(b)刀片设置对话框;　(c)刀柄设置对话框

　　(6)在【车刀-标准】对话框的【夹持器】选项卡中,勾选【使用车刀夹持器】复选框,【样式】选择"90",【手】方向选择"左手",【柄类型】选择为"圆柄",然后根据现场实际情况设置刀柄参数,【(L)长度】为"120",【(W)宽度】为"15",【(SW)柄宽度】为"10",【(SL)柄线】为"15",【(IE)刀片延伸】为"12",其余参数默认,如图 6－177(c)所示,最后关闭该对话框,完成刀具 T2 内槽刀创建。

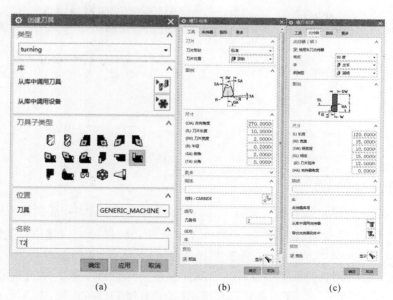

(a)　　　　　　　　　(b)　　　　　　　　　(c)

图 6－177　数控刀具设置

(a)刀具设置对话框;　(b)刀片设置对话框;　(c)刀柄设置对话框

(7)在工序导航器单击选项卡 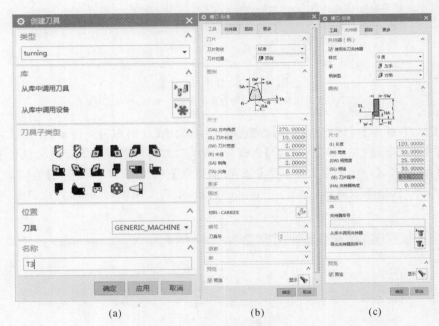，选择 机床视图，然后在【插入】组工具栏上单击 【创建刀具】，弹出【创建刀具】对话框，在该对话框中选择【FACE_GROOVE_L】端面切槽刀，并命名为 T3，如图 6-178(a)所示。

(8)单击【应用】按钮，随后弹出【槽刀-标准】对话框，设置【(OA)方向角度】为"0°"，【IL 刀片长度】为"10"，【IW 刀片宽度】为"2"，【(R)半径】为"0.2"，【刀具号】输入"3"，在【跟踪】选项卡内设置【半径(ID)】为"3"，跟踪点的【点编号】为"3"，【补偿寄存器】为"3"，【刀具补偿寄存器】为"3"，其余参数保持默认设置，如图 6-178(b)所示。

(9)在【车刀-标准】对话框的【夹持器】选项卡中，勾选【使用车刀夹持器】复选框，【样式】选择"90"，【手】方向选择"左手"，【柄类型】选择为"圆柄"，然后根据现场实际情况设置刀柄参数，【(L)长度】为"120"，【(W)宽度】为"15"，【(SW)柄宽度】为"10"，【(SL)柄线】为"15"，【(IE)刀片延伸】为"12"，其余参数默认，如图 6-178(c)所示，最后关闭该对话框，完成刀具 T3 端面槽刀创建。

图 6-178 数控刀具设置

(a)刀具设置对话框； (b)刀片设置对话框； (c)刀柄设置对话框

5.创建槽面车削

(1)外径切槽加工。

1)工序导航器处于 几何视图状态下，在【插入】组工具栏上单击【创建工序】按钮 ，系统弹出【创建工序】对话框，在【工序子类型】中选择 外径切槽加工，在【位置】选择区中，选择【程序】为"NC_PROGRAM"【刀具】选择为"T1"，【几何体】选择为"TURNING_WORKPIECE"，【方法】选择为"LATHE_GROOVE"，加工第一道工序，【名称】输入"OP-01"，如图 6-180(a)所示，单击【确定】按钮，弹出【外径开槽】对话框，如图 6-179(b)所示。

2)在该对话框的几何体区段，单击【切削区域】旁边的编辑 按钮，弹出【切削区域】对话框,如图 6-179(a)所示。在【轴向修剪平面 1】的【限制选项】列表中选择"点",然后在部件右端面第二个轴肩轮廓中点,在【轴向修剪平面 2】的【限制选项】列表中选择"点",然后在部件左侧第三个轴肩轮廓中点,切削区域如图 6-180(b)所示,单击【确定】按钮以接受【切削区域】对话框设置,重新返回【外径开槽】加工对话框。

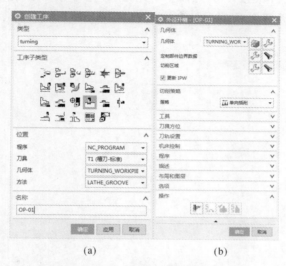

(a)　　　　　　　　　　(b)

图 6-179　外径开槽工序设置

(a)创建工序对话框;　(b)外径开槽对话框

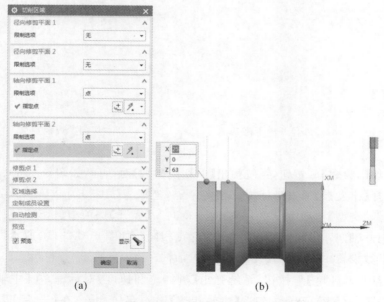

(a)　　　　　　　　　　(b)

图 6-180　切削区域设置

(a)切削区域对话框;　(b)切削区域指定

3)在【切削策略】选项中接受默认"单向插削",【工具】刀具选项中选择"T1"外槽车刀,其它参数默认,【刀轨设置】选项区中接受默认刀具切削方向,与 XC 方向成 180°,在【步进】参数中设置【步距】为"变量平均值"切深,【最大值】为"75%"刀具直径,【清理】为"仅向下",如图 6-181 所示。

4)单击【切削参数】按钮,系统弹出【切削参数】对话框,在该对话框中选择【余量】选项卡,输入粗加工余量——【恒定】为"0",【面】为"0",【径向】为"0";修改【公差】为内外公差均为"0.001",其余参数接受系统默认值,然后单击【确定】按钮,完成切削参数设置,如图 6-182 所示。

图 6-181 外径开槽策略

图 6-182 切削参数设置

5)单击【非切削参数】按钮,系统弹出【非切削参数】对话框,如图 6-183(a)所示,在【逼近】选项卡中选择【出发点】通过坐标方式指定一点,坐标为(XC30.0,YC40.0,ZC0),【运动到进刀点】中的【运动类型】选项中设置为"轴向→径向",【离开】选项中【运动到回零点】中的【运动类型】为"径向→轴向",【点选项】设置为"与起点相同",如图 6-183(b)所示,单击【确定】按钮完成非切削参数设置,系统返回【外径开槽】对话框。

6)单击【进给率和速度】按钮,系统弹出【进给率和速度】对话框,在【主轴速度】选项中的【输出模式】中选择【RPM】模式,勾选【主轴转速】输入 600r/min,在【进给率】输入切削速度 0.1mmpr,其余参数默认,如图 6-184 所示,单击【确定】按钮完成切削参数设置,系统返回【外径开槽】对话框。

7)单击【刀位轨迹生成】按钮,系统生成端面加工轨迹,如图 6-185 所示,单击【确认】按钮,弹出【刀轨可视化】对话框,可以完成刀轨仿真,选择【3D 动态】,利用【播放】按钮可以实现外径槽路径的仿真加工。

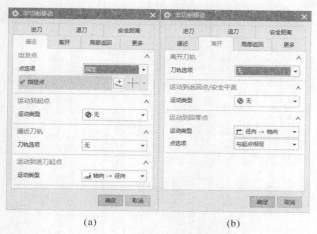

图 6-183　非切削参数设置

(a)非切削参数对话框；　(b)离开参数设置

图 6-184　进给率和速度设置

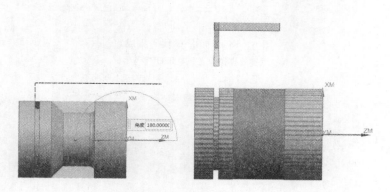

图 6-185　刀位轨迹仿真

8)仿真无误后,单击工序集 【后处理】器按钮,弹出【后处理】对话框,如图 6-186(a)所示,在【后处理器】列表中选择"FANUC_lathe"后置文件,根据实际情况在【输出文件】中设置文件保存路径,【扩展名】接受默认设置为"NC",最后单击【确定】按钮,生成 G 代码如图 6-186(b)所示。

9)在工序导航器上单击 图标,切换至程序视图状态下,选中上一步工序"OP-01",单击右键选择"复制",然后选择"粘贴",重新命名"OP-01-COPY"为工序"OP-02",如图 6-187(a)所示,实现对上一步加工参数的继承。

10)在工序导航器上双击"OP-02",弹出"外径开槽"对话框,在该对话框的几何体区段,单击【切削区域】旁边的编辑 按钮,弹出【切削区域】对话框,如图 6-187(b)所示。在【轴向修剪平面1】的【限制选项】列表中选择"点",然后在部件右端面第一个轴肩轮廓中点,在【轴向修剪平面2】的【限制选项】列表中选择"点",然后在部件左侧第二个轴肩轮廓特征点,切削区域如图6-187(c)所示,单击【确定】按钮以接受【切削区域】对话框设置,重新返回【外径开槽】加工对话框。

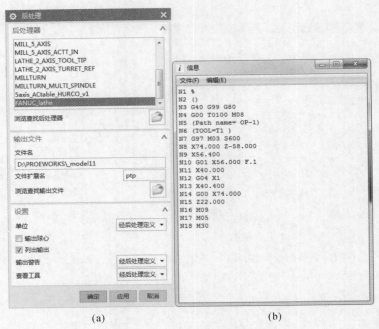

图 6-186 标准 G 代码生成

(a)后置处理器设置; (b)G 代码生成

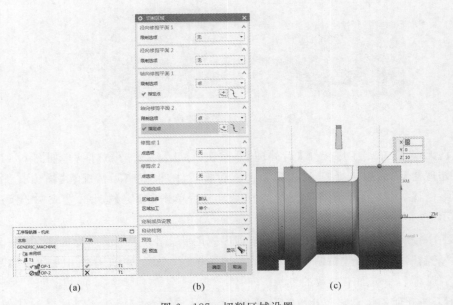

(a)   (b)   (c)

图 6-187 切削区域设置

(a)加工工序继承; (b)切削区域对话框; (c)切削区域指定

11)在【切削策略】选项中选择"往复插削";【工具】刀具选项中选择"T1"外槽车刀,其它参数默认;【刀轨设置】选项区中接受默认刀具切削方向,与 XC 方向成 180°,在【步进】参数中设置【步距】为"变量平均值"切深,【最大值】为"60％"刀具直径,【清理】为"仅向下",勾选【附加轮廓加工】,其中【层深度模式】选择"指定",【层深度】为 1mm,如图 6-188 所示。

12)单击【切削参数】  按钮,系统弹出【切削参数】对话框,在该对话框中选择【余量】选项卡,输入粗加工余量——【恒定】为"0.3",【面】为"0",【径向】为"0"。修改【公差】为内外公差均为"0.001",其余参数接受系统默认值,然后单击【确定】按钮,完成切削参数设置,如图 6-189 所示。

图 6-188　外径开槽策略　　　　图 6-189　切削参数设置　　　　图 6-190　非切削参数设置

13)单击【非切削参数】  按钮,系统弹出【非切削参数】对话框,在【逼近】选项卡中选择【出发点】通过坐标方式指定一点,坐标为(XC30.0,YC40.0,ZC0),【运动到进刀点】中的【运动类型】选项中设置为"轴向→径向",【离开】选项中【运动到回零点】中的【运动类型】为"径向→轴向",【点选项】设置为"与起点相同",如图 6-190 所示,单击【确定】按钮完成非切削参数设置,系统返回【外径开槽】对话框。

14)单击【进给率和速度】![按钮]按钮,系统弹出【进给率和速度】对话框,在【主轴速度】选项中的【输出模式】中选择【RPM】模式,勾选【主轴转速】输入 1200r/min,在【进给率】输入切削速度 0.08mmpr,其余参数默认,如图 6-191 所示,单击【确定】按钮完成切削参数设置,系统返回【外径开槽】对话框。

15)单击![刀位轨迹生成]【刀位轨迹生成】按钮,系统生成外径开槽加工轨迹,如图 6-192 所示,单击![确认]【确认】按钮,弹出【刀轨可视化】对话框,可以完成刀轨仿真,选择【3D 动态】,利用![播放]【播放】按钮可以实现外径开槽路径的仿真加工。

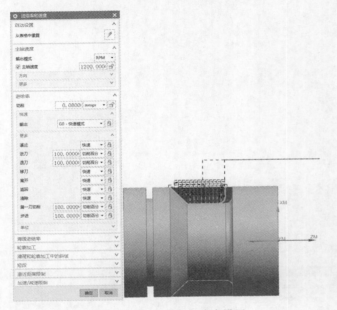
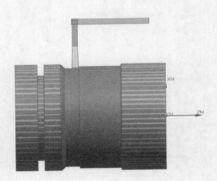

图 6-191　进给率和速度设置　　　　　　图 6-192　刀位轨迹仿真

16)仿真无误后,单击工序集![后处理]【后处理】器按钮,弹出【后处理】对话框如图 6-193(a)所示,在【后处理器】列表中选择"FANUC_lathe"后置文件,根据实际情况在【输出文件】中设置文件保存路径,【扩展名】接受默认设置为"NC",最后单击【确定】按钮,生成 G 代码,如图 6-193(b)所示。

17)选择下拉菜单【文件】选择【保存】命令,保存文件。

(2)内径切槽加工。

1)工序导航器处于![几何视图]几何视图状态下,在【插入】组工具栏上单击【创建工序】按钮![创建工序],系统弹出【创建工序】对话框,在【工序子类型】中选择![内径切槽加工]内径切槽加工,在【位置】选择区中,选择【程序】为"NC_PROGRAM"【刀具】选择为"T2",【几何体】选择为"TURNING_WORKPIECE",【方法】选择为"LATHE_GROOVE",加工第一道工序,【名称】输入"OP-02",如图 6-194(a)所示,单击【确定】按钮,弹出【内径开槽】对话框,如图 6-194(b)所示。

2)在该对话框的几何体区段,单击【切削区域】旁边的编辑![编辑]按钮,弹出【切削区域】对话框。在【轴向修剪平面 1】的【限制选项】列表中选择"点",然后在部件右端面第一个轴肩轮廓中点,在【轴向修剪平面 2】的【限制选项】列表中选择"点",然后在部件左侧第二个轴肩轮廓中

点,切削区域如图 6-194(c)所示,单击【确定】按钮以接受【切削区域】对话框设置,重新返回
【内径开槽】加工对话框。

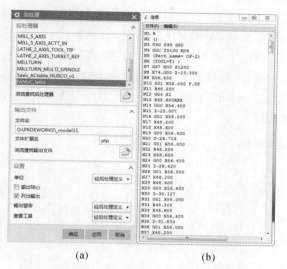

图 6-193　标准 G 代码生成

(a)后置处理器设置;　(b)G 代码生成

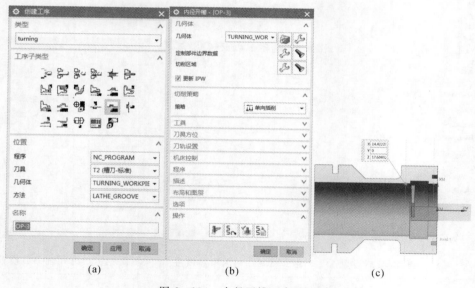

图 6-194　内径开槽工序设置

(a)创建工序对话框;　(b)内径开槽对话框;　(c)内径开槽加工区域设置

3)在【切削策略】选项中接受默认"单向插削",【工具】刀具选项中选择"T2"外槽车刀,其
它参数默认。【刀轨设置】选项区中接受默认刀具切削方向,与 XC 方向成 180°,在【步进】参数
中设置【步距】为"变量平均值"切深,【最大值】为"75%"刀具直径,【清理】为"仅向下",同时勾
选【附加轮廓加工】,如图 6-195 所示。

4)单击【切削参数】⏚按钮,系统弹出【切削参数】对话框,在该对话框中选择【余量】选项

卡,输入粗加工余量——【恒定】为"0.2",【面】为"0",【径向】为"0";修改【公差】为内外公差均为"0.001",其余参数接受系统默认值,然后单击【确定】按钮,完成切削参数设置,如图 6-196 所示。

　　5)单击【非切削参数】按钮,系统弹出【非切削参数】对话框,在【逼近】选项卡中选择【出发点】通过坐标方式指定一点,坐标为(XC30.0,YC40.0,ZC0),【运动到进刀点】中的【运动类型】选项中设置为"轴向→径向",【离开】选项中【运动到回零点】中的【运动类型】为"径向→轴向",【点选项】设置为"与起点相同",如图 6-197 所示,单击【确定】按钮完成非切削参数设置,系统返回【外径开槽】对话框。

图 6-195　切削策略设置

图 6-196　切削参数设置

图 6-197　非切削参数设置

　　6)单击【进给率和速度】按钮,系统弹出【进给率和速度】对话框,在【主轴速度】选项中的【输出模式】中选择【RPM】模式,勾选【主轴转速】输入 1000r/min,在【进给率】输入切削速度 0.08mmpr,其余参数默认,如图 6-198 所示,单击【确定】按钮完成切削参数设置,系统返回【内径开槽】对话框。

　　7)单击【刀位轨迹生成】按钮,系统生成内径开槽加工轨迹,如图 6-199 所示,单击【确认】按钮,弹出【刀轨可视化】对话框,可以完成刀轨仿真,选择【3D 动态】,利用【播放】按钮可以实现内径开槽路径的仿真加工。

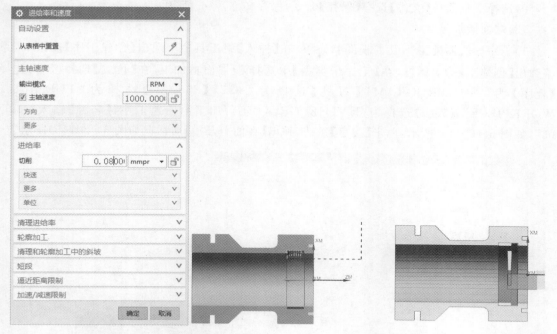

图 6-198　进给率和速度设置　　　　　　　图 6-199　刀位轨迹仿真

8)仿真无误后,单击工序集【后处理】器按钮,弹出【后处理】对话框如图 6-200(a)所示,在【后处理器】列表中选择"FANUC_lathe"后置文件,根据实际情况在【输出文件】中设置文件保存路径,【扩展名】接受默认设置为"NC",最后单击【确定】按钮,生成 G 代码,如图 6-200(b)所示。

　　　　　　(a)　　　　　　　　　　　(b)

图 6-200　标准 G 代码生成

(a)后置处理器设置;　(b)G 代码生成

9)选择下拉菜单【文件】选择【保存】命令,保存文件。

(3)端面槽加工。

1)工序导航器处于 几何视图状态下,在【插入】组工具栏上单击【创建工序】按钮 ,系统弹出【创建工序】对话框,在【工序子类型】中选择 端面槽加工,在【位置】选择区中,选择【程序】为"NC_PROGRAM"【刀具】选择为"T3",【几何体】选择为"TURNING_WORKPIECE",【方法】选择为"LATHE_GROOVE",加工第三道工序,【名称】输入"OP-03",如图6-201(a)所示,单击【确定】按钮,弹出【在面上开槽】对话框如图6-201(b)所示。

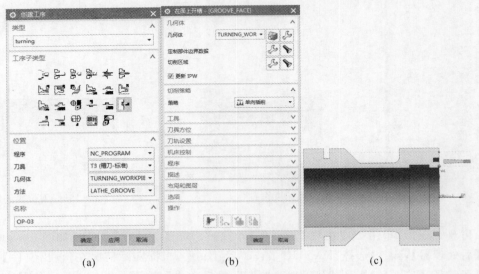

(a)　　　　　　　　(b)　　　　　　　　(c)

图6-201　端面开槽工序设置

(a)创建工序对话框;　(b)端面开槽对话框;　(c)加工区域设置

2)在该对话框的几何体区段,单击【切削区域】旁边的编辑 按钮,弹出【切削区域】对话框。在【径向修剪平面1】的【限制选项】列表中选择"点",然后在部件右端面内侧轮廓上一点,在【径向修剪平面2】的【限制选项】列表中选择"点",然后在部件右端面最外侧轮廓上一点,切削区域如图6-201(c)所示,单击【确定】按钮以接受【切削区域】对话框设置,重新返回【在面上开槽】加工对话框。

3)在【切削策略】选项中接受默认"单向插削";【工具】刀具选项中选择"T3"外槽车刀,其它参数默认;【刀轨设置】选项区中接受默认刀具切削方向,与XC方向成180°,在【步进】参数中设置【步距】为"变量平均值"切深,【最大值】为"75％"刀具直径,【清理】为"仅向下",如图6-202所示。

4)单击【切削参数】 按钮,系统弹出【切削参数】对话框,在该对话框中选择【余量】选项卡,输入粗加工余量——【恒定】为"0.2",【面】为"0",【径向】为"0";修改【公差】为内外公差均为"0.001",其余参数接受系统默认值,然后单击【确定】按钮,完成切削参数设置,如图6-203所示。

5)单击【非切削参数】 按钮,系统弹出【非切削参数】对话框,在【逼近】选项卡中选择【出发点】通过坐标方式指定一点,坐标为(XC20.0,YC30.0,ZC0),【运动到进刀点】中的【运动类型】选项中设置为"径向→轴向",【离开】选项中【运动到回零点】中的【运动类型】为"轴向→径向",【点选项】设置为"与起点相同",如图 6-204 所示,单击【确定】按钮完成非切削参数设置,系统返回【在面上开槽】对话框。

图 6-202　切削策略设置

图 6-203　切削参数设置

图 6-204　非切削参数设置

6)单击【进给率和速度】 按钮,系统弹出【进给率和速度】对话框,在【主轴速度】选项中的【输出模式】中选择【RPM】模式,勾选【主轴转速】输入 800r/min,在【进给率】输入切削速度 0.08mmpr,其余参数默认,如图 6-205 所示,单击【确定】按钮完成切削参数设置,系统返回【在面上开槽】对话框。

7)单击 【刀位轨迹生成】按钮,系统生成端面开槽加工轨迹,如图 6-206 所示,单击 【确认】按钮,弹出【刀轨可视化】对话框,可以完成刀轨仿真,选择【3D 动态】,利用 【播放】按钮可以实现端面开槽路径的仿真加工。

8)仿真无误后,单击工序集 【后处理】器按钮,弹出【后处理】对话框,如图 6-207(a)所示,在【后处理器】列表中选择"FANUC_lathe"后置文件,根据实际情况在【输出文件】中设置文件保存路径,【扩展名】接受默认设置为"NC",最后单击【确定】按钮,生成 G 代码,如图 6-207(b)所示。

9)选择下拉菜单【文件】选择【保存】命令,保存文件。

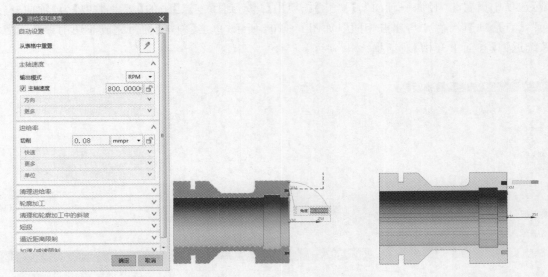

图 6-205　进给率和速度设置　　　　图 6-206　刀位轨迹仿真

(a)　　　　　　　　　　　　　(b)

图 6-207　标准 G 代码生成

(a)后置处理器设置；　(b)G 代码生成

6.6.5　螺纹刀路

螺纹的种类很多,按用途可分为连接螺纹和传动螺纹;按牙形可分为三角螺纹、梯形螺纹、锯形螺纹、圆形螺纹;按螺旋方向可分为右旋螺纹和左旋螺纹;按螺旋线数分为单线螺纹和多线螺纹;按母体形状可分为圆柱螺纹和圆锥螺纹。螺纹的加工方法很多,其中用车削的方法加工螺纹是常用的加工方法。无论车削哪一种螺纹,车床主轴与刀具之间必须保持严格的运动关系:主轴每转一圈(即工件转一圈),刀具应均匀地移动一个导程的距离。工件的转动和车刀的移动都是通过主轴的带动来实现的,从而保证了工件和刀具之间严格的运动关系。如图6-208 所示。螺纹车削时的注意事项如下:

(1)考虑螺纹加工牙型的膨胀量,外螺纹大径(公称直径 d)一般应车得比基本尺寸小 0.2～0.4 mm(约 $0.13P$,P 是螺距),保证车好螺纹后牙顶处有 $0.125P$ 的宽度,镗内螺纹的底孔时保证底孔直径为公称直径 P,螺纹底孔 $D_{钻} = D - P$,底孔深度 $H_{钻} = h_{有效} + 0.7D$。

(2)螺纹切削应注意在两端设置足够的升速进刀段 $\delta1$ 和降速退刀段 $\delta2$,以剔除两端因变速而出现的非标准螺距的螺纹段。同理,在螺纹切削过程中,进给速度修调功能和进给暂停功能无效。若此时按进给暂停键,刀具将在螺纹段加工完后才停止运动。

(3)螺纹加工的进刀量可以参考螺纹底径,即螺纹刀最终进刀位置。螺纹小径为大径1.2倍螺距;螺纹加工的进刀量应不断减少,具体进刀量根据刀具及工件材料进行选择,但最后一次不要小于 0.1 mm。

(4)螺纹加工完成后可以通过观察螺纹牙型判断螺纹质量及时采取措施。但应注意,对外螺纹来说当螺纹牙顶未尖时,增加刀的切入量反而会使螺纹大径增大,增大量视材料塑性而定,当牙顶已被削尖时,增加刀的切入量会使大径成比例减小。根据这一特点要正确对待螺纹的切入量,防止产品报废。

(5)对于一般标准螺纹,都采用螺纹环规或塞规来测量。在测量外螺纹时,如果螺纹"过端"环规(通规)正好旋进,而"止端"环规(止规)旋不进,则说明所加工的螺纹符合要求,反之就不合格。测量内螺纹时,采用螺纹塞规,以相同的方法进行测量。除螺纹环规或塞规测量外还可以利用其它量具进行测量,用螺纹千分尺测量螺纹中径等。

(6)一般 M5 以下的螺纹通常采用丝锥或板牙切削而不采用车削的方式加工,因此对于M6 以上的螺纹,螺距可以分为两类来记忆:M6～M14 之间的螺纹,螺距是取比公称直径略大的偶数除以 8;M14～M64 之间的螺纹,螺距是公称直径除以 6 的整数部分除以 2 再加上 1。简单的说就是:除以 6 取整,拆半再加1(取整是指把小数部分舍去,不是四舍五入)。

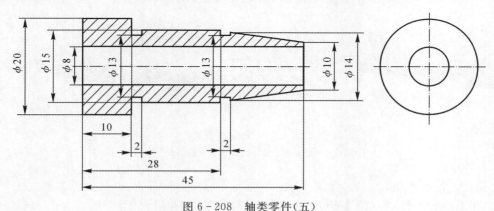

图 6-208　轴类零件(五)

1.加工环境初始化

(1)打开源文件夹 6.6-5.part 模型文件。

(2)在"标准"组工具条上选择【开始】→【加工】命令,程序弹出【加工环境】对话框,如图 6-209(a)所示。在【CAM 会话配置】列表中选择【cam_general】,同时在该对话框的【要创建的 CAM 设置】列表中选择【turning】,如图 6-209(b)所示,单击【确定】按钮,进入车削加工环境。

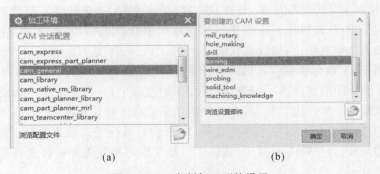

(a)　　　　　　　　　(b)

图 6-209　车削加工环境设置

(a)通用加工模式；　(b)车削加工环境

2.创建加工坐标系

(1)首先应将工作坐标系【WCS】坐标系定位在刀具移动所在的 XC—YC 平面。在图形窗口背景中,右键单击并选择【定向视图】→【俯视图】。然后选择【菜单】→【格式】→【WCS】→【显示】。双击【WCS】坐标系,调整方向并将其原点移动至轴零件右端面与回转的中心线交点上。保证在此视图中,XC 应该指向水平右侧,YC 应该指向垂直正上方,如图 6-210(a)所示。

(2)在工序导航器组中切换视图为【几何】视图,双击 MCS_SPINDLE 项目,弹出【Turn Orient】,单击【CSYS】对话框中的 按钮,打开【CSYS】对话框,将 MCS 绕 YM 轴旋转 90°。将其原点移动至右端面与回转的中心线交点上,在【Turn Orient】对话框中,将车床工作平面指定为 ZM—XM。保证在此视图中,XM 应该指向上,ZM 应该水平向右,如图 6-210(b)所示。

(a)　　　　　　　　　(b)

图 6-210　坐标系设置

(a)工件坐标系设置；　(b)加工坐标系设置

3.设置工件和毛坯

(1)在工序导航器中,双击【WORKPIECE】弹出【工件】几何对话框,如图 6-211(a)所示,单击 【指定部件】,弹出【部件几何体】对话框,如图 6-211(b)所示,在工作区选择轴零件为部件体,如图 6-211(c)所示,然后单击【确定】按钮。单击材料编辑 在【部件材料】列表中可以选择【MAT0_00174】4340 钢作为部件材料,单击【确定】。

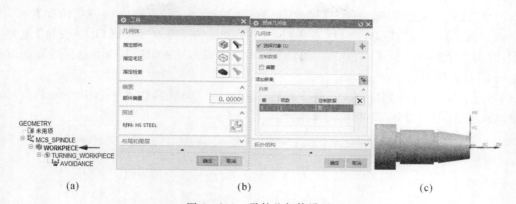

图 6-211　零件几何体设置

(a)工件对话框；(b)部件几何体对话框；(c)零件几何体选择

(2)在工序导航器单击选项卡，点击【WORKPIECE】前面的"＋"号，展开【TURNING_WORKPIECE】节点并双击，此时，车削加工剖切边界自动生成，弹出【Turn Bnd】对话框，如图 6-212(a)，单击【指定毛坯边界】按钮，弹出【毛坯边界】对话框，【类型】选择切割【曲线】然后单击毛坯【指定边界几何体】图标，如图 6-212(b)所示，选择自动分割的封闭的车削边界，其中【刀具侧】默认为"内侧"，【平面】默认为"自动"，其余参数默认，如图 6-211(c)所示，单击【确定】按钮返回【毛坯边界】菜单，单击【确定】按钮完成车削边界设置，如图 6-212(d)所示。

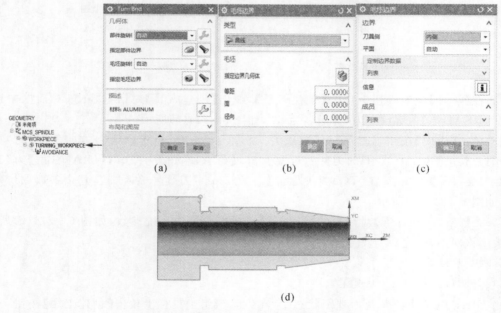

图 6-212　毛坯边界设置

(a)车削边界对话框；(b)毛坯边界对话框；(c)毛坯边界设置；(d)车削二维轮廓截面

4.创建数控刀具

(1)在【插入】组工具栏上单击【创建刀具】，弹出【创建刀具】对话框，在该对话框中选择【OD_THREAD_L】外螺纹车刀，并命名为 T1，如图 6-213(a)所示。

（2）单击【应用】按钮，随后弹出【螺纹刀－标准】对话框，设置【（OA）方向角度】为"90"，【（IL）刀片长度】为"10"，【（IW）刀片宽度】为"5"，【（LA）左角】为"30"，【（LA）右角】为"30"，【（NR）刀尖半径】为"0.2"，【（TO）刀尖偏置】为"2.5"刀具号输入"1"，其余参数保持默认设置，如图 6-213（b）所示。

（3）在【螺纹刀-标准】对话框的【夹持器】选项卡中默认系统参数，最后关闭该对话框，如图 6-213（c）所示，完成刀具 T1 螺纹刀具创建。

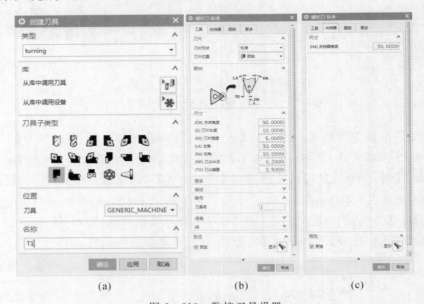

图 6-213 数控刀具设置
（a）刀具设置对话框； （b）刀片设置对话框； （c）刀柄设置对话框

（4）在【插入】组工具栏上单击【创建刀具】，弹出【创建刀具】对话框，在该对话框中选择【ID_THREAD_L】内螺纹车刀，并命名为 T2，如图 6-214（a）所示。

（5）单击【应用】按钮，随后弹出【螺纹刀－标准】对话框，设置【（OA）方向角度】为"90"，【（IL）刀片长度】为"10"，【（IW）刀片宽度】为"5"，【（LA）左角】为"30"，【（LA）右角】为"30"，【（NR）刀尖半径】为"0.2"，【（TO）刀尖偏置】为"2.5mm"刀具号输入"2"，其余参数保持默认设置，如图 6-214（b）所示。

（6）在【螺纹刀－标准】对话框的【夹持器】选项卡中默认系统参数，如图 6-214（c）所示，最后关闭该对话框，完成刀具 T2 内螺纹刀具创建。

5. 创建螺纹车削

（1）外圆柱螺纹加工（无退尾）。

1）工序导航器处于 几何视图状态下，在【插入】组工具栏上单击【创建工序】按钮 ，系统弹出【创建工序】对话框，在【工序子类型】中选择 外螺纹加工，在【位置】选择区中，选择【程序】为"NC_PROGRAM"【刀具】选择为"T1（螺纹刀-标准）"，【几何体】选择为"TURNING_WORKPIECE"，【方法】选择为"LATHE_THREAD"，加工第一道工序，【名称】输入"OP-01"，如图 6-215（a）所示，单击【确定】按钮，弹出【外径螺纹加工】对话框，如图 6-215（b）所示。

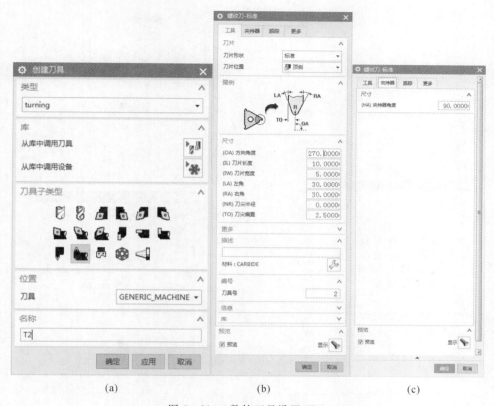

图 6 - 214　数控刀具设置(T2)

(a)刀具设置对话框；　(b)刀片设置对话框；　(c)刀柄设置对话框

2)在【螺纹形状】选项中【选择顶线】在车削模型右侧选择外圆柱面轮廓线,【选择终止线】选择第二个退刀槽的右端面。【深度选项】选择【深度和角度】控制模式,【深度】设置为"0.6495 * 1.0",【与 XC 的夹角】输入"180";在【偏置】选项中【起始偏置】设置为"1",【终止偏置】设置为"1",在刀轨设置中【切削深度】设置为"剩余百分比",其中【最大距离】设置为"1",【最小距离】为"0.01",【切削深度公差】设置为默认值,【螺纹头数】为单头"1"方式,其余参数接受默认,设置结果如图 6 - 215(b)所示。

3)单击【切削参数】按钮,系统弹出【切削参数】对话框,在该对话框中选择【螺距】选项卡中设置【螺距选项】为"螺距",【螺距变化】为"恒定",【距离】螺距为"1"。修改【输出单位】为"与输入相同",余参数接受系统默认值,然后单击【确定】按钮,完成切削参数设置,如图 6 - 215(c)所示。

4)单击【非切削参数】⊞按钮,系统弹出【非切削参数】对话框,在【逼近】选项卡中选择【出发点】通过坐标方式指定一安全点,坐标为(XC - 10,YC15,ZC0),【运动到进刀起点】运动类型选择"轴向→径向",如图 6 - 216(a)所示,其余参数默认。【离开】离开退刀类型选择"轴向—径向",其余参数默认,【进刀】选项卡中【进刀】方式选择【角度】输入角度"60",如图 6 - 216(b)所示,【退刀】选项卡中【退刀】方式选择【角度】输入角度"90",【移刀类型】默认为【退刀】,如图 6 - 216(c)所示。单击【确定】按钮完成非切削参数设置,系统返回【外径螺纹加工】对话框。

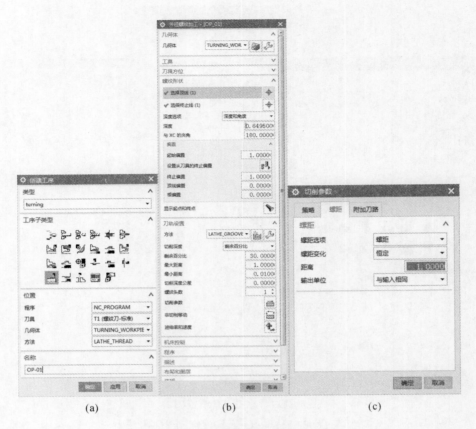

图 6-215　外圆螺纹加工工序设置

(a)创建工序对话框；　(b)外加螺纹加工对话框；　(c)螺距切削参数设置

5)单击【进给率和速度】![]按钮,系统弹出【进给率和速度】对话框,在【主轴速度】选项中进给【输出模式】中选择【RPM】模式,勾选【主轴转速】输入 1200r/min,在【进给率】输入切削速度 1.0mmpr,其余参数默认,如图 6-217 所示,单击【确定】按钮完成切削参数设置,系统返回【外径螺纹加工】对话框。

6)单击![]【刀位轨迹生成】按钮,系统生成外圆柱螺纹加工轨迹,如图 6-218 所示,单击![]【确认】按钮,弹出【刀轨可视化】对话框,可以完成刀轨仿真,选择【3D 动态】,利用![]【播放】按钮可以实现外圆柱螺纹路径的仿真加工。

7)仿真无误后,单击工序集![]【后处理】器按钮,弹出【后处理】对话框,如图 6-219(a)所示,在【后处理器】列表中选择"FANUC_lathe"发那科后置文件,根据实际情况在【输出文件】中设置文件保存路径,【扩展名】接受默认设置为"NC",最后单击【确定】按钮,生成 G 代码,如图 6-219(b)所示。

8)选择下拉菜单【文件】选择【保存】命令,保存文件。

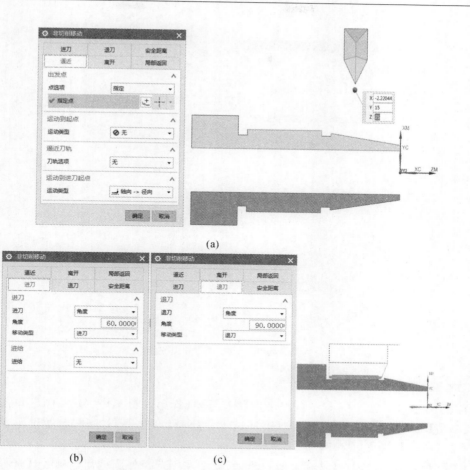

图 6 - 216 非切削移动参数设置

(a)出发点设置; (b)进刀方式设置; (c)退刀方式设置

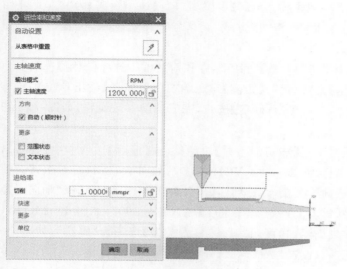

图 6 - 217 进给率和速度设置

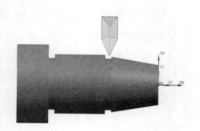

图 6 - 218 刀位轨迹仿真

图 6-219　标准 G 代码生成

(a)后置处理器设置；　(b)G 代码生成

（2）外圆柱螺纹加工（带退尾）。

1）工序导航器切换至　程序顺序视图状态下，选择第一道工序"OP-01"，单击右键【复制】→【粘贴】"OP_01_COPY"，实现对第一道工序【外径螺纹铣】复制与参数继承，并单击右键，选择【重命名】，修改为"OP-02"。

2）在【螺纹形状】选项中【选择顶线】在车削模型左侧选择外圆柱面轮廓线，【选择终止线】默认不选。【深度选项】选择【深度和角度】控制模式，【深度】设置为"0.6495 * 1.5"，【与 XC 的夹角】输入"180"；在【偏置】选项中【起始偏置】设置为"1"，【终止偏置】设置为"-3"，在刀轨设置中【切削深度】设置为"剩余百分比"，其中【最大距离】设置为"1"，【最小距离】为"0.01"，【切削深度公差】设置为默认值，【螺纹头数】为单头"1"方式，其余参数接受默认，设置结果如图6-220(a)所示。

3）单击【切削参数】按钮，系统弹出【切削参数】对话框，在该对话框中选择【螺距】选项卡中设置【螺距选项】为"螺距"，【螺距变化】为"恒定"，【距离】螺距为"1.5"；默认【输出单位】为"与输入相同"，其余参数接受系统默认值，然后单击【确定】按钮，完成切削参数设置，如图6-220(b)所示。

4）单击【非切削参数】　按钮，系统弹出【非切削参数】对话框，在【逼近】选项卡中选择【出发点】通过坐标方式指定一安全点，坐标为(XC-32,YC15,ZC0)，如图6-221(a)所示，【运动到进刀起点】运动类型选择"轴向→径向"，其余参数默认，【离开】离开退刀类型选择"轴向→径向"，其余参数默认，【进刀】选项卡中【进刀】方式选择【角度】输入角度"60"，如图6-221(b)，【退刀】选项卡中【退刀】方式选择【角度】输入角度"120"。【移刀类型】选择为"螺纹"，如图6-221(c)，单击【确定】按钮完成非切削参数设置，系统返回【外径螺纹加工】对话框。

图 6 - 220　外径螺纹加工工序设置
(a)外径螺纹加工策略；　(b)切削参数螺距设置

5)单击【进给率和速度】按钮，系统弹出【进给率和速度】对话框，在【主轴速度】选项中的【输出模式】中选择【RPM】模式，勾选【主轴转速】输入 1200r/min，在【进给率】输入切削速度 1.5mmpr，其余参数默认，如图 6 - 222 所示，单击【确定】按钮完成切削参数设置，系统返回【外径螺纹加工】对话框。

6)单击【刀位轨迹生成】按钮，系统生成外圆柱螺纹加工轨迹，如图 6 - 223 所示，单击【确认】按钮，弹出【刀轨可视化】对话框，可以完成刀轨仿真，选择【3D 动态】，利用【播放】按钮可以实现外圆柱螺纹路径的仿真加工。

7)仿真无误后，单击工序集【后处理】器按钮，弹出【后处理】对话框，如图 6 - 224(a)所示，在【后处理器】列表中选择"FANUC_lathe"后置文件，根据实际情况在【输出文件】中设置文件保存路径，【扩展名】接受默认设置为"NC"，最后单击【确定】按钮，生成 G 代码，如图 6 - 224(b)所示。

8)选择下拉菜单【文件】选择【保存】命令，保存文件。

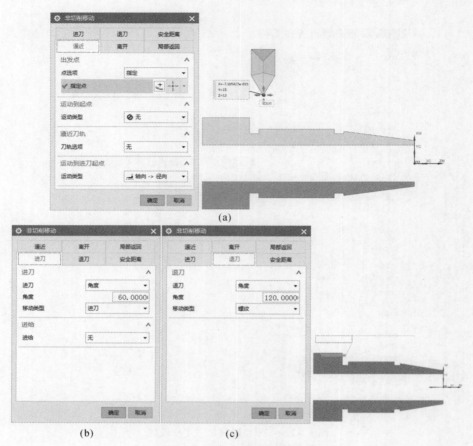

(a)

(b)   (c)

图 6 - 221 非切削参数设置

(a)出发点设置；(b)进刀方式设置；(c)退刀方式设置

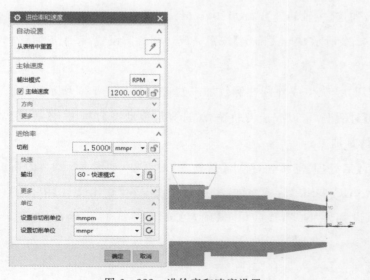

图 6 - 222 进给率和速度设置

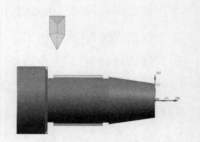

图 6 - 223 刀位轨迹仿真

图 6-224　标准 G 代码生成

(a)后置处理器设置；　(b)G 代码生成

(3)外圆锥螺纹加工。

1)工序导航器切换至 程序顺序视图状态下,选择第二道工序"OP-02",单击右键【复制】→【粘贴】"OP-02_COPY",实现对第二道工序【外径螺纹铣】复制与参数继承,并单击右键,选择【重命名】修改为"OP-03"。

2)在【螺纹形状】选项中【选择顶线】在车削模型右侧选择外圆锥面轮廓线,【选择终止线】选择第一个退刀槽左端面为终止线。【深度选项】选择【深度和角度】控制模式,【深度】设置为"0.6495 * 1.0",【与 XC 的夹角】角度接受系统计算值"172.405";在【偏置】选项中【起始偏置】设置为"1",【终止偏置】设置为"1",在刀轨设置中【切削深度】设置为"剩余百分比",其中【最大距离】设置为"1",【最小距离】为"0.01",【切削深度公差】设置为默认值,【螺纹头数】为单头"1"方式,其余参数接受默认,设置结果如图 6-225(a)所示。

3)单击【切削参数】按钮,系统弹出【切削参数】对话框,在该对框中选择【螺距】选项卡中设置,【螺距选项】为"螺距",【螺距变化】为"恒定",【距离】螺距为"1.0",默认【输出单位】为"与输入相同",其余参数接受系统默认值,然后单击【确定】按钮,完成切削参数设置,如图 6-225(b)所示。

4)单击【非切削参数】按钮,系统弹出【非切削参数】对话框,在【逼近】选项卡中选择【出发点】通过坐标方式指定一安全点,坐标为(XC5,YC10,ZC0),如图 6-226(a)所示。【运动到进刀起点】运动类型选择"轴向→径向",其余参数默认,【离开】离开退刀类型选择"径向→轴向",其余参数默认,【进刀】选项卡中【进刀】方式选择【角度】输入角度"60",如图 6-226(b)所示。【退刀】选项卡中【退刀】方式选择【角度】输入角度"90",如图 6-226(c)所示。【移刀类型】选择为"退刀",单击【确定】按钮完成非切削参数设置,系统返回【外径螺纹加工】对话框。

(a)   (b)

图 6-225 外圆锥螺纹加工工序设置

(a)外径螺纹加工策略; (b)切削参数螺距设置

5)单击【进给率和速度】按钮,系统弹出【进给率和速度】对话框,在【主轴速度】选项中的【输出模式】中选择【RPM】模式,勾选【主轴转速】输入 1200r/min,在【进给率】输入切削速度 1.0mmpr,其余参数默认,如图 6-227 所示,单击【确定】按钮完成切削参数设置,系统返回【外径螺纹加工】对话框。

6)单击【刀位轨迹生成】按钮,系统生成外圆锥螺纹加工轨迹,如图 6-228 所示,单击【确认】按钮,弹出【刀轨可视化】对话框,可以完成刀轨仿真,选择【3D 动态】,利用【播放】按钮可以实现外圆锥螺纹路径的仿真加工。

7)仿真无误后,单击工序集【后处理】器按钮,弹出【后处理】对话框,如图 6-229(a)所示,在【后处理器】列表中选择"FANUC_lathe"后置文件,根据实际情况在【输出文件】中设置文件保存路径,【扩展名】接受默认设置为"NC",最后单击【确定】按钮,生成 G 代码,如图 6-229(b)所示。

8)选择下拉菜单【文件】选择【保存】命令,保存文件。

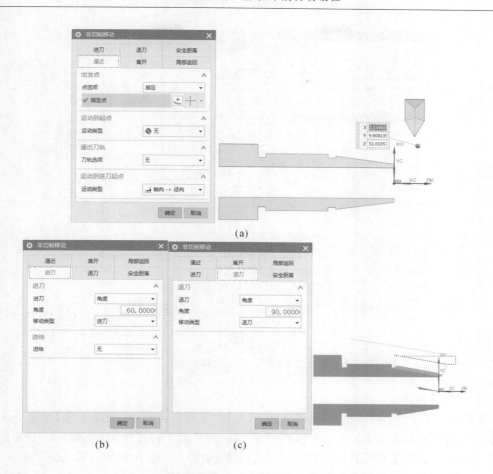

(a)

(b)　　　　　　(c)

图 6-226　非切削参数设置

(a)出发点设置；　(b)进刀方式设置；　(c)退刀方式设置

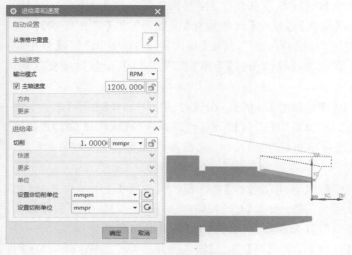

图 6-227　进给率和速度设置

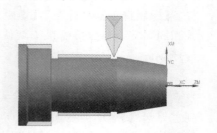

图 6-228　刀位轨迹仿真

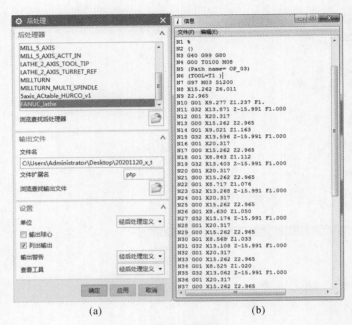

图 6-229　标准 G 代码生成

(a)后置处理器设置；　(b)G 代码生成

(4)内圆柱螺纹加工。

1)工序导航器处于 ⚙ 几何视图状态下,在【插入】组工具栏上单击【创建工序】按钮 ,系统弹出【创建工序】对话框,在【工序子类型】中选择 内螺纹加工,在【位置】选择区中,选择【程序】为"NC_PROGRAM"【刀具】选择为"T2",【几何体】选择为"TURNING_WORKPIECE",【方法】选择为"LATHE_THREAD",加工第四道工序,【名称】输入"OP-04",如图 6-230(a)所示,单击【确定】按钮,弹出【内径螺纹加工】对话框,如图 6-230(b)所示。

2)在【螺纹形状】选项中【选择顶线】在车削模型右侧选择内外圆柱面轮廓线,【选择终止线】选择左端面为终止位置。【深度选项】选择【深度和角度】控制模式,【深度】设置为"0.6495 * 1.0",【与 XC 的夹角】输入"180";在【偏置】选项中【起始偏置】设置为"1",【终止偏置】设置为"1",在刀轨设置中【切削深度】设置为"剩余百分比",其中【最大距离】设置为"1",【最小距离】为"0.01",【切削深度公差】设置为默认值,【螺纹头数】为单头"1"方式,其余参数接受默认,设置结果如图 6-230(b)所示。

3)单击【切削参数】按钮,系统弹出【切削参数】对话框,在该对话框中选择【螺距】选项卡中设置【螺距选项】为"螺距",【螺距变化】为"恒定",【距离】螺距为"1"。修改【输出单位】为"与输入相同",其余参数接受系统默认值,然后单击【确定】按钮,完成切削参数设置,如图 6-230(c)所示。

4)单击【非切削参数】 按钮,系统弹出【非切削参数】对话框,在【逼近】选项卡中选择【出发点】通过坐标方式指定一安全点,坐标为(XC-10,YC15,ZC0),如图 6-231(a)所示,【运动到进刀起点】运动类型选择"径向→轴向",其余参数默认,【离开】离开退刀类型选择"轴向→径向",其余参数默认,【进刀】选项卡中【进刀】方式选择【角度】输入角度"300",如图 6-231(b)所示,【退刀】选项卡中【退刀】方式选择【角度】输入角度"90",【移刀类型】默认为【退刀】,如图

6-231(c)所示。单击【确定】完成非切削参数设置,系统返回【内径螺纹加工】对话框。

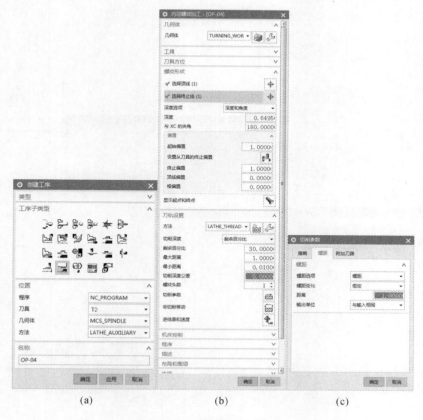

图 6-230 外圆粗车工序设置
(a)创建工序对话框; (b)内螺纹加工策略; (c)内螺纹切削参数设置

5)单击【进给率和速度】按钮,系统弹出【进给率和速度】对话框,在【主轴速度】选项中的【输出模式】中选择【RPM】模式,勾选【主轴转速】输入 1200r/min,在【进给率】输入切削速度 1.0mmpr,其余参数默认,如图 6-232 所示,单击【确定】按钮,完成切削参数设置,系统返回【内径螺纹加工】对话框。

6)单击【刀位轨迹生成】按钮,系统生成内圆柱螺纹加工轨迹,如图 6-233 所示,单击【确认】按钮,弹出【刀轨可视化】对话框,可以完成刀轨仿真,选择【3D 动态】,利用【播放】按钮可以实现内圆柱螺纹路径的仿真加工。

7)仿真无误后,单击工序集【后处理】器按钮,弹出【后处理】对话框如图 6-234(a)所示,在【后处理器】列表中选择"FANUC_lathe"后置文件,根据实际情况在【输出文件】中设置文件保存路径,【扩展名】接受默认设置为"NC",最后单击【确定】按钮,生成 G 代码,如图 6-234(b)所示。

8)选择下拉菜单【文件】选择【保存】命令,保存文件。

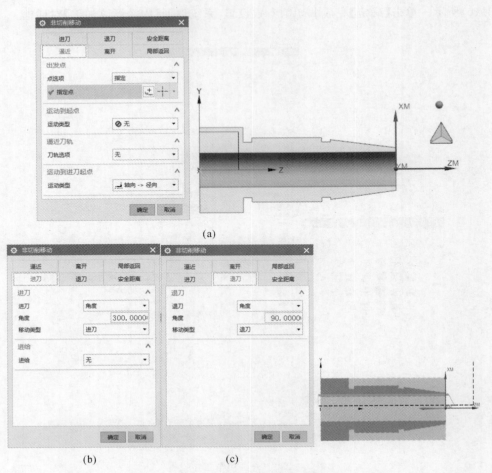

(a)

(b)　　　　　　　　(c)

图 6-231　非切削参数设置

(a)出发点设置；　(b)进刀方式设置；　(c)退刀方式设置

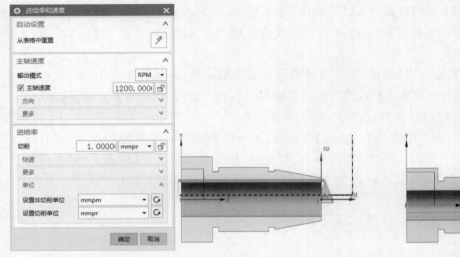

图 6-232　进给率和速度设置

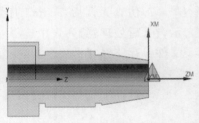

图 6-233　刀位轨迹仿真

图 6-234　标准 G 代码生成

(a)后置处理器设置；　(b)G 代码生成

6.6.6　切断车削刀路

在车床上把较长的工件切断制成短料或将车削完成的工件从原材料上切下的加工方法叫切断。如图 6-235 所示，切断车削时的注意事项如下：

(1)切断时刀尖必须与工件中心等高。

(2)切断刀伸出刀架的长度不应过长，进给速度要缓慢、匀速。

(3)切断钢件是需要加切削液进行冷却润滑，而切削铸铁时一般不加切削液，必要时可以加煤油冷却。

(4)一般切断可以采用用直进法切断工件，即指垂直于工件轴线方向切断。这种切断方法切断效率高，但对车床刀具刃磨装夹有较高的要求，否则容易造成切断刀的折断。

(5)在切削系统(刀具、工件、车床)刚性等不足的情况下可采用左右借刀法切断工件。这种方法是指切断刀在径向进给的同时，车刀在轴线方向反复的往返移动直至工件切断。

(6)当切断较大直径工件时，可以采用反切法切断工件，反切法是指工件反转车刀反装。这种切断方法其优点是：首先，反转切断时作用在工件上的切削力与主轴重力方向一致向下，因此主轴不容易产生上下跳动，所以切断工件比较平稳。其次，切削从下面流出不会堵塞在切削槽中，因此能比较顺利的切削。但必须指出的是，在采用反切法时卡盘与主轴的连接部分必须由保险装置否则卡盘会因倒车而脱离主轴产生事故。

1.加工环境初始化

(1)打开源文件夹 6.6-6.part 模型文件。

(2)在"标准"组工具条上选择【开始】→【加工】命令，程序弹出【加工环境】对话框，如图 6-

236(a)所示。在【CAM 会话配置】列表中选择【cam_general】,同时在该对话框的【要创建的 CAM 设置】列表中选择【turning】,如图 6－236(b)所示,单击【确定】按钮,进入车削加工环境。

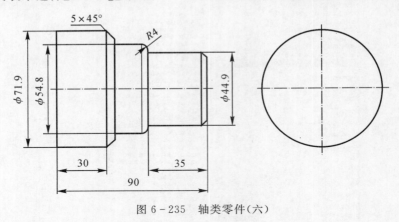

图 6－235　轴类零件(六)

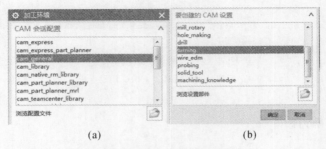

图 6－236　车削加工环境设置
(a)通用加工模式；　(b)车削加工环境

2.创建加工坐标系

(1)首先应将工作坐标系【WCS】坐标系定位在刀具移动所在的 XC－YC 平面。在图形窗口背景中,右键单击并选择【定向视图】→【俯视图】。然后选择【菜单】→【格式】→【WCS】→【显示】。双击【WCS】坐标系,调整方向并将其原点移动至轴零件右端面与回转的中心线交点上。保证在此视图中,XC 应该指向水平右侧,YC 该指向垂直正上方,如图 6－237(a)所示。

(2)在工序导航器组中切换视图为【几何】视图,双击 MCS_SPINDLE 项目,弹出【Turn Orient】,单击【CSYS】对话框中的　按钮,打开【CSYS】对话框,将 MCS 绕 YM 轴旋转 90°。将其原点移动至右端面与回转的中心线交点上,在【Turn Orient】对话框中,将车床工作平面指定为 ZM－XM。保证在此视图中,XM 应该指向上,ZM 应该水平向右,如图 6－237(b)所示。

3.设置工件和毛坯

(1)在工序导航器中,双击【WORKPIECE】弹出【工件】几何对话框,单击　【指定部件】如图 6－238(a)所示,弹出【部件几何体】对话框,如图 6－238(b)所示,在工作区选择轴零件为部件体,如图 6－238(c)所示,然后单击【确定】按钮。单击材料编辑　在【部件材料】列表中可以选择【MATO_00266】7050 铝作为部件材料,单击【确定】按钮。

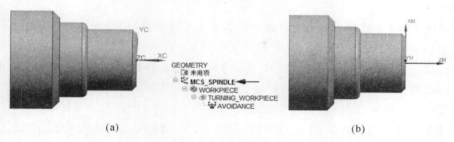

图 6 - 237　坐标系设置

(a)工件坐标系设置；　(b)加工坐标系设置

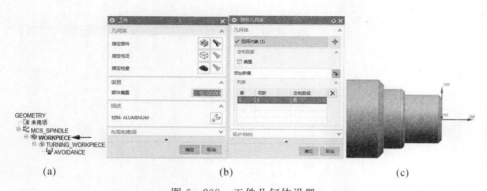

图 6 - 238　工件几何体设置

(a)工件对话框；　(b)部件几何体对话框；　(c)零件几何体选择

(2)在工序导航器单击选项卡，点击【WORKPIECE】前面的"＋"号，如图 6 - 239(a)所示，展开【TURNING_WORKPIECE】节点并双击，此时，车削加工剖切边界自动生成，弹出【Turn Bnd】对话框，单击【指定毛坯边界】按钮，弹出【毛坯边界】对话框，【类型】选择型材【棒料】，毛坯【安装位置】选择【在主轴箱处】，【指定点】坐标位置参考【WCS】坐标，输入(XC：－100，YC：0，ZC：0)，单击【确定】按钮，毛坯【长度】输入 100，【直径】输入 75，单击【确定】，如图 6 - 239(b)所示，单击【确定】完成车削边界设置，如图 6 - 239(c)所示。

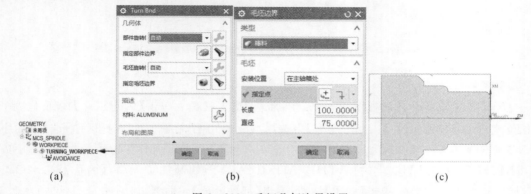

图 6 - 239　毛坯几何边界设置

(a)车削边界对话框；　(b)毛坯边界对话框；　(c)车削二维轮廓截面

4.创建数控刀具

(1)在【插入】组工具栏上单击【创建刀具】,弹出【创建刀具】对话框,在该对话框中选择【OD_GROOVE_L】外切槽左偏刀,并命名为 T1,如图 6-240(a)所示。

(2)单击【应用】按钮,随后弹出【槽刀-标准】对话框,选择【ISO 刀片形状】为"标准",设置【(OA)方向角度】为"90",【(IL)刀片长度】为"10",【(IW)刀片宽度】为"3",【(R)半径】为"0.2",其余参数保持默认设置,刀具号输入"1",如图 6-240(b)所示。

(3)在【车刀-标准】对话框的【夹持器】选项卡中,勾选【使用车刀夹持器】复选框,【样式】选择"0",【手】默认"左",【柄类型】默认"方柄",尺寸中(HA)夹持器角度】输入"90",其余参数选择刀柄默认参数,如图 6-240(c)所示的刀柄参数,最后关闭该对话框,完成刀具 T1 刀具创建。

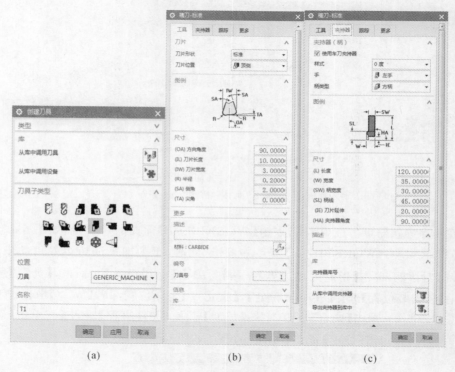

(a)   (b)   (c)

图 6-240　数控刀具设置

(a)刀具设置对话框；　(b)刀片设置对话框；　(c)刀柄设置对话框

5.创建切断车削

工序导航器处于 几何视图状态下,在【插入】组工具栏上单击【创建工序】按钮 ,系统弹出【创建工序】对话框,在【工序子类型】中选择 切断切削,在【位置】选择区中,选择【程序】为"NC_PROGRAM"【刀具】选择为"T1(槽刀-标准)",【几何体】选择为"TURNING_WORKPIECE",【方法】选择为"LATHE_AUXILIARY",切断加工工序,【名称】输入"OP-01",如图 6-241(a)所示,单击【确定】按钮,弹出【部件分离】对话框,如图 6-241(b)所示。

(2)在【切削策略】选项中接受默认"部件分离";【工具】刀具选项中选择"T1"外圆车刀,其它参数默认;【刀轨设置】选项区中接受默认刀具切削方向"指定",与 XC 方向成 270°,在【部件分离位置】参数中选择"自动",设置【深度】为【分割】,其【延伸距离】设置为"1.0",如图 6 - 241 (b)所示。

(a)　　　　　　　　　　　(b)

图 6 - 241　零件切断工序设置

(a)创建工序对话框;　(b)部件分离对话框

(3)单击【切削参数】▦按钮,系统弹出【切削参数】对话框,在【策略】对话框中【切削】选项【粗切削后驻留】设置为"无",其余参数默认,然后单击【确定】按钮,完成切削参数设置,如图 6 - 242(a)所示。

(4)单击【非切削参数】▦按钮,系统弹出【非切削参数】对话框,在【逼近】选项卡中选择【出发点】通过坐标方式指定点,坐标为(XC20,YC70,ZC0),【运动到进刀起点】设置为"轴向-径向",如图 6 - 242(b)所示。在【进刀】选项卡中进刀类型选择"线性-自动",其余参数默认,【退刀】选项卡中退刀类型选择"线性-自动",【安全距离】选项径向和轴向安全距离设置为"0",【离开】选项中【运动到回零点】选择【运动类型】为"径向-轴向",【点选项】设置为"与起点相同",如图 6 - 242(c)所示,单击【确定】按钮完成非切削参数设置,系统返回【部件分离】对话框。

(5)单击【进给率和速度】⚞按钮,系统弹出【进给率和速度】对话框,在【主轴速度】选项中的【输出模式】中选择【RPM】模式,勾选【主轴转速】输入 800r/min,在【进给率】输入切削速度 0.1mmpr,其余参数默认,如图 6 - 243 所示,单击【确定】按钮完成切削参数设置,系统返回【部件分离】对话框。

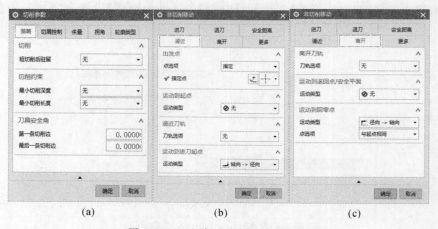

图 6-242　切断工序加工参数设置
(a)切削参数设置；　(b)出发点设置；　(c)离开方式设置

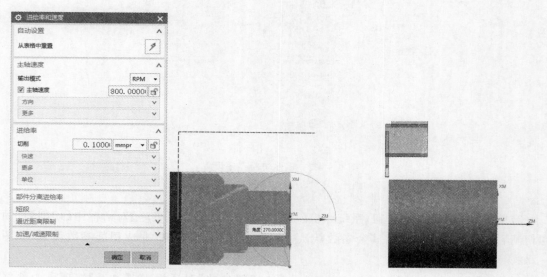

图 6-243　进给率和速度设置　　　　　　图 6-244　刀位轨迹仿真

（6）单击■【刀位轨迹生成】按钮，系统生成切断加工轨迹，如图 6-244 所示，单击■【确认】按钮，弹出【刀轨可视化】对话框，可以完成刀轨仿真，选择【3D 动态】，利用▶【播放】按钮可以实现切断路径的仿真加工。

（7）仿真无误后，单击工序集■【后处理】器按钮，弹出【后处理】对话框，如图 6-245（a）所示，在【后处理器】列表中选择"FANUC_lathe"后置文件，根据实际情况在【输出文件】中设置文件保存路径，【扩展名】接受默认设置为"NC"，最后单击【确定】按钮，生成 G 代码，如图 6-245（b）所示。

（8）选择下拉菜单【文件】选择【保存】命令，保存文件。

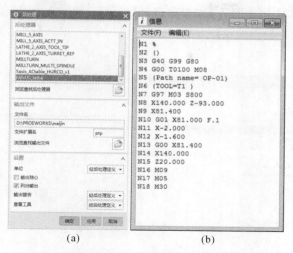

(a)　　　　　　　　　　(b)

图 6 - 245　标准 G 代码生成

(a)后置处理器设置；　(b)G 代码生成

6.6.7　车削示教切削刀路

车削示教切削模式可以由用户手工定义切削和非切削移动,即可单独定义或在序列中定义移动。它是在车削加工中执行精细加工的一种方法,对于铸造毛坯和零件的精加工尤其适用。

创建车削示教模式切削刀路时,用户可以通过定义快速定位移动、进给定位移动、进刀/退刀设置及连续刀路切削移动来建立刀轨,也可以在任意位置添加一些子工序。在定义连续刀路切削移动时,可以控制边界截面上的刀具,指定起始和结束位置,以及定义每个连续切削的方向,如图 6 - 246 所示。

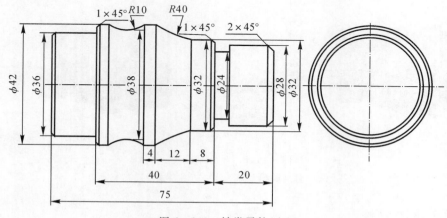

图 6 - 246　轴类零件(七)

1.加工环境初始化

(1)打开源文件夹 6.6 - 7.part 模型文件。

(2)在"标准"组工具条上选择【开始】→【加工】命令,程序弹出【加工环境】对话框,如图

6-247(a)所示。在【CAM 会话配置】列表中选择【cam_general】,同时在该对话框的【要创建的 CAM 设置】列表中选择【turning】,如图 6-247(b)所示,单击【确定】按钮,进入车削加工环境。

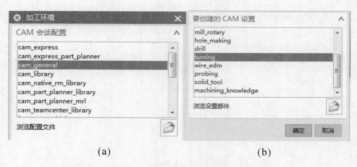

(a)   (b)

图 6-247　车削加工环境设置

(a)通用加工模式；　(b)车削加工环境

2.创建加工坐标系

(1)首先应将工作坐标系【WCS】坐标系定位在刀具移动所在的 XC－YC 平面。在图形窗口背景中,右键单击并选择【定向视图】→【俯视图】。然后选择【菜单】→【格式】→【WCS】→【显示】。双击【WCS】坐标系,调整方向并将其原点移动至轴零件右端面与回转的中心线交点上。保证在此视图中,XC 应该指向水平右侧,YC 应该指向垂直正上方,如图 6-248(a)所示。

(2)在工序导航器组中切换视图为【几何】视图,双击 MCS_SPINDLE 项目,弹出【Turn Orient】,单击【CSYS】对话框中的 按钮,打开【CSYS】对话框,将 MCS 绕 YM 轴旋转 90°。将其原点移动至右端面与回转的中心线交点上,在【Turn Orient】对话框中,将车床工作平面指定为 ZM－XM。保证在此视图中,XM 应该指向上,ZM 应该水平向右,如图 6-248(b)所示。

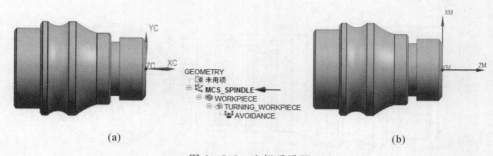

(a)   (b)

图 6-248　坐标系设置

(a)工件坐标系设置；　(b)加工坐标系设置

3.设置工件和毛坯

(1)在工序导航器中,双击【WORKPIECE】弹出【工件】几何对话框,单击 【指定部件】,弹出【部件几何体】对话框,如图 6-249(a)所示,在工作区选择轴零件为部件体,如图 6-249(b)所示,然后单击【确定】按钮。单击材料编辑 在【部件材料】列表中可以选择【MATO_00266】7050 铝作为部件材料,如图 6-249(c)所示,单击【确定】按钮。

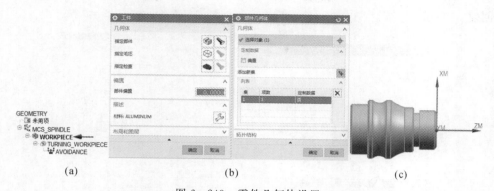

图 6-249　零件几何体设置

(a)工件对话框；　(b)部件几何体对话框；　(c)零件几何体选择

(2)在工序导航器单击选项卡,点击【WORKPIECE】前面的"＋"号,如图 6-250(a)所示,展开【TURNING_WORKPIECE】节点并双击,此时,车削加工剖切边界自动生成,弹出【Turn Bnd】对话框,单击【指定毛坯边界】按钮,弹出【毛坯边界】对话框,【类型】选择型材【曲线】,单击【边界几何体】按钮,如图 6-250(b)所示,进入【毛坯边界】对话框,选择零件剖切封闭的二维轮廓。单击【确定】按钮,如图 6-250(c)所示,单击【确定】按钮完成车削边界设置。

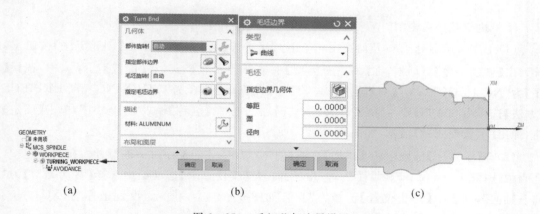

图 6-250　毛坯几何边界设置

(a)车削边界对话框；　(b)毛坯边界对话框；　(c)车削二维轮廓截面

4.创建数控刀具

(1)在【插入】组工具栏上单击【创建刀具】,弹出【创建刀具】对话框,在该对话框中选择【OD_GROOVE_L】外切槽左偏刀,并命名为 T1,如图 6-251(a)所示。

(2)单击【应用】按钮,随后弹出【槽刀-标准】对话框,选择【ISO 刀片形状】为"V(菱形)",设置【刀尖角度】为"35",【(R)刀尖半径】为"0.2",【(OA)方向角度】为"52",【长度】为"10",其余参数保持默认设置,刀具号输入"1",如图 6-251(b)所示。

(3)在【车刀-标准】对话框的【夹持器】选项卡中,勾选【使用车刀夹持器】复选框,【样式】选择"J 样式",【手】默认"左",【柄类型】默认"方柄",尺寸中【(HA)夹持器角度】输入"90",其余参数选择刀柄默认参数,如图 6-251(c)所示的刀柄参数,最后关闭该对话框,完成刀具 T1

刀具创建。

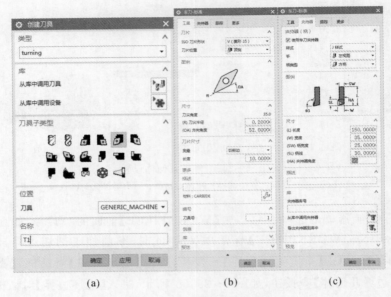

图 6-251 数控刀具设置

(a)刀具设置对话框; (b)刀片设置对话框; (c)刀柄设置对话框

5.创建示教模式车削

(1)工序导航器处于 几何视图状态下,在【插入】组工具栏上单击【创建工序】按钮 ,系统弹出【创建工序】对话框,在【工序子类型】中选择 示教模式,在【位置】选择区中,选择【程序】为"NC_PROGRAM"【刀具】选择为"T1",【几何体】选择为"TURNING_WORKPIECE",【方法】选择为"LATHE_AUXILIARY",切断加工工序,【名称】输入"OP-01",单击【确定】按钮,弹出【示教模式】对话框,如图 6-252(a)所示。

(2)在【子工序】区域中 【添加】按钮,创建示教模式子工序对话框打开。在类型组中,从列表中选择【linear Move】(线性移动)并双击。在【线性移动】运动组中选择【移动类型】为"径向→轴向",列表中【终止位置】选择为"点",如图 6-252(b)所示,设置坐标为(XC3,YC35,ZC0)。其余参数默认,单击【确定】按钮,返回【示教模式】菜单。

(3)在【子工序】区域中【添加】按钮。在类型组中,从列表中选择【Engage Settings】进刀双击。在【进刀设置】运动组中选择【进刀类型】为"线性→相对于切削",列表中【角度】设置为"45",【长度】设置为"2",【延伸方法】设置为"距离",【延伸距离】设置为"1",如图 6-252(c)所示,单击【确定】按钮,返回【示教模式】菜单。

(4)在【子工序】区域中【添加】按钮。在类型组中,从列表中选择【Retract Settings】(退刀)并双击。在【轮廓加工】运动组中选择【退刀类型】为"线性",列表中【角度】设置为"90",【长度】设置为"10",【延伸方法】设置为"距离",【延伸距离】设置为"1",如图 6-253(a)所示,单击【确定】按钮,返回【示教模式】菜单。

(5)在【子工序】区域中【添加】按钮。在类型组中,从列表中选择【Profile Move】轮廓移动双击。在【刀轨设置】运动组中选择【驱动几何体】为"新驱动曲线",如图 6-253(b)所示,列表中【指定驱动边界】单击 指定部件边界按钮,选择零件边界轮廓,如图 6 - 253(c)所示,其余参数设置默认。单击【确定】按钮,返回【轮廓移动】菜单,单击【进给量和速度】 按钮,设置【主轴速度】为"1200RPM",【进给率】切削速度为"0.15mmpr",如图 6 - 253(d)所示,单击【确定】按钮,返回【轮廓移动】对话框,再次单击【确定】按钮,返回【示教模式】对话框。

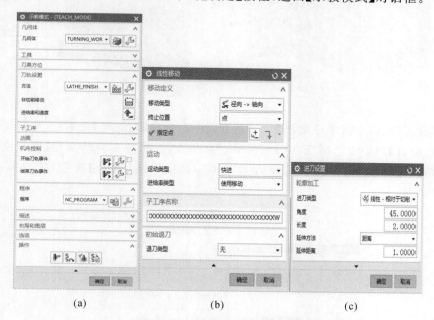

(a)　　　　　　　　　(b)　　　　　　　　　(c)

图 6 - 252　示教模式参数设置

(a)示教模式对话框;　(b)线性移动设置;　(c)进刀方式设置

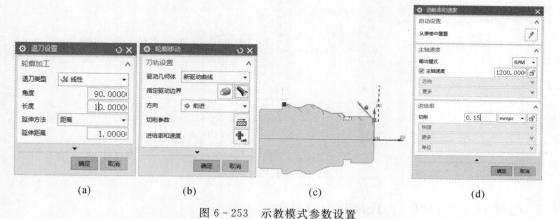

(a)　　　　　　　(b)　　　　　　　(c)　　　　　　　(d)

图 6 - 253　示教模式参数设置

(a)退刀方式设置;　(b)轮廓移动设置;　(c)零件轮廓选择;　(d)进给率和速度设置

(6)单击 【刀位轨迹生成】按钮,系统生成示教加工轨迹,如图 6 - 254 所示,单击 【确认】按钮,弹出【刀轨可视化】对话框,可以完成刀轨仿真,选择【3D 动态】,利用 【播放】按钮可以实现示教路径的仿真加工。

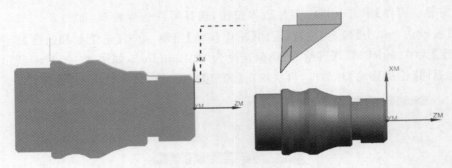

图 6-254　刀位轨迹仿真

（7）仿真无误后，单击工序集 【后处理】器按钮，弹出【后处理】对话框，如图 6-255（a）所示，在【后处理器】列表中选择"FANUC_lathe"后置文件，根据实际情况在【输出文件】中设置文件保存路径，【扩展名】接受默认设置为"NC"，最后单击【确定】按钮，生成 G 代码，如图 6-255（b）所示。

(a)　　　　　　　　　(b)

图 6-255　标准 G 代码生成

(a)后置处理器设置；　(b)G 代码生成

（8）选择下拉菜单【文件】选择【保存】 命令，保存文件。

6.6.8　多工序车削刀路

在机械零件的车削加工过程中，一般在加工的时候需要在端面钻一个中心孔作工艺基准。先把端面加工后再钻中心孔，再利用尾架顶尖顶住工件进行车外圆，这样才能保证外圆的精度。如果需要掉头加工，一般是先车好一端车，掉头车另一端，但是一定要校正已加工好的圆和已加工好的面，如果面不好校正，可以用平面磨把未加工的面磨平，调头校磨的面和已加工的圆达 0.01mm 即可,成批加工则需单独做专用夹具,如图 6 - 256 所示。

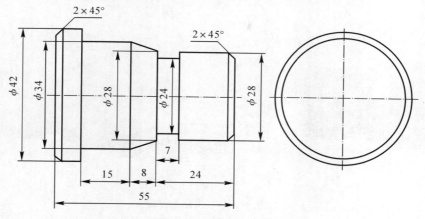

图 6 - 256　轴类零件(八)

1. 加工环境初始化

(1)打开源文件夹 6.6 - 8. part 模型文件。

(2)在"标准"组工具条上选择【开始】→【加工】命令,程序弹出【加工环境】对话框,如图 6 - 257(a)所示。在【CAM 会话配置】列表中选择【cam_general】,同时在该对话框的【要创建的 CAM 设置】列表中选择【turning】,如图 6 - 257(b)所示,单击【确定】按钮,进入车削加工环境。

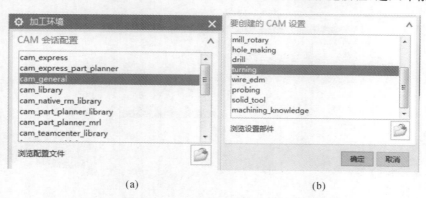

(a)　　　　　　　　　　　　(b)

图 6 - 257　车削加工环境设置

(a)通用加工模式;　(b)车削加工环境

2. 创建加工坐标系

(1)首先应将工作坐标系【WCS】坐标系定位在刀具移动所在的 XC-YC 平面。在图形窗口背景中,右键单击并选择【定向视图】→【俯视图】。然后选择【菜单】→【格式】→【WCS】→【显示】。双击【WCS】坐标系,调整方向并将其原点移动至轴零件右端面与回转的中心线交点上。保证在此视图中,XC 应该指向水平右侧,YC 应该指向垂直正上方,如图 6 - 258(a)所示。

(2)在工序导航器组中切换视图为【几何】视图,双击 MCS_SPINDLE 项目,弹出【Turn Orient】,单击【CSYS】对话框中的 按钮,打开【CSYS】对话框,将 MCS 绕 YM 轴旋转 90°。将其原点移动至右端面与回转的中心线交点上,在【Turn Orient】对话框中,将车床工作平面指定为 ZM－XM。保证在此视图中，XM 应该指向上，ZM 应该水平向右，如图 6－258（b）所示。

图 6-258　坐标系设置

（a）工件坐标系设置；　（b）加工坐标系设置

3.设置工件和毛坯

（1）在工序导航器中，双击【WORKPIECE】弹出【工件】几何对话框，如图 6-259（a）所示，单击【指定部件】，弹出【部件几何体】对话框，如图 6-259（b）所示，在工作区选择轴零件为部件体，如图 6-259（c）所示，然后单击【确定】按钮。单击材料编辑在【部件材料】列表中可以选择【MATO_00266】7050 铝作为部件材料，单击【确定】按钮。

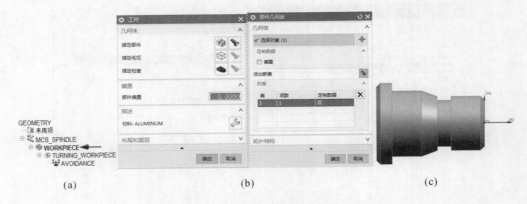

图 6-259　加工几何体设置

（a）工件对话框；　（b）部件几何体对话框；　（c）零件几何体选择

（2）单击工序导航器选项卡，点击【WORKPIECE】前面的"＋"号，如图 6-260（a）所示，展开【TURNING_WORKPIECE】节点并双击，此时，车削加工剖切边界自动生成，弹出【Turn Bnd】对话框，单击【指定毛坯边界】 按钮，弹出【毛坯边界】对话框，【类型】选择型材【棒料】，毛坯【安装位置】选择【在主轴箱处】，如图 6-260（b）所示【指定点】坐标位置参考【WCS】坐标输入（XC：－55，YC：0，ZC：0），单击【确定】按钮，毛坯【长度】输入 55mm，【直径】输入 45mm，单击【确定】按钮，如图 6-260（c）所示，单击【确定】按钮，完成车削边界设置。

图 6-260　毛坯几何边界体设置

(a)车削边界对话框；　(b)毛坯边界对话框；　(c)车削二维轮廓截面

4. 创建数控刀具

(1)在【插入】组工具栏上单击【创建刀具】，弹出【创建刀具】对话框，在该对话框中选择【OD_80_L】80°外圆粗车左偏刀，并命名为 T1，如图 6-261(a)所示。

(2)单击【应用】按钮，随后弹出【车刀-标准】对话框，选择【ISO 刀片形状】为"C（菱形80）"外圆粗车刀片，设置【(R)刀尖半径】值为"0.2"，【(OA)方向角度】为"5"刀片【长度】为"10"，刀具号输入"1"，其余参数保持默认设置，如图 6-261(b)所示。

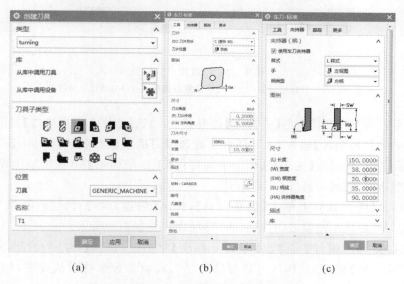

图 6-261　数控刀具设置

(a)刀具设置对话框；　(b)刀片设置对话框；　(c)刀柄设置对话框

(3)在【车刀-标准】对话框的【夹持器】选项卡中，勾选【使用车刀夹持器】复选框，【样式】选择"L 样式"，【(HA)夹持器角度】输入"90"，其余参数选择刀柄默认参数，刀柄参数如图 6-261(c)所示。最后，特别注意在【更多】选项卡里需要将【工作坐标系】MCS 主轴组设置为"工序"，最后关闭该对话框，完成刀具 T1 刀具创建。

(4)在【插入】组工具栏上单击【创建刀具】，弹出【创建刀具】对话框，在该对话框中选择【OD_GROOVE_L】外圆切槽左偏刀，并命名为 T2，如图 6-262(a)所示。

(5)单击【应用】按钮,随后弹出【车刀-标准】对话框,选择【ISO 刀片形状】为"标准"外圆切槽刀片,设置【(OA)方向角度】为"90",【(IL)刀片长度】值为"10",【刀片宽度】为"3",【(R)半径】为"0.2",刀具号输入"2",其余参数保持默认设置,如图 6-262(b)所示。

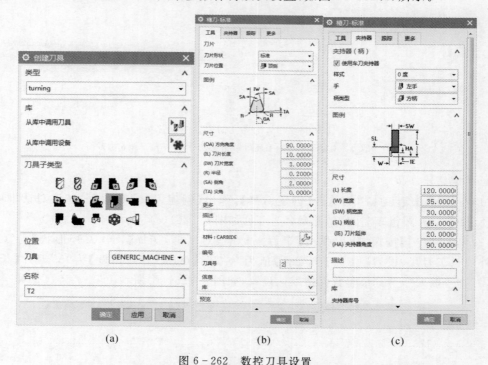

图 6-262 数控刀具设置

(a)刀具设置对话框; (b)刀片设置对话框; (c)刀柄设置对话框

(6)在【车刀-标准】对话框的【夹持器】选项卡中,勾选【使用车刀夹持器】复选框,【样式】选择"0",【(HA)夹持器角度】输入"90",其余参数选择刀柄默认参数,如图 6-262(c)所示的刀柄参数。最后,特别注意在【更多】选项卡里需要将【工作坐标系】MCS 主轴组设置为"工序",最后关闭该对话框,完成刀具 T2 刀具创建。

(7)在【插入】组工具栏上单击【创建刀具】,弹出【创建刀具】对话框,在该对话框中选择【OD_55_L】55°外圆精车左偏刀,并命名为 T3,如图 6-263(a)所示。

(8)单击【应用】按钮,随后弹出【车刀-标准】对话框,选择【ISO 刀片形状】为"V(菱形35)"设置【刀片尺寸】长度为"10",刀具号输入"3",其余参数保持默认设置,如图 6-263(b)所示。

(9)在【车刀-标准】对话框的【夹持器】选项卡中,勾选【使用车刀夹持器】复选框,【样式】选择"J样式",【(HA)夹持器角度】输入"90",其余参数选择刀柄默认参数,如图 6-263(c)所示的刀柄参数。最后,特别注意在【更多】选项卡里需要将【工作坐标系】MCS 主轴组设置为"工序",最后关闭该对话框,完成刀具 T3 刀具创建。

5.创建第一工序

(1)外轮廓粗车加工。

1)工序导航器处于 几何视图状态下,在【插入】组工具栏上单击【创建工序】按钮 ,系统弹出【创建工序】对话框,在【工序子类型】中选择▣外径粗车切削,在【位置】选择区中,选择【程序】为"NC_PROGRAM"【刀具】选择为"T1(车刀-标准)",【几何体】选择为"TURNING_WORKPIECE",【方法】选择为"LATHE_ROUGH",加工第一道工序,【名称】输入"OP-01",如图 6-264(a)所示,单击【确定】按钮,弹出【外径粗车】对话框,如图 6-264(b)所示。

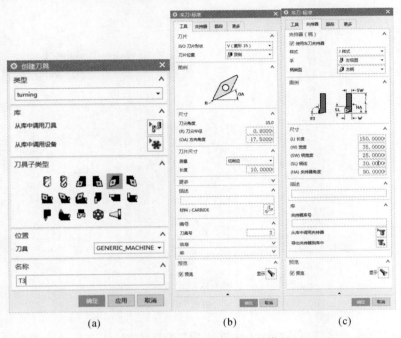

(a) (b) (c)

图 6-263 数控刀具设置

(a)刀具设置对话框; (b)刀片设置对话框; (c)刀柄设置对话框

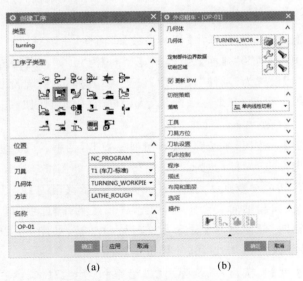

(a) (b)

图 6-264 外圆粗车工序设置

(a)创建工序对话框; (b)外径粗车对话框

2)在该对话框的几何体区段,单击【切削区域】旁边的编辑 按钮,弹出【切削区域】对话框,如图6-265(a)所示。在【轴向修剪平面1】的【限制选项】列表中选择"点",然后在部件左侧圆柱面轴肩中点,切削区域如图6-265(b)所示,单击【确定】按钮,以接受【切削区域】对话框设置,重新返回【外径粗车】加工对话框。

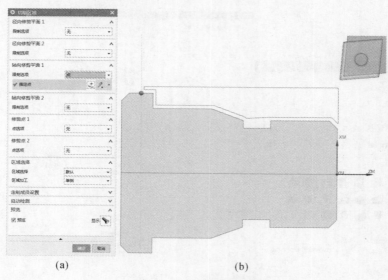

(a)   (b)

图6-265 切削区域设置

(a)切削区域对话框; (b)切削区域指定

3)在【切削策略】选项中接受默认"线性往复切削";【工具】刀具选项中选择"T1"外圆车刀,其它参数默认;【刀轨设置】选项区中接受默认刀具切削方向,与XC方向成180°,在【步进】参数中设置【切削深度】为【恒定】切深,其【深度】值为"2.0",【变换模式】为"根据层",【清理】为"全部",如图6-266(a)所示。

4)单击【切削参数】 按钮,系统弹出【切削参数】对话框,在该对话框中选择【余量】选项卡输入粗加工余量依次【恒定】为"0",【面】为"0.5",【径向】为"0.7",在【拐角】选项卡中,【常规拐角】设置为"延伸",【浅角】设置为"延伸",【凹角】设置为"延伸",在【轮廓加工】中不要勾选【附加轮廓加工】为精加工留下余量,其余参数默认,然后单击【确定】按钮,完成切削参数设置,如图6-266(b)所示。

5)单击【非切削参数】 按钮,系统弹出【非切削参数】对话框,在【逼近】选项卡中选择【出发点】通过坐标方式指定一点,坐标为(XC25,YC25,ZC0),如图6-266(c)所示,【进刀】进刀类型选择"线性-自动",其余参数默认,如图6-266(d)所示,【退刀】退刀类型选择"线性-自动",【安全距离】选项中径向和轴向安全距离设置为"0",【离开】选项中【运动到回零点】选择【运动类型】为"径向→轴向",【点选项】设置为"与起点相同",如图6-266(e)所示,单击【确定】按钮,完成非切削参数设置,系统返回【外径粗车】对话框。

6)单击【进给率和速度】 按钮,系统弹出【进给率和速度】对话框,在【主轴速度】选项中的【输出模式】中选择【RPM】模式,勾选【主轴转速】输入1200r/min,在【进给率】输入切削速度0.20mmpr,其余参数默认,如图6-267所示,单击【确定】按钮,完成切削参数设置,系统返回

【外径粗车】对话框。

图 6 - 266　粗加工工序参数设置

(a)外径粗车策略；　(b)粗加工余量设置；　(c)出发点设置；　(d)进刀设置；　(e)离开设置

7)单击 【刀位轨迹生成】按钮,系统生成外径粗车加工轨迹,如图 6 - 268 所示,单击
【确认】按钮,弹出【刀轨可视化】对话框,可以完成刀轨仿真,选择【3D 动态】,利用 【播放】按
钮可以实现外径粗车路径的仿真加工。

8)仿真无误后,单击工序集 【后处理】器按钮,弹出【后处理】对话框,如图 6 - 269(a)所
示,在【后处理器】列表中选择"FANUC_lathe"后置文件,根据实际情况在【输出文件】中设置
文件保存路径,【扩展名】接受默认设置为"NC",最后单击【确定】按钮,生成 G 代码,如图 6 -
269(b)所示。

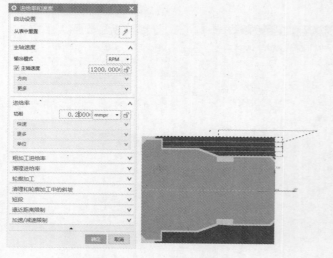

图 6-267　进给率和速度设置

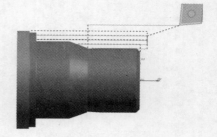

图 6-268　刀位轨迹仿真

(a)　　　　　　　　　(b)

图 6-269　标准 G 代码生成

(a)后置处理器设置；　(b)G 代码生成

9)选择下拉菜单【文件】选择【保存】🖬命令,保存文件。

(2)外轮廓精车加工。

1)工序导航器处于 🝳 几何视图状态下,在【插入】组工具栏上单击【创建工序】按钮 🖊 ,系统弹出【创建工序】对话框,在【工序子类型】中选择 🝘 外径精车切削,在【位置】选择区中,选择【程序】为"NC_PROGRAM"【刀具】选择为"T3(车刀-标准)",【几何体】选择为"TURNING_WORKPIECE",【方法】选择为"LATHE_FINISH",加工第一道工序,【名称】输入"OP-02",如图 6-270(a)所示,单击【确定】按钮,弹出【外径精车】对话框,如图 6-270(b)所示。

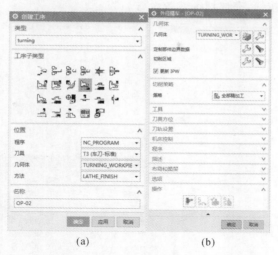

(a)   (b)

图 6-270 外圆精车工序设置

(a)创建工序对话框; (b)外径精车对话框

2)在该对话框的几何体区段,单击【切削区域】旁边的编辑 ☑ 按钮,弹出【切削区域】对话框,如图 6-271(a)所示。在【轴向修剪平面 1】的【限制选项】列表中选择"点",然后在部件左侧圆柱面轴肩处选择中点,切削区域如图 6-271(b)所示,单击【确定】按钮,以接受【切削区域】对话框设置,重新返回【外径精车】加工对话框。

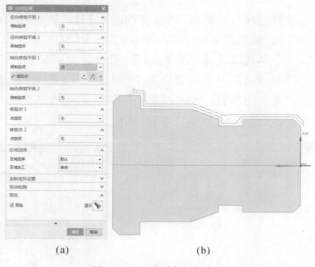

(a)   (b)

图 6-271 切削区域设置

(a)切削区域对话框; (b)切削区域指定

3)在【切削策略】选项中接受默认"全部精加工";【工具】刀具选项中选择"T3"外圆精车刀,其它参数默认;【刀轨设置】选项区中接受默认刀具切削方向,与 XC 方向成 180°,在【步进】参数中设置接受默认参数,勾选【省略变换区】,其余参数默认,如图 6-272(a)所示。

4)【切削参数】☑ 按钮,系统弹出【切削参数】对话框,接受所有默认参数,如图 6-272(b)

所示,然后单击【确定】按钮,完成切削参数设置。

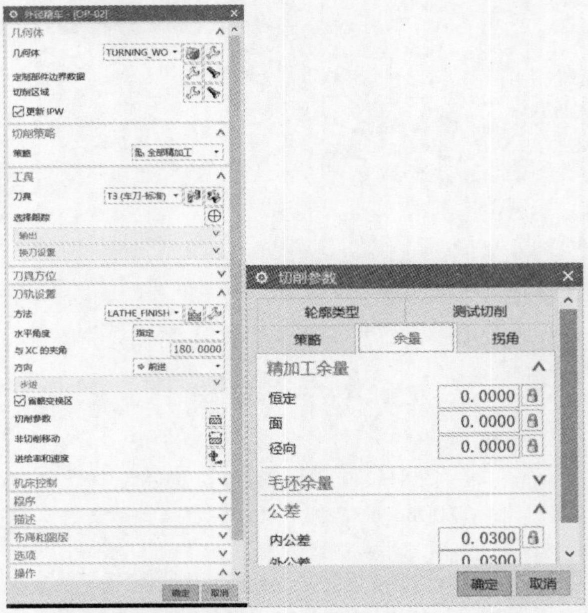

图 6 - 272　精加工工序设置

(a)外径粗车策略;　(b)精加工切削余量

5)单击【非切削参数】▦按钮,系统弹出【非切削参数】对话框,在【逼近】选项卡中选择【出发点】通过坐标方式指定起点,如图 6 - 273(a)所示,坐标为(XC15,Y,20,ZC0),【进刀】进刀类型选择"线性→自动",其余参数默认,【退刀】退刀类型选择"与进刀相同",如图 6 - 273(b)所示,【安全距离】选项中径向和轴向安全距离设置为"0",【离开】选项中【运动到回零点】选择【运动类型】为"径向→轴向",【点选项】设置为"与起点相同",如图 6 - 273(c)所示,单击【确定】按钮,完成非切削参数设置,系统返回【外径精车】对话框。

图 6 - 273　非切削参数设置

(a)出发点设置;　(b)退刀方式设置;　(c)离开方式设置

6)单击【进给率和速度】按钮,系统弹出【进给率和速度】对话框,在【主轴速度】选项中的【输出模式】中选择【RPM】模式,勾选【主轴转速】输入 1200r/min,在【进给率】输入切削速度 0.15mmpr,其余参数默认,如图 6-274 所示,单击【确定】按钮,完成切削参数设置,系统返回【外径精车】对话框。

7)单击【刀位轨迹生成】按钮,系统生成外径精车加工轨迹,如图 6-275 所示,单击【确认】按钮,弹出【刀轨可视化】对话框,可以完成刀轨仿真,选择【3D 动态】,利用【播放】按钮可以实现外径精车路径的仿真加工。

8)仿真无误后,单击工序集【后处理】器按钮,弹出【后处理】对话框,如图 6-276(a)所示,在【后处理器】列表中选择"FANUC_lathe"后置文件,根据实际情况在【输出文件】中设置文件保存路径,【扩展名】接受默认设置为"NC",最后单击【确定】按钮,生成 G 代码,如图 6-276(b)所示。

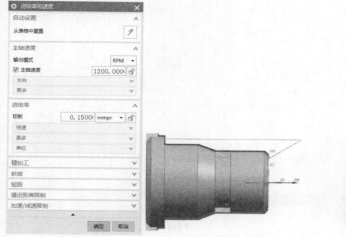

图 6-274 进给率和速度设置

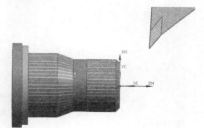

图 6-275 刀位轨迹仿真

9)选择下拉菜单【文件】选择【保存】命令,保存文件。

(3)外径切槽加工。

1)工序导航器处于几何视图状态下,在【插入】组工具栏上单击【创建工序】按钮,系统弹出【创建工序】对话框,在【工序子类型】中选择外径切槽加工,在【位置】选择区中,选择【程序】为"NC_PROGRAM"【刀具】选择为"T2(槽刀-标准)",【几何体】选择为"TURNING_WORKPIECE",【方法】选择为"LATHE_GROOVE",加工第一道工序,【名称】输入"OP-03",如图 6-277(a)所示,单击【确定】按钮,弹出【外径开槽】对话框,如图 6-277(b)所示。

2)在该对话框的几何体区段,单击【切削区域】旁边的编辑按钮,弹出【切削区域】对话框,如图 6-278(a)所示。在【轴向修剪平面 1】的【限制选项】列表中选择"点",然后在部件右端面第一个轴肩轮廓中点,在【轴向修剪平面 2】的【限制选项】列表中选择"点",然后在部件左侧第二个圆柱轮廓中点,切削区域如图 6-278(b)所示,单击【确定】按钮,以接受【切削区域】对话框设置,重新返回【外径开槽】加工对话框。

3)在【切削策略】选项中接受默认"单向插削";【工具】刀具选项中选择"T2"外槽车刀,其它参数默认。【刀轨设置】选项区中接受默认刀具切削方向，与 XC 方向成 180°，在【步进】参数中设置【步距】为"变量平均值"切深，【最大值】为"75%"刀具直径，【清理】为"仅向下"如图6-278(c)所示。

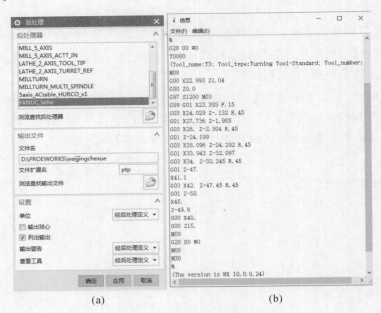

(a)   (b)

图 6-276 标准 G 代码生成

(a)后置处理器设置；   (b)G 代码生成

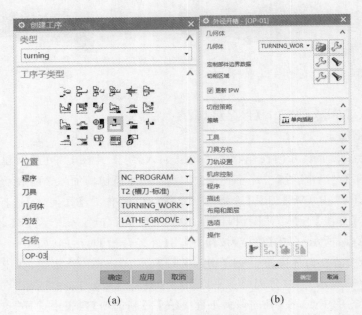

(a)   (b)

图 6-277 外径开槽工序设置

(a)创建工序对话框；   (b)刀片设置对话框

4)单击【切削参数】按钮,系统弹出【切削参数】对话框,在该对话框中选择【余量】选项卡输入粗加工余量依次【恒定】为"0",【面】为"0",【径向】为"0"。修改【公差】为内外公差均为"0.001",其余参数接受系统默认值,然后单击【确定】按钮,完成切削参数设置,如图 6 - 279(a)所示。

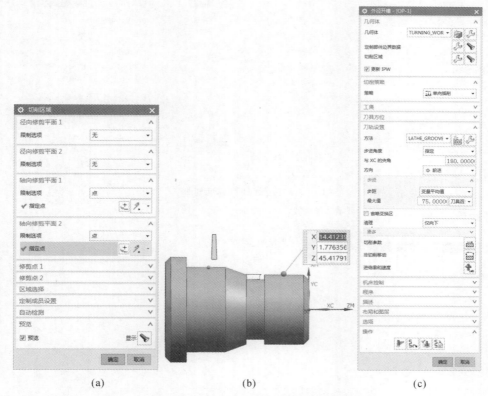

(a)　　　　　　　　　(b)　　　　　　　　　(c)

图 6 - 278　外径开槽工序参数设置

(a)切削区域对话框; (b)切削区域指定; (c)外径开槽策略设置

5)单击【非切削参数】按钮,系统弹出【非切削参数】对话框,在【逼近】选项卡中选择【出发点】通过坐标方式指定一点,如图 6 - 279(b)所示,坐标为(XC15.0,YC25.0,ZC0),【运动到进刀点】中的【运动类型】选项中设置为"轴向→径向",【离开】选项中【运动到回零点】中的【运动类型】为"径向→轴向",【点选项】设置为"与起点相同",如图6 - 279(c)所示,单击【确定】按钮,完成非切削参数设置,系统返回【外径开槽】对话框。

6)单击【进给率和速度】按钮,系统弹出【进给率和速度】对话框,在【主轴速度】选项中的【输出模式】中选择【RPM】模式,勾选【主轴转速】输入 600r/min,在【进给率】输入切削速度0.1mmpr,其余参数默认,如图 6 - 280 所示,单击【确定】按钮,完成切削参数设置,系统返回【外径开槽】对话框。

7)单击【刀位轨迹生成】按钮,系统生成外径开槽加工轨迹,如图 6 - 281 所示,单击【确认】按钮,弹出【刀轨可视化】对话框,可以完成刀轨仿真,选择【3D 动态】,利用【播放】按钮可以实现外径开槽路径的仿真加工。

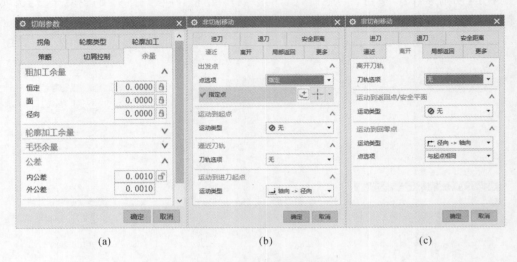

图 6-279 非切削参数设置

(a)外径开槽余量设置; (b)出发点设置; (c)离开方式设置

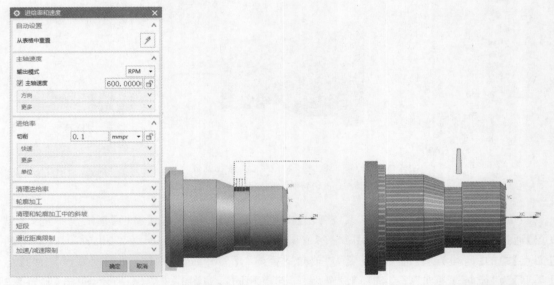

图 6-280 进给率和速度设置   图 6-281 刀位轨迹仿真

8)仿真无误后,单击工序集 ⚙【后处理】器按钮,弹出【后处理】对话框如图 6-282(a)所示,在【后处理器】列表中选择"FANUC_lathe"后置文件,根据实际情况在【输出文件】中设置文件保存路径,【扩展名】接受默认设置为"NC",最后单击【确定】按钮,生成 G 代码,如图 6-282 (b)所示。

9)选择下拉菜单【文件】选择【保存】🖬 命令,保存文件。

图 6-282　标准 G 代码生成

(a)后置处理器设置；　(b)G 代码生成

6. 创建第二工序

(1)外轮廓粗车加工。

1)在【插入】组工具栏上单击【创建几何体】 ![icon] 图标按钮,弹出【创建几何体】对话框,如图 6-283(a)所示,在【几何体子类型】中选择【MCS_SPINDLE】 ![icon] 图标按钮,默认名称"MCS_SPINDLE_1"。单击【确定】按钮,弹出【MCS 主轴】对话框,单击【指定 MCS】加工坐标系 ![icon] 按钮,打开【CSYS】对话框,将其原点移动至右端面与回转的中心线交点上,将 MCS 绕 XM 轴旋转-90°,XM 绕轴 ZM 旋转 90°,保持 XM-ZM 平面与前一工序车削切割平面重合。保证在此视图中,XM 应该指向上,ZM 应该水平向右。如图 6-283(b)所示,单击【确定】按钮完成加工坐标系设定。

图 6-283　坐标系设定

(a)创建几何体对话框；　(b)加工坐标系设定

2)在工序导航器单击【几何视图】图标按钮，点击【MCS_SPINDLE_1】前面的"十"号，展开【WORKPIECE_1】前面的"十"，打开【TURNING_WORKPIECE_1】节点并双击，此时，弹出【车削工件】对话框，在键盘上按下"Ctrl＋W"键，弹出【显示和隐藏】对话框，选择工作区域内的轴实体模型，选择"实体"进行"—"隐藏，单击【关闭】按钮，推出显示和隐藏对话框。

3)在【车削工件】对话框中，选择【指定部件边界】图标按钮，弹出【部件边界】对话框，如图 6－284(a)所示，边界【选择方法】选择"面"，在工作区选择剖切截面上半部分，如图 6－284(b)所示，单击【确定】按钮，完成部件边界设置，返回【车削工件】对话框。在对话框中选择【指定毛坯边界】图标按钮，【类型】选择型材【工作区】，毛坯【指定参考位置】选择零件左端面回转中心点，【指定目标位置】同样选择零件左端面回转中心点，毛坯构建方向指向了左侧，此时勾选【翻转方向】，如图 6－284(c)所示，单击【确定】按钮完成车削边界设定。

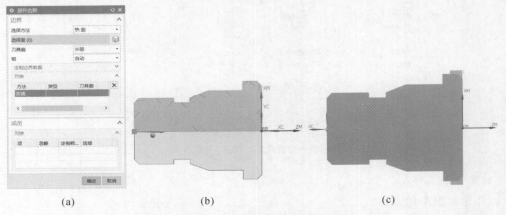

(a)   (b)   (c)

图 6－284　加工几何体设定

(a)部件边界对话框；　(b)零件几何边界设置；　(c)毛坯边界设置

4)几何视图状态下，在工序导航器第一道工序底下，选择"OP－01"工步单击右键选择"复制"，然后找到第二工序点击【TURNING_WORKPIECE_1】单击右键选择"内部粘贴"，实现对第一道工序粗加工工步的加工参数继承，选择粘贴后的文件"OP－01_COPY"，单击右键，选择"重命名"，修改为"OP－11"。

5)在工序导航器下，双击"OP－11"在该对话框的几何体区段，单击【切削区域】旁边的编辑按钮，弹出【切削区域】对话框，取消【轴向修剪平面 1】的限制点，修改为"无"。单击【确定】按钮，重新返回【外径粗车】加工对话框。

6)单击【切削参数】选项卡，继承第一工序所有参数保持默认。

7)单击【非切削参数】按钮，系统弹出【非切削参数】对话框，在【逼近】选项卡中选择【出发点】通过坐标方式指定一点，如图 6－285(a)所示，相对于第二工序加工坐标系，输入坐标(XC20，YC25，ZC0)，如图 6－285(b)所示，【进刀】进刀类型选择"线性-自动"，其余参数默认，【退刀】退刀类型选择"线性-自动"，【安全距离】选项中径向和轴向安全距离设置为"0"，【离开】选项中【运动到回零点】选择【运动类型】为"径向→轴向"，【点选项】设置为"与起点相同"，单击【确定】按钮，完成非切削参数设置，如图 6－285(c)所示，系统返回【外径粗车】对话框。

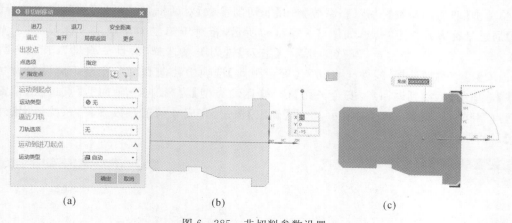

图 6-285　非切削参数设置

(a)出发点设置；　(b)出发点坐标设置；　(c)离开方式设置

8)单击【进给率和速度】选项卡，继承第一工序参数设置，其余保持默认。

9)单击刀位轨迹生成按钮，系统生成外圆柱面粗加工轨迹，如图 6-286 所示，单击【确认】按钮，弹出【刀轨可视化】对话框，可以完成刀轨仿真，选择【3D 动态】，利用【播放】按钮可以实现外圆柱面路径的仿真加工。

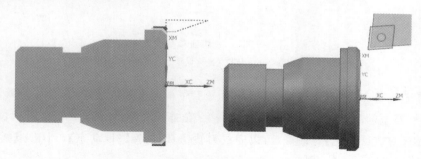

图 6-286　刀位轨迹仿真

10)仿真无误后，单击工序集【后处理】器按钮，弹出【后处理】对话框，在【后处理器】列表中选择"FANUC_lathe"后置文件，根据实际情况在【输出文件】中设置文件保存路径，【扩展名】接受默认设置为"NC"，最后单击【确定】按钮，生成 G 代码。

(2)外轮廓精车加工。

1)几何视图状态下，在工序导航器第一道工序底下，选择"OP-02"工步单击右键选择"复制"，然后找到第二工序点击【TURNING_WORKPIECE_1】单击右键选择"内部粘贴"，实现对第一道工序粗加工工步的加工参数继承，选择粘贴后文件"OP-02_COPY"，单击右键，选择"重命名"修改为"OP-22"。

2)在工序导航器下，双击"OP-22"在该对话框的几何体区段，单击【切削区域】旁边的编辑按钮，弹出【切削区域】对话框，取消【轴向修剪平面 1】的限制点，修改为"无"。单击【确定】按钮，重新返回【外径精车】加工对话框。

3)单击【切削参数】选项卡，继承第一工序所有参数保持默认。

4)单击【非切削参数】⊡按钮,系统弹出【非切削参数】对话框,在【逼近】选项卡中选择【出发点】通过坐标方式指定一点,如图6-287(a)所示,相对于第二工序加工坐标系,输入坐标(XC20,YC25,ZC0),如图6-287(b)所示,【进刀】进刀类型选择"线性-自动",其余参数默认,【退刀】退刀类型选择"线性-自动",【安全距离】选项中径向和轴向安全距离设置为"0",【离开】选项中【运动到返回点/安全平面】选择【运动类型】为"径向→轴向",【点选项】设置为"与起点相同",如图6-287(c)所示,单击【确定】按钮,完成非切削参数设置,系统返回【外径精车】对话框。

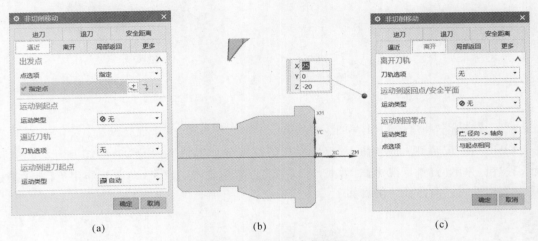

(a)　　　　　　　　　　(b)　　　　　　　　　　(c)

图6-287　非切削参数设置

(a)出发点设置;　(b)出发点坐标设置;　(c)离开方式设置

5)单击【进给率和速度】🝆选项卡,继承第一工序精加工参数设置,其余保持默认。

6)单击🖫刀位轨迹生成按钮,系统生成外径精加工轨迹,如图6-288所示,单击🝆【确认】按钮,弹出【刀轨可视化】对话框,可以完成刀轨仿真,选择【3D动态】,利用▶【播放】按钮可以实现外径精加工路径的仿真加工。

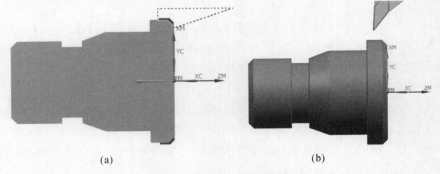

(a)　　　　　　　　　　　　　(b)

图6-288　刀位轨迹仿真

7)仿真无误后,单击工序集🝆【后处理】器按钮,弹出【后处理】对话框,在【后处理器】列表中选择"FANUC_lathe"后置文件,根据实际情况在【输出文件】中设置文件保存路径,【扩展名】接受默认设置为"NC",最后单击【确定】按钮,生成G代码。

8）选择下拉菜单【文件】选择【保存】■命令，保存文件。

6.7　综合实例项目

6.7.1　综合项目一

本项目待加工零件为螺纹轴，如图 6-285 所示。已知毛坯规格为 $\phi45$ mm×80 mm 的棒料，材料为 45♯钢。要求制订零件的加工工艺；编制零件的数控加工程序；最后进行零件的加工检测。

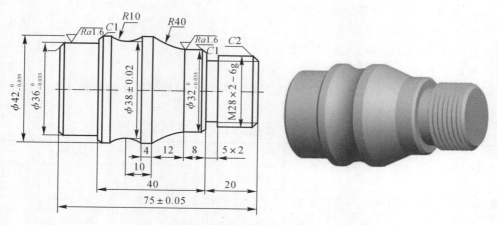

图 6-289　轴类零件（九）

1．分析零件图

零件图如图 6-289 所示。该零件由外圆柱面、外圆锥面、圆弧面、沟槽、普通三角螺纹组成。工件三处外圆 $\phi32$ mm、$\phi36$ mm、$\phi42$ mm 等尺寸精度要求较高，表面粗糙度 $Ra1.6$。同时，为保证螺纹及总长尺寸精度，其尺寸公差需控制在范围内。

2．确定装夹方案

为保证尺寸公差要求，此零件加工需两次装夹，分别采用三爪卡盘和一顶一夹的定位安装方式。采用设计基准作为定位基准，符合基准重合原则。

3．选择刀具及切削用量

刀具及切削用量见表 6-2。

表 6-2　刀具及切削参数

序号	刀具号	刀具类型	加工表面	切削用量	
				主轴转速 $n(\mathrm{r\cdot mm^{-1}})$	进给速度 $F(\mathrm{mm\cdot r^{-1}})$
1	T0101	93°菱形外圆车刀	粗车外轮廓	600	0.25
2	T0202	93°菱形外圆车刀	精车外轮廓	1000	0.1
3	T0303	4mm 切槽刀	沟槽	350	0.1
4	T0404	60°外螺纹刀	三角螺纹	1000	2
编制		审核		批准	

4.确定加工方案

(1)工序一如下：

工步一：三爪卡盘夹毛坯伸出约 45mm，车端面。

工步二：粗车 $\phi36$ mm、$\phi42$ mm 外圆，$R10$ mm 圆弧，留精车余量 0.5 mm。

工步三：精车 $\phi36$ mm、$\phi42$ mm 外圆，$R10$ mm 圆弧。

(2)工序二如下：

工步一：工件调头，平端面，保证总长，打中心孔。

工步二：用铜皮包 $\phi36$ mm 外圆，一夹一顶装夹安装，粗车 $\phi32$ mm 圆柱面、$R40$ mm 圆弧以及 $M28$ mmx2 螺纹大径等尺寸，留精车余量 0.5 mm。

工步三：精车各外圆、圆弧至尺寸要求。

工步四：切退刀槽至尺寸要求。

工步五：车螺纹 $M28$ mmx2 至尺寸要求。

5.填写工艺卡

按加工顺序将各工步的加工内容、所用刀具编号、切削用量等加工信息填入数控加工工序卡中，见表 6-3 和表 6-4。

表 6-3 数控加工工序卡

数控加工工序卡			产品名称	项目名称		项目序号	
				螺纹轴零件加工(3)		05	
工序号	程序编号	夹具名称	夹具编号	使用设备		车间	
001	O0051	三爪卡盘		CAK6150DJ		数控实训中心	
工步号	工步内容	切削用量			刀具		量具名称	备注
		主轴转速 $n/(\text{r}\cdot\text{mm}^{-1})$	进给速度 $F/(\text{mm}\cdot\text{r}^{-1})$	背吃刀量 a_p/mm	编号	名称		
1	车左端面	600	0.25	1—2	T0101	外圆车刀	游标卡尺	手动
2	粗车轮廓，留余量 0.5mm	600	0.25	1—2	T0101	外圆车刀	外径千分尺	自动
3	精车轮廓	1 000	0.1	0.25	T0202	外圆车刀	外径千分尺	自动
编制		审核			批准		共1页	第1页

表 6-4 数控加工工序卡

数控加工工序卡			产品名称	项目名称		项目序号	
				螺纹轴零件加工(3)		05	
工序号	程序编号	夹具名称	夹具编号	使用设备		车间	
002	O0052	一夹一顶		CAK6150DJ		数控实训中心	

续 表

工步号	工步内容	切削用量			刀具		量具名称	备注
		主轴转速 $n/(r \cdot mm^{-1})$	进给速度 $F/(mm \cdot r^{-1})$	背吃刀量 a_p/mm	编号	名称		
1	车右端面	600	0.25	1—2	T0101	外圆车刀	游标卡尺	手动
2	钻中心孔	800				中心钻		手动
3	粗车右边轮廓,留余量	600	0.25	1—2	T0101	外圆车刀	外径千分尺	自动
4	精车轮廓	1 000	0.1	0.25	T0202	外圆车刀	外径千分尺	自动
5	切槽	350	0.1	2	T0303	切槽刀	游标卡尺	自动
6	螺纹	1 000	2		T0404	螺纹刀	螺纹千分尺	自动
编制		审核			批准		共 1 页	第 1 页

6.加工环境初始化

(1)打开源文件夹 6.6 - 9. part 模型文件。

(2)在"标准"组工具条上选择【开始】→【加工】命令,程序弹出【加工环境】对话框,如图 6 - 290(a)所示。在【CAM 会话配置】列表中选择【cam_general】,同时在该对话框的【要创建的 CAM 设置】列表中选择【turning】,如图 6 - 290(b)所示,单击【确定】按钮,进入到车削加工环境。

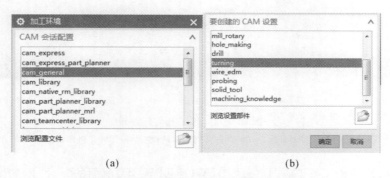

(a) (b)

图 6 - 290 车削加工环境设置

(a)通用加工模式; (b)车削加工环境

7.创建加工坐标系

(1)首先应将工作坐标系(【WCS】坐标系)定位在刀具移动所在的 XC—YC 平面。在图形窗口背景中,右键单击并选择【定向视图】→【俯视图】。然后选择【菜单】→【格式】→【WCS】→【显示】。双击【WCS】坐标系,调整方向并将其原点移动至轴零件右端面与回转的中心线交点上。保证在此视图中,XC 应该指向水平右侧,YC 应该指向垂直正上方,如图 6 - 291(a)所示。

(2)在工序导航器组中切换视图为【几何】视图,双击 MCS_SPINDLE 项目,弹出【Turn Orient】,单击【CSYS】对话框中的 按钮,打开【CSYS】对话框,将 MCS 绕 YM 轴旋转 90°。将其原点移动至右端面与回转的中心线交点上,在【Turn Orient】对话框中,将车床工作平面指定为 ZM—XM。保证在此视图中,XM 应该指向上,ZM 应该水平向右,如图 6-291(b)所示。

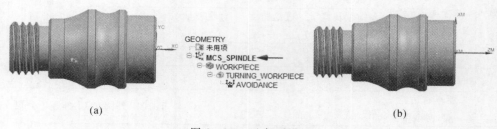

图 6-291 坐标系设置

(a)工件坐标系设置; (b)加工坐标系设置

8.设置工件和毛坯

(1)在工序导航器中,双击【WORKPIECE】弹出【工件】几何对话框,单击 【指定部件】,如图 6-292(a)所示,弹出【部件几何体】对话框,如图 6-292(b)所示,在工作区选择轴零件为部件体,如图 6-292(c)所示,然后单击【确定】按钮。单击材料编辑 在【部件材料】列表中可以选择【MATO_00266】7050 铝作为部件材料,单击【确定】按钮。

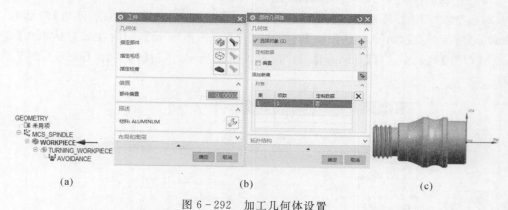

图 6-292 加工几何体设置

(a)工件对话框; (b)部件几何体对话框; (c)零件几何体选择

(2)在导航器单击工序选项卡 ,点击【WORKPIECE】前面的"＋"号,如图 6-293(a)所示,展开【TURNING_WORKPIECE】节点并进行双击,此时,车削加工剖切边界自动生成,弹出【Turn Bnd】对话框,单击【指定毛坯边界】 按钮,弹出【毛坯边界】对话框,【类型】选择型材【棒料】,毛坯【安装位置】选择【在主轴箱处】,【指定点】坐标位置参考【WCS】坐标输入(XC:-77,YC:0,ZC:0),单击【确定】按钮,毛坯【长度】输入 80,【直径】输入 45,如图 6-293(b)所示,单击【确定】按钮,单击【确定】按钮,完成车削边界设置,如图 6-293(c)所示。

9.创建数控刀具

(1)在【插入】组工具栏上单击【创建刀具】,弹出【创建刀具】对话框,在该对话框中选择【OD_80_L】80°外圆粗车左偏刀,并命名为 T1,如图 6-294(a)所示。

(2)单击【应用】按钮,随后弹出【车刀一标准】对话框,选择【ISO 刀片形状】为"V(菱形35)"外圆粗车刀片,设置【(R)刀尖半径】值为"0.2",【(OA)方向角度】为"52"刀片【长度】为

"10"，刀具号输入"1"，单击【更多】选项卡中【工作坐标系】"MCS 主轴组"设置为"工序"，其余参数保持默认设置，如图 6-294(b)所示。

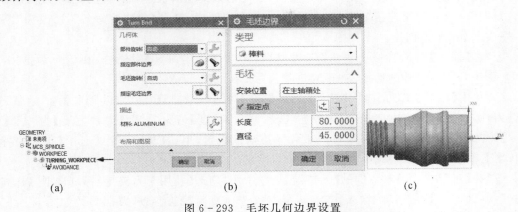

(a)　　　　　　　　　　　(b)　　　　　　　　　　　(c)

图 6-293　毛坯几何边界设置

(a)车削边界对话框；　(b)毛坯边界对话框；　(c)车削二维轮廓截面

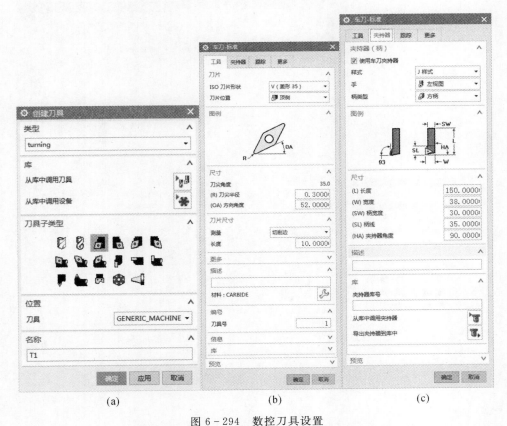

(a)　　　　　　　　　　　(b)　　　　　　　　　　　(c)

图 6-294　数控刀具设置

(a)刀具设置对话框；　(b)刀片设置对话框；　(c)刀柄设置对话框

(3)在【车刀-标准】对话框的【夹持器】选项卡中，勾选【使用车刀夹持器】复选框，【样式】选择"J 样式"，【(HA)夹持器角度】输入"90"，其余参数选择刀柄默认参数，刀柄参数如图 6-294

(c)所示,最后关闭该对话框,完成刀具 T1 刀具创建。

(4)在工序导航器单击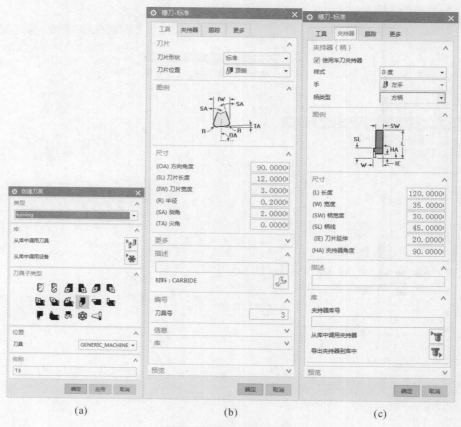机床视图按钮,切换至刀具视图状态,然后选择 T1 刀具,单击右键,"复制"→"粘贴"实现第二把精车刀"T1_COPY"创建,单击右键"重命名",修改为"T2"刀具,完成 T2 精车刀创建。

(5)在【插入】组工具栏上单击【创建刀具】,弹出【创建刀具】对话框,在该对话框中选择【OD_GROOVE_L】外圆切槽左偏刀,并命名为 T3,如图 6-294(a)所示。

(6)单击【应用】按钮,随后弹出【车刀-标准】对话框,选择【ISO 刀片形状】为"标准"外圆切槽刀片,设置【(OA)方向角度】为"90",【(IL)刀片长度】值为"10",【刀片宽度】为"3",【(R)半径】为"0.2",刀具号输入"3",其余参数保持默认设置,单击【更多】选项卡中【工作坐标系】"MCS 主轴组"设置为"工序",如图 6-295(b)所示。

(7)在【车刀-标准】对话框的【夹持器】选项卡中,勾选【使用车刀夹持器】复选框,【样式】选择"0",【(HA)夹持器角度】输入"90",其余参数选择刀柄默认参数,刀柄参数如图 6-295(c)所示,最后关闭该对话框,完成刀具 T3 刀具创建。

图 6-295　数控刀具设置

(a)刀具设置对话框；　(b)刀片设置对话框；　(c)刀柄设置对话框

(8)在【插入】组工具栏上单击【创建刀具】,弹出【创建刀具】对话框,在该对话框中选择【OD_THREAD_L】外螺纹车刀,并命名为 T4,如图 6-296(a)所示。

(9)单击【应用】按钮,随后弹出【螺纹刀－标准】对话框,设置【(OA)方向角度】为"90",【(IL)刀片长度】为"10",【(IW)刀片宽度】为"5",【(LA)左角】为"30",【(LA)右角】为"30",【(NR)刀尖半径】为"0.2",【(TO)刀尖偏置】为"2.5"刀具号输入"4",单击【更多】选项卡中【工作坐标系】"MCS 主轴组"设置为"工序",其余参数保持默认设置,如图 6－296(b)所示。

(10)在【螺纹刀-标准】对话框的【夹持器】选项卡中默认系统参数,如图 6－296(c)所示,最后关闭该对话框,完成刀具 T4 螺纹刀具创建。

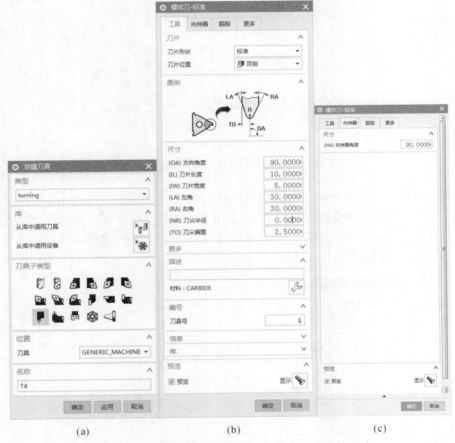

图 6－296　数控刀具设置

(a)刀具设置对话框；　(b)刀片设置对话框；　(c)刀柄设置对话框

10.创建第一工序

(1)端面轮廓加工。

1)工序导航器处于 几何视图状态下,在【插入】组工具栏上单击【创建工序】按钮 ,系统弹出【创建工序】对话框,在【工序子类型】中选择 面切削,在【位置】选择区中,选择【程序】为"NC_PROGRAM"【刀具】选择为"T1（车刀-标准）",【几何体】选择为"TURNING_WORKPIECE",【方法】选择为"LATHE_ROUGH",加工第一道工序,【名称】输入"OP－01",如图 6－297(a)所示,单击【确定】按钮,弹出【面加工】对话框,如图 6－297(b)所示。

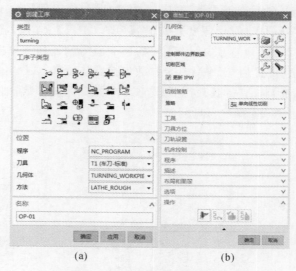

(a)   (b)

图 6 - 297 端面加工工序设置

(a)创建工序对话框； (b)面加工设置对话框

2)在该对话框的几何体区段,单击【切削区域】旁边的编辑 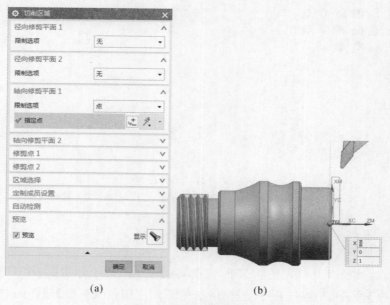 按钮,弹出【切削区域】对话框,如图 6 - 298(a)所示。在【轴向修剪平面 1】的【限制选项】列表中选择"点",然后在部件右端面倒角处选择圆中心,切削区域如图 6 - 298(b)所示,单击【确定】按钮,以接受【切削区域】对话框设置,重新返回【面】加工对话框。

(a)   (b)

图 6 - 298 切削区域设置

(a)切削区域对话框； (b)端面切削区域设置

3)在【刀轨设置】选项区中接受默认刀具切削方向,与 XC 方向成 270°,在【步进】参数中设置【切削深度】为【恒定】切深,其【深度】值为"1.0",【变换模式】为"省略",【清理】为"全部"。

4)单击【切削参数】▣按钮,系统弹出【切削参数】对话框,在该对话框中选择【余量】选项卡输入粗加工余量依次【恒定】为"0",【面】为"0",【径向】为"0",然后单击【确定】按钮,完成切削参数设置,如图 6-299(a)所示。

5)单击【非切削参数】▣按钮,系统弹出【非切削参数】对话框,在【逼近】选项卡的【出发点】选项内指定出发位置为"点",坐标为(XC25,YC25,ZC0),如图 6-299(b)所示。【运动到进刀起点】方式为"轴向→径向",在【离开】选项中【运动到回零点】选择【运动类型】为"径向→轴向",【点选项】选择为"与起点相同",如图 6-299(c)所示,其余选项卡参数默认,单击【确定】按钮。

图 6-299 切削区域设置

(a)切削余量设置; (b)出发点设置; (c)离开点设置

6)单击【进给率和速度】▣按钮,系统弹出【进给率和速度】对话框,在【主轴速度】选项中的【输出模式】中选择【RPM】模式,勾选【主轴转速】输入 600r/min,在【进给率】输入切削速度0.25mmpr,其余参数默认,如图 6-300 所示,单击【确定】按钮,完成切削参数设置,系统自动返回【端面加工】对话框。

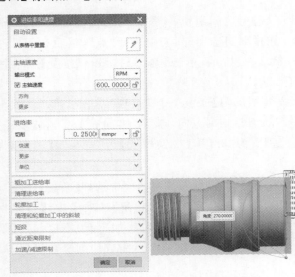

图 6-300 进给率和速度设置

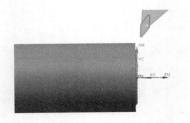

图 6-301 端面刀位轨迹生成

7)单击【刀位轨迹生成】按钮，系统生成端面加工轨迹，如图 6-301 所示，单击【确认】按钮，弹出【刀轨可视化】对话框，可以完成刀轨仿真，选择【3D 动态】，利用【播放】按钮可以实现端面路径的仿真加工。

8)选择下拉菜单【文件】选择【保存】命令，保存文件。

(2)外轮廓粗车加工。

1)工序导航器处于几何视图状态下，在【插入】组工具栏上单击【创建工序】按钮，系统弹出【创建工序】对话框，在【工序子类型】中选择外径粗车切削，在【位置】选择区中，选择【程序】为"NC_PROGRAM"【刀具】选择为"T2(车刀-标准)"，【几何体】选择为"TURNING_WORKPIECE"，【方法】选择为"LATHE_ROUGH"，加工第一道工序【名称】输入"OP-02"，如图 6-302(a)所示，单击【确定】按钮，弹出【外径粗车】对话框，如图6-302(b)所示。

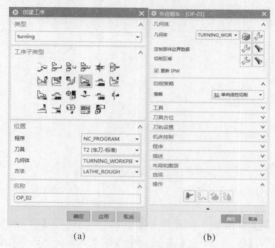

(a) (b)

图 6-302　外圆粗车工序设置

(a)创建工序对话框；　(b)外径粗车对话框

2)在该对话框的几何体区段，单击【切削区域】旁边的编辑按钮，弹出【切削区域】对话框，如图 6-303(a)所示。在【轴向修剪平面 1】的【限制选项】列表中选择"点"，然后在部件左侧第三个圆柱面轴肩中点，切削区域如图 6-303(b)所示，单击【确定】按钮，以接受【切削区域】对话框设置，重新返回【外径粗车】加工对话框。

3)在【切削策略】选项中接受默认"单向线性切削"；【工具】刀具选项中选择"T2"外圆车刀，其它参数默认；【刀轨设置】选项区中接受默认刀具切削方向，与 XC 方向成 180°，在【步进】参数中设置【切削深度】为【恒定】切深，其【深度】值为"2.0"，【变换模式】为"省略"，【清理】为"全部"，如图 6-304(a)所示。

4)单击【切削参数】按钮，系统弹出【切削参数】对话框，在该对话框中选择【余量】选项卡输入粗加工余量依次【恒定】为"0.5"，【面】为"0"，【径向】为"0"，在【拐角】选项卡中，【常规拐角】设置为"延伸"，【浅角】设置为"延伸"，【凹角】设置为"延伸"，在【轮廓加工】中不要勾选【附加轮廓加工】为精加工留下余量，其余参数默认，然后单击【确定】按钮，完成切削参数设置，如图 6-304(b)所示。

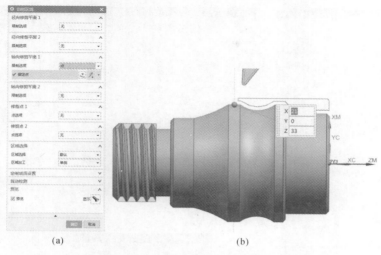

图 6-303　切削区域设置
(a)切削区域对话框；　(b)切削区域指定

5)单击【非切削参数】按钮，系统弹出【非切削参数】对话框，在【逼近】选项卡中选择【出发点】通过坐标方式指定一点，坐标为(XC30,YC24,ZC0)，如图 6-304(c)所示，【进刀】进刀类型选择"线性-自动"，其余参数默认，【退刀】退刀类型选择"线性-自动"，【安全距离】选项中径向和轴向安全距离设置为"0"，【离开】选项中【运动到回零点】选择【运动类型】为"径向→轴向"，【点选项】设置为"与起点相同"，如图 6-304(d)所示，单击【确定】按钮，完成非切削参数设置，系统返回【外径粗车】对话框。

6)单击【进给率和速度】按钮，系统弹出【进给率和速度】对话框，在【主轴速度】选项中的【输出模式】中选择【RPM】模式，勾选【主轴转速】输入 600r/min，在【进给率】输入切削速度 0.25mmpr，其余参数默认，如图 6-305 所示，单击【确定】按钮完成切削参数设置，系统返回【外径粗车】对话框。

7)单击【刀位轨迹生成】按钮，系统生成外径粗车加工轨迹，如图 6-306 所示，单击【确认】按钮，弹出【刀轨可视化】对话框，可以完成刀轨仿真，选择【3D 动态】，利用【播放】按钮可以实现外径粗车路径的仿真加工。

8)选择下拉菜单【文件】选择【保存】命令，保存文件。

9)几何视图状态下，在工序导航器第二道工序底下，选择"OP-02"工步单击右键选择"复制"，然后找到第二工序点击【TURNING_WORKPIECE】单击右键选择"内部粘贴"，实现对第二道工序粗加工工步的加工参数继承，选择粘贴后文件"OP-02_COPY"单击右键，选择"重命名"，修改为"OP-03"。

10)在工序导航器下，双击"OP-03"在该对话框的区段，单击【切削区域】旁边的编辑按钮，弹出【切削区域】对话框，【轴向修剪平面 1】的限制点位置不动，增添【轴向修剪平面 2】的显示位置，选择第二圆柱轴肩圆心位置，如图 6-307 所示。单击【确定】按钮，重新返回【外径粗车】加工对话框。

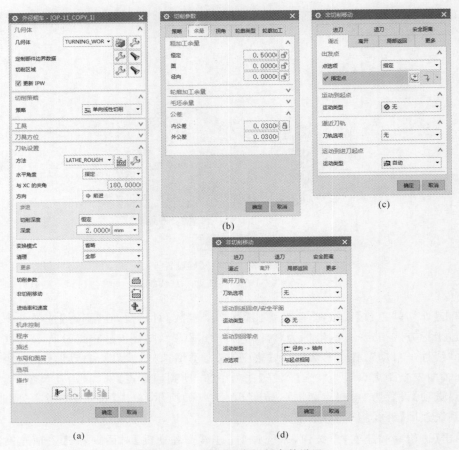

图 6－304　外径粗车切削参数设置

(a)外径粗车策略设置；　(b)切削参数余量设置；　(c)出发点设置；　(d)离开参数设置

图 6－305　进给率和速度设置

图6-306　刀位轨迹仿真

图6-307　切削区域设置

11）接受【切削策略】、修改【变换模式】为"根据层"，【切削参数】【非切削参数】【进给率和速度】选项继承所有的参数设置，然后单击【确定】按钮，完成切削参数设置。

12）单击![]刀位轨迹生成按钮，系统生成外径粗车加工轨迹，如图6-308所示，单击![]【确认】按钮，弹出【刀轨可视化】对话框，可以完成刀轨仿真，选择【3D动态】，利用![]【播放】按钮可以实现端面路径的仿真加工。

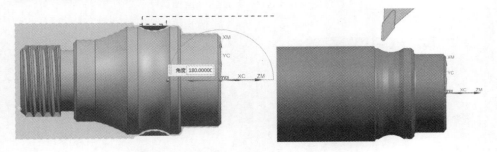

图6-308　刀位轨迹仿真

13）选择下拉菜单【文件】选择【保存】命令，保存文件。

（3）外轮廓精车加工。

1）工序导航器处于![]几何视图状态下，在【插入】组工具栏上单击【创建工序】按钮![]，系统弹出【创建工序】对话框，在【工序子类型】中选择![]外径精车切削，在【位置】选择区中，选择【程序】为"NC_PROGRAM"【刀具】选择为"T2（车刀-标准）"，【几何体】选择为"TURNING_WORKPIECE"，【方法】选择为"LATHE_FINISH"，加工第一道工序【名称】输入"OP-04"，如图6-309（a）所示，单击【确定】按钮，弹出【外径精车】对话框，如图6-309（b）所示。

2）在该对话框的几何体区段，单击【切削区域】旁边的编辑![]按钮，弹出【切削区域】对话框，如图6-310（a）所示。在【轴向修剪平面1】的【限制选项】列表中选择"点"，然后在部件右端面第三圆柱面轴肩处选择中点，切削区域如图6-310（b）所示，单击【确定】按钮，以接受【切削区域】对话框设置，重新返回【外径精车】加工对话框。

3）在【切削策略】选项中接受默认"全部精加工"；【工具】刀具选项中选择"T2"外圆精车刀，其它参数默认；【刀轨设置】选项区中接受默认刀具切削方向，与XC方向成180°，在【步进】参数中设置接受默认参数，如图6-311所示。

图 6-309　外圆精车工序设置

(a)创建工序对话框；　(b)外径精车对话框

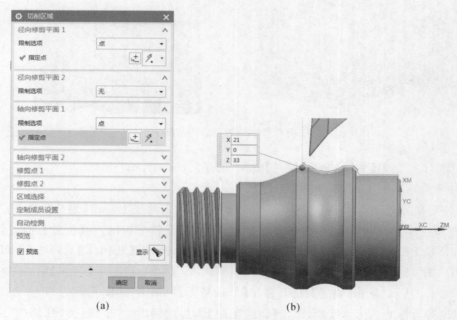

图 6-310　切削区域设置

(a)切削区域对话框；　(b)切削区域指定

4)单击【切削参数】按钮,系统弹出【切削参数】对话框,所有参数默认,然后单击【确定】按钮,完成切削参数设置。

5)单击【非切削参数】按钮,系统弹出【非切削参数】对话框,在【逼近】选项卡中选择【出发点】通过坐标方式指定点,坐标为(XC25,YC25,ZC0),【运动到进刀起点】中的【运动类型】设置为"轴向→径向",如图 6-312(a)所示,【进刀】进刀类型选择"线性-自动",其余参数默认,【退刀】退刀类型选择"与进刀相同",【安全距离】选项中径向和轴向安全距离设置为"0",【离开】选项中【运动到回零点】选择【运动类型】为"径向→轴向",【点选项】设置为"与起点相同",如图 6-312(b)所示,单击【确定】按钮,完成非切削参数设置,系统返回【外径精车】对话框。

图 6-311　外径精车策略设置

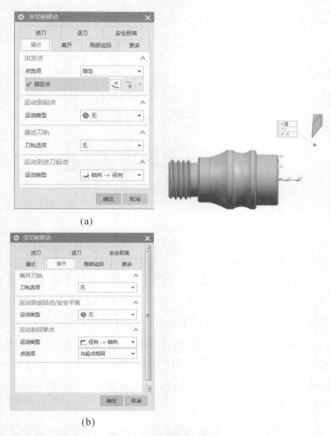

(a)

(b)

图 6-312　非切削参数设置

6)单击【进给率和速度】按钮,系统弹出【进给率和速度】对话框,在【主轴速度】选项中的【输出模式】中选择【RPM】模式,勾选【主轴转速】输入 1 000r/min,在【进给率】输入切削速度 0.1mmpr,其余参数默认,如图 6-313 所示,单击【确定】按钮,完成切削参数设置,系统返回【外径精车】对话框。

7)单击【刀位轨迹生成】按钮,系统生成外径精加工加工轨迹,如图 6-314 所示,单击【确认】按钮,弹出【刀轨可视化】对话框,可以完成刀轨仿真,选择【3D 动态】,利用【播放】按钮可以实现外径精加工路径的仿真加工。

8)仿真无误后,单击工序集【后处理】器按钮,弹出【后处理】对话框,在【后处理器】列表中选择"FANUC_lathe"后置文件,根据实际情况在【输出文件】中设置文件保存路径,【扩展名】接受默认设置为"NC",在工序导航器处于几何视图状态下,选中节点"MCS_SPINDLE"

节点,最后单击【确定】按钮,生成工序一所有 G 代码。

9)选择下拉菜单【文件】选择【保存】🖫 命令,保存文件。

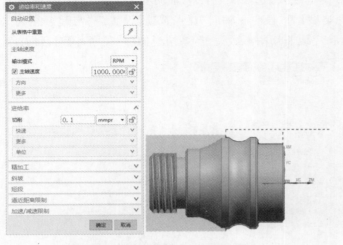

图 6-313　进给率和速度设置

图 6-314　刀位轨迹仿真

11. 创建第二工序

(1)端面轮廓加工。

1)在【插入】组工具栏上单击【创建几何体】🐾 图标按钮,弹出【创建几何体】对话框,如图 6-315(a)所示,在【几何体子类型】中选择【MCS_SPINDLE】🏗 图标按钮,默认名称"MCS_SPINDLE_1"。单击【确定】按钮,弹出【MCS 主轴】对话框,单击【指定 MCS】加工坐标系🐾 按钮,打开【CSYS】对话框,将其原点移动至右端面与回转的中心线交点上,将 MCS 绕 XM 轴旋转-90°,XM 绕轴 ZM 旋转 90°,让 XM-ZM 平面与前一工序车削切割平面重合。保证在此视图中,XM 应该指向上,ZM 应该水平向右。如图 6-315(b)所示,单击【确定】按钮,完成加工坐标系设置。

(a)　　　　　　　　　　　　　　　　　　　(b)

图 6-315　坐标系设置

(a)创建几何体对话框；　(b)加工坐标系设置

2)在工序导航器单击【几何视图】🐾 图标按钮,点击【MCS_SPINDLE_1】前面的"＋"号,展开【WORKPIECE_1】前面的"＋",打开【TURNING_WORKPIECE_1】节点并双击,此时,弹出【车削工件】对话框,在键盘上按下"Ctrl＋W"键,弹出【显示和隐藏】对话框,选择工作区域内的轴实体模型,选择"实体"进行"－"隐藏,选择"片体"进行"＋"显示,单击【关闭】按钮,弹出的显示和隐藏对话框。

3)在【车削工件】对话框中,选择【指定部件边界】图标按钮,弹出【部件边界】对话框,如图 6-317(a)所示,边界【选择方法】选择"面",在工作区选择剖切截面上半部分,如图 6-316(b)所示,单击【确定】按钮,完成部件边界设置,返回【车削工件】对话框。在对话框中选择【指定毛坯边界】图标按钮,【类型】选择型材【工作区】,毛坯【指定参考位置】选择零件左端面回转中心点,【指定目标位置】同样选择零件左端面回转中心点,毛坯构建方向指向了左侧,此时勾选【翻转方向】,单击【确定】按钮,完成车削边界设置,如图 6-316(c)所示。

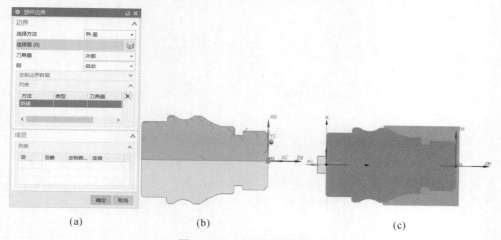

图 6-316　加工几何体设置
(a)部件边界对话框;　(b)零件几何边界设置;　(c)毛坯边界设置

4)几何视图状态下,在工序导航器第一道工序底下,选择"OP-01"端面车削工步单击右键选择"复制",然后找到第二工序点击【TURNING_WORKPIECE_1】单击右键选择"内部粘贴",实现对第一道工序粗加工工步的加工参数继承,选择黏贴后文件"OP-01_COPY"单击右键,选择"重命名",修改为"OP-11"。

5)在工序导航器下,双击"OP-11"在该对话框的几何体区段,单击【切削区域】旁边的编辑按钮,弹出【切削区域】对话框,如图 6-316(a)所示,将【轴向修剪平面 1】的限制点修改为右侧倒角处角点,如图 6-317(b)所示。单击【确定】按钮,重新返回【外径粗车】加工对话框。

6)接受【切削策略】【切削参数】【进给率和速度】选项中所有参数,继承第一道工序参数设置,完成切削参数设置。

7)在【非切削参数】选项卡中修改【逼近】选项卡的出发点位置,坐标为(XC25,YC25,ZC0),其余所有参数继承第一工序所有参数保持默认,如图 6-318 所示。

8)单击【刀位轨迹生成】按钮,系统生成端面加工轨迹,单击【确认】按钮,弹出【刀轨可视化】对话框,可以完成刀轨仿真,选择【3D动态】,利用【播放】按钮可以实现端面路径的仿真加工。

9)选择下拉菜单【文件】选择【保存】命令,保存文件。

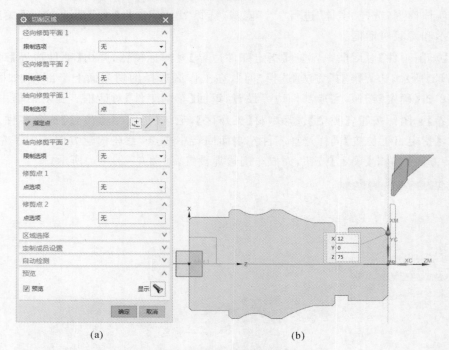

图 6-317　加工区域设置

(a)切削区域对话框；　(b)切削区域设置

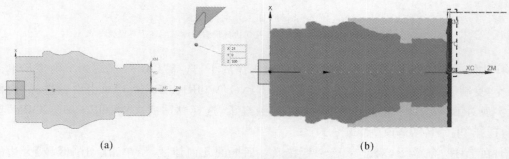

图 6-318　非切削参数设置

(2)外轮廓粗车加工。

1)几何视图状态下,在工序导航器第一道工序底下,选择"OP-02"粗车工步单击右键选择"复制",然后找到第二工序点击【TURNING_WORKPIECE_1】单击右键选择"内部粘贴",实现对第一道工序粗加工工步的加工参数继承,选择黏贴后文件"OP-02_COPY"单击右键,选择"重命名"修改为"OP-22"。

2)在工序导航器下,双击"OP-22"在该对话框的几何体区段,单击【切削区域】旁边的编辑🔧按钮,弹出【切削区域】对话框,将【轴向修剪平面1】的限制点修改为右侧圆柱面的角点,如图 6-319(a)所示,单击【确定】按钮,重新返回【外径粗车】加工对话框。

3）接受【切削策略】【切削参数】【进给率和速度】选项中所有参数继承第一道工序参数设置，完成切削参数设置。

4）在【非切削参数】选项卡中修改【逼近】选项卡的出发点位置，坐标为（XC25，YC25，ZC0），其余所有参数继承第一工序所有参数保持默认，如图 6－319（b）所示。

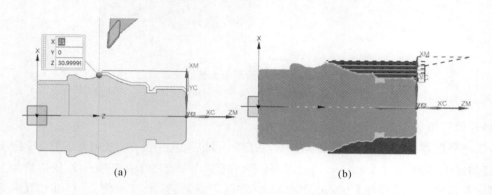

(a)　　　　　　　　　　　　　(b)

图 6－319　外径粗车加工参数设置
(a)切削区域设置；　(b)非切削参数设置

5）单击 ▶【刀位轨迹生成】按钮，系统生成外圆粗加工轨迹，单击 ▲【确认】按钮，弹出【刀轨可视化】对话框，可以完成刀轨仿真，选择【3D 动态】，利用 ▶【播放】按钮可以实现外圆粗加工路径的仿真加工。

6）选择下拉菜单【文件】选择【保存】命令，保存文件。

（3）外轮廓精车加工。

1）几何视图状态下，在工序导航器第一道工序底下，选择"OP－03"精车工步单击右键选择"复制"，然后找到第二工序点击【TURNING_WORKPIECE_1】单击右键选择"内部粘贴"，实现对第一道工序粗加工工步的加工参数继承，选择粘贴后文件"OP－03_COPY"单击右键，选择"重命名"，修改为"OP－33"。

2）在工序导航器下，双击"OP－33"在该对话框的几何体区段，单击【切削区域】旁边的编辑 🖰 按钮，弹出【切削区域】对话框，将【轴向修剪平面 1】的限制点修改为左侧第三圆柱面的角点，如图 6－320(a)所示。单击【确定】按钮，重新返回【外径精车】加工对话框。

3）接受【切削策略】【切削参数】【进给率和速度】选项中所有参数，继承第一道工序参数设置，完成切削参数设置。

4）在【非切削参数】选项卡中修改【逼近】选项卡的出发点位置，如图 6－320（b）所示，坐标为（XC25，YC25，ZC0），其余所有参数继承第一工序所有参数保持默认。单击【确定】按钮，重新返回【外径精车】加工对话框。

5）单击 ▶【刀位轨迹生成】按钮，系统生成外圆精加工轨迹，单击 ▲【确认】按钮，弹出【刀轨可视化】对话框，可以完成刀轨仿真，选择【3D 动态】，利用 ▶【播放】按钮可以实现外圆精加工路径的仿真加工。

6）选择下拉菜单【文件】选择【保存】命令，保存文件。

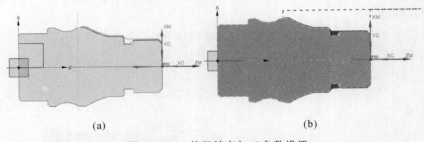

图 6-320　外径精车加工参数设置
(a)切削区域设置；　(b)非切削参数设置

(4)外径切槽加工。

1)工序导航器处于 几何视图状态下,在【插入】组工具栏上单击【创建工序】按钮 ,系统弹出【创建工序】对话框,如图 6-321(a)所示,在【工序子类型】中选择 外径切槽加工,在【位置】选择区中,选择【程序】为"NC_PROGRAM"【刀具】选择为"T3(槽刀-标准)",【几何体】选择为"TURNING_WORKPIECE_1",【方法】选择为"LATHE_GROOVE",加工第四道工序【名称】,输入"OP-44",单击【确定】按钮,弹出【外径开槽】对话框,如图 6-321(b)所示。

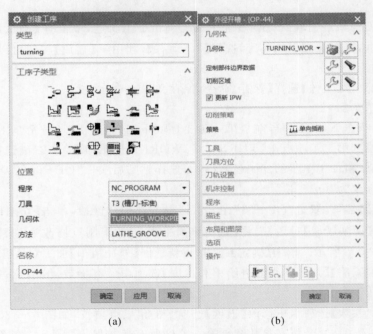

图 6-321　外径开槽工序设置
(a)创建工序对话框；　(b)外径开槽对话框

2)在该对话框的几何体区段,单击【切削区域】旁边的编辑 按钮,弹出【切削区域】对话框,如图 6-322(a)所示。在【轴向修剪平面 1】的【限制选项】列表中选择"点",然后在部件右端面第一个圆柱面轮廓中点,在【轴向修剪平面 2】的【限制选项】列表中选择"点",然后在部件左侧第二个圆柱面轮廓中点,切削区域如图 6-322(b)所示,单击【确定】按钮,以接受【切削区域】对话框设置,重新返回【外径开槽】加工对话框。

3)在【切削策略】选项中接受默认"单向插削";【工具】刀具选项中选择"T3"外槽车刀,其它参数默认;【刀轨设置】选项区中接受默认刀具切削方向,与 XC 方向成 180°,在【步进】参数中设置【步距】为"变量平均值"切深,【最大值】为"75%"刀具直径,【清理】为"仅向下",如图 6-322(c)所示。

4)单击【切削参数】■按钮,系统弹出【切削参数】对话框,在该对话框中选择【余量】选项卡输入粗加工余量【恒定】为"0",【面】为"0",【径向】为"0";修改【公差】为内外公差均为"0.001",其余参数接受系统默认值,然后单击【确定】按钮,完成切削参数设置,如图 6-323(a)所示。

5)单击【非切削参数】■按钮,系统弹出【非切削参数】对话框,在【逼近】选项卡中选择【出发点】通过坐标方式指定一点,如图 6-323(b),坐标为(XC25.0,YC25.0,ZC0),【运动到进刀点】中的【运动类型】选项中设置为"轴向→径向",【离开】选项中【运动到回零点】中的【运动类型】为"径向→轴向",【点选项】设置为"与起点相同",如图 6-323(c)所示,单击【确定】按钮,完成非切削参数设置,系统返回【外径开槽】对话框。

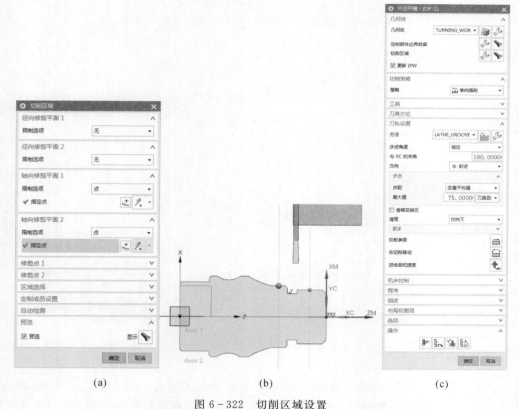

(a)　　　　　　　　　　(b)　　　　　　　　　　(c)

图 6-322　切削区域设置

(a)切削区域对话框;　(b)切削区域指定;　(c)外径开槽加工策略

6)单击【进给率和速度】按钮,系统弹出【进给率和速度】对话框,在【主轴速度】选项中的【输出模式】中选择【RPM】模式,勾选【主轴转速】输入 350r/min,在【切削率】输入进给速度0.1mmpr,其余参数默认,如图 6-324 所示,单击【确定】按钮,完成切削参数设置,系统返回

【外径开槽】对话框。

图 6 - 323　外径开槽加工参数设置

(a)切削参数余量设置；　(b)出发点定设置；　(c)离开方式设置

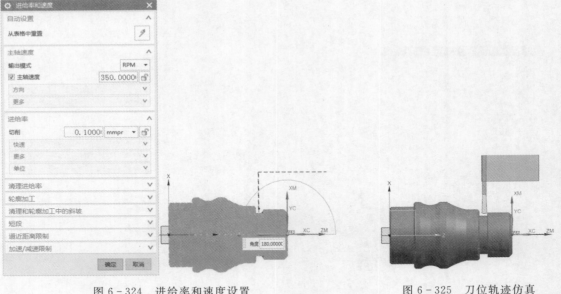

图 6 - 324　进给率和速度设置　　　　图 6 - 325　刀位轨迹仿真

7)单击 【刀位轨迹生成】按钮,系统生成外径开槽加工轨迹,如图 6 - 325 所示,单击 【确认】按钮,弹出【刀轨可视化】对话框,可以完成刀轨仿真,选择【3D 动态】,利用 【播放】按钮可以实现外径开槽路径的仿真加工。

8)选择下拉菜单【文件】选择【保存】命令,保存文件。

(5)外圆柱螺纹加工。

1)工序导航器处于 几何视图状态下,在【插入】组工具栏上单击【创建工序】按钮 ,系统弹出【创建工序】对话框,在【工序子类型】中选择 外螺纹加工,在【位置】选择区中,选择【程序】为"NC_PROGRAM"【刀具】选择为"T4（螺纹刀-标准）"，【几何体】选择为"TURNING_WORKPIECE_1"，【方法】选择为"LATHE_THREAD"，加工第五道工序，【名称】输入"OP－55"，如图 6－326(a)所示，单击【确定】按钮，弹出【外径螺加工】对话框，如图 6－326(b)所示。

2）在【螺纹形状】选项中【选择顶线】在车削模型右侧选择外圆柱面轮廓线，【选择终止线】选择第一个退刀槽的右端面。【深度选项】选择【深度和角度】控制模式，【深度】设置为"0.6495＊2.0"，【与 XC 的夹角】输入"180"；在【偏置】选项中【起始偏置】设置为"1"，【终止偏置】设置为"1"，在刀轨设置中【切削深度】设置为"剩余百分比"，其中【最大距离】设置为"1"，【最小距离】为"0.01"，【切削深度公差】设置为默认值，【螺纹头数】为单头"1"方式，其余参数接受默认，设置结果如图 6－326(b)所示。

图 6－326　外径螺纹加工工序设置

(a)创建工序对话框；　(b)外径螺纹加工对话框；　(c)螺距设置

3）单击【切削参数】按钮，系统弹出【切削参数】对话框，在该对话框中选择【螺距】选项卡中设置【螺距选项】为"螺距"，【螺距变化】为"恒定"，【距离】螺距为"2"。修改【输出单位】为"与输入相同"，其余参数接受系统默认值，然后单击【确定】按钮，完成切削参数设置，如图 6－326

（c）所示。

4）单击【非切削参数】按钮，系统弹出【非切削参数】对话框，在【逼近】选项卡中选择【出发点】通过坐标方式指定一安全点，坐标为（XC25，YC25，ZC0），如图 6-327（a）所示，【运动到进刀起点】运动类型选择"轴向—径向"，其余参数默认，【离开】离开退刀类型选择"径向→轴向"，其余参数默认，【进刀】选项卡中【进刀】方式选择【角度】输入角度"60"，如图 6-327（b）所示，【退刀】选项卡中【退刀】方式选择【角度】输入角度"90"，如图 6-327（c）所示，【移刀类型】默认为【退刀】。单击【确定】按钮，完成非切削参数设置，如图 6-327（d）所示，系统返回【外径螺纹加工】对话框。

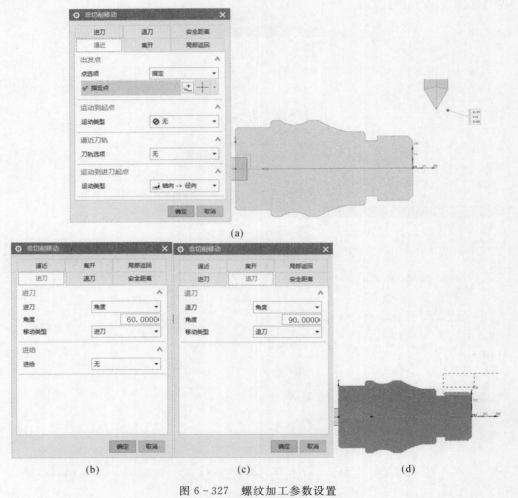

（a）

（b）　　　　　（c）　　　　　（d）

图 6-327　螺纹加工参数设置

（a）出发点设置；　（b）进刀方式设置；　（c）退刀方式设置；　（d）非切削移动轨迹

5）单击【进给率和速度】按钮，系统弹出【进给率和速度】对话框，在【主轴速度】选项中的【输出模式】中选择【RPM】模式，勾选【主轴转速】输入 1000r/min，在【进给率】输入切削速度 2.0mmpr，其余参数默认，如图 6-328 所示，单击【确定】按钮，完成切削参数设置，系统返回【外径螺纹加工】对话框。

6)单击 ![]【刀位轨迹生成】按钮,系统生成外螺纹加工轨迹,如图 6 - 329 所示,单击 ![]【确认】按钮,弹出【刀轨可视化】对话框,可以完成刀轨仿真,选择【3D 动态】,利用 ▶【播放】按钮可以实现外螺纹路径的仿真加工。

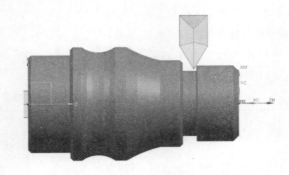

图 6 - 328　进给率和速度设置　　　　　图 6 - 329　刀位轨迹仿真

7)仿真无误后,单击工序集 ![]【后处理】器按钮,弹出【后处理】对话框,在【后处理器】列表中选择"FANUC_lathe"后置文件,根据实际情况在【输出文件】中设置文件保存路径,【扩展名】接受默认设置为"NC",在工序导航器处于 ![] 几何视图状态下,选中节点"MCS_SPINDLE_1"节点,最后单击【确定】按钮,生成所有工序 G 代码。

8)选择下拉菜单【文件】选择【保存】命令,保存文件。

6.7.2　综合项目二

本项目待加工零件为梯形槽螺纹轴,如图 6 - 330 所示。已知毛坯规格为 $\phi 45\text{mm} \times 90\text{mm}$ 的棒料,材料为 45♯钢。要求制订零件加工工艺;编写零件数控加工程序;并通过数控仿真加工调试,优化程序;最后进行零件的加工检测。

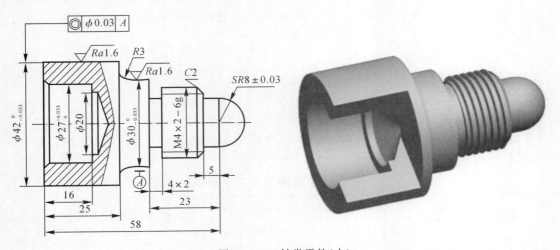

图 6 - 330　轴类零件(十)

1. 分析零件图

零件图如图 6-330 所示。该零件由外圆柱面、圆弧面、梯形沟槽、普通三角螺纹及内孔组成。其中三处外圆 $\phi25$ mm、$\phi33$ mm、$\phi42$ mm 和孔 $\phi20$ mm 有严格的尺寸精度和表面粗糙度要求。同时,螺纹及总长也有尺寸精度要求。零件材料为 45♯钢,无热处理和硬度要求。

2. 确定装夹方案

此零件外形规整,加工基准选择外圆柱面,采用三爪自定心卡盘装夹。

3. 选择刀具及切削用量

刀具及切削参数见表 6-5。

表 6-5　刀具及切削参数

序号	刀具号	刀具类型	加工表面	切削用量	
				主轴转速 $n/(\text{r} \cdot \text{mm}^{-1})$	进给速度 $F/(\text{mm} \cdot \text{r}^{-1})$
1	T0101	93°菱形外圆车刀	外圆表面、端面	600	0.25
2	T0202	75°镗孔刀	镗孔	1000	0.1
3	T0303	4mm 切槽刀	沟槽、切断	350	0.1
4	T0404	60°外螺纹刀	三角螺纹	1000	2
5		中心钻		800	
6		$\phi18$ mm 麻花钻		350	
编制		审核		批准	

4. 确定加工方案

工步一:车端面,打中心孔。

工步二:钻 $\phi18$mm 毛坯孔。

工步三:镗 $\phi20$mm 内孔。

工步四:粗、精车 $\phi33$mm、$\phi42$mm 外圆柱面、$R4$mm 圆弧、M28mmx2 螺纹大径。

工步五:切退刀槽。

工步六:切梯形槽。

工步七:螺纹。

工步八:切断。

5. 填写工艺文件

按加工顺序将各工步的加工内容、所用刀具编号、切削用量等加工信息填入数控加工工序卡中,见表 6-6。

表 6-6　数控加工工序卡

数控加工工序卡			产品名称	项目名称	项目序号
				螺纹轴零件加工(3)	05
工序号	程序编号	夹具名称	夹具编号	使用设备	车间
001	O0051	三爪卡盘		CAK6150DJ	数控实训中心

续 表

工步号	工步内容	切削用量			刀具		量具名称	备注
		主轴转速 $n/(\text{r}\cdot\text{mm}^{-1})$	进给速度 $F/(\text{mm}\cdot\text{r}^{-1})$	背吃刀量 a_p/mm	编号	名称		
1	车端面	600			T0101	外圆车刀	游标卡尺	手动
2	钻中心孔	800			T0202	中心钻		手动
3	钻 $\phi 18\text{mm}$ 毛坯孔	300			T0303	$\phi 18\text{mm}$ 麻花钻		手动
4	镗 $\phi 20\text{mm}$ 孔	800	0.1	0.25	T0404	$75°$ 镗孔刀	内径量表	自动
5	粗车轮廓,留余量	600	0.25	1—2	T0101	外圆车刀	外径千分尺	自动
6	精车轮廓	1000	0.1	0.25	T0102	外圆车刀	外径千分尺	自动
7	切槽	350	0.1	2	T0405	切槽刀	游标卡尺	自动
8	螺纹	1000	2		T0406	螺纹刀	螺纹千分尺	自动
编制		审核			批准		共 1 页	第 1 页

6. 加工环境初始化

(1)打开源文件夹 6.6 - 10. part 模型文件。

(2)在"标准"组工具条上选择【开始】→【加工】命令,程序弹出【加工环境】对话框,如图 6 - 331(a)所示。在【CAM 会话配置】列表中选择【cam_general】,同时在该对话框的【要创建的 CAM 设置】列表中选择【turning】,如图 6 - 331(b),单击【确定】按钮,进入车削加工环境。

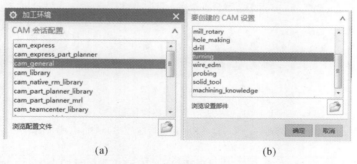

(a)　　　　　　　　　　(b)

图 6 - 331　车削加工环境设置

(a)通用加工模式;　(b)车削加工环境

7. 创建加工坐标系

(1)首先应将工作坐标系(【WCS】坐标系)定位在刀具移动所在的 XC—YC 平面。在图形窗口背景中,右键单击并选择【定向视图】→【俯视图】。然后选择【菜单】→【格式】→【WCS】→【显示】。双击【WCS】坐标系,调整方向并将其原点移动至轴零件右端面与回转的中心线交点上。保证在此视图中,XC 应该指向水平右侧,YC 应该指向垂直正上方,如图 6 - 332(a)所示。

(2)在工序导航器组中切换视图为【几何】视图,双击 MCS_SPINDLE 项目,弹出【Turn Orient】,单击【CSYS】对话框中的 ▣ 按钮,打开【CSYS】对话框,将 MCS 绕 YM 轴旋转 90°。

将其原点移动至右端面与回转的中心线交点上,在【Turn Orient】对话框中,将车床工作平面指定为 ZM - XM。保证在此视图中,XM 应该指向上,ZM 应该水平向右,如图 6 - 332(b)所示。

图 6 - 332　坐标系设量

(a)工件坐标系设定;　(b)加工坐标系设定

8.设置工件和毛坯

(1)在工序导航器中,双击【WORKPIECE】弹出【工件】几何对话框,单击⚙【指定部件】,如图 6 - 333(a)所示,弹出【部件几何体】对话框,如图 6 - 333(b)所示,在工作区选择轴零件为部件体,如图 6 - 333(c)所示,然后单击【确定】按钮。单击材料编辑🔧在【部件材料】列表中可以选择【MATO_00266】7050 铝作为部件材料,单击【确定】按钮。

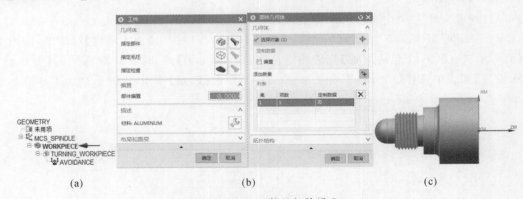

图 6 - 333　工件几何体设定

(a)工件对话框;　(b)部件几何体对话框;　(c)零件几何体选择

(2)在导航器单击工序选项卡🗂,点击【WORKPIECE】前面的"＋"号,如图 6 - 334(a)所示,展开【TURNING_WORKPIECE】节点并双击,此时,车削加工剖切边界自动生成,弹出【Turn Bnd】对话框,单击【指定毛坯边界】🖼按钮,弹出【毛坯边界】对话框,【类型】选择型材【棒料】,毛坯【安装位置】选择【在主轴箱处】,【指定点】坐标位置参考【WCS】坐标输入(XC:-67,YC:0,ZC:0),单击【确定】按钮,毛坯【长度】输入 68,【直径】输入 45,如图 6 - 334(b)所示,单击【确定】按钮,如图 6 - 334(c)所示,单击【确定】按钮,完成车削边界设定。

9.创建数控刀具

(1)在【插入】组工具栏上单击【创建刀具】,弹出【创建刀具】对话框,在该对话框中选择【OD_80_L】80°外圆粗车左偏刀,并命名为 T1,如图 6 - 335(a)所示。

（2）单击【应用】按钮，随后弹出【车刀-标准】对话框，选择【ISO 刀片形状】为"V（菱形 35）"外圆粗车刀片，设置【（R）刀尖半径】值为"0.2"，【（OA）方向角度】为"52"刀片【长度】为"10"，刀具号输入"1"，单击【更多】选项卡中【工作坐标系】"MCS 主轴组"设置为"工序"，其余参数保持默认设置，如图 6-335（b）所示。

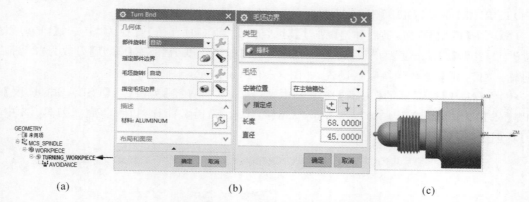

(a)　　　　　　　　　　(b)　　　　　　　　　　(c)

图 6-334　毛坯几何边界设量

（a）车削边界对话框；　（b）毛坯边界对话框；　（c）车削二维轮廓截面

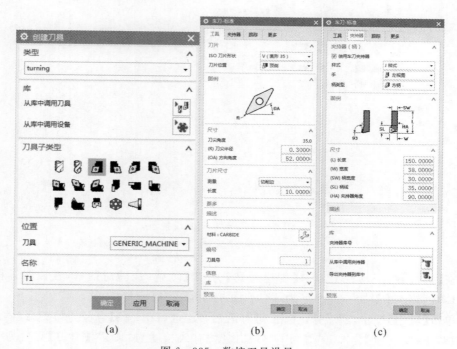

(a)　　　　　　　　　　(b)　　　　　　　　　　(c)

图 6-335　数控刀具设量

（a）刀具设置对话框；　（b）刀片设置对话框；　（c）刀柄设置对话框

（3）在【车刀-标准】对话框的【夹持器】选项卡中，勾选【使用车刀夹持器】复选框，【样式】选择"J 样式"，【（HA）夹持器角度】输入"90"，其余参数选择刀柄默认参数，刀柄参数如图 6-335（c）所示，最后关闭该对话框，完成刀具 T1 刀具创建。

（4）在工序导航器单击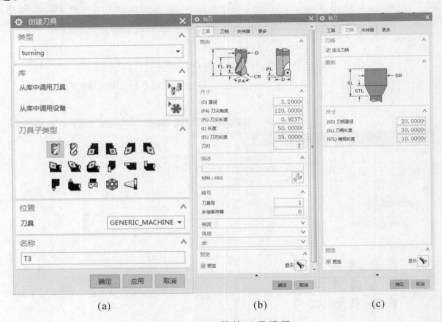机床视图按钮，切换至刀具视图状态，然后选择 T1 刀具，单击右键，"复制"→"粘贴"实现第二把精车刀"T1_COPY"创建，单击右键"重命名"，修改为"T2"刀具，完成 T2 精车刀创建。

（5）在【插入】组工具栏上单击【创建刀具】，弹出【创建刀具】对话框，在该对话框中选择【SPOTDRILLING_TOOL】中心钻，并命名为 T3，如图 6－336(a)所示。

（6）单击【应用】按钮，随后弹出【钻刀】对话框，设置【(D)直径】直径为"3.2"，【(PA)刀尖角度】为"120"，【(L)长度】为"50"，【(FL)刃长长度】有效长度为"35"，【刀刃】刃数为"2"刃，刀具号输入"1"，其余参数保持默认设置，如图 6－336(b)所示。

（7）在【钻刀】对话框的【刀柄】选项卡中，【(SD)刀柄直径】为"20"，【(SL)刀柄长度】为"30"，【(STL)锥柄长度】为"10"，如图 6－336(c)所示，最后关闭该对话框，完成刀具 T3 中心钻刀具创建。

(a)   (b)   (c)

图 6－336 数控刀具设量

(a)刀具设置对话框； (b)刀片设置对话框； (c)刀柄设置对话框

（8）在【插入】组工具栏上单击【创建刀具】，弹出【创建刀具】对话框，在该对话框中选择【DRILLING_TOOL】钻头，并命名为 T4，如图 6－337(a)所示。

（9）单击【应用】按钮，随后弹出【钻刀】对话框，设置【(D)直径】直径为"18"，【(PA)刀尖角度】为"118"，【(L)长度】为"150"，【(FL)刃长长度】有效长度为"135"，【刀刃】刃数为"2"刃，刀具号输入"4"，其余参数保持默认设置，如图 6－337(b)所示。

（10）在【钻刀】对话框的【刀柄】选项卡中，【(SD)刀柄直径】为"40"，【(SL)刀柄长度】为"60"，【(STL)锥柄长度】为"10"，如图 6－337(c)所示，最后关闭该对话框，完成刀具 T4 中心钻刀具创建。

（11）在【插入】组工具栏上单击【创建刀具】，弹出【创建刀具】对话框，在该对话框中选择【ID_80_L】内孔镗刀，并命名为 T5，如图 6－338(a)所示。

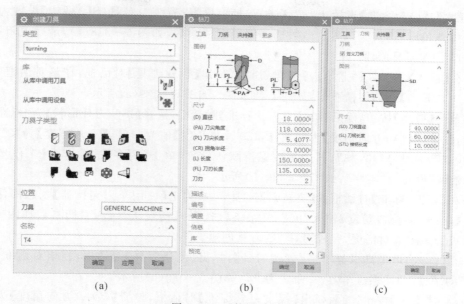

图 6-337　数控刀具设量

(a)刀具设置对话框；　(b)刀片设置对话框；　(c)刀柄设置对话框

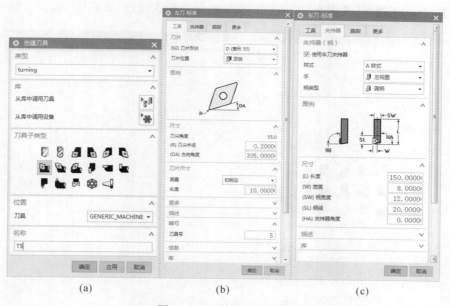

图 6-338　数控刀具设量

(a)刀具设置对话框；　(b)刀片设置对话框；　(c)刀柄设置对话框

（12）单击【应用】按钮，随后弹出【车刀－标准】对话框，选择【ISO 刀片形状】为"D(菱形55)"内孔镗刀刀片，设置【(R)刀尖半径】值为"0.2"，【(OA)方向角度】为"305"刀片【长度】为"10"，刀具号输入"5"，单击【更多】选项卡中【工作坐标系】"MCS 主轴组"设置为"工序"，其余参数保持默认设置，如图 6-338(b)所示。

（13）在【车刀-标准】对话框的【夹持器】选项卡中，勾选【使用车刀夹持器】复选框，【样式】

选择"A 样式",【(W)宽度】设置为"8",【(SW)柄宽度】设置为"12",【(SL)柄线】设置为"20",【(HA)夹持器角度】输入"0",其余参数选择刀柄默认参数,如图 6-338(c),最后关闭该对话框,完成刀具 T5 刀具创建。

(14)在【插入】组工具栏上单击【创建刀具】,弹出【创建刀具】对话框,在该对话框中选择【OD_GROOVE_L】外圆切槽左偏刀,并命名为 T6,如图 6-339(a)所示。

(15)单击【应用】按钮,随后弹出【车刀-标准】对话框,选择【ISO 刀片形状】为"标准"外圆切槽刀片,设置【(OA)方向角度】为"90",【(IL)刀片长度】值为"10",【刀片宽度】为"3",【(R)半径】为"0.2",刀具号输入"3",其余参数保持默认设置,单击【更多】选项卡中【工作坐标系】"MCS 主轴组"设置为"工序",如图 6-339(b)所示。

(16)在【车刀-标准】对话框的【夹持器】选项卡中,勾选【使用车刀夹持器】复选框,【样式】选择"0",【(HA)夹持器角度】输入"90",其余参数选择刀柄默认参数,刀柄参数如图 6-339(c)所示,最后关闭该对话框,完成刀具 T6 刀具创建。

(17)在【插入】组工具栏上单击【创建刀具】,弹出【创建刀具】对话框,在该对话框中选择【OD_THREAD_L】外螺纹车刀,并命名为 T7,如图 6-340(a)所示。

(18)单击【应用】按钮,随后弹出【螺纹刀-标准】对话框,设置【(OA)方向角度】为"90",【(IL)刀片长度】为"10",【(IW)刀片宽度】为"5",【(LA)左角】为"30",【(LA)右角】为"30",【(NR)刀尖半径】为"0.2",【(TO)刀尖偏置】为"2.5"刀具号输入"7",单击【更多】选项卡中【工作坐标系】"MCS 主轴组"设置为"工序",其余参数保持默认设置,如图 6-340(b)所示。

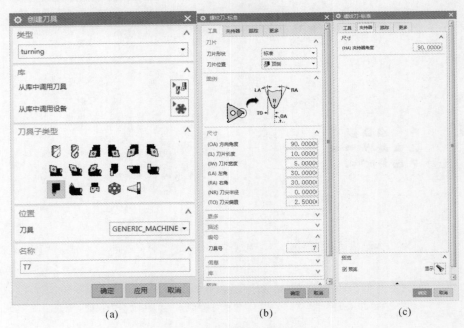

(a)　　　　　　　(b)　　　　　　　(c)

图 6-339　数控刀具设置

(a)刀具设置对话框；　(b)刀片设置对话框；　(c)刀柄设置对话框

(19)在【螺纹刀-标准】对话框的【夹持器】选项卡中默认系统参数,如图 6-340(c)所示,最后关闭该对话框,完成刀具 T7 螺纹车刀创建。

10.创建第一工序

（1）端面轮廓加工。

1）工序导航器处于 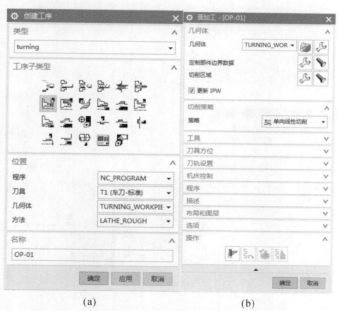 几何视图状态下，在【插入】组工具栏上单击【创建工序】按钮，系统弹出【创建工序】对话框，在【工序子类型】中选择面切削，在【位置】选择区中，选择【程序】为"NC＿PROGRAM"【刀具】选择为"T1 车刀-标准)"，【几何体】选择为"TURNING＿WORKPIECE"，【方法】选择为"LATHE＿ROUGH"，加工第一道工序，【名称】输入"OP-01"，如图 6-341（a）所示，单击【确定】按钮，弹出【面加工】对话框，如图 6-341（b）所示。

2）在该对话框的几何体区段，单击【切削区域】旁边的编辑 按钮，弹出【切削区域】对话框，如图 6-342（a）所示。在【轴向修剪平面 1】的【限制选项】列表中选择"点"，然后在部件右端面处选择圆中心，切削区域如图 6-342（b）所示，单击【确定】按钮，以接受【切削区域】对话框设置，重新返回【面】加工对话框。

3）在【刀轨设置】选项区中接受默认刀具切削方向，与 XC 方向成 270°，在【步进】参数中设置【切削深度】为【恒定】切深，其【深度】值为"1.0"，【变换模式】为"省略"，【清理】为"全部"。

4）单击【切削参数】按钮，系统弹出【切削参数】对话框，在该对话框中选择【余量】选项卡输入粗加工余量依次【恒定】为"0"，【面】为"0"，【径向】为"0"，然后单击【确定】按钮，完成切削参数设置，如图 6-343（a）所示。

5）单击【非切削参数】按钮，系统弹出【非切削参数】对话框，在【逼近】选显卡的【出发点】选项内指定出发位置为"点"如图 6-343（b）所示，坐标为（XC20，YC30，ZC0），【运动到进刀起点】方式为"轴向→径向"，在【离开】选项中【运动到回零点】选择【运动类型】为"径向→轴向"，【点选项】选择为"与起点相同"，其余选项卡参数默认，如图 6-343（c）所示，完毕单击【确定】按钮。

图 6-341　端面加工工序设量

（a）创建工序对话框；　（b）面加工设置对话框

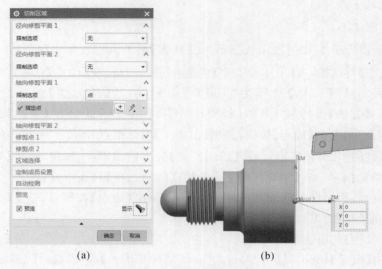

图 6 - 342　切削区域设置

(a)切削区域对话框；　(b)端面切削区域划分

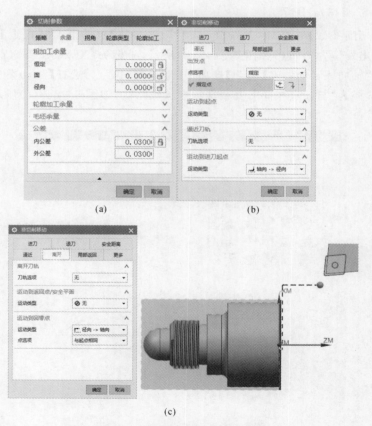

图 6 - 343　端面加工参数设置

(a)切削余量设置；　(b)出发点设置；　(c)离开方式设置

6)单击【进给率和速度】按钮，系统弹出【进给率和速度】对话框，在【主轴速度】选项中的【输出模式】中选择【RPM】模式，勾选【主轴转速】输入 600r/min，在【切削率】输入切削速度 0.25mmpr，其余参数默认，如图 6 - 344 所示，单击【确定】按钮，完成切削参数设置，系统自动返回【端面加工】对话框。

7)单击【刀位轨迹生成】按钮，系统生成端面加工轨迹，如图 6 - 345 所示，单击【确认】按钮，弹出【刀轨可视化】对话框，可以完成刀轨仿真，选择【3D 动态】，利用【播放】按钮可以实现端面路径的仿真加工。

8)选择下拉菜单【文件】选择【保存】命令，保存文件。

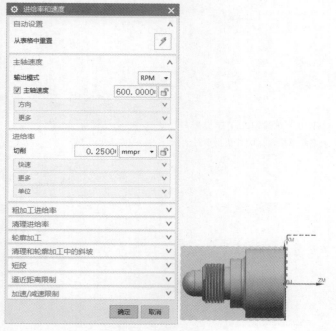

图 6 - 344　进给率和速度设置

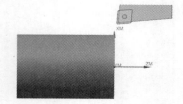

图 6 - 345　端面刀位轨迹生成

(2)外轮廓粗车加工。

1)工序导航器处于几何视图状态下，在【插入】组工具栏上单击【创建工序】按钮，系统弹出【创建工序】对话框，如图 6 - 346(a)所示，在【工序子类型】中选择外径粗车切削，在【位置】选择区中，选择【程序】为"NC_PROGRAM"【刀具】选择为"T1(车刀-标准)"，【几何体】选择为"TURNING_WORKPIECE"，【方法】选择为"LATHE_ROUGH"，加工第二道工序，【名称】输入"OP - 02"，如图 6 - 346(b)所示，单击【确定】按钮，系统弹出【外径粗车】对话框。

2)在该对话框的几何体区段，单击【切削区域】旁边的编辑按钮，弹出【切削区域】对话框，如图 6 - 347(a)所示。在【轴向修剪平面 1】的【限制选项】列表中选择"点"，然后在部件右侧第二个圆柱面中心，切削区域如图 6 - 347(b)所示，单击【确定】按钮，以接受【切削区域】对话框设置，重新返回【外径粗车】加工对话框。

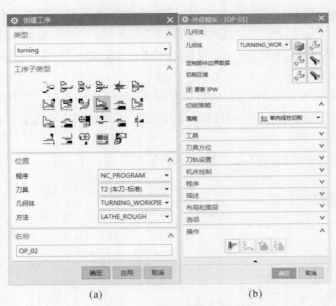

(a)   (b)

图 6-346　外圆粗车工序设置

(a)创建工序对话框；　(b)外径粗车对话框

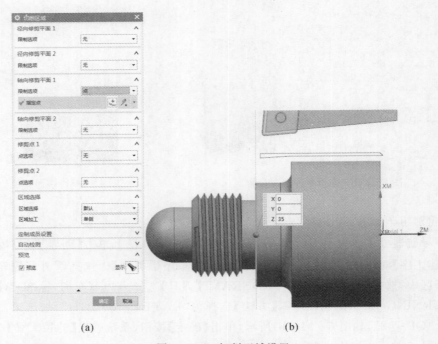

(a)   (b)

图 6-347　切削区域设置

(a)切削区域对话框；　(b)切削区域指定

3）在【切削策略】选项中接受默认"单向线性切削"；【工具】刀具选项中选择"T2"外圆车刀，其它参数默认。【刀轨设置】选项区中接受默认刀具切削方向，与 XC 方向成180°，在【步进】参数中设置【切削深度】为【恒定】切深,其【深度】值为"2.0",【变换模式】为"根据层",【清理】为"全部"如图 6-348 所示。

4)单击【切削参数】![img]按钮,系统弹出【切削参数】对话框,在该对话框中选择【余量】选项卡输入粗加工余量依次【恒定】为"0.5",【面】为"0",【径向】为"0",在【拐角】选项卡中,【常规拐角】设置为"延伸",【浅角】设置为"延伸",【凹角】设置为"延伸",在【轮廓加工】中不要勾选【附加轮廓加工】为精加工留下余量,其余参数默认,然后单击【确定】按钮,完成切削参数设置,如图 6-349(a)所示。

图 6-348　外径粗车策略设置

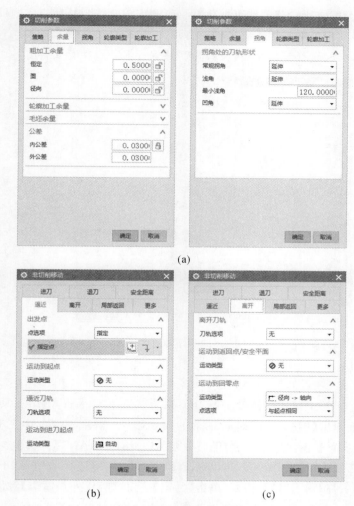

图 6-349　外径粗车加工参数设置
(a)切削参数设置;　(b)出发点设置;　(c)离开方式设置

5)单击【非切削参数】![img]按钮,系统弹出【非切削参数】对话框,在【逼近】选项卡中选择【出发点】通过坐标方式指定一点,坐标为(XC20,YC30,ZC0),如图 6-349(b)所示,【进刀】进刀类型选择"线性-自动",其余参数默认,【退刀】退刀类型选择"线性-自动",【安全距离】选项中径向和轴向安全距离设置为"0",【离开】选项中【运动到回零点】选择【运动类型】为"径向→

轴向",【点选项】设置为"与起点相同",如图 6-349(c)所示,单击【确定】按钮,完成非切削参数设置,系统返回【外径粗车】对话框。

6)单击【进给率和速度】按钮,系统弹出【进给率和速度】对话框,在【主轴速度】选项中的【输出模式】中选择【RPM】模式,勾选【主轴转速】输入 600r/min,在【进给率】输入切削速度0.25mmpr,其余参数默认,如图 6-350 所示,单击【确定】按钮,完成切削参数设置,系统返回【外径粗车】对话框。

7)单击【刀位轨迹生成】按钮,系统生成外圆粗加工轨迹,如图 6-351 所示,单击【确认】按钮,弹出【刀轨可视化】对话框,可以完成刀轨仿真,选择【3D 动态】,利用【播放】按钮可以实现外圆粗加工路径的仿真加工。

8)选择下拉菜单【文件】选择【保存】命令,保存文件。

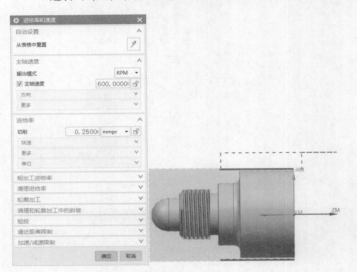

图 6-350　进给率和速度设置

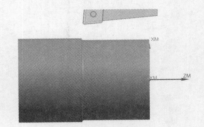

图 6-351　刀位轨迹仿真

(3)外轮廓精车加工。

1)工序导航器处于几何视图状态下,在【插入】组工具栏上单击【创建工序】按钮,系统弹出【创建工序】对话框,如图 6-352(a)所示,在【工序子类型】中选择外径精车切削,在【位置】选择区中,选择【程序】为"NC_PROGRAM"【刀具】选择为"T2(车刀-标准)",【几何体】选择为"TURNING_WORKPIECE",【方法】选择为"LATHE_FINISH",加工第一道工序,【名称】输入"OP-03",单击【确定】按钮,弹出【外径精车】对话框,如图 6-352(b)所示。

2)在该对话框的几何体区段,单击【切削区域】旁边的编辑按钮,弹出【切削区域】对话框,如图 6-353(a)所示。在【轴向修剪平面 1】的【限制选项】列表中选择"点",然后在部件右端面第二圆柱面边界点,切削区域如图 6-353(b)所示,单击【确定】按钮,以接受【切削区域】对话框设置,重新返回【外径精车】加工对话框。

3)在【切削策略】选项中接受默认"全部精加工";【工具】刀具选项中选择"T2"外圆精车刀,其它参数默认;【刀轨设置】选项区中接受默认刀具切削方向,与 XC 方向成 180°,在【步进】参数中设置接受默认参数,勾选【省略变换区】,如图 6-354 所示。

(a)　　　　　　　　　　　(b)

图 6 - 352　外圆精车工序设置

(a)创建工序对话框；　(b)外径精车对话框

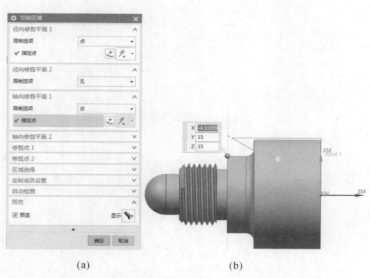

(a)　　　　　　　　　(b)

图 6 - 353　切削区域设置

(a)切削区域对话框；　(b)切削区域指定

4)单击【切削参数】囲按钮,系统弹出【切削参数】对话框,其余参数默认,如图 6 - 355(a)所示,然后单击【确定】按钮,完成切削参数设置。

5)单击【非切削参数】按钮,系统弹出【非切削参数】对话框,在【逼近】选项卡中选择【出发点】通过坐标方式指定点,坐标为(XC20,YC30,ZC0),【运动到进刀起点】中的【运动类型】设置为"轴向→径向",如图 6 - 355(b)所示,【进刀】进刀类型选择"线性-自动",其余参数默认,

【退刀】退刀类型选择"与进刀相同",【安全距离】选项中径向和轴向安全距离设置为"0",【离开】选项中【运动到回零点】选择【运动类型】为"径向→轴向",【点选项】设置为"与起点相同",如图6-355(c)所示,单击【确定】按钮,完成非切削参数设置,系统返回【外径精车】对话框。

6)单击【进给率和速度】按钮,系统弹出【进给率和速度】对话框,在【主轴速度】选项中的【输出模式】中选择【RPM】模式,勾选【主轴转速】输入1000r/min,在【进给率】输入切削速度0.1mmpr,其余参数默认,如图6-356所示,单击【确定】按钮,完成切削参数设置,系统返回【外径精车】对话框。

7)单击 刀位轨迹生成按钮,系统生成端面加工轨迹,如图6-357所示,单击 【确认】按钮,弹出【刀轨可视化】对话框,可以完成刀轨仿真,选择【3D动态】,利用 【播放】按钮可以实现端面路径的仿真加工。

8)选择下拉菜单【文件】选择【保存】 命令,保存文件。

图6-354 外径精车策略设置

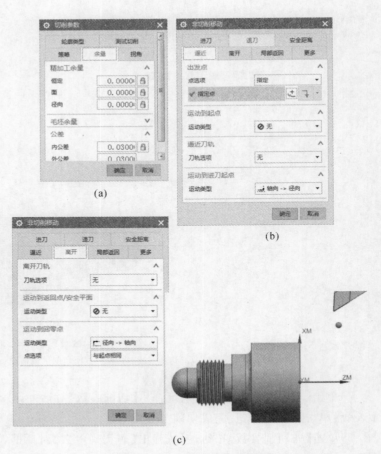

(a)

(b)

(c)

图6-355 外径精车策略设置

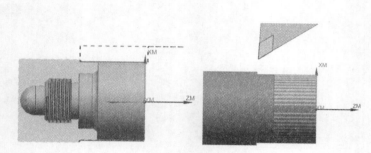

图 6 - 356　进给率和速度设置　　　　　　　图 6 - 357　刀位轨迹仿真

（4）中心孔加工。

1）工序导航器处于 ❄️ 几何视图状态下，在【插入】组工具栏上单击【创建工序】按钮 ✏️，系统弹出【创建工序】对话框，在【工序子类型】中选择 🔩 中心线点钻，在【位置】选择区中，选择【程序】为"NC_PROGRAM"【刀具】选择为"T3"，【几何体】选择为"TURNING_WORKPIECE"，【方法】选择为"LATHE_CENTERLINE"，加工第一道工序，【名称】输入"OP - 04"，如图 6 - 358(a)所示，单击【确定】按钮，弹出【中心线点钻】对话框，如图 6 - 358(b)所示。

2）在【循环类型】选项中接受默认点"钻"；【输出选项】选择"已仿真"，【进刀距离】设置为"3"，【主轴停止】选择默认"无"，【退刀】选择"至起始位置"；在【起始位置】选择"自动"，【入口直径】默认为"0"，点钻【深度选项】选择"距离"方式，输入【距离】为"5"，其中【参考深度】为"刀尖"方式，【偏置】为"0"，其余参数接受默认，设置结果如图 6 - 358(b)所示。

3）单击【非切削参数】📊 按钮，系统弹出【非切削参数】对话框，在【逼近】选项卡中选择【出发点】通过坐标方式指定一安全点，坐标为（XC20，YC30，ZC0），如图 6 - 358(c)所示，【逼近】选项卡中【运动到进刀起点】运动类型选择"径向→轴向"，其余参数默认，【离开】离开退刀类型选择"轴向→径向"，其余参数默认，如图 6 - 358(d)所示，单击【确定】按钮，完成非切削参数设置，系统返回到【中心线点钻】对话框。

4）单击【进给率和速度】📊 按钮，系统弹出【进给率和速度】对话框，在【主轴速度】选项中的【输出模式】中选择【RPM】模式，勾选【主轴转速】输入 800r/min，在【进给率】输入切削速度0.06mmpr，其余参数默认，如图 6 - 359 所示，单击【确定】按钮，完成切削参数设置，系统返回【中心线点钻】对话框。

5）单击 ▶️【刀位轨迹生成】按钮，系统生成中心钻加工轨迹，如图 6 - 360 所示，单击 🔲【确认】按钮，弹出【刀轨可视化】对话框，可以完成刀轨仿真，选择【3D 动态】，利用 ▶【播放】按钮可以实现钻中心孔路径的仿真加工。

6）选择下拉菜单【文件】选择【保存】📀 命令，保存文件。

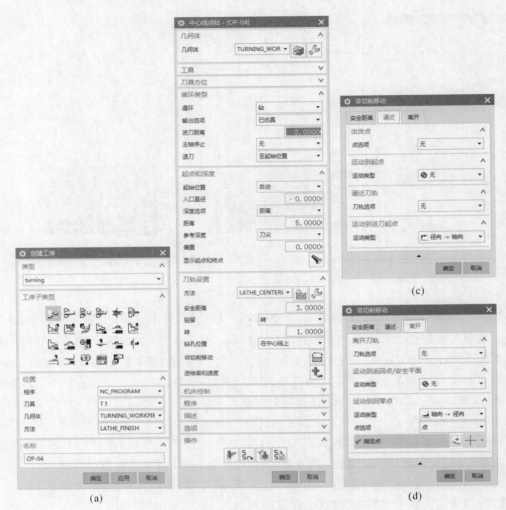

图 6 - 358　点钻工序加工参数设置

(a)创建工序对话框；　(b)中心线点钻策略设置；　(d)离开方式设置

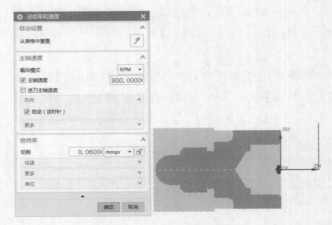

图 6 - 359　进给率和速度设置

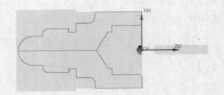

图 6 - 360　刀位轨迹仿真

(5)钻孔加工。

1)工序导航器处于 几何视图状态下，在【插入】组工具栏上单击【创建工序】按钮 ，系统弹出【创建工序】对话框，在【工序子类型】中选择 中心线钻孔，在【位置】选择区中，选择【程序】为"NC_PROGRAM"【刀具】选择为"T4"，【几何体】选择为"TURNING_WORKPIECE"，【方法】选择为"LATHE_CENTERLINE"，加工第一道工序，【名称】输入"OP-05"，如图 6-361(a)所示，单击【确定】按钮，弹出【中心线钻孔】对话框，如图 6-361(b)所示。

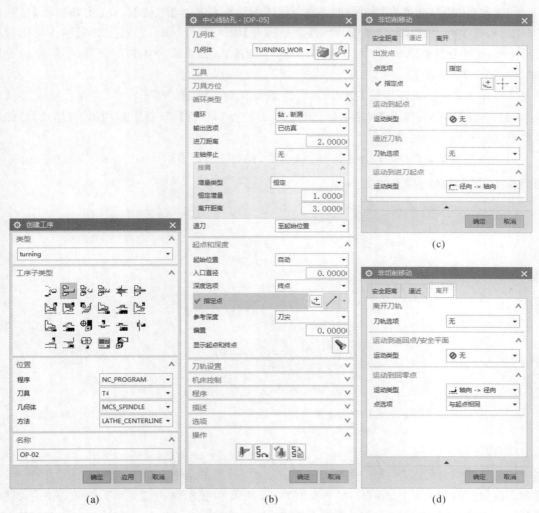

图 6-361　中心钻孔加工工序参数设置
(a)刀具设置对话框；　(b)中心钻孔策略设置；　(c)出发点设置；　(d)离开方式设置

2)在【循环类型】选项中选择"钻、断屑"方式；【输出选项】选择"已仿真"，【进刀距离】设置为"2"，【主轴停止】选择默认"无"；【排屑】选项中【增量类型】选择"恒定"，【恒定增量】设置为"1"，【离开距离】设置为"3"；【退刀】选择到"至起始位置"处；在【起始位置】选择"自动"，【入口直径】默认为"0"，点钻【深度选项】选择"终点"方式，选择孔底锥角顶点，其中【参考深度】为"刀尖"方式,【偏置】为"0",刀轨设置中【安全距离】为3,在孔底【驻留】转数为"1",【钻孔位置】选择"在中心线上",其余参数接受默认,设置结果如图6-361(b)所示。

3)单击【非切削参数】按钮,系统弹出【非切削参数】对话框,在【逼近】选项卡中选择【出发点】通过坐标方式指定一安全点,坐标为(XC20,YC30,ZC0),如图3-361(c)所示,【运动到进刀起点】运动类型选择"径向→轴向",其余参数默认,【离开】选项卡中【运动到进刀起点】退刀类型选择"轴向→径向",其余参数默认,如图6-361(d)所示,单击【确定】按钮,完成非切削参数设置,系统返回【中心线钻孔】对话框。

4)单击【进给率和速度】按钮,系统弹出【进给率和速度】对话框,在【主轴速度】选项中的【输出模式】中选择【RPM】模式,勾选【主轴转速】输入300r/min,在【进给率】输入切削速度0.15mmpr,其余参数默认,如图6-362所示,单击【确定】按钮完成切削参数设置,系统返回【中心线钻孔】对话框。

5)单击【刀位轨迹生成】按钮,系统生成钻孔加工轨迹,如图6-363所示,单击【确认】按钮,弹出【刀轨可视化】对话框,可以完成刀轨仿真,选择【3D动态】,利用【播放】按钮可以实现钻底孔路径的仿真加工。

6)选择下拉菜单【文件】选择【保存】命令,保存文件。

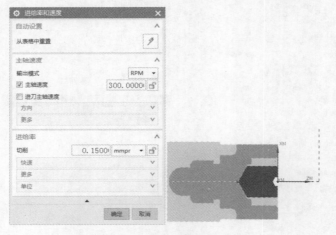
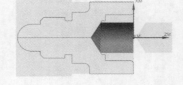

图6-362　进给率和速度设置　　　　图6-363　刀位轨迹仿真

(6)镗孔加工。

1)工序导航器处于几何视图状态下,在【插入】组工具栏上单击【创建工序】按钮,系统弹出【创建工序】对话框,在【工序子类型】中选择内径粗镗,在【位置】选择区中,选择【程序】为"NC_PROGRAM"【刀具】选择为"T5(车刀-标准)",【几何体】选择为"TURNING_WORKPIECE",【方法】选择为"LATHE_ROUGH",加工第一道工序,【名称】输入"OP-06",如图6-364(a)所示,单击【确定】按钮,弹出【内径粗镗】对话框,如图6-364(b)所示。

2)在【切削策略】选项中接受默认"单向线性切削";【工具】刀具选项中选择"T6"外圆车刀,其它参数默认;【刀轨设置】选项区中接受默认刀具切削方向,与XC方向成180°,在【步进】参数中设置【切削深度】为【恒定】切深,其【深度】值为"0.25",【变换模式】为"根据层",【清理】为"无",如图6-364(b)所示。

3）单击【切削参数】按钮，系统弹出【切削参数】对话框，在该对话框中选择【余量】选项卡输入粗加工余量依次【恒定】为"0"，【面】为"0.1"，【径向】为"0.2"，在【拐角】选项卡中，【常规拐角】设置为"延伸"，【浅角】设置为"延伸"，【凹角】设置为"延伸"，在【轮廓加工】中勾选【附加轮廓加工】精加工留下余量，其余参数默认，然后单击【确定】按钮，完成切削参数设置，如图6-364(c)所示。

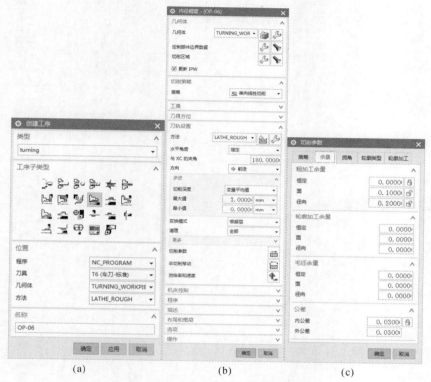

图 6-364　镗孔工序加工参数设置
(a)创建工序对话框；　(b)内径镗孔策略设置；　(c)切削参数余量设置

4）单击【非切削参数】按钮，系统弹出【非切削参数】对话框，在【逼近】选项卡中选择【出发点】通过坐标方式指定点，设置其坐标为(XC20，YC25，ZC0)，如图6-365(a)所示，【进刀】进刀类型选择"线性-自动"，其余参数默认，【退刀】退刀类型选择"线性－自动"，【安全距离】选项中径向和轴向安全距离设置为"0"，【离开】选项中【运动到返回点/安全平面】选择【运动类型】为"径向→轴向"，【点选项】设置为"与起点相同"，如图6-365(b)所示，单击【确定】按钮，完成非切削参数设置，系统返回【内径粗镗】对话框。

5）单击【进给率和速度】按钮，系统弹出【进给率和速度】对话框，在【主轴速度】选项中的【输出模式】中选择【RPM】模式，勾选【主轴转速】输入800r/min，在【进给率】输入切削速度0.1mmpr，其余参数默认，如图6-366所示，单击【确定】按钮，完成切削参数设置，系统返回【内径粗镗】对话框。

6）单击【刀位轨迹生成】按钮，系统生成镗孔加工轨迹，如图6-367所示，单击【确认】按钮，弹出【刀轨可视化】对话框，可以完成刀轨仿真，选择【3D动态】，利用【播放】按钮可以实现内径镗孔加工路径的仿真加工。

7)选择下拉菜单【文件】选择【保存】🖫命令,保存文件。

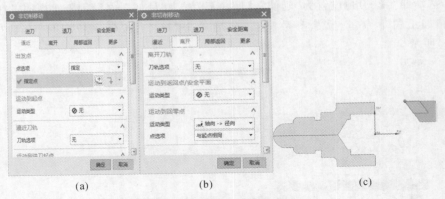

(a)　　　　　　　(b)　　　　　　　(c)

图 6-365　非切削参数设置

(a)出发点设置；　(b)离开方式设置

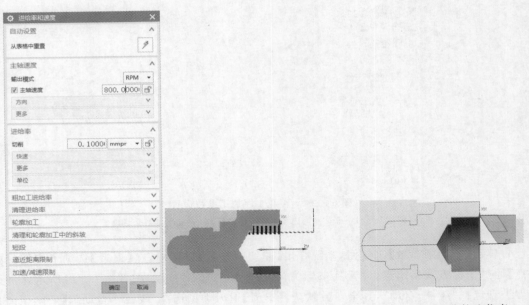

图 6-366　进给率和速度设置　　　　　　图 6-367　刀位轨迹仿真

11. 创建第二工序

(1)端面轮廓加工。

1)在【插入】组工具栏上单击【创建几何体】🧊图标按钮,弹出【创建几何体】对话框,如图 6-368(a)所示,在【几何体子类型】中选择【MCS_SPINDLE】🔩图标按钮,默认名称"MCS_SPINDLE_1"。单击【确定】按钮,弹出【MCS 主轴】对话框,单击【指定 MCS】加工坐标系🖳按钮,打开【CSYS】对话框,将其原点移动至右端面与回转的中心线交点上,将 MCS 绕 XM 轴旋转−90°,XM 绕轴 ZM 旋转 90°,让 XM−ZM 平面与前一工序车削切割平面重合。保证在此视图中,XM 应该指向上,ZM 应该水平向右。如图 6 - 368(b)所示,单击【确定】按钮,完成加工坐标系设定。

(a)　　　　　　　　　　　　　(b)

图 6 - 368　坐标系设置

(a)创建几何体对话框;　(b)加工坐标系设定

2)在工序导航器单击【几何视图】图标按钮,点击【MCS_SPINDLE_1】前面的"+"号,展开【WORKPIECE_1】前面的"+",打开【TURNING_WORKPIECE_1】节点并双击,此时,弹出【车削工件】对话框,在键盘上按下"Ctrl＋W"键,弹出【显示和隐藏】对话框,选择工作区域内的轴实体模型,选择"实体"进行"－"隐藏,选择"片体"进行"＋"显示,单击【关闭】按钮,弹出显示和隐藏对话框。

3)在【车削工件】对话框中,选择【指定部件边界】图标按钮,弹出【部件边界】对话框,如图 6 - 369(a)所示,边界【选择方法】选择"面",在工作区选择剖切截面上半部分,如图 6 - 369(b)所示,单击【确定】完成部件边界设置,返回【车削工件】对话框。在对话框中选择【指定毛坯边界】图标按钮,【类型】选择型材【工作区】,毛坯【指定参考位置】选择零件左端面回转中心点,【指定目标位置】同样选择零件左端面回转中心点,毛坯构建方向指向了左侧,此时勾选【翻转方向】,单击【确定】按钮,完成车削边界设定,如图 6 - 369(c)所示。

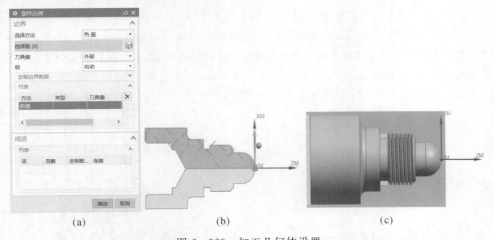

(a)　　　　　　　　　(b)　　　　　　　　　(c)

图 6 - 369　加工几何体设置

(a)部件边界对话框;　(b)零件几何边界设置;　(c)毛坯边界设置

4)几何视图状态下,在工序导航器第一道工序底下,选择"OP－01"端面车削工步单击右键选择"复制",然后找到第二工序点击【TURNING_WORKPIECE_1】单击右键选择"内部粘贴",实现对第一道工序粗加工工步的加工参数继承,选择粘贴后文件"OP－01_COPY"单击右键,选择"重命名",修改为"OP－11"。

5)在工序导航器下,双击"OP－11"在该对话框的几何体区段,单击【切削区域】旁边的编辑![icon]按钮,弹出【切削区域】对话框,如图3－370(a)所示,将【轴向修剪平面1】的限制点修改为右侧球面顶点位置,如图3－370(b)所示,单击【确定】按钮,重新返回【面加工】加工对话框。

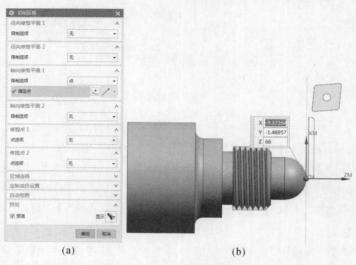

(a)   (b)

图6－370 加工区域设定设置

(a)切削区域对话框; (b)切削区域设定

6)接受【切削策略】【切削参数】【进给率和速度】选项中所有参数继承第一道工序参数设置,完成切削参数设置。

7)在【非切削参数】选项卡中修改【逼近】选项卡的出发点位置,坐标为(XC20,YC30,ZC0),如图6－371所示,其余所有参数继承第一工序所有参数保持默认。

8)单击![icon]【刀位轨迹生成】按钮,系统生成端面加工轨迹,如图6－372所示,单击![icon]【确认】按钮,弹出【刀轨可视化】对话框,可以完成刀轨仿真,选择【3D动态】,利用![icon]【播放】按钮可以实现端面路径的仿真加工。

9)选择下拉菜单【文件】选择【保存】命令,保存文件。

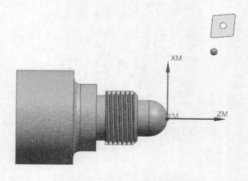

图6－371 非切削参数设置

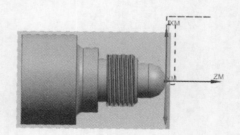

图6－372 加工轨迹仿真

(2)外轮廓粗车加工。

1)几何视图状态下,在工序导航器第一道工序底下,选择"OP-02"粗车工步单击右键选择"复制",然后找到第二工序点击【TURNING_WORKPIECE_1】单击右键选择"内部粘贴",实现对第二道工序粗加工工步的加工参数继承,选择粘贴后文件"OP-02_COPY"单击右键,选择"重命名",修改为"OP-22"。

2)在工序导航器下,双击"OP-22"在该对话框的几何体区段,单击【切削区域】旁边的编辑🔧 按钮,弹出【切削区域】对话框,将【轴向修剪平面 1】的限制点修改为左侧圆柱面的角点,如图 6-373(a)所示,单击【确定】按钮,重新返回【外径粗车】加工对话框。

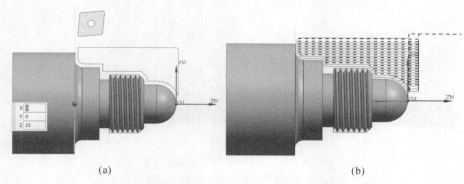

(a)　　　　　　　　　　　　　　(b)

图 6-373　外径粗车切削参数设置
(a)切削区域设置;　(b)刀位轨迹仿真

3)接受【切削策略】【切削参数】【进给率和速度】选项中所有参数,继承第一道工序参数设置,完成切削参数设置。

4)在【非切削参数】选项卡中修改【逼近】选项卡的出发点位置,坐标为(XC20,YC30,ZC0),其余所有参数继承第一工序所有参数保持默认。

5)单击▶【刀位轨迹生成】按钮,系统生成外径粗车加工轨迹,如图 6-373(b)所示,单击✅【确认】按钮,弹出【刀轨可视化】对话框,可以完成刀轨仿真,选择【3D 动态】,利用▶【播放】按钮可以实现外径粗车路径的仿真加工。

6)选择下拉菜单【文件】选择【保存】命令,保存文件。

(3)外轮廓精车加工。

1)几何视图状态下,在工序导航器第一道工序底下,选择"OP-03"精车工步单击右键选择"复制",然后找到第二工序点击【TURNING_WORKPIECE_1】单击右键选择"内部粘贴",实现对第三道工序粗加工工步的加工参数继承,选择黏贴后文件"OP-03_COPY"单击右键,选择"重命名",修改为"OP-33"。

2)在工序导航器下,双击"OP-33"在该对话框的几何体区段,单击【切削区域】旁边的编辑🔧 按钮,弹出【切削区域】对话框,将【轴向修剪平面 1】的限制点修改为左侧圆柱面的角点,如图 6-374(a)所示。单击【确定】按钮重新返回【外径精车】加工对话框。

3)接受【切削策略】【切削参数】【进给率和速度】选项中所有参数继承第一道工序参数设置,完成切削参数设置。

4)在【非切削参数】选项卡中修改【逼近】选项卡的出发点位置,坐标为(XC20,YC30,

ZC0),其余所有参数继承第一工序所有参数保持默认。单击【确定】按钮,重新返回【外径精车】加工对话框。

5)单击 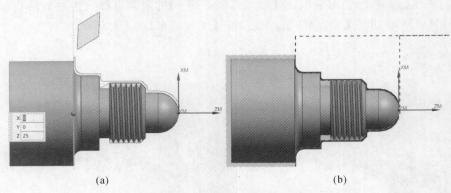【刀位轨迹生成】按钮,系统生成外径精车加工轨迹,如图 6-374(b)所示,单击【确认】按钮,弹出【刀轨可视化】对话框,可以完成刀轨仿真,选择【3D 动态】,利用 ▶【播放】按钮可以实现外径精车加工路径的仿真加工。

6)选择下拉菜单【文件】选择【保存】命令,保存文件。

图 6-374　外径精车切削参数设置
(a)切削区域设置；　(b)刀位轨迹仿真

(4)外径切槽加工。

1)工序导航器处于 ⚙ 几何视图状态下,在【插入】组工具栏上单击【创建工序】按钮 ,系统弹出【创建工序】对话框,在【工序子类型】中选择 外径切槽加工,在【位置】选择区中,选择【程序】为"NC_PROGRAM"【刀具】选择为"T6(槽刀-标准)",【几何体】选择为"TURNING_WORKPIECE_1",【方法】选择为"LATHE_GROOVE",加工第四道工序,【名称】输入"OP-44",如图 6-375(a)所示,单击【确定】按钮,弹出【外径开槽】对话框,如图 6-375(b)所示。

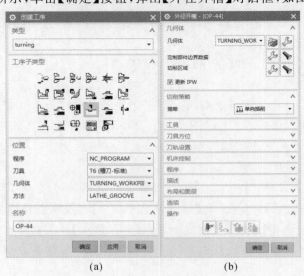

图 6-375　外径切槽工序设置
(a)创建工序对话框；　(b)外径切槽对话框

2)在该对话框的几何体区段,单击【切削区域】旁边的编辑🖉按钮,弹出【切削区域】对话框,如图 6－376(a)所示。在【轴向修剪平面 1】的【限制选项】列表中选择"点",然后在部件右端面第一个圆柱面轮廓中点,在【轴向修剪平面 2】的【限制选项】列表中选择"点",然后在部件左侧第二个圆柱面轮廓中点,切削区域如图 6－376(b)所示,单击【确定】按钮,以接受【切削区域】对话框设置,重新返回【外径开槽】加工对话框。

3)在【切削策略】选项中接受默认"单向插削";【工具】刀具选项中选择"T3"外槽车刀,其它参数默认;【刀轨设置】选项区中接受默认刀具切削方向,与 XC 方向成 180°,在【步进】参数中设置【步距】为"变量平均值"切深,【最大值】为"75%"刀具直径,【清理】为"仅向下",如图 6－376(c)所示。

4)单击【切削参数】🖾按钮,系统弹出【切削参数】对话框,在该对话框中选择【余量】选项卡输入粗加工余量——【恒定】为"0",【面】为"0",【径向】为"0";修改【公差】为内外公差均为"0.001",其余参数接受系统默认值,然后单击【确定】按钮,完成切削参数设置,如图 6－377(a)所示。

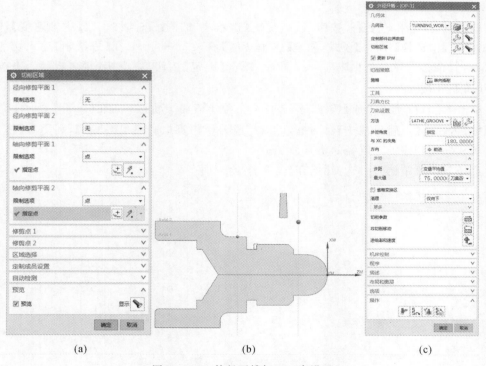

图 6－376　外径开槽加工工序设置
(a)切削区域对话框;　(b)切削区域指定;　(c)外径开槽加工策略

5)单击【非切削参数】🖾按钮,系统弹出【非切削参数】对话框,在【逼近】选项卡中选择【出发点】通过坐标方式指定一点,坐标为(XC20.0,YC30.0,ZC0),如图 6－377(b)所示,【运动到进刀点】中的【运动类型】选项中设置为"轴向→径向",【离开】选项中【运动到回零点】中的【运动类型】为"径向→轴向",【点选项】设置为"与起点相同",如图 6－371(c)所示,单击【确定】按钮,完成非切削参数设置,系统返回【外径开槽】对话框。

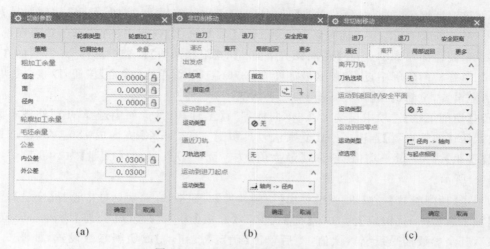

图 6-377　外径开槽加工参数设定

(a)切削参数余量设置；　(b)出发点设置；　(c)离开方式设置

6)单击【进给率和速度】 按钮,系统弹出【进给率和速度】对话框,在【主轴速度】选项中的【输出模式】中选择【RPM】模式,勾选【主轴转速】输入 350r/min,在【进给率】输入切削速度0.1mmpr,其余参数默认,如图 6-378 所示,单击【确定】按钮,完成切削参数设置,系统返回【外径开槽】对话框。

7)单击 【刀位轨迹生成】按钮,系统生成外径开槽加工轨迹,如图 6-379 所示,单击 【确认】按钮,弹出【刀轨可视化】对话框,可以完成刀轨仿真,选择【3D 动态】,利用 【播放】按钮可以实现外径开槽加工路径的仿真加工。

8)选择下拉菜单【文件】选择【保存】命令,保存文件。

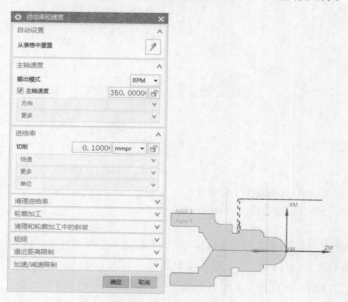

图 6-378　进给率和速度设定

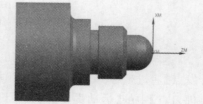

图 6-379　刀位轨迹仿真

(5)外圆柱螺纹加工。

1)工序导航器处于 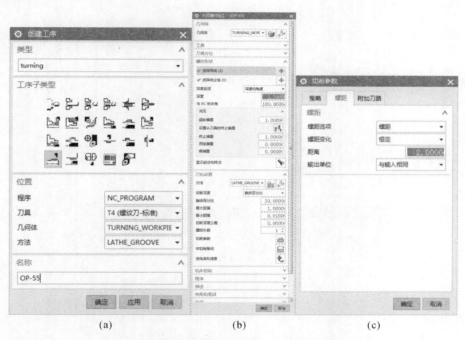 几何视图状态下,在【插入】组工具栏上单击【创建工序】按钮,系统弹出【创建工序】对话框,在【工序子类型】中选择外螺纹加工,在【位置】选择区中,选择【程序】为"NC_PROGRAM"【刀具】选择为"T4(螺纹刀-标准)",【几何体】选择为"TURNING_WORKPIECE_1",【方法】选择为"LATHE_THREAD",加工第五道工序,【名称】输入"OP-55",如图 6 - 380(a)所示,单击【确定】按钮,弹出【外径螺纹加工】对话框如图 6 - 380(b)所示。

2)在【螺纹形状】选项中【选择顶线】在车削模型右侧选择外圆柱面轮廓线,【选择终止线】选择第一个退刀槽的右端面。【深度选项】选择【深度和角度】控制模式,【深度】设置为"0.6495 ∗ 2.0",【与 XC 的夹角】输入"180";在【偏置】选项中【起始偏置】设置为"1",【终止偏置】设置为"1",在刀轨设置中【切削深度】设置为"剩余百分比",其中【最大距离】设置为"1",【最小距离】为"0.01",【切削深度公差】设置为默认值,【螺纹头数】为单头"1"方式,其余参数接受默认,设置结果如图 6 - 380(b)所示。

图 6 - 380　外径螺纹加工工序设置
(a)创建工序对话框;　(b)外径螺纹加工策略;　(c)螺距设置

3)单击【切削参数】按钮,系统弹出【切削参数】对话框,在该对话框中选择【螺距】选项卡中设置【螺距选项】为"螺距",【螺距变化】为"恒定",【距离】螺距为"2"。修改【输出单位】为"与输入相同",其余参数接受系统默认值,然后单击【确定】按钮,完成切削参数设置,如图 6 - 380(c)所示。

4)单击【非切削参数】按钮,系统弹出【非切削参数】对话框,在【逼近】选项卡中选择【出发点】通过坐标方式指定一安全点,其坐标(XC25,YC30,ZC0),如图 6 - 381(a)所示,【运动到进刀起点】运动类型选择"轴向→径向",其余参数默认,【离开】离开退刀类型选择"径向→轴向",其余参数默认,【进刀】选项卡中【进刀】方式选择【角度】输入角度"60",如图 6 - 381(b)所示,【退刀】选项卡中【退刀】方式选择【角度】输入角度"90",如图 6 - 381(c)所示,【移刀类型】默认为【退刀】。单击【确定】按钮,完成非切削参数设置,系统返回【外径螺纹加工】对话框。

　　5)单击【进给率和速度】 🔧 按钮,系统弹出【进给率和速度】对话框,在【主轴速度】选项中的【输出模式】中选择【RPM】模式,勾选【主轴转速】输入 1000r/min,在【进给率】输入切削速度 2.0mmpr,其余参数默认,如图 6 - 382 所示,单击【确定】按钮,完成切削参数设置,系统返回【外径螺纹加工】对话框。

　　6)单击 📌【刀位轨迹生成】按钮,系统生成外螺纹加工轨迹,如图 6 - 383 所示,单击 👍【确认】按钮,弹出【刀轨可视化】对话框,可以完成刀轨仿真,选择【3D 动态】,利用 ▶【播放】按钮可以实现外径螺纹加工路径的仿真加工。

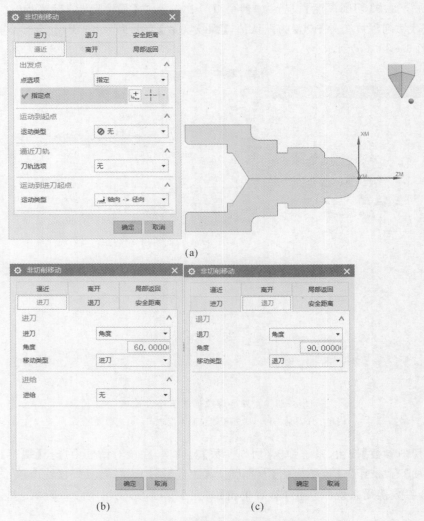

图 6 - 381　外螺纹非切削参数设置

(a)出发点设置；　(b)进刀方式设置；　(c)对刀方式设置

　　7)仿真无误后,单击工序集 🪄【后处理】器按钮,弹出【后处理】对话框,在【后处理器】中选择"FANUC_lathe"后置文件,根据实际情况在【输出文件】中设置文件保存路径,【扩展名】接受默认设置为"NC",在工序导航器处于 🔩 几何视图状态下,选中节点"MCS_SPINDLE_1"节点,最后单击【确定】按钮,生成所有工序 G 代码。

8)选择下拉菜单【文件】选择【保存】命令,保存文件。

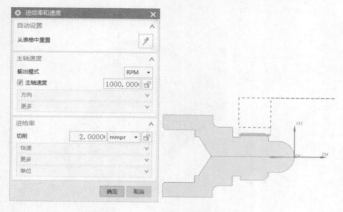

图 6-382　进给率和速度设置

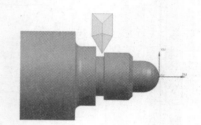

图 6-383　刀位轨迹仿真

6.8　本 章 小 结

数控车削加工是一种重要的加工方法,主要用于轴类、盘类、套类、环类等回转零件的加工。UG 的车削加工模块,可以完成零件的粗车、精车、车端面、车螺纹和镗孔、钻孔等工艺过程。本章主要介绍了各类车削操作的创建方法,参数设置、编辑及刀具路径的生成和模拟等内容,并以典型案例多工序加工全面介绍了各种车削加工方法。

6.9　课 后 习 题

(1)如图 6-384 所示,试分析数控加工工艺并编写工艺品子弹头的数控车削加工程序。

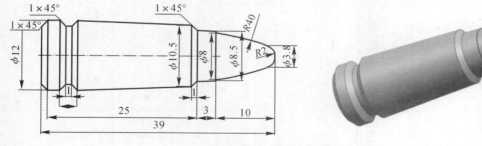

图 6-384　子弹车削模型

(2)如图 6-385 所示,试分析数控加工工艺并编写工艺酒杯的数控车削加工程序。

(3)如图 6-386 所示,试分析数控加工工艺并编写苹果的数控车削加工程序。

(4)如图 6-387 所示,试分析数控加工工艺并编写螺纹套零件数控加工程序,零件材料为

45♯钢。

(5)如图6-388所示,试分析数控加工工艺并编写数控加工程序。已知零件毛坯尺寸为 $\phi70mm\times85mm$,材料为45♯钢。请分析图样,选择正确的刀具和合理的切削参数。

(6)如图6-389所示,试分析数控加工工艺并编写综合件零件各内外轮廓数控加工程序。已知零件材料为45♯钢,工件毛坯为 $\phi65mm\times135mm$。

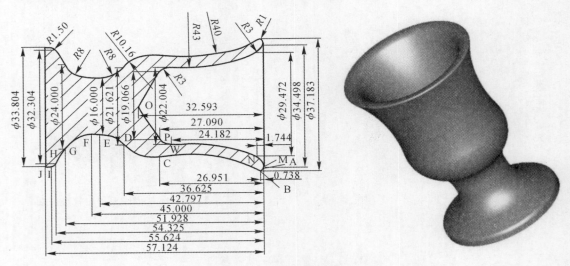

图6-385 酒杯车削模型

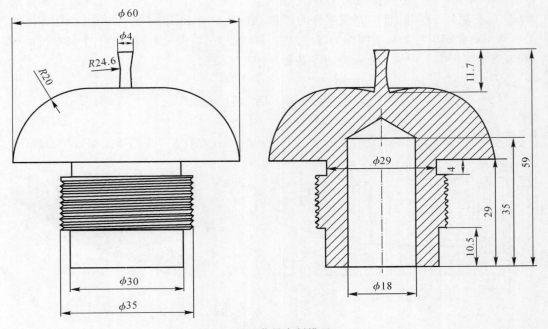

图6-386 苹果车削模型(一)

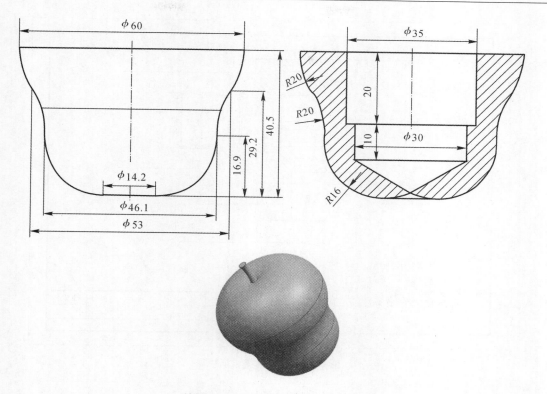

续图 6-386 苹果车削模型（二）

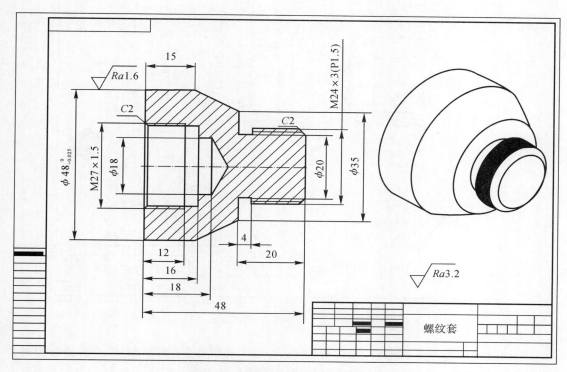

图 6-387 螺纹套零件类车削模型

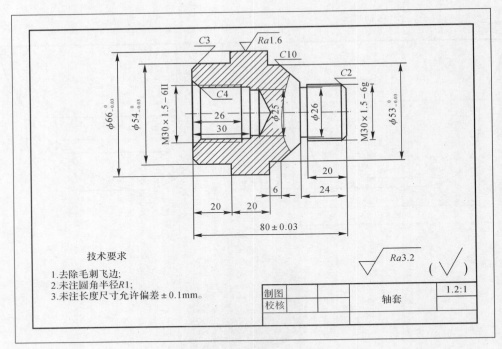

图 6 - 388　轴套类车削模型

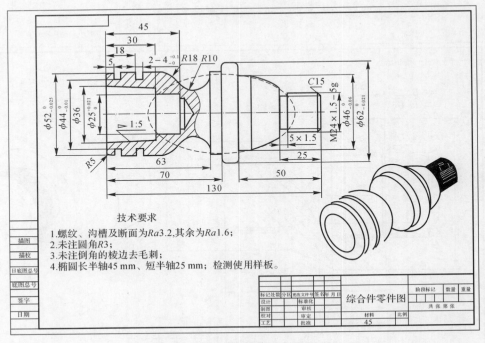

图 6 - 389　轴套类车削模型

　　(7)如图 6-390 所示配合件,其分别由圆锥心轴 1 和锥套 2 个零件组成,试分析数控加工工艺并按图所示要求加工零件,使其配合后满足装配图要求,零件毛坯尺寸为 φ45mm ×

135mm,材料为 45♯钢。

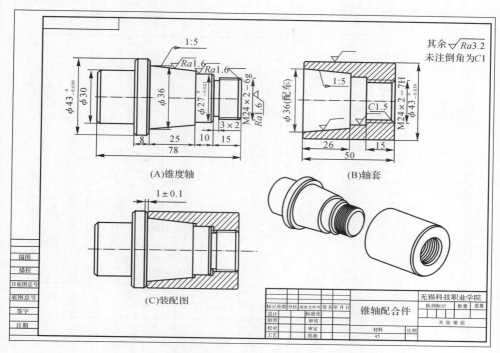

图 6-390　配合件车削模型

（8）如图 6-391 所示,毛坯为 ϕ50mm×85mm,材料为 45♯钢。试分析数控加工工艺并按照要求编制数控加工工序卡并进行加工。

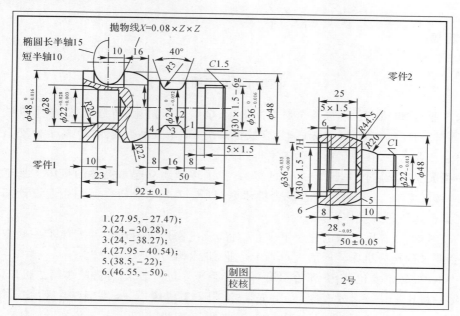

图 6-391　配合件车削模型

(9)如图 6-392 所示,毛坯为 $\phi 50mm \times 85mm$,材料为 $45\#$ 钢。按照要求分析其数控车削加工工艺并编制数控加工工序卡并进行加工。

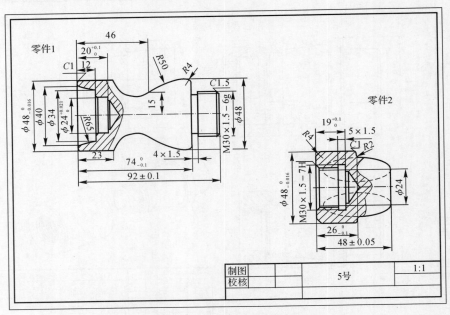

图 6-392 配合件车削模型

课 程 思 政

科技趣闻

中国机床发展简史(二)

机床工业是"母机"行业,涵盖金属切削机床、金属成形机床、铸造机械、木工机械、工量具及量仪、磨料磨具、机床附件、机床电器(含数控系统)等 8 个小行业及 20 多个分支,是最为重要的战略性产业之一,在各工业发达国家得到高度重视。

新中国成立后,经过"一五""二五"的努力,我国逐步建立起了完整的机床工具工业体系。除企业外,1990 年前,全行业有 8 个综合性研究院所、37 个专业研究所与企业设计部门,形成了机床工具行业科研开发体系。

"一五"时期,在苏联专家的建议下,国家对部分机修厂进行改造并新建了一些企业,其中有 18 家企业被确定为机床生产的重点骨干企业,业内称为"十八罗汉"。

这"十八罗汉"主要包括:齐齐哈尔第一机床厂——立式车床;齐齐哈尔第二机床厂——铣床;沈阳第一机床厂——卧式车床、专用车床;沈阳第二机床厂——钻床、镗床,沈阳第二机床厂生产的组合立式钻床,如图 6-393 所示;沈阳第三机床厂——六角车床、自动车,如图 6-394 所示,沈阳第三机床厂生产的普通车床;大连机床厂——卧式车床,济南第一机床厂生产的精密车床,如图 6-395 所示,组合机床,北京第一机床厂——铣床;北京第二机床厂——牛头刨床;天津第一机床厂——插齿机;济南第一机床厂——卧式车床;济南第二机床厂——龙门刨床、机械压力机;重庆机床厂——滚齿机;南京机床厂——六角车床、自动车床;无锡机床厂——内圆磨床、无心磨床;武汉重型机床厂——工具磨床;长沙机床厂——牛头刨床、拉床;上海机床厂——外圆磨床、平面磨床;昆明机床厂——镗床、铣床。

　　2008 年,我国机床工具行业权威杂志——《机床工具信息》根据相关统计,公布了由行业内评选出的"新十八罗汉",这 18 家企业无论是在规模上还是在技术上,都代表了我国机床行业目前的最高水平。

　　这"新十八罗汉"主要包括沈阳机床集团——各类数控机床、车床、钻床;大连机床集团——组专机及柔性制造系统、立卧式加工中心、数控车床及车铣中心、高速精密车床及机床附件等;齐重数控装备股份有限公司——重型数控立卧式车床、深孔钻镗床、铁路车床、轧辊车床;齐二机床集团有限公司——各类重型机床、数控铣床及加工中心、重型机械压力机和自动锻压机其他专用设备;北京第一机床厂——各类铣床、加工中心、超重型机床、龙门机床和地质工程钻机等;济南一机床集团——各类数控机床;济南二机床集团——锻压设备和大、重型金切机床、机械压力机;汉川机床集团有限公司——加工中心、数控镗铣床、精密坐标镗床和精密数控电加工机床;秦川机床集团有限公司——各类精密数控机床及铸件、中高档专用机床数控系统等;天水星火机床有限责任公司——各类车床、磨床及专用机床;青海华鼎重型机床有限责任公司——铁路专用机床、轧辊机床、重型卧式车床、无心车床、卧式加工中心等;江苏新瑞机械有限公司——立式加工中心、数控车床、SR 系列压铸机等;重庆机床(集团)有限责任公司——各类齿轮机床;四川长征机床集团有限公司——各类铣床、加工中心、数控车床和大型专用设备;云南 CY 集团有限公司——出口型普通车床及数控车床、加工中心、专用机床;桂林机床股份有限公司——龙门铣床、滑枕式铣床及加工中心等;武汉重型机床集团有限公司——各类重型和超重型机床;上海电气机床集团——各类磨床、加工中心、镗铣床、车床及专用精密、数控机床。

图 6-393　沈阳第二机床厂生产的组合立式钻床

图 6-394　沈阳第三机床厂生产的普通车

　　自 2009 年以来中国已连续多年成为金属加工机床产值、产量居世界第一的生产大国、第一消费大国和第一进口大国。2010 年,我国共有机床厂家 6 367 家,从业人员 84.51 万人。随着国内装备制造业的高速发展,市场对中高端数控机床产生巨大的需求,企业加大产品研发投入,中高端新产品不断涌现,国内空白基本被全部覆盖。系列化的重型、超重型数控机床,高速高精数控机床,五轴联动机床,复合式数控机床,柔性生产线,数控多工位压力机,汽车覆盖件冲压生产线,数控铺带机、绕线机,大直径数控旋压机等产品,门类、品种、规格更加齐全,技术水平实现了更好的提升和突破。

图 6 - 395　济南第一机床厂生产的精密车床

　　"十三五"期间,数控机床专项将重点聚焦于航空航天、汽车两大服务领域,着力攻克数控机床的可靠性和精度保持性技术,加大应用验证和示范,满足国家自主可控的战略新需求。中国最大的机床厂是沈阳机床集团,产值和利润最高的是大连机床厂。曾几何时,沈阳机床和大连机床向全国,特别是三线城市转移了机床制造和人才,新建了一大批机床厂。

　　尤其是作为"十八罗汉"的头号玩家,沈阳机床更是一路高歌猛进,至 2012 年,在全球机床排行榜上,沈阳机床还曾以 180 亿元的销售额问鼎世界第一。可以看出,当时中国机床产业蓬勃的生命力,很多人也为中国机床的发展不断叫好,并希望中国机床能够以此迈进世界顶尖水平。

　　可以说"十八机床"曾经是我国的机床行业一个美丽的传说,它们被赋予了当时新中国基础企业的"十八罗汉"的赞誉。毋庸置疑,这十八家机床企业曾经是我国机床行业的领军人,为新中国的经济发展立下了赫赫战功。然而,经过改革开放的浴火洗礼,原先的国有企业经历了漫长的阵痛之后,开始走向转型和改制新阶段。时光荏苒,大浪淘沙,昔日的"十八罗汉"有的乘势而上,成为了国产机床的脊梁,有的则式微颓废,黯淡出局。

时间篇

　　人世有代谢,往来成古念。——孟浩然

　　君看白日弛,何异弦上箭?——李益

　　光景不待人,须臾发成丝。——李白

　　君不见高堂明镜悲白发,朝如青丝暮成雪。——李白

　　白日去如箭,达者惜光阴。——朱敦儒

　　时乎时乎,去不可邀,来不可逃。——刘禹锡

　　光阴似箭催人老,日月如梭赶少年。——高明

　　年年岁岁花相似,岁岁年年人不同。——刘希夷

　　莫倚儿童轻岁月,丈人曾共尔同年。——窦巩

　　少年易学老难成,一寸光阴不可轻。——朱熹

盛年不重来，一日难再晨。及时当勉励，岁月不待人。——陶渊明

人之短生，犹如石火，炯然以过。——陆贾

人生寄一世，奄忽若飘尘。——无名氏

廉洁篇

廉者昌，贪者亡。——班固

廉约小心，克己奉公。——范晔

廉能清正，奉公守法。——曾瑞

公则生明，廉则生威。——朱舜水

从官重公慎，立身贵廉明。——陈子昂

欲影正者端其表，欲下廉者先之身。——恒宽

智者不为非其事，廉者不求非其有。——韩婴

忠信廉洁，立身之本，非钓名之具也。——林逋

廉隅贞洁者，德之令也；流逸奔随者，行之污也。——魏征

欲影正者端其表，欲下廉者先之身。——恒宽

第7章　VERICUT 数控车削仿真

VERICUT 软件是美国 CGTECH 公司开发的数控加工仿真系统,由 NC 程序验证模块、机床运动仿真模块、优化路径模块、多轴模块、高级机床特征模块、实体比较模块和 CAD/CAM 接口等模块组成,可仿真数控车床、铣床、加工中心、线切割机床和多轴机床等多种加工设备的数控加工过程,也能进行 NC 程序优化,可缩短加工时间、延长刀具寿命、改进表面质量,检查过切、欠切,防止机床碰撞、超行程等错误;具有真实的三维实体显示效果,可以对切削模型进行尺寸测量,并能保存切削模型供检验、后续工序切削加工;具有 CAD/CAM 接口,能实现与 UG_NX、CATIA 及 MasterCAM 等软件的嵌套运行。VERICUT 软件目前已广泛应用于航空航天、汽车、模具制造等行业,其最大特点是可仿真各种 CNC 系统,既能仿真刀位文件,又能仿真 CAD/CAM 后置处理的 NC 程序,其整个仿真过程包含程序验证、分析、机床仿真、优化和模型输出等。

VERICUT 软件能够提供高真实度的机械加工过程仿真,功能涵盖机械加工过程中的数控车、数控铣、多轴加工、车铣复合加工及多轴机器人加工等。同时,软件配置了目前国内通用的控制系统,如 FANUC、SIEMENS、HEIDENHAN、华中等。VERICUT 软件还对目前世界著名厂家的典型机床设备进行绘制,能够提供如 DMG、MAZAK、MORI_SEIKI、HERMLE、OKUMA、DOOSAN 等厂家的机床模型,从而在包含以上设备与系统的虚拟加工环境中真实模拟零件的加工过程。同时,VERICUT 软件还提供个性化设备的配置定制能力,用户可以根据自有机床与控制系统的实际情况,在 VERICUT 软件中进行个性化配置,从而实现高真实度的模拟加工。

VERICUT 软件目前已广泛应用在航空、航天、船舶、汽车和能源等行业中。

7.1　VERICUT 软件界面与功能简介

VERICUT 软件可在产品实际加工之前,模拟 NC 加工过程,以检测刀具路径中可能存在的错误,并可用于验证 G 代码和 CAM 软件输出结果,其包括三大主要功能:常规工作模拟/验证与分析、刀具路径最佳化/工具机与控制器系统模拟。

VERICUT 软件的主要功能包括以下方面。

1. 切削加工过程的虚拟仿真

VERICUT 软件可以搭建与实际加工环境极为酷似的虚拟仿真环境,提供机床、切削刀具、夹具等的数据模型,模拟高真实度的零件加工、制造过程,是进行程序验证、机床仿真的理想平台。

2. 零件工序间及最终加工结果分析

VERICUIT 软件可以对虚拟加工过程中及加工后的零件进行全面分析,包括形状、位置和质量,分析与排除零件在实际加工之前存在的问题,提高加工质量与零件加工成功率。

3. 加工程序与加工参数优化

VERICUT 软件可应用基于经验的优化原理对编制的数控加工程序进行优化。交互式的优化模式可以观察优化结果、修改优化参数直至得到满意的数控加工程序。

4. 车间文档

VERICUT 软件可以利用各种定制好的模板,帮助用户生成相关工艺报告,包括毛坯定位装夹方案报告、配刀表报告、零件具体工序测量结果报告等。这些报告根据定制的模板,可以灵活插入虚拟加工过程中的各种信息,如加工时间、刀具最短装夹长度、切削加工过程中零件的阶段性加工结果图片等,供实际生产车间使用,从而实现无图纸化加工。

5. 工艺辅助设计

VERICUT 软件可以通过提供可靠的虚拟加工仿真数据,帮助用户在工艺设计阶段进行辅助分析。原来需要在生产实际环境下完成的许多细节工作,可以转换到 VERICUT 软件环境中虚拟进行。这些细节工作包括工件的装夹定位方案分析,工件如何夹持、夹持多少合适,选用何种类型的刀具、刀具参数如何设置等具体问题。VERICUT 软件环境可在一定程度上辅助工艺设计与分析工作,为实际生产提供技术支持。

7.1.1　基本界面

VERICUT 软件的基本界面如图 7-1 所示。

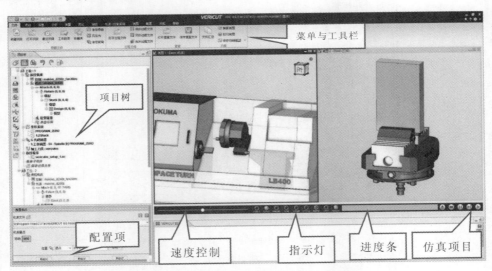

图 7-1　VERICUT 软件的基本界面

VERICUT 软件的界面最上方是菜单与工具栏的区域,该区域中常用的几个工具按钮如图 7-2 所示。

图 7-2　VERICUT 软件的工具栏区域

界面中的左侧为项目树区域。项目树是 VERICT 软件用于管理与组织加工仿真过程基本组成模块的组织机构,由树状结构的各节点构成。项目树对加工过程中必备的相关信息进行管理。数控机床与控制系统、切削刀具、加工毛坯、安装毛坯到机床并正确对刀、数控程序等信息以节点的形式存在于项目树中,并通过以项目树的配置对上述信息进行有效管理。

项目树下部的区域用于对各节点的内容进行配置,如图 7-3 所示,通过完成对各项基本加工要素的配置,实现零件的虚拟加工过程。

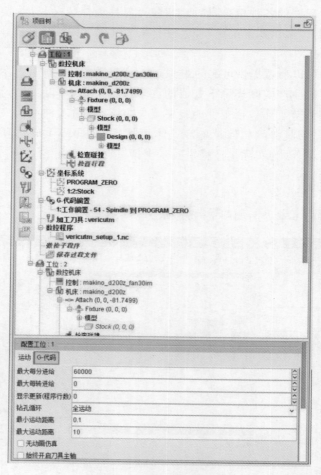

图 7-3　项目树及配置

界面右侧图形区,主要用于显示加工过程的仿真运行过程。图形区的下方用于显示仿真加工的过程显示与控制的操作按钮与进度条。其主要功能如图 7-4 所示。

图 7-4　仿真控制的主要功能

7.1.2　项目树介绍

VERICUT 软件加工仿真的基本过程,与项目树的配置具有密不可分的联系。

1. 项目树的作用与功能

在数控加工时,数控机床、控制系统、切削刀具、加工毛坯准备、安装毛坯到机床并正确对刀、编制数控程序等是成功完成数控加工过程的必需元素。软件应用树状结构的项目树对以上加工过程必备的相关信息进行管理。数控机床与控制系统、切削刀具、加工毛坯、安装毛坯到机床并正确对刀、数控程序等信息以节点的形式存在于项目树中,并通过项目树的配置与调整对以上信息进行有效管理。当在软件中执行某具体零件的虚拟加工过程时,必须首先在项目树中完成以上信息的配置之后,方可进行对象零件的虚拟加工。对于 VERICUT 软件的加工仿真,熟悉与熟练配置项目树,是进行 VERICUT 软件仿真的起点。

2. 项目树基本结构

项目树为层次结构的树状结构,图 7-5 和图 7-6 分别为空白及配置完成的项目树结构。项目结构的基本组成为节点,代表加工过程中各相关信息。信息之间的属性与语义关系由具体的层次结构来描述,具体分析如下:树状结构的根节点,内容为项目;"项目名称",具体项目名称如图 7-6 中的"vericutm"。一个完整的项目可以代表与描述个完整的加工方案。在 VERICUT 软件中项目文件后缀为 *. vcproject。

图 7-5　空白的项目树结构

图 7-6　已配置完成的项目树

一级子节点代表工位(Setup)信息,如图 7-5 中的"工位:1"和图 7-6 中的"工位:Mazak_qn200_680u:2"。工位在这里代表工件加工过程中的某一具体安装加工位置,与实际加工工艺规程中的工序概念有所区别。一个项目文件中若含有多个工位,则是用来描述零件在多个加工安装位置的连续加工工艺过程。

在一级子节点即工位的下一层次,包括以下各项内容。

(1)数控机床:具体包含"控制"和"机床"两个节点,用于描述加工机床与数控系统。其中"机床"节点包含"Base(床身)""Fixture(夹具)""Stock(毛坯)""Design(零件)"等节点内容。控制文件后缀为∗.ctl,机床文件后缀为∗.mch。

(2)坐标系统:用于创建与管理坐标位置。

(3)G代码偏置:用于设置加工程序偏置进行对刀。

(4)加工刀具节点:用于准备加工刀具与管理加工刀具库,刀具文件后缀为∗.tls。

(5)数控程序与数控子程序的管理:数控程序为文本形式,其后缀可有多种,如∗.txt,∗.nc,∗.tap等。数控程序可由手工编程或UG、POWERMILL等CAM软件自动生成。

3.项目文件的基本组织方式

根据项目树的结构可知,一个完整的项目需要包含多种类型的文件,为各具体项目建立独立的目录进行管理一般是推荐的方式。当新建项目时,各项目树中的各组成文件可能来自计算机中的不同目录,可以通过以下方式进行管理。

在主菜单中选择"信息"→"文件汇总"命令,弹出"复制文件到"对话框,选择"拷贝选择的文件到"所选"目录",指定文件保存位置,选择"确定"按钮,保存与项目所有相关文件至设定目录中。

另外,当项目树结构中的各文件支持多种加工方案(即多个项目文件)的时候,可以通过在同一目录中保存多个项目文件的方式对其进行管理。

在使用项目文件时,通过设定当前工作目录的方式进行软件操作,是一种高效率的工作方式。尤其在深入学习与使用VERICUT软件的情况下,对项目、项目树及项目中相关文件的有效管理是保证软件高效运行的前提。

7.1.3 基本仿真流程

数控程序编制出来以后,往往还不能直接拿到机床上去加工,因为程序越复杂,出错的可能性就越大。虽然编程软件都可以直接观察刀轨的仿真过程,但其只能模拟刀具的运动,而加工过程是与整个机床的运动息息相关的,故无法保证机床的每一步动作都是正确的,特别是刀具、各运动轴、夹具之间是不是存在碰撞或者存在超行程等。

因此,为了提高数控加工的安全性,在正式加工之前往往对加工过程进行试切,但这些方法费工、费料,使生产成本上升,增加了生产周期。有的时候试切一次还不行,还需要进行"试切→发现错误→修改错误→再试切→再发现错误→再修改错误"的反复。而且,即便是试切,仍然存在对机床造成损伤的可能。

为解决此问题,NC校验软件VERICUT应运而生。NC校验软件可使编程人员在计算机上模拟整个数控机床的切削环境,而不必在实际的机床上运行。使用它可节省编程时间并使数控机床空闲下来专门做零件的切削加工工作,在提高效率的同时还节省了大量人力、物力,而且极大地避免了损坏零件甚至损坏机床的可能。

以下是VERICUT软件常用的几个的功能。

1.机床模拟与程序验证

VERICUT软件可以根据用户需求,构建与实际机床一样的虚拟加工环境,并在该环境下模拟实现零件的加工过程。工件可在不同机床、不同数控系统和不同夹具中转移,其中包括多工位、多工序的复合加工过程,进而体现零件从毛坯到粗加工到半精加工再到精加工的全过程。该软件采用了逼真的三维显示和虚拟实现技术,在计算机上进行仿真,以此验证和检测数控程序可能存在的碰撞、干涉、过切、欠切等一系列问题,并且可以直观地分析定位错误。

2. 零件分析与程序优化

通过 VERICUT 软件虚拟实现的仿真加工可以帮助用户客观、直接地去分析工件的形状、位置和质量(如工件表面质量)等指标。该软件的程序优化是基于知识经验进行的优化,能够保障程序的安全、高效、高质,为用户在实际加工时降低风险和成本,并很好地提供了技术保障,从而大大提高了首件试切成功率,提高了产品研发的效率,进而增加了企业的竞争力。

3. 车间文档

可利用多种模板生成诸如测量报告、工艺报告等工件整个工艺流程所需要的车间指导文档。用户只需配置好项目,这些技术文档会在项目完成后自动生成,从而节约了用户大量的时间。

4. 辅助设计

可在工艺设计阶段给用户提供辅助分析,从而提高数据的可靠性。该功能比较实用,人性化地帮助用户更正一些诸如工件夹持、使用什么刀具、刀具参数取何值等细节问题,从而帮助用户很好地进行工艺设计和分析,进而降低成本和风险。

在 VERICUT 软件中进行加工仿真操作时,其步骤大致如下:

(1)打开 VERICUT 软件,建立所需仿真文件。

(2)构建仿真机床环境。对机床进行设置,如数控机床的初始位置、机床干涉检查和机床行程设置等。

(3)选择机床控制系统。若没有合适的机床控制系统,就需订制适合该机床的控制系统,使其满足实际加工的要求。

(4)确定加工所需的刀具,建立刀具模型,对刀具装夹点进行设置。

(5)导入零件模型、夹具和毛坯模型。

(6)进行参数设置。

(7)导入编写好的数控加工程序。

(8)进行虚拟仿真加工。

(9)对仿真结果进行分析,并根据仿真结果,对加工模型和设计模型进行比较,查看工件上的过切和残留情况,进而对数控程序进行修改,直至达到要求为止。

(10)将仿真验证后的程序传输到机床上进行实际加工,检查加工好的工件。

VERICUTL 软件仿真基本过程可以划分为图形设计→编程加工程序→VERICUT 参数设置→切削模型→结果测量→保存项目文件。

7.2　仿真过程基本控制方法

7.2.1　设置加工仿真过程

(1)双击 VERICUT 软件图标 **V** 打开 VERICU9.0,进入标准的初始界面,如图 7 - 7 所示。

图 7 - 7　初始界面

（2）单击【文件】，点击【新建项目】，弹出项目对话框，如图 7 - 8 所示，选择【毫米】，点击【确定】按钮，即可创建新的 VERICUT 项目文件。

（3）单击【打开项目】→【案例】→【Fanuc】，如图 7 - 9 所示。

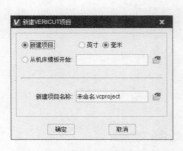

图 7 - 8　新建 VERICUT 项目

图 7 - 9　选择 Fanuc 项目文件

（4）再次双击【Fanuc】，弹出界面，如图 7 - 10 所示，选择"g71_stock_removal_generic_2_axis_lathe_turret_3d_fan15t_mm"项目。

（5）点击界面中的 ▶【仿真到末端】图标，开始仿真加工零件，如图 7 - 11 所示。

图 7 - 10　选择项目

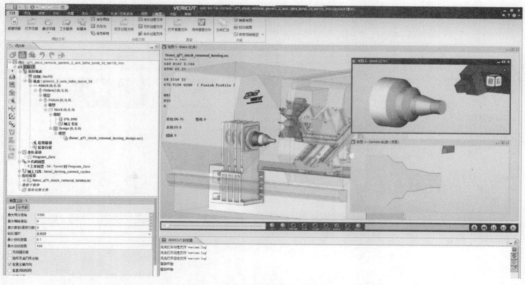

图 7 - 11　仿真加工零件

7.2.2　控制仿真过程

(1)单击【信息】→【HUD 控制】→启动 HUD,数控程序栏中勾选【显示】,如图 7 - 12 所示,即可弹出加工程序,达到方便查看程序控制仿真过程。

(2)在仿真过程中,可以通过调整速度条,如图 7 - 13 所示,控制仿真加工过程中的速度。

（3）在控制仿真加工过程中通常使用以下图标按钮：⏏，代表【重置模型文件】；◀◀，代表【倒回数控程序】；⏸，代表【暂停数控程序】；▶|，代表【单边运行】；▶，代表【仿真到末端】。如图 7-14 所示。

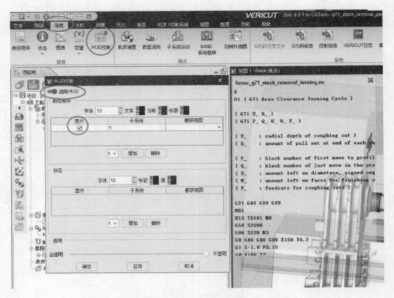

图 7-12　显示数控程序

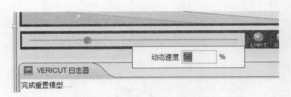

图 7-13　仿真速度条

图 7-14　仿真控制条

7.2.3　仿真结果测量

点击【测量】，可以根据需求进行以下测量：特征/记录、模型厚度、空间距离、面到点、面角度、轴到轴、直径/半径，如图 7-15 所示。

图 7-15　虚拟测量

7.2.4　仿真基本过程总结

VERICUT 软件的加工仿真实现可以归结为以下过程。

1. 新建仿真项目

新项目可以从空白开始或者从已有的项目模板文件开始建立。

2. 配置项目树中工件相关内容

(1)设置仿真用机床,可以自定义客户化的机床模型或者调用软件中现有的机床模型文件。

(2)设置仿真用的控制系统。

(3)调用或创建仿真用刀具库。

3. 配置项目树中工件相关内容

(1)设置工装夹具、切削用毛坯等。

(2)根据加工工艺编制与调用数控程序。

(3)根据具体设备设置对刀方式。

4. 仿真与分析加工过程

(1)重置模型,使配置后的各项信息生效,开始仿真过程。

(2)控制仿真过程,对加工中及加工后零件进行测量及比较分析,综合分析评价加工过程。

(3)若对加工仿真结果满意,则结束仿真过程。

(4)若仿真中出现碰撞干涉错误等具体问题,对数控程序、加工设置等出现问题处进行修改,返回上述仿真过程,直至结果满足要求。

7.3　项目模板文件

7.3.1　生成项目模板

(1)单击菜单命令栏【文件】→【另存为】,弹出【另存项目为…】界面,找到保存项目的文件夹"Vericut 仿真",输入项目名称"g71_stock_removal_generic_2_axis_lathe_turret_3d_fan15t_mm",单击【保存】按钮,如图 7-16 所示。

(2)单击菜单命令栏【文件】→【文件汇总】,弹出【文件汇总】界面,点击 图标,弹出【复制文件到…】界面,找到保存项目的文件夹,单击【保存】按钮,如图 7-17 所示。

通过以上步骤可以生成项目模板。

7.3.2　使用项目模板

(1)双击 VERICUT 软件图标 打开 VERICUT 9.0,进入标准的初始界面,如图 7-18 所示。

(2)点击【文件】→【打开项目】,找到 7.3.1 小节生成的模板文件夹"Vericut 仿真",如图 7-19所示,选中项目文件,点击【打开】按钮。

7.3.3　设置毛坯

(1)点击【stock】→【模型】→【高】,输入"85";【半径】输入"26",如图 7-20 所示。

（2）【配置模型】→【移动】→【位置】，输入"0"，如图 7 - 21 所示，敲击"Enter"键。

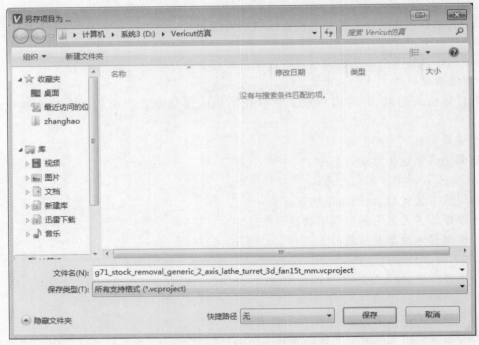

图 7 - 16　保存项目文件

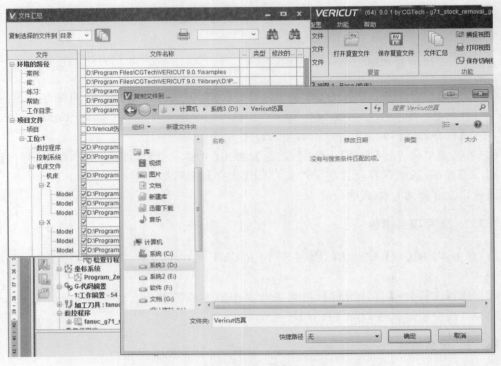

图 7 - 17　文件汇总

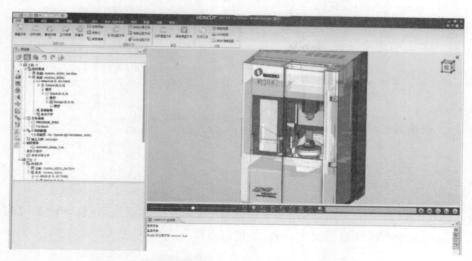

图 7 - 18　初始界面

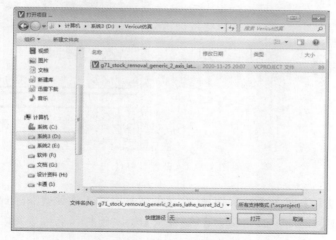

图 7 - 19　打开项目文件

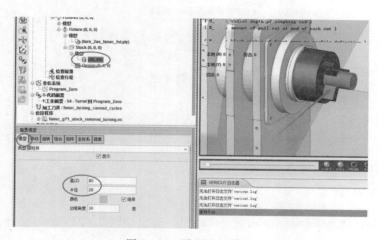

图 7 - 20　设置毛坯模型

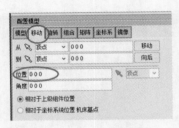

图 7 - 21　移动毛坯

7.3.4　机外对刀

（1）鼠标右击 Program_Zero ，选择 显示，鼠标在【配置坐标系统】→【CSYS】→【位置】，点击图标 ，鼠标去拾取圆柱的端面中心处（编程原点建立在端面中心处），如图 7 - 22 所示。

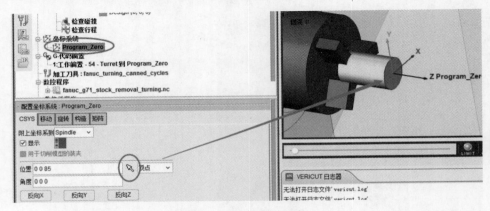

图 7 - 22　设置对刀点

（2）点击【工作偏置】→【子系统】，选择"1"；【偏置】选择"工作偏置"；【寄存器】输入"54"（编程时的机床坐标系 G54/G55/G56/G57 等等）；【从】选择"组件"，名称选择"Turret"；【到】选择"坐标原点"，名称选择"Program_Zero"，如图 7 - 23 所示。

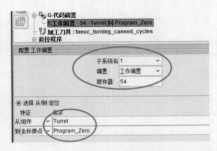

图 7 - 23　设置 G 代码偏置

7.3.5　构建刀具

（1）双击 加工刀具：fanuc_turning_canned_cycles 图标，弹出如图 7 - 24 所示的界面。

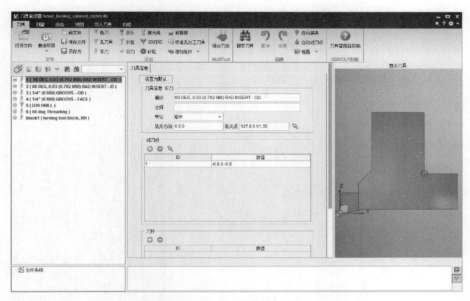

图 7 - 24　调用数控刀具

（2）以下以螺纹刀举例说明，因为螺纹刀为 T0202（2 号刀具），该模板的 3 号刀具是切槽刀，可以使用切槽刀改成螺纹刀（将模板里面的 2 号刀具删除，3 号刀具拷贝之后粘贴并且重命名 2 号刀具为【cutter1】）。点击【cutter】→【攻螺纹刀片】，选择"60 度双边不对称"，如图 7 - 25 所示，设置参数。

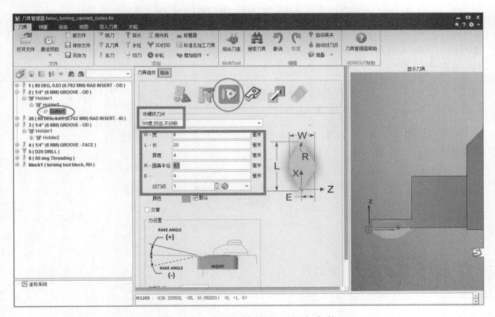

图 7 - 25　设置数控刀具基本参数

（3）鼠标点击【cutter1】不放，将其拖出与【Holder1】同排，如图 7 - 26 所示。

(4)点击【Holder1】→【组合】→【位置】，输入"175，0，－3"，将刀具居中，如图 7－27 所示。

图 7－26　移动 cutter1

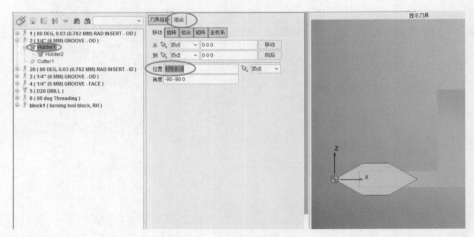

图 7－27　组合刀具

7.4　多工位加工仿真

7.4.1　多工位仿真(1 号工位)工位设置

(1)如图 7－28 所示，鼠标右击【数控程序】→【添加数控程序文件】，弹出窗口，选择工位 1 需要加工的程序，单击【确定】按钮，如图 7－29 所示。

(2)点击图标▶【仿真到末端】，即可仿真加工零件，如图 7－30 所示。

图 7－28　添加数控程序文件

7.4.2　多工位仿真——工位设置

多工位加工(简单)设置步骤如下：
(1)设置好"工位 1"，点击开始进行加工。
(2)拷贝已经加工好的"工位 1"，粘贴并且命名为"工位 2"。
(3)对"工位 2"的"stock"(毛坯)进行配置组件。

(4) 设置加工坐标系。

(5) 设置对应的加工刀具。

(6) 添加程序。

```
M03S1000T0101 启动主轴，调用刀具
G0X50Z3 快速定位
G71U1R1 外圆车削循环
G71P1Q2U0.5W0.1F150 外圆车削循环
N1G01X0F120
Z0
X26
X30Z-2
Z-25
X30
G02X36Z-40R30
G01Z-55
X42
X43Z-55.5
Z-63
N2G01X52
G70P1Q2 外圆精车循环
G0X100 退刀
Z100 退刀
M03S800T0202 启动主轴，调用2号刀具
G0X35Z3 定位
G92X26.5Z-15F1.5 螺纹车削循环
G92X26Z-15F1.5
G92X25.8Z-15F1.5
G92X25.6Z-15F1.5
G92X25.5Z-15F1.5
G92X25.5Z-15F1.5
G0X100
Z100 退刀
M05 主轴停止
M30 程序结束
%
```

图 7 - 29　选择数控程序

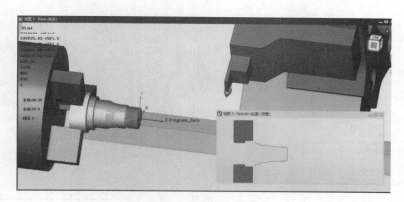

图 7 - 30　仿真工位 1

下面来具体分析该零件的"工位 2"的加工设置，按照上述的设置步骤进行深入的学习。

(1) 拷贝已经加工好的"工位 1"，鼠标右击【工位 1】→【拷贝】，如图 7 - 31 所示。

图 7 - 31　拷贝工位

(2)粘贴后,单击一下图标█【单步】,得到"工位 2",接着对"stock(0,0,0)"(毛坯)进行配置组件,对"工位 1"已经加工的零件进行调头设置,点击【stock(0,0,0)】,点击【旋转】→【增量】输入"180",点击旋转轴"+X"轴,【位置】输入"0,0,40",如图 7-32 所示。

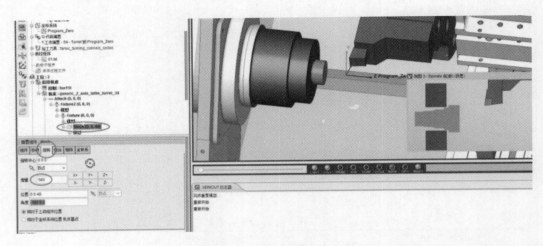

图 7-32　设置工位 2 毛坯

(3)点击【Program_Zero】→【CSYS】,将鼠标点击【位置】,将鼠标放在毛坯中心表面上即可拾取到中心点,在毛坯的中心端面上设立工件坐标系,如图 7-33 所示。

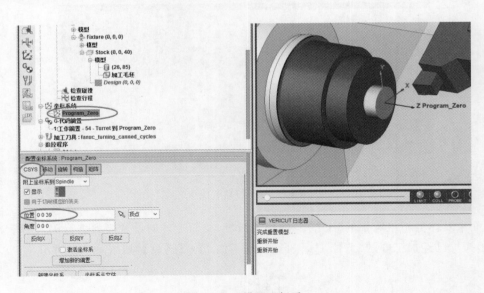

图 7-33　设置坐标系

(4)鼠标右击【数控程序】→【添加数控程序文件】,弹出窗口,选择本次需要加工的程序"02",单击【确定】按钮,如图 7-34 所示。

(5)工位 2 仿真效果图和工位 2 仿真信息,如图 7-35 所示。

M03S1000T0101 启动主轴，调用1号刀具
G0X52Z3 定位
G71U1R1 外圆车削循环
G71P1Q2U0.5W0.1F150 外圆车削循环
N1G01X0F120
Z0
X28
G03X38Z-5R5
G01Z-20
X42
X43W-0.5
N2G01X52
G70P1Q2 外圆精车循环
G0X100
Z100 退刀
M05 主轴停止
M30 程序结束

图 7-34　添加工位 2 程序

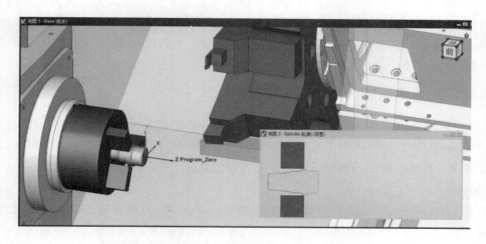

图 7-35　工位 2 仿真结果

7.5　加工程序优化

1.切削优化原理

VERICUT 软件优化就是模拟生成过程切削模型，根据当前所使用的刀具及每步走刀轨迹，计算每步程序的切削量，再和切削参数经验值或刀具厂商推荐的刀具切削参数进行比较。经过分析，当余量大时，VERICUT 软件就降低速度；余量小时，VERICUT 软件就提高速度，进而修改程序，插入新的进给速度，最终创建更安全、更高效的数控程序。

2.切削优化方法

(1)仅空刀方法。空刀切削运动设置到空刀进给，毛坯切削运动进给不变。

(2)削厚方法。当切削条件改变时，改变进给以保证指定的削厚保持恒定。

(3)恒定体积方法。基于刀具接触面积，进给改变以保持恒定的体积去除率。

（4）削厚和体积组合方法。改变进给以保持恒定的削厚或者恒定的体积去除率，取两者产生的较小进给。

（5）曲面速度方法。主轴转速改变以保持在最大刀具接触直径处恒定的曲面速度。进给改变以保持新主轴转速下恒定的每齿进给。

（6）表格方法。深度表用于控制不同切削深度的进给，可选的宽度表用于改变不同切削宽度的进给。

（7）削厚和力组合方法。改变进给以保持指定的削厚或力极限，取两者产生的较小进给。

（8）削厚和功率组合方法。改变进给以保持指定的削厚或功率极限，取两者产生的较小进给。

（9）削厚方法。当切削条件改变时，改变进给以保证指定的削厚保持恒定。

3. 切削优化特点

（1）VERICUT 软件能够根据机床、刀具、切削材料等外部切削条件，对程序进给、转速进行优化。

（2）VERICUT 软件根据切削材料体积自动调整进给率。当切削大量材料时，进给率降低；切削少量材料时，进给率相应地提高。根据每部分需要切削材料量的不同，优化模块能够自动计算进给率，并在需要的地方插入改进后的进给率。无须改变轨迹，优化模块即可为新的刀具路径更新进给率。

（3）VERICUT 软件能够自动生成优化库，并且将刀具库当中的刀具参数传输到优化库中。

（4）VERICUT 软件自动比较优化前、后的程序，以及优化后节约的加工时间。

（5）VERICUT 软件能够手工配置和完善优化库，使得刀具运动从开始空走刀到切入材料，再从离开材料回到起始点的每一个过程都可以优化。

4. 切削优化运用

（1）双击项目树下的【加工刀具：刀具】，弹出如图 7-1 所示界面，鼠标右击【刀具】→【增加毛坯材料】，弹出如图 7-36 所示界面，点击【添加】按钮，弹出如图 7-37 所示的界面。

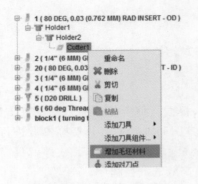
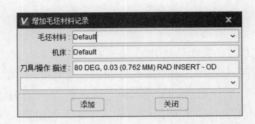

图 7-36 添加毛坯材料　　　　　　图 7-37 材料记录

（2）在 7-38 所示的优化界面，根据需求设定参数。本案例设定参数：【优化方法】选择"削厚 & 体积"；【优化】选择"所有切削"，如图 7-39 所示；【调整螺旋进给/角度】选择"螺旋进给下降调整",如图 7 - 40 所示。

　　(3)【切削极限】界面根据厂商提供的刀具信息结合实际生产需求设定参数,如图 7 - 41 所示。

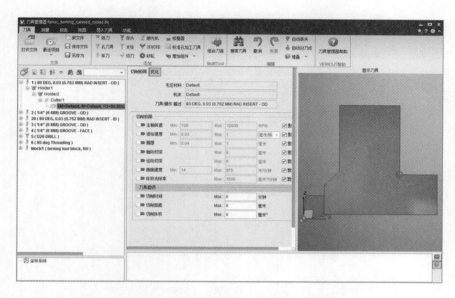

图 7 - 38　优化仿真界面

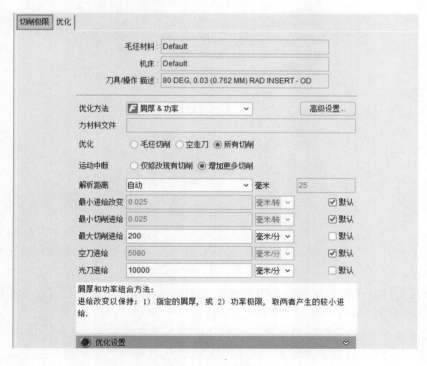

图 7 - 39　优化方法

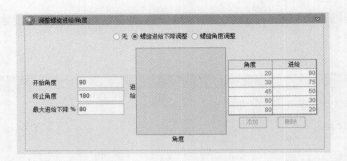

图 7-40　调整螺旋进给/角度

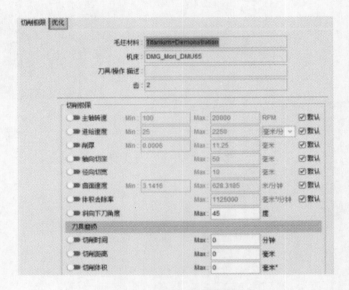

图 7-41　切削极限参数界面

7.6　综合实例

7.6.1　案例 1

（1）双击 VERICUT 软件图标 **V** 打开 VERICUT9.0，进入标准的初始界面，如图 7-42 所示。

（2）点击【文件】→【新建项目】，弹出如图 7-43 所示项目对话框，选择【毫米】，点击【确定】按钮，即可创建新的 Vericut 项目文件。

（3）点击【打开项目】→【案例】→【Fanuc】，如图 7-44 所示。

（4）再次双击【Fanuc】，弹出界面，如图 7-45 所示，选择"g71_stock_removal_generic_2_axis_lathe_turret_3d_fan15t_mm"项目。

（5）点击【stock】→【模型】→【高】，输入"80"；【半径】输入"22.5"，如图 7-46 所示。

（6）【配置模型】→【移动】→【位置】，输入"0"，如图 7-47 所示，敲击"Enter"键。

（7）鼠标右击 ⫲ **Program_Zero** ，选择 📄显，鼠标在【配置坐标系统】→【CSYS】→【位置】，点击图标 ⬉，鼠标去拾取圆柱的端面中心处（编程原点建立在端面中心处），如图 7-48 所示。

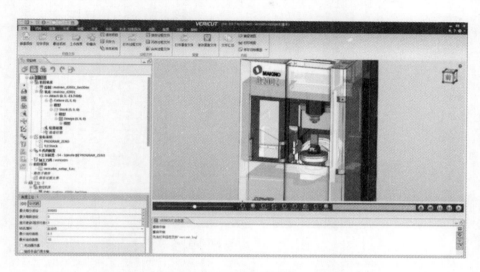

图 7-42　初始界面

图 7-44　选择 Fanuc 数控系统

图 7-43　新建 Vericut 项目

图 7 - 45　选择项目

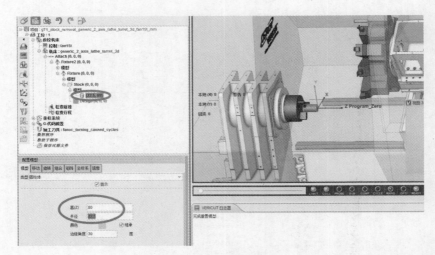

图 7 - 46　毛坯设置

图 7 - 47　移动毛坯

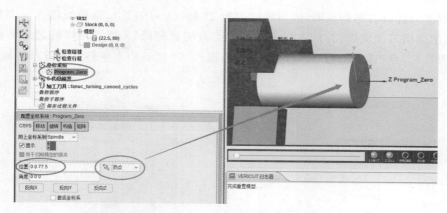

图 7 - 48　设置对刀点

　　(8)点击【工作偏置】→【子系统】,选择"1";【偏置】选择"工作偏置";【寄存器】输入"54"(编程时的机床坐标系 G54/G55/G56/G57 等等);【从】选择"组件",名称选择"Turret";【到】选择"坐标原点",名称选择"Program_Zero",如图 7 - 49 所示。

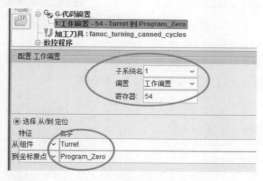

图 7 - 49　设置 G 代码偏置

　　(9)双击 加工刀具:fanuc_turning_canned_cycles 图标,在弹出的界面中设置参数如图 7 - 50 所示。

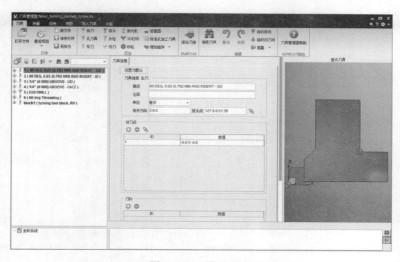

图 7 - 50　设置刀具

（10）以下以螺纹刀举例说明，因为螺纹刀为 T0404(4 号刀具)，该模板的 3 号刀具是切槽刀，可以使用切槽刀改成螺纹刀（将模板里面的 2 号刀具删除，3 号刀具拷贝之后粘贴并且重命名 4 号刀具）。点击【cutter】→【攻螺纹刀片】，选择"60 度双边不对称"，设置参数如图 7－51 所示。

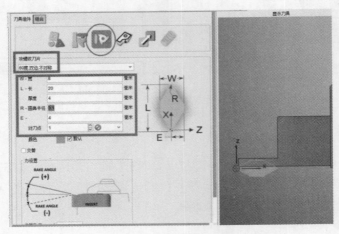

图 7－51　刀具参数

（11）鼠标点击【cutter1】不放，将其拖出与【Holder1】同排，如图 7－52 所示。

（12）如图 7－53 所示，鼠标右击【数控程序】→【添加数控程序文件】，弹出窗口，选择工位 1 需要加工的程序，如图 7－54 所示，单击【确定】按钮。

图 7－52　移动 cutter1

图 7－53　添加数控程序文件

图 7－54　选择加工程序

(13)点击图标 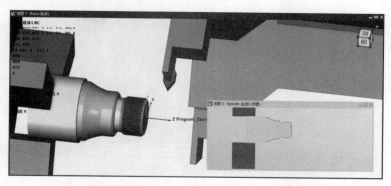【仿真到末端】,即可仿真加工零件,如图 7 - 55 所示。

图 7 - 55　仿真工位 1

(14)拷贝已经加工好的"工位 1",鼠标右击【工位 1】→【拷贝】,如图 7 - 56 所示。

图 7 - 56　拷贝工位

(15)粘贴后,单击一下图标 【单步】,得到"工位 2",接着对"stock(0,0,0)"(毛坯)进行配置组件,对"工位 1"已经加工的零件进行调头设置,点击【stock(0,0,0)】,点击【旋转】→【增量】输入"180",点击旋转轴"＋X"轴,【位置】输入"0,0,40",如图 7 - 57 所示。

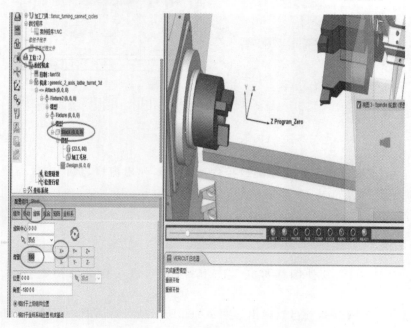

图 7 - 57　设置工位 2 毛坯

（16）【配置模型】→【移动】→【位置】，输入"52"，如图 7-58 所示，敲击"Enter"键。

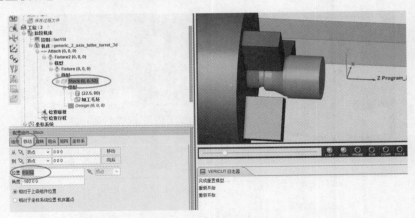

图 7-58　移动毛坯

（17）点击【Program_Zero】→【CSYS】，将鼠标点击【位置】，将鼠标放在毛坯中心表面上即可拾取到中心点，在毛坯的中心端面上设立工件坐标系，如图 7-59 所示。

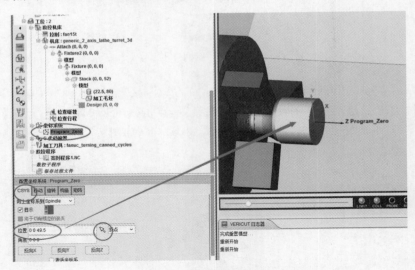

图 7-59　设置坐标系

（18）鼠标右击【数控程序】→【添加数控程序文件】，弹出窗口，选择本次需要加工的程序"02"，单击【确定】按钮，如图 7-60 所示。

（19）工位 2 仿真效果如图 7-61 所示。

7.6.2　案例 2

（1）双击 VERICUT 软件图标打开 VERICUT9.0，进入标准的初始界面，如图 7-62 所示。

（2）点击【文件】→【新建项目】，弹出如图 7-63 所示项目对话框，选择【毫米】，点击【确定】按钮，即可创建新的 Vericut 项目文件。

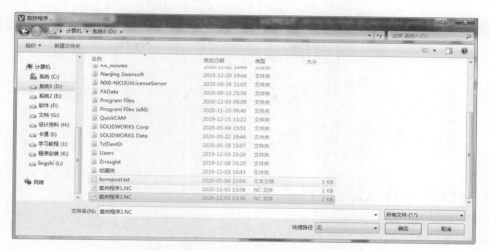

图 7-60　添加工位 2 程序

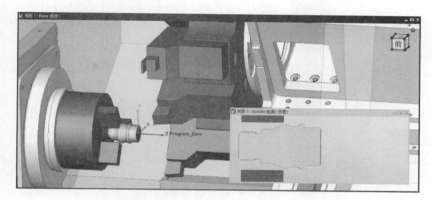

图 7-61　工位 2 仿真结果

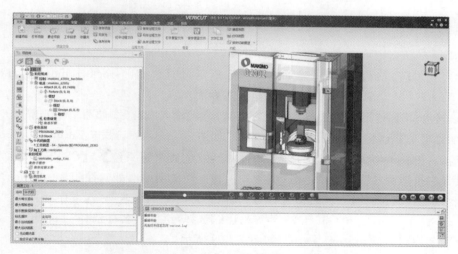

图 7-62　初始界面

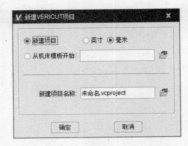

图 7-63　新建 Vericut 项目

（3）点击【打开项目】→【案例】→【Fanuc】，如图 7-64 所示。

图 7-64　选择 Fanuc 数控系统

（4）再次双击【Fanuc】，弹出界面如图 7-65 所示，选择"g71_stock_removal_generic_2_ axis_lathe_turret_3d_fan15t_mm"项目，弹出仿真界面。

（5）点击【stock】→【模型】→【高】，输入"80"；【半径】输入"22.5"，如图 7-66 所示。

（6）【配置模型】→【移动】→【位置】，输入"0"，如图 7-67 所示，敲击"Enter"键。

（7）鼠标右击 🚗 Program_Zero，选择 🖵显示，鼠标在【配置坐标系统】→【CSYS】→【位置】，点击图标，鼠标去拾取圆柱的端面中心处（编程原点建立在端面中心处），如图 7-68 所示。

（8）点击【工作偏置】→【子系统】，选择"1"；【偏置】选择"工作偏置"；【寄存器】输入"54"（编程时的机床坐标系 G54/G55/G56/G57 等等）；【从】选择"组件"，名称选择"Turret"；【到】选择"坐标原点"，名称选择"Program_Zero"，如图 7-69 所示。

（9）双击 🔧加工刀具：fanuc_turning_canned_cycles 图标，弹出如图 7-70 所示的界面。

（10）以下以螺纹刀举例说明，因为螺纹刀为 T0606(6 号刀具)，将切槽刀的宽度和圆弧 R

角对应上 UGNX 编程里面的设置,如图 7-71 所示。

(11)鼠标点击【cutter1】不放,将其拖出与【Holder1】同排,如图 7-72 所示。

(12)点击【Holder1】→　【模型文件】→【素描板】,修改刀柄的宽度,如图 7-73 所示。

(13)如图 7-74 所示,鼠标右击【数控程序】→【添加数控程序文件】,弹出窗口,选择工位 1 需要加工的程序,单击【确定】按钮,如图 7-75 所示。

图 7-65　选择项目

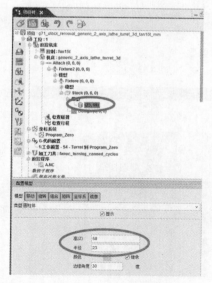

图 7-66　毛坯设置

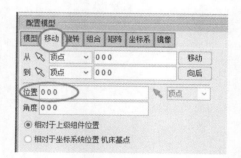

图 7-67　移动毛坯

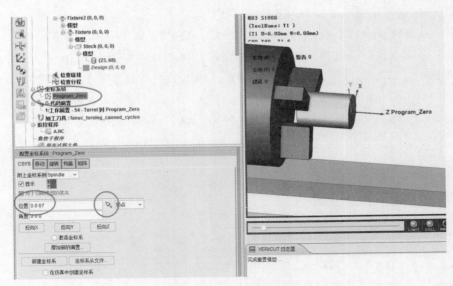

图 7-68　设置对刀点

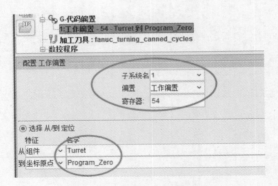

图 7-69　设置 G 代码偏置

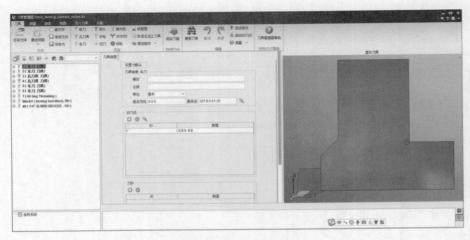

图 7-70　刀具设置

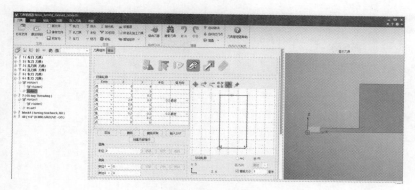

图 7-71　刀具参数设置

图 7-72　移动 cutter1

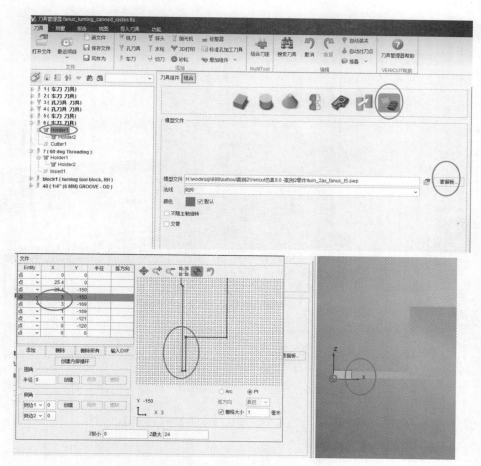

图 7-73　修改刀柄

图 7-74　添加数控程序文件

图 7-75　选择加工程序

（14）点击图标【仿真到末端】，即可仿真加工零件，如图 7-76 所示。

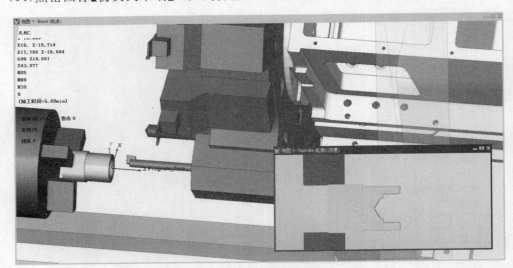

图 7-76　仿真工位 1

（15）拷贝已经加工好的"工位 1"，鼠标右击【工位 1】→【拷贝】，如图 7-77 所示。

图 7-77　拷贝工位

(16)粘贴后,单击一下图标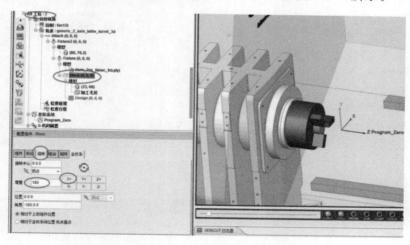【单步】,得到"工位 2",接着对"stock(0,0,0)"(毛坯)进行配置组件,对"工位 1"已经加工的零件进行调头设置,点击【stock(0,0,0)】,点击【旋转】→【增量】,输入"180",点击旋转轴"+X"轴,【位置】输入"0,0,0",如图 7-78 所示。

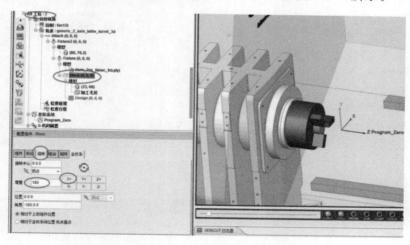

图 7-78　设置工位 2 毛坯

(17)【配置模型】→【移动】→【位置】,输入"70",如图 7-79 所示,敲击"Enter"键。

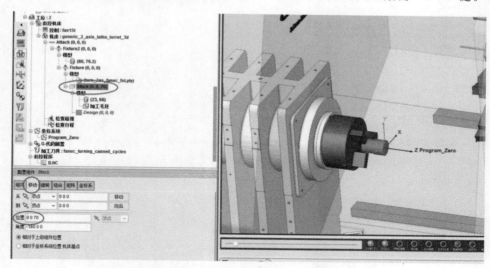

图 7-79　移动毛坯

(18)点击【Program_Zero】→【CSYS】,将鼠标点击【位置】,将鼠标放在毛坯中心表面即可拾取到中心点,在毛坯的中心端面上设立工件坐标系,如图 7-80 所示。

(19)鼠标右击【数控程序】→【添加数控程序文件】,弹出窗口,选择本次需要加工的程序"B",单击【确定】按钮,如图 7-81 所示。

(20)工位 2 仿真效果如图 7-82 所示。

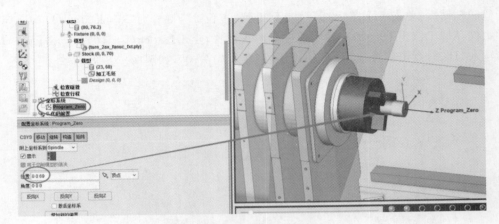

图 7-80　设置坐标系

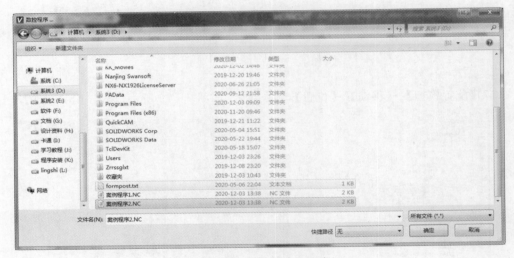

图 7-81　添加工位 2 程序

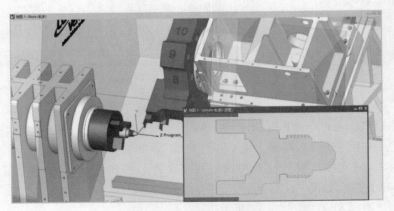

图 7-82　工位 2 仿真效果

7.7　本章小结

本章主要讲解了 VERICUT 软件的基本使用方法,其内容包括 VERICUT 软件介绍,仿真元素的组织与管理方法——项目树配置,仿真环境构建——项目模板文件设计,毛坯的准备、安装与对刀,仿真结果测量及工件加工工艺流程的实现——多工位加工,实现方式以卧式车削加以说明,并以典型编程案例进行了仿真演示。

7.8　课后习题

(1)试对课后 5.10 习题进行编程加工仿真。
(2)试对课后 6.9 习题进行编程加工仿真。

课程思政

科技趣闻

中国金属 3D 制造技术领航者

1986 年,美国科学家 Charles Hull 开发了世界上第一台商业 3D 打印机,从此 3D 打印技术正式进入人类历史。与传统的二维打印类似,3D 打印也需要用电脑来控制。二者不同之处在于,传统打印机用的材料是墨水和 A4 纸,而 3D 打印机内部装的是金属、陶瓷、塑料等材料,打印出的东西是实实在在的物体,比如螺丝钉、鞋子、巧克力等。经过 30 多年的发展,3D 打印已经被运用于工业设计、建筑、工程和施工、汽车,航空航天、牙科和医疗产业等几乎所有领域。2019 年 4 月,以色列的研究人员利用 3D 打印机打印出世界首颗拥有细胞、血管、心室和心房的"完整"心脏,震惊全球。

3D 打印主要分为三维设计、切片处理、完成打印三步,与高精度数控机床配合可以轻松制造出一些结构复杂的构件,比如航空发动机零件等。但是由于目前的 3D 打印机没有锻造环节,打印出的金属零件普遍存在易产生裂缝、变形等缺陷。正是因为这个缺陷,30 多年来,用 3D 打印机打印金属零件一直处于实验室研究状态,迟迟无法真正突破这一技术瓶颈。

然而就在 2017 年,华中科技大学机械科学与工程学院教授张海鸥携其研发的"智能微铸锻铣复合制造技术",破解了困扰金属 3D 打印的世界级技术难题,实现了我国首超西方的微型边铸边锻的颠覆性原始创新。创新成果被航空业巨头竞相追逐,不仅是空客,美国通用电气公司不久前也主动上门洽谈合作。这表明了我国在 3D 打印技术上已经由"跟跑"开始进入"领跑"阶段。

在华中科技大学,张海鸥、王桂兰夫妇(见图 7-83)就像一段传奇。跟电弧光打交道十余年,他们被称为"华科居里夫妇"。1987 年,在北京科技大学读完研究生后,张海鸥只身一人东渡日本。彼时,他想继续学习轧钢技术,但日本导师却指点道:"这方面的技术,日本已经研究得差不多了。"一语惊醒梦中人,张海鸥随即转向,开始耕耘特种精密成形加工研究领域。

6年后,王桂兰也到东京大学留学深造。"八千里路云和月""往事不堪回首",王桂兰这样形容当年东渡日本艰辛求学岁月。黎明即起,每天用近4个小时的时间搭乘地铁往返,深夜12点左右回到家,开始准备自己和丈夫第二天的饭菜。除完成导师布置的科研任务外,他俩博览群书,就系列材料成形加工前沿技术收集了大量相关资料,整整装满了31个大箱子,这些资料都是为回国教学与研究做准备的。1998年,张海鸥和王桂兰放弃在日本东京大学的高薪聘请,回国任教。"当初回国时,清华大学、上海交大也发了邀请,我的叔叔、北京航空航天大学的院士张启先建议我们去华中科技大学开展机器人应用材料成形加工的探索研究。后来,华中科技大学原校长周济院士专门找我们深谈。最终,我们选择留在这里。"张海鸥说。张海鸥深有感触地说:"我父母都是革命老干部,可能受他们的影响吧,我觉得个人发展只有紧贴国家发展的脉搏才有意义和前途。"父母重病住院,他俩去医院探望,每次二老都撵他们回校,嘱咐他们:"不要浪费了时间,要努力工作,报效祖国。"

当时,实验室条件非常艰苦,逢雨天经常屋顶漏雨,地面渗水,"天上水,地下火,耀眼的电弧光刺得眼睛充血,面部脱了一层又一层皮"。学生们分成四班,轮流进实验室,可是两位教授却从早到晚都坚守在第一线。他们甚至专门买了行军床,攻坚阶段就睡在实验室。常年的艰苦奋斗,导致两位教授的身体常年处在亚健康阶段。经过不懈努力,他们带领团队(见图7-84)用了15年的时间,终于破解了困扰金属3D打印的世界级技术难题,实现了我国首超西方的微型边铸边锻的颠覆性原始创新。

图7-83 张海鸥与王桂兰夫妇

图7-84 张海鸥团队

张海鸥夫妇刚到华中科技大学,就开始了创新的第一步——用等离子熔射技术制造金属模具和金属零件。等离子技术并不是张海鸥首创,但应用等离子技术来制造金属模具和零件,张海鸥却是第一人。张海鸥将这一技术不断完善、创新,并将其应用到许多关系国计民生的领域,如汽车模具制造、先进发动机高温零部件制造等。当时,金属3D打印出的制件表面比较粗糙,无法直接当零件使用,需做后续机械加工,遇到复杂制件更是几乎不可能实现。张海鸥带领团队反复试验,在金属3D打印中复合了铣削,边打印边铣削加工,解决了上述难题,并在2004年一举获得国家发明专利。同时,在高温零部件的制造上,他带领团队将原先需要5道工序才能完成的加工集成为一道工序。在轿车仪表板模具制造上,他们将制造时间从原来的

85 天减少至 37 天。有企业敏锐地看到了它的前景,已经在世界上率先将其应用于丰田轿车仪表板模具制造。张海鸥团队创新的步伐并未停止。2009 年,他开始构想如何让金属 3D 打印制件具备锻件性能,使之能应用于高端领域。"很多同行在这里受阻或认可了 3D 打印不能打印锻件的论断。"张海鸥偏偏要去挑战这样一个大家都觉得不能完成的事,希望在金属 3D 打印中加入锻打技术,不用耗能耗时的成形后热处理就能获得等轴细晶锻件组织性能。

"研发过程是痛苦的。"张海鸥说。有段时间问题不断,前面问题刚解决,新问题又冒出来,加之 2012 年前国内外对 3D 打印并不看好,几乎得不到支持。但张海鸥没有放弃,他坚信这项技术具有战略价值。他带领团队从早到晚在实验室反复试验、不断试错(见图 7 - 85)。2010 年,大型飞机蒙皮热压成形模具的诞生,验证了张海鸥在 3D 打印中复合锻打的可行性。其后,该技术不断完善,打印出飞机用钛合金、高温合金、海洋深潜器、核电用钢等高端金属锻件,其稳定性能均超过传统制件。张海鸥解释说,如果把制作一个精密复杂零部件想成包饺子,那么就需要和面、擀皮、配馅等环节,如果其中一个环节不到位,下锅后可能就露馅,现在这些工序合在一起,皮馅结合紧致,就不会露馅。"露馅的饺子还能吃,但零件'露馅'就会疏松,只能报废。"2016 年 7 月份,张海鸥团队终于研发出微铸锻同步复合设备,并打印出全球第一批锻件:铁路关键部件辙叉和航空发动机重要部件过渡锻。专家表示,这种新方法制件"将为航空航天高性能关键部件的制造提供我国独创国际领先的高效率、短流程、低成本、绿色智能制造的前瞻性技术支持"。

图 7 - 85 张海鸥教授指导学生

更难能可贵的是,这种技术以高效廉价的电弧为热源,以低成本的金属丝材为原料,材料利用率为 80% 以上(传统工艺的材料利用率仅为 5%),且无须大型铸锻铣设备和模具,通过计算机直接控制铸锻铣路径,大大降低了设备投资和运行成本。

与发达国家相比,我国 3D 打印产业大多停留在科研层面,一直处于"跟跑"阶段。要摆脱"跟跑"的尴尬,必须创新。张海鸥介绍说,目前由"智能微铸锻"打印出的高性能金属锻件,已达到 2.2m 长,约 260kg,最大尺寸达(1 800~2 200mm)×1 400mm×20mm,大小是欧美国家能够打印出来的高端金属件的 4 倍,也是世界上唯一可以打印出大型高可靠性能金属锻件的增材制造技术装备。现有设备已打印飞机用钛合金、海洋深潜器、核电用钢等 8 种金属材料。

令人难以置信的是,这项技术竟是张海鸥夫妇争论争出来的。王桂兰教授说,七八年前,张海鸥首次向她提出"铸锻铣一体化"构想,她认为这是异想天开,两人还争论了一场。张海鸥笑着说："这不怪她，谁叫铸、锻、铣分离技术存在了上千年，要改变谈何容易？"不过争归争，张海鸥的设想打开了王桂兰的思路，她最后还是带着 10 多个学生展开实验，"当时想着要是行不通，也至少可以让他死心。"王桂兰说。研发过程失败了很多次，他们也争论了很多次。王桂兰笑着说："但之后，我又会不自觉地按他的思路继续试，错了就继续争，争完再接着干。"夫妇俩夜以继日地研发，全身心地投入实验中，15 年来几乎天天吃食堂，家里厨房一年用不了几次。反复试验、不断试错之后，研究方向愈加清晰。2012 年，张海鸥团队承接了西安航空动力股份有限公司委托的制造发动机过渡段零件任务。鉴定认为，张海鸥团队制造的产品与欧洲航天局的项目指标和数据相比，抗拉强度、屈服强度、塑性指标分别超过航空标准锻件的 12.9%、31.4%、5.9%。这一技术还能同时控制零件的形状尺寸和组织性能，大大缩短了产品生产周期，制造一个 2t 重的大型金属铸件，过去需要 3 个月以上，现在仅需 10 天左右。

目前，在我国研制的新型战斗机上，一种新型复杂钛合金接头已经使用了该技术，航天某院也开展了和张海鸥团队的相关技术合作。与此同时，国外航空与动力业巨头也开始抢滩该领域。美国通用和空客纷纷上门洽谈合作。空客公司中国区 COO 弗兰索瓦·麦瑞表示，与张海鸥团队的合作，能使空客公司制造技术取得更大的突破，继续保持其商用飞机制造领域的全球领先地位。

勤勉篇

夙兴夜寐，无一日之懈。——王安石

诗书勤乃有，不勤腹空虚。——韩愈

好学而不勤问，非真能好学者也。——刘开

别来十年学不厌，读破万卷诗愈美。——苏轼

书山有路勤为径，学海无涯苦作舟。——韩愈

勤能补拙是良训，一分辛苦一分才。——华罗庚

富贵必从勤苦得，男儿须读五车书。——杜甫

业精于勤，荒于嬉。行成于思，毁于随。——韩愈

勤学如春起之苗，不见其增，日有所长。——陶渊明

学问勤中得，萤窗万卷成；三冬今足用，谁笑腹中空。——汪洙

应知学问难，在乎点滴勤。尤其难上难，锻炼品德纯。——陈毅

君子之学必日新，日新者日进也。不日新者必日退，未有不进而不退者。——程颢

必须如蜜蜂一样，采过许多花，才能酿出蜜来。——鲁迅

励志篇

有志者事竟成。——范晔

苦之，以验其志。——吕不韦

立志不坚，终不济事。——朱熹

一息尚存，此志不容少懈，可谓远矣。——朱熹

有志不在年高，无志空长百岁。——石成金

志之所向,金石为开,谁能御之? ——曾国藩

志不强者,智不达;言不行者,行不果。——墨子

吾志所向,一往无前,愈挫愈奋,再接再厉。——孙中山

世之奇伟、瑰怪、非常之观,常在于险远,而人之所罕至焉,故非有志者不能至也。——王安石

志坚者,功名之柱也。登山不以艰险而止,则必臻乎峻岭。——葛洪

人生的旅途,前途很远,也很暗。然而不要怕,不怕的人的面前才有路。——鲁迅

参 考 文 献

[1] 沈建国.数控车技术分册[M].2 版.北京:北京理工大学出版社,2014.

[2] 陈洪涛.数控加工工艺与编程 [M].3 版.北京:高等教育出版社,2016.

[3] 王兵.图解车工基本操作技能[M].北京:化学工业出版社,2010.

[4] 斯密德.数控编程手册[M].北京:化学工业出版社,2012.

[5] 张添孝.数控车削加工与实训一体化教程[M].北京:机械工业出版社,2018.

[6] 北京兆迪科技有限公司.UG NX 9.0 数控加工完全学习手册[M].北京:机械工业出版社,2014.

[7] 贾广浩.中文版 UG NX 数控编程完全学习手册[M].北京:清华大学出版社,2015.

[8] 徐衡.跟我学 FANUC 数控系统手工编程[M].北京:化学工业出版社,2013.

[9] 展迪优.UG NX 12.0 数控编程教程[M].北京:机械工业出版社,2019.

[10] 王卫兵.UG NX10 数控编程学习教程[M].3 版.北京:机械工业出版社,2019.

[11] 王卫兵,李祥伟,牛祥永.UG NX10 数控编程实用教程 [M].北京:清华大学出版社,2017.

[12] 易良培,易荷涵.UG NX 12.0 数控编程与加工案例教程[M].北京:机械工业出版社,2020.

[13] 朱明松,朱德浩.数控车削编程与加工:FANUC 系统[M].2 版.北京:机械工业出版社,2021.

[14] 王兵.数控车床加工工艺与编程操作[M].2 版.北京:机械工业出版社,2021.

[15] 骆书芳.数控车削编程与操作实训教程[M].北京:机械工业出版社,2021.

[16] 张键.VERICUT8.2 数控仿真应用教程[M].北京:机械工业出版社,2020.

[17] 涂志标,张子园,郑宝增.斯沃 V7.10 数控仿真技术与应用实例详解[M].2 版.北京:机械工业出版社,2016.

[18] 涂志标,张子园,黎胜荣.斯沃 V6.20 数控仿真技术与应用实例详解[M].北京:机械工业出版社,2012.

[19] 田卫军,陈桂产,李郁.产品三维造型 CAD 设计基础[M].西安:西北工业大学出版社,2017.

[20] 黄雪梅.VERICUT 数控仿真实例教程[M].北京:化学工业出版社,2019.